WebGIS系列丛书

智慧城市

之地上实体三维建模

郭明强 黄 颖 盖 涛 葛 亮 高 婷
刘 郑 杨 雪 王 波 李 强 匡明星 编著

電子工業出版社
Publishing House of Electronics Industry
北京•BEIJING

内 容 简 介

三维建模软件 3ds Max 在智慧城市地上实体的三维建模中得到了广泛的应用。本书主要介绍基于 3ds Max 的智慧城市地上实体的三维建模方法。本书共 15 章，首先介绍 3ds Max 的基本操作、实体建模、实体编辑；然后介绍 3ds Max 常用的模型修改器，并以道路、桥梁、涵洞、收费站、加油站、服务区、标志牌、绿化设施等实体为例详细介绍建模方法；接着介绍三维模型的组合方法；最后介绍将三维模型导入主流 GIS 平台的方法。

本书适合从事智慧城市规划的工作人员阅读，也可作为城市规划、GIS、遥感、测绘等专业的教材或教学参考用书。

本书提供最终模型下载，读者可登录华信教育资源网（www.hxedu.com.cn）免费注册后下载。

图书在版编目（CIP）数据

智慧城市之地上实体三维建模 / 郭明强等编著. —北京：电子工业出版社，2021.5
（WebGIS 系列丛书）
ISBN 978-7-121-41243-1

Ⅰ. ①智… Ⅱ. ①郭… Ⅲ. ①现代化城市－城市建设－建立模型 Ⅳ. ①TU984

中国版本图书馆 CIP 数据核字（2021）第 097810 号

责任编辑：田宏峰
印　　刷：北京盛通数码印刷有限公司
装　　订：北京盛通数码印刷有限公司
出版发行：电子工业出版社
　　　　　北京市海淀区万寿路 173 信箱　邮编 100036
开　　本：787×1 092　1/16　印张：16.25　字数：416 千字
版　　次：2021 年 5 月第 1 版
印　　次：2024 年 7 月第 3 次印刷
定　　价：88.00 元

凡所购买电子工业出版社图书有缺损问题，请向购买书店调换。若书店售缺，请与本社发行部联系，联系及邮购电话：（010）88254888，88258888。

质量投诉请发邮件至 zlts@phei.com.cn，盗版侵权举报请发邮件至 dbqq@phei.com.cn。

本书咨询联系方式：tianhf@phei.com.cn。

前　言

在互联网+、物联网、人工智能、倾斜摄影、激光点云等新兴技术的推动下，智慧城市得到了飞速的发展。智慧城市是一个复杂、庞大的系统，是由多种子系统交叉综合构成的。三维模型作为地理空间数据之一，有着其他数据不具备的逼真性和生动性，可以准确、有效地整合智慧城市的各种地理信息。

在众多的建模方式中，基于激光点云的建模精度高，但成本也非常高；基于倾斜摄影的速度快，不仅成本高，而且模型的细节处理工作量也非常大；作为主流的三维建模软件，3ds Max 可以生成专业的三维模型，使用方便，在智慧城市地上实体的三维建模中得到了广泛的应用。

本书主要介绍基于 3ds Max 的智慧城市地上实体的三维建模，包括 3ds Max 的基础操作和特殊技巧。本书首先介绍 3ds Max 的基本操作、实体建模、实体编辑；然后介绍 3ds Max 常用的模型修改器，并以道路、桥梁、涵洞、收费站、加油站、服务区、标志牌、绿化设施等实体为例详细介绍建模方法；接着介绍三维模型的组合方法；最后介绍将三维模型导入主流 GIS 平台的方法。

作者长期从事地理信息系统的理论、教学和开发工作，已有 10 余年的地理信息系统（GIS）相关科研经验和应用开发基础，为本书的编写打下了坚实的基础。针对智慧城市地上实体的建模，本书按照实际建模步骤来介绍建模方法，同时对建模过程中的重点和难点进行了剖析，读者可以更容易地掌握相关知识点。

本书在内容编排上遵循一般的学习曲线，由浅入深、循序渐进地介绍 3ds Max 的基础操作和智慧城市地上实体的建模方法，内容完整，实用性强。对于初学者来说，只需要按部就班地按照本书的内容学习，就可以系统地了解并掌握基于 3ds Max 的智慧城市地上实体建模的知识点。

本书的出版得到了国家自然科学基金（41701446、41971356）的支持。本书在编写过程中参考了相关文献，在此向这些文献的作者表示衷心的感谢。

因作者水平有限，本书难免存在不足之处，敬请广大读者批评指正。

作　者

2021 年 3 月于武汉

目　录

第1章 智慧城市地上实体建模概述

1.1 智慧城市三维建模的需求

智慧城市，智慧发展。近年来，信息化城市、智能城市、智慧城市等词汇不断进入人们的视野，人们越来越渴望生活在高度便捷、智能的城市之中。智慧城市应当是一座可全面观察、可全局调度、可实时了解发展状况的城市。要做到这些，一个很重要的环节就是智慧城市的展示。由于视角的原因，传统的二维平面或“假三维”很难做到多角度的全面展示，而三维模型恰恰具备“全面”这一优点，能够很好地完成展示。

虚拟现实（Virtual Reality，VR）技术与增强现实（Augmented Reality，AR）技术拥有良好的应用前景，主要应用领域是三维模型的应用。所谓虚拟现实（VR）[1]，顾名思义，就是虚拟和现实相互结合。从理论上来讲，虚拟现实技术是一种可以创建和体验虚拟世界的计算机仿真系统，它利用计算机生成一种模拟环境，使用户沉浸在模拟环境中。在该模拟环境中，无论用户在现实世界中可以看到的物体，还是看不到的物体，都可以通过三维模型表现出来。增强现实（AR）技术[2]是一种将真实世界信息和虚拟世界信息“无缝”集成的新技术，可以把原本在现实世界中一定时间和空间范围内很难体验到的实体信息（如视觉、听觉、味道、触觉等信息），通过计算机科学技术进行模拟仿真后叠加，将虚拟信息应用到真实世界，被人类感官感知，从而达到超越现实的感官体验。对城市地形、地物进行数字化三维模拟，结合虚拟现实技术和增强现实技术可以呈现出一个与真实生活环境类似的虚拟城市环境，让建筑的形态和高度等一目了然，可直观地为城市规划、建设与运营等提供三维信息服务。用于技术显示的功能都需要三维模型来承载信息，因此要想把虚拟现实技术和增强现实技术应用到城市生态中，城市三维模型是必不可少的基础。城市三维模型如图 1-1 所示。

三维建模的应用并没有局限在展示的增强与模拟领域，传统行业也同样受益。在建筑工程行业，早期的设计师多使用手绘的方法来完成建筑的设计或建筑群的规划，不仅费时费力，而且设计图纸也会老化，不便保存，不利于未来的图纸回溯或精度校对。随着计算机技术的发展，产生了计算机辅助设计（Computer Aided Design，CAD）技术[3]。应用 CAD 技术，不仅可以提高设计效率、优化设计方案、减轻技术人员的劳动强度、缩短设计周期、加强设计标准化，把技术人员从繁重的手绘设计中解放出来，还可以解决设计图纸的存储问题。与此同时，基于 CAD 技术的二维设计图，技术人员可以精确地提取建筑结构，并使用三维建模软件创建出近乎真实的三维场景，将二维设计图转化为更加直观的三维模型，可以高效地进行设计呈现，满足预览需求，提升设计的整体感与完整性。利用 CAD 技术创建的三维模型如图 1-2 所示。

图 1-1　城市三维模型

图 1-2　利用 CAD 创建的三维模型

时至今日，BIM 技术已风靡全球。BIM[3]是 Autodesk 公司于 2002 年率先提出的，目前已经在全球范围内得到了业界的广泛认可。BIM 技术的核心是通过建立虚拟的建筑工程三维模型，利用数字化技术提供完整的、与实际情况一致的建筑工程信息库。借助这个包含建筑工程信息的三维模型，可大大提高建筑工程信息集成化的程度，从建筑的设计、施工、运行直至建筑全寿命周期的终结，各种信息始终整合在一个三维模型信息库中，设计团队、施工单位、设施运营部门和业主等可以基于 BIM 协同工作，可有效提高工作效率、节省资源、降低成本，实现可持续发展。BIM 模型如图 1-3 所示。

图 1-3　BIM 模型

除了建筑工程行业，城市三维模型还可用于灾害防治分析、文物保护、疾病分布分析等多个方面。在未来，会有越来越多的领域需要用到城市三维模型，用三维的方式还原并展示现实世界。

1.2　主流的建模软件

1. 3ds Max

3D Studio Max[5]（简称 3ds Max）是 Discreet 公司开发的（后被 Autodesk 公司合并）基于 PC 系统的三维动画渲染和制作软件，其前身是基于 DOS 操作系统的 3D Studio 系列软件。3ds Max 的界面如图 1-4 所示。在用户界面（UI）设计上，3ds Max 的界面简洁大方，主要功能区域一目了然，熟悉操作流程后，简单易上手；在配置要求上，3ds Max 对 PC 的配置要求较低，普通 PC 即可运行；在易用性上，可堆叠的建模步骤让模型创建具有更大的弹性；在功能扩展上，3ds Max 可扩充插件，允许安装第三方插件，以增强软件功能。

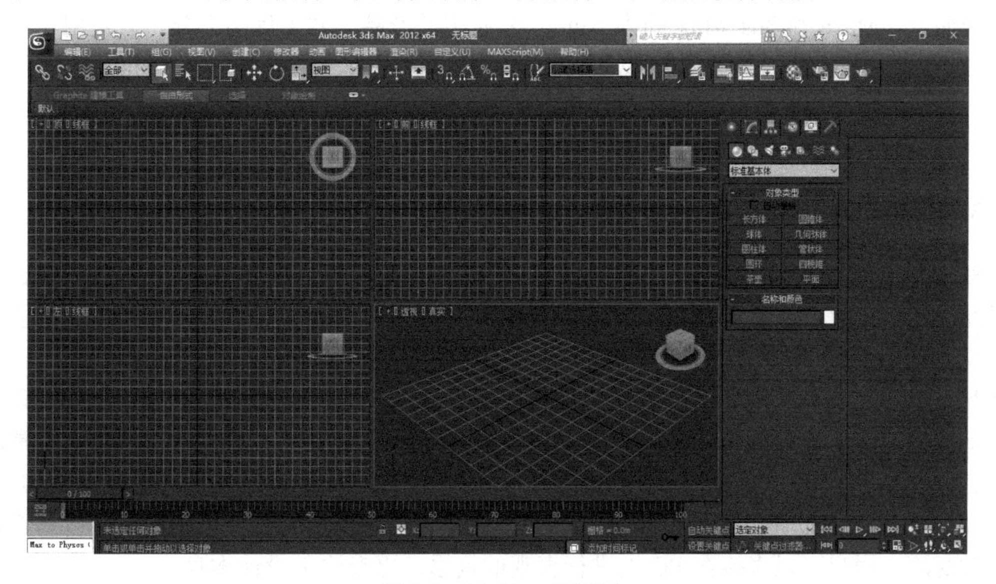

图 1-4　3ds Max 的界面

2. Maya

Autodesk Maya[6]（简称 Maya）是美国 Autodesk 公司推出的三维动画制作软件，主要应用于专业的影视广告、角色动画、电影特技等。Maya 的功能完善、工作灵活、易学易用，三维模型的制作效率极高，具有极强的渲染效果，是电影级别的高端制作软件。Maya 的界面如图 1-5 所示。Maya 集成了 Alias、Wavefront 等先进的动画及数字效果技术，不仅包括一般三维和视觉效果制作的功能，而且可以与先进的建模、数字化布料模拟、毛发渲染、运动匹配技术相结合。

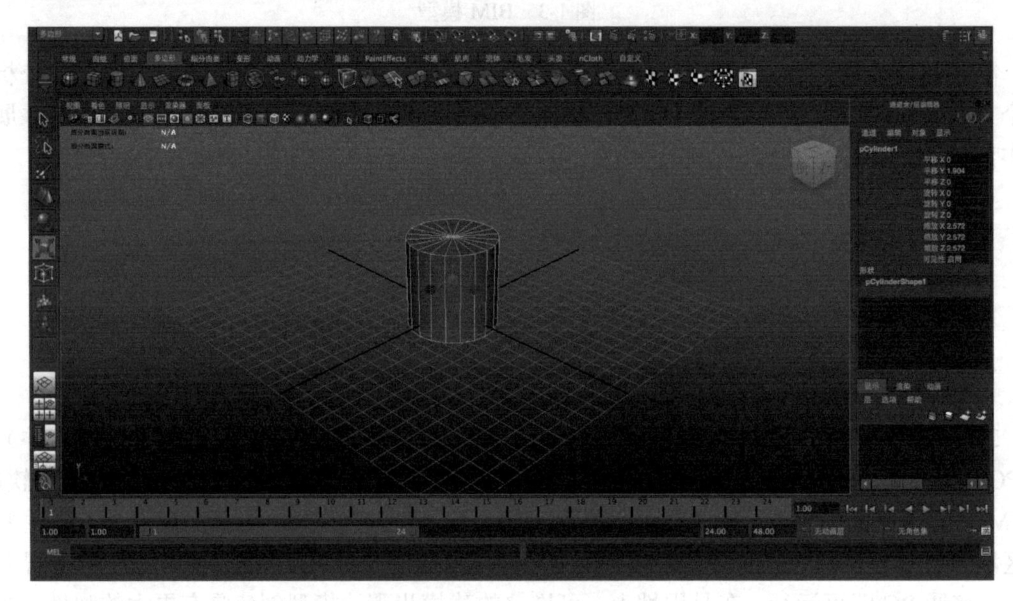

图 1-5　Maya 的界面

现如今，Maya 和 3ds Max 同为 Autodesk 旗下的产品，并无优劣之分，只是用途各异。3ds Max 主要用于动画片制作、游戏动画制作、建筑效果图、建筑动画等，Maya 主要用于动画片制作、电影制作、电视栏目包装、电视广告、游戏动画制作等。Maya 是为影视应用而研发的，3ds Max 拥有大量的插件，可以高效地完成工作。

3. SketchUp

SketchUp[7]又称为草图大师，是一款用于创建、共享和展示 3D 模型的软件。SketchUp 的界面如图 1-6 所示。不同于 3ds Max，SketchUp 通过一个使用简单、内容详尽的颜色、线条和文本提示指导系统，让用户无须键入坐标，就能跟踪位置和完成相关建模操作。使用 SketchUp 建立三维模型时，就像使用铅笔在图纸上画图一样，SketchUp 能自动识别线条并加以自动捕捉，建模流程简单明了，就是画线成面，而后挤压成型，这也是建筑建模最常用的方法。用户可以很容易地学习、使用 SketchUp，从而更加方便地以三维方式进行思考和沟通。SketchUp 直接面向设计方案的创作过程，不仅能充分表达用户的设计思想，还可以与客户进行即时交流，用户可以直接在 PC 上进行直观的构思，更专注于设计本身。

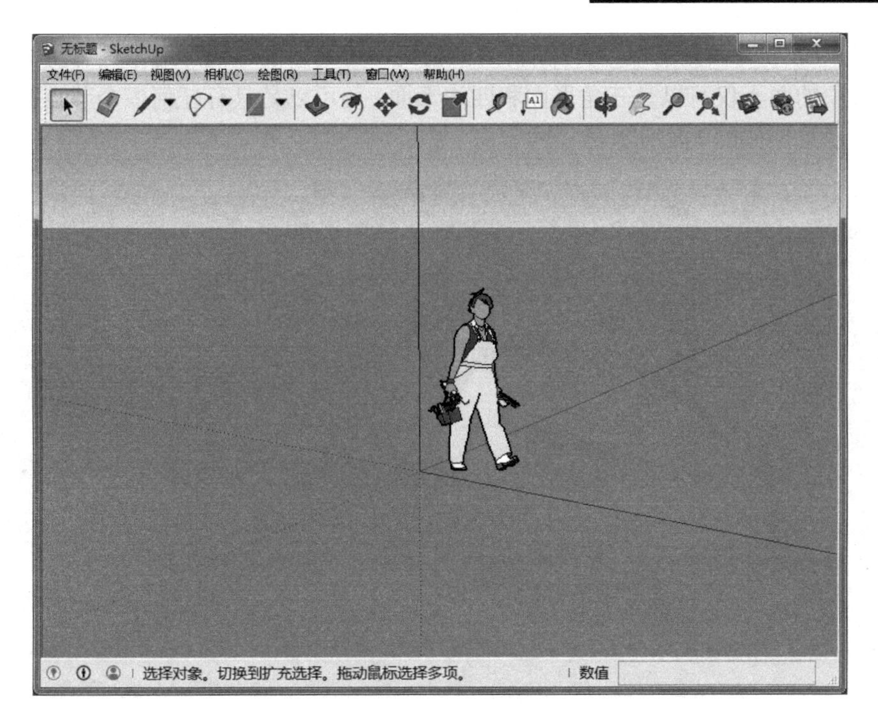

图 1-6　SketchUp 的界面

1.3　常用的三维建模方法

常用的三维建模方法有两种：一种是曲面建模；另一种是多边形建模。无论使用哪种建模软件，虽然在操作上可能存在不同，但必包含这两种建模方法。多边形建模与曲面建模是三维建模的主要方法。

1. 曲面建模

曲面建模[8]也称为 NURBS（Non-Uniform Rational B-Splines）建模，是一种专门创建曲面物体的造型方法。曲面建模是由曲线和曲面来定义的，通过该方法生成一条有棱角的边是很困难的，正因为这一特点，可以通过曲面建模来创建各种复杂的曲面造型、表现特殊的效果，如人的皮肤和面貌，以及流线型的跑车等。

通常，使用曲面建模方法时，先通过曲线构造方法生成主要的或大面积的曲面，然后进行曲面的过渡、连接及光顺处理，最后通过曲面编辑方法来完成整体造型。曲面建模示意图如图 1-7 所示。

2. 多边形建模

多边形建模（Polygon）[9]是另一种常用的三维建模方法。首先将一个对象转化为可编辑的多边形对象，然后对该多边形对象的各种子对象进行编辑和修改，从而完成建模的过程。可编辑的多边形对象包含 5 种子对象，即 Vertex（节点）、Edge（边）、Border（边界）、Polygon

(多边形面)、Element(元素)。与可编辑网格相比,可编辑的多边形对象具有更大的优越性,即多边形对象的面不仅可以是三角形面和四边形面,还可以是具有任何多个节点的多边形面。多边形建模示意图如图 1-8 所示。

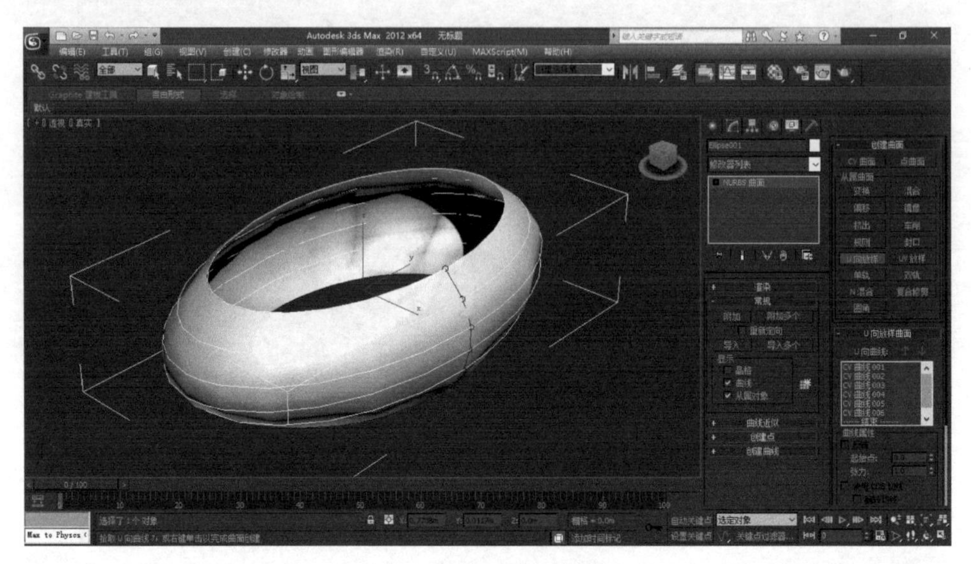

图 1-7 曲面建模示意图

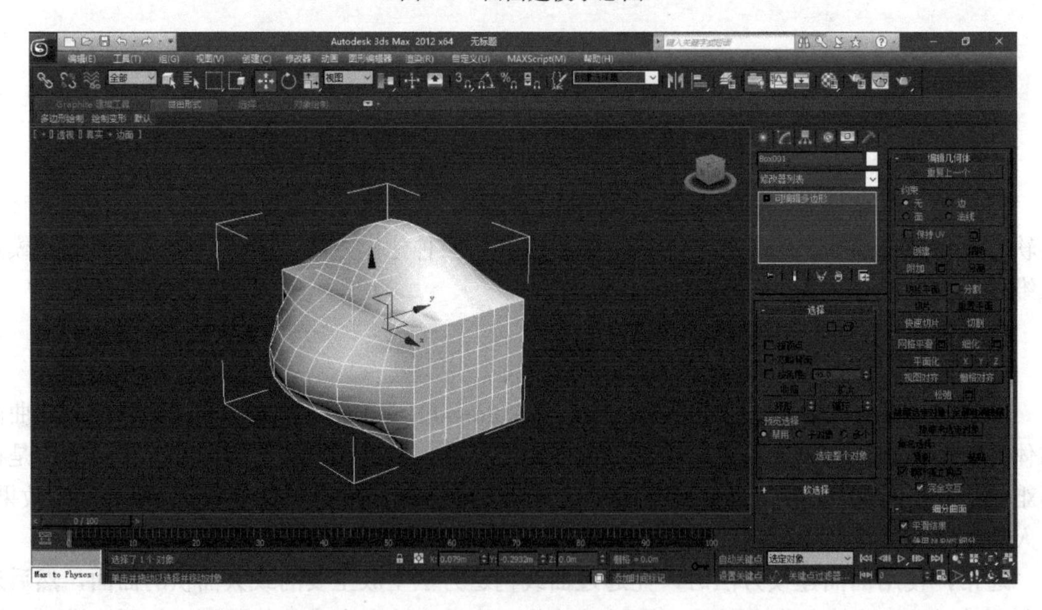

图 1-8 多边形建模示意图

多边形建模早期主要用于游戏制作,现在被广泛应用于影视作品制作,已经成为 CG 行业中与曲面建模并驾齐驱的建模方法。多边形建模可以把握复杂的角色结构。

从技术角度来讲,多边形建模比较容易掌握,在创建复杂表面时,细节部分可以任意加线,在结构穿插关系很复杂的模型中更能体现出多边形建模的优势。另外,多边形建模不像曲面建模那样有固定的 UV,在贴图工作中需要对 UV 进行手动编辑,以避免重叠或拉伸纹理。

本书主要介绍智慧城市的地上实体建模,多使用多边形建模方法。

1.4　3ds Max 的安装

智慧城市的建模主要以道路与建筑为主，因此选用 3ds Max 2012 作为建模软件。3ds Max 2012 的安装过程如下：

（1）打开安装程序，单击“安装”按钮，如图 1-9 所示，可进入“许可协议”界面。

图 1-9　打开安装程序，单击“安装”按钮

（2）在“许可协议”界面中点选“我接受”，如图 1-10 所示，单击“下一步”按钮可进入“产品信息”界面。

图 1-10　点选“我接受”选项

（3）在“产品信息”界面中，选择自己所购买产品的许可类型，并填写序列号和产品密钥，如图 1-11 所示，单击“下一步”按钮可进入“配置安装”界面。

图 1-11　选择许可类型并填写序列号和产品密钥

（4）在“配置安装”界面中勾选“Autodesk 3ds Max 2012”并选择安装路径，如图 1-12 所示，单击“安装”按钮，等待软件安装完毕即可。

图 1-12　勾选“Autodesk 3ds Max 2012”并选择安装路径

第2章 3ds Max建模的基本操作

2.1 工程准备

2.1.1 操作区简介与设置

一个软件的操作区就像办公室的工位一样，如何规划是很重要的。若一个人的工位井井有条且任何工具的拿取都十分便利，那么他的工作效率一定也不会低。

打开 3ds Max，其主界面的操作区如图 2-1 所示。

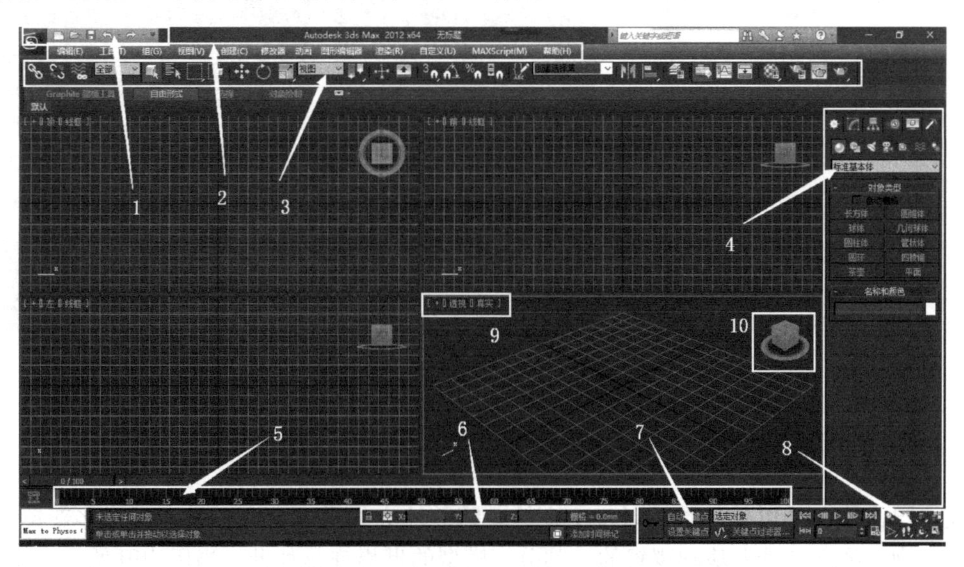

图 2-1　3ds Max 主界面的操作区

3ds Max 主界面的左上角为系统功能区（图中的区域 1），包括新建、打开、保存、撤销与重做等功能。系统功能区下方为菜单栏（图中的区域 2），3ds Max 的所有功能与设置都被整合在菜单栏中。菜单栏下方为主工具栏（图中的区域 3），此处是建模中最常用功能的整合，包括选择、缩放、移动、旋转、对称、渲染及下面要提到的捕捉等重要辅助功能。3ds Max

主界面的右侧为命令面板（图中的区域 4），是创建图形、修改图形、添加修改器、改变层次等图形命令的大合集。3ds Max 主界面下方的标尺状区域为时间轴模块（图中的区域 5），多用于进行动画推演与计时。时间轴下方为坐标显示区（图中的区域 6），用于显示所选物体的位置坐标。坐标显示区右侧为动画区（图中的区域 7），用于播放预先设定的动画。3ds Max 主界面的右下角为视口快捷操作区（图中的区域 8），是动画区的一部分，但部分功能会在建模时使用，如视口缩放、所选物体最大化显示等。3ds Max 主界面最中间的部分为视口区域，包括视口属性切换（图中的区域 9）及视口旋转魔方（图中的区域 10），用户可在视口属性切换中选择当前视口的透视方式、视口方位及明暗表现形式，利用视口旋转魔方可从多方位对模型进行观察，用于辅助模型设计。

用户既可以通过菜单栏中的“自定义”菜单（见图 2-2）来设置“自定义用户界面”（见图 2-3），也可通过“显示 UI”菜单（见图 2-4）来决定是否在 3ds Max 主界面中显示主工具栏，还可以通过拖曳的方式来扩宽命令面板（如变成双栏命令面板，见图 2-5）。建议显示器分辨率高的用户可扩宽命令面板，但在刚开始使用 3ds Max 时，建议使用图 2-1 所示的主界面。

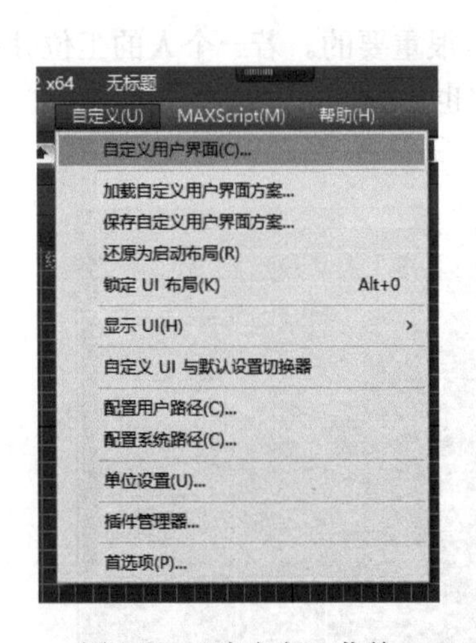

图 2-2 “自定义”菜单

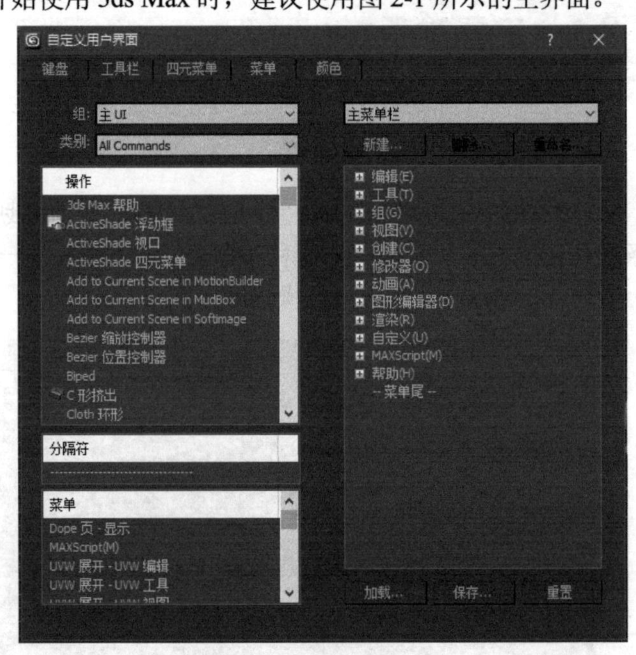

图 2-3 自定义用户界面

2.1.2 单位设置

在我国古代，是以结计数、以步丈宽的。随着社会的进步，人们发明了许多新单位来丈量世间万物。单位已成为基础逻辑的一部分，模型的世界亦是如此。当用户开始一个工程前，最重要的准备工作莫过于单位的设置了。在 3ds Max 中，单位可分为显示单位和系统单位，显示单位用于辅助修改模型的参数，系统单位与显示单位共同影响模型的显示。

在 3ds Max 主界面中，选择菜单“自定义→单位设置”（见图 2-6），可弹出“单位设置”面板（见图 2-7）。用户可以在“单位设置”面板中直接设置显示单位比例，一般在“公制”下选择所需的单位。

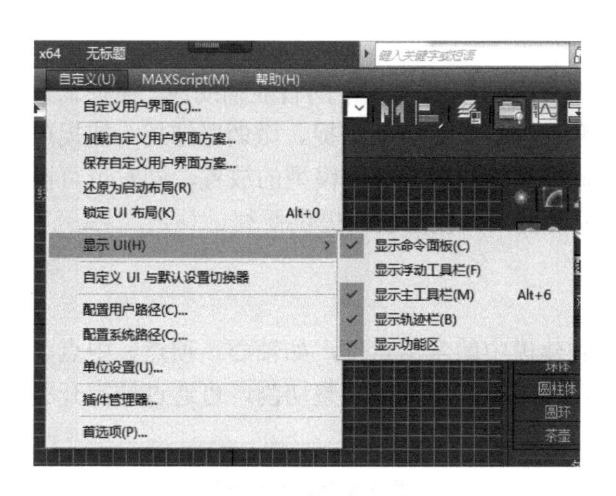

图 2-4　“显示 UI”菜单

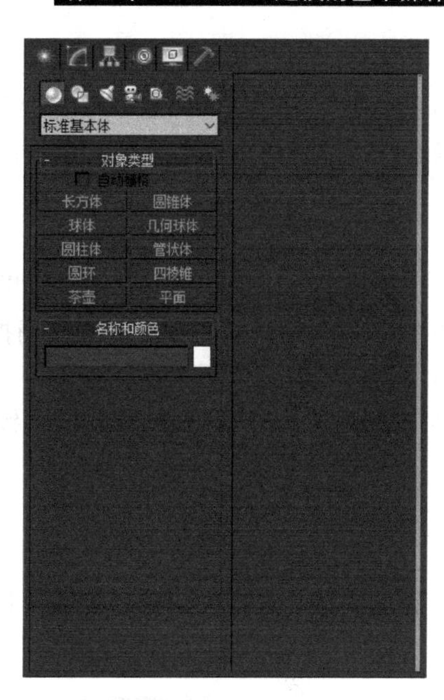

图 2-5　双栏命令面板

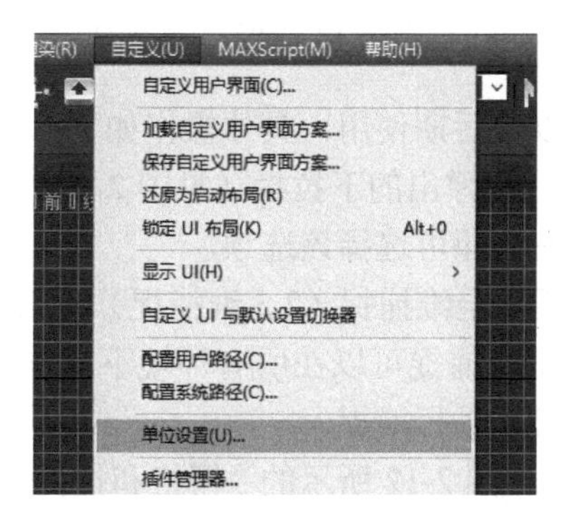

图 2-6　菜单“自定义→单位设置”

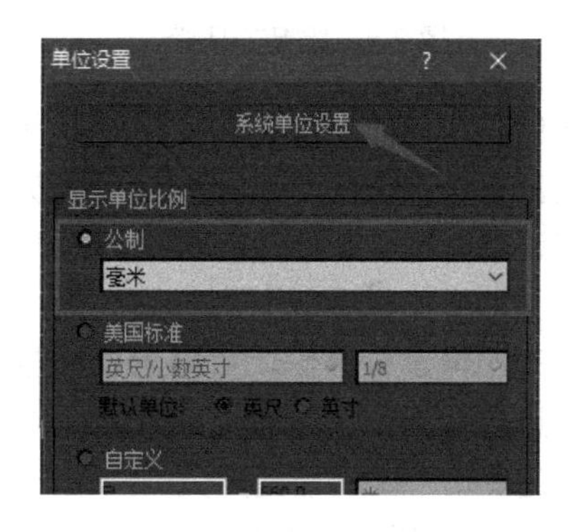

图 2-7　“单位设置”面板

单击图 2-7 中的“系统单位设置”按钮，可进入“系统单位设置”面板（见图 2-8），用户可在该面板中选择系统单位比例。

图 2-8　“系统单位设置”面板

需要注意的是，在进行道路建模时一般采用米作为单位。为了保证显示效果及后期模型的正常加载，显示单位应尽可能与系统单位保持一致。在特殊情况下可以不一致，如动画场景制作，这种情况不在本书的讨论范畴内。

2.1.3 捕捉设置

捕捉是 3ds Max 中最常用的辅助功能之一，其地位如同 AI 中的智能辅助线。捕捉工具栏如图 2-9 所示，从左到右依次为捕捉开关、角度捕捉、百分比捕捉、微调器捕捉。捕捉可以帮助用户快速定位到中点、垂足、交叉点、栅格点等位置，方便模型的放置，同时也可以提供角度锁定、放大倍数锁定、微调锁定等辅助功能，为模型创建提供便利。

1．捕捉开关

开启捕捉（快捷键为 S）后可快速定位到建模中的常用点位，如轴心、顶点、中点、垂足等，常用于进行仅影响轴的轴心位移，以及可编辑多边形的规整切割。可通过捕捉开关按钮（见图 2-10）来开启捕捉。

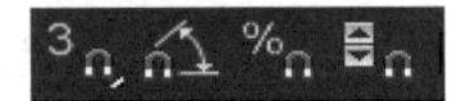

图 2-9　捕捉工具栏

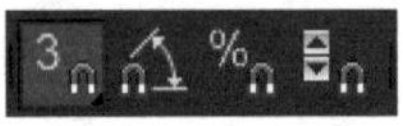

图 2-10　捕捉开关按钮

用户在创建模型前，可先对捕捉进行预设，以便后期使用，具体操作如下：

（1）用鼠标左键按住“”（捕捉开关）按钮，在弹出的下拉栏（见图 2-11）中移动鼠标光标到相应选项，选项图标高亮显示后松开鼠标左键即可选择该选项。

捕捉开关的下拉栏中从上到下依次为二维捕捉、全维捕捉（2.5 维捕捉）和三维捕捉。二维捕捉可在平面内进行操作，主要用于样条线；全维捕捉可以在所有环境下操作，可对所有的所选点位进行捕捉；三维捕捉则主要在立体环境下进行捕捉。

（2）右键单击“”（捕捉开关）按钮，可弹出如图 2-12 所示的“栅格和捕捉设置”面板，在此面板中可勾选或取消勾选某个功能点位，用户可根据自己的捕捉需求进行勾选。

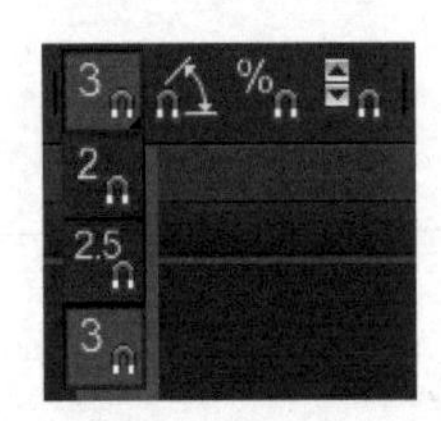

图 2-11　捕捉开关的下拉栏

图 2-12　“栅格和捕捉设置”面板

在智慧城市建模中，常用点位为轴心、垂足、顶点、端点和中点，用户可提前勾选这些选项，不需要时可以关闭捕捉，使用时再将捕捉开关打开。

2. 角度捕捉

角度捕捉（快捷键为 A）是常用捕捉之一，主要用于限制旋转角度。在建立不同方位的模型时，通常先在正方位（物体正、右、顶视图与系统正、右、顶视图一致）上完成模型创建，再进行整体旋转和位移。另外，大部分的建筑物角度都是常规角度，如 30°、45°、125°等。在进行旋转时，为了能够更加精准地控制旋转角度，可在角度捕捉中设置最小旋转角度为 5°，从而控制旋转角度。具体操作如下：

（1）单击“”（角度捕捉）按钮（见图 2-13），当该按钮高亮显示时表示角度捕捉已开启。

（2）右键单击“”（角度捕捉）按钮，可弹出如图 2-14 所示的“栅格和捕捉设置”面板，可在“角度”中设置最小旋转角度。

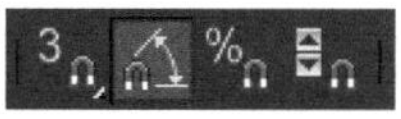

图 2-13　角度捕捉按钮

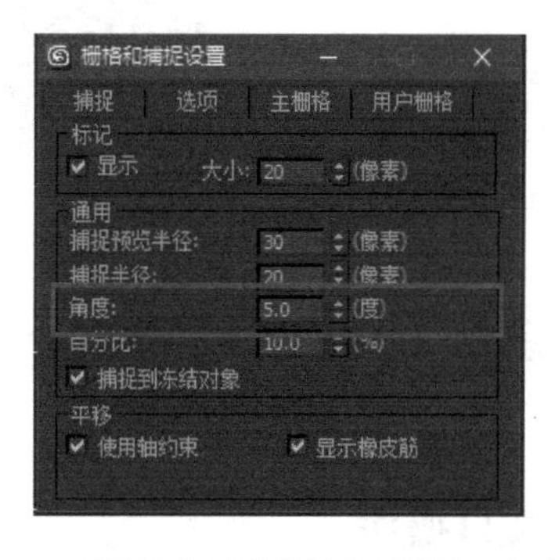

图 2-14　“栅格和捕捉设置”面板（角度捕捉）

3. 百分比捕捉

百分比捕捉的使用频率并不高，主要功能是控制缩放的最小百分比，主要用于模型定型后的整体排布。设置好最小缩放百分比后，模型的缩放将会按照设置的最小缩放百分比进行，具体操作如下：

（1）单击“”（百分比捕捉）按钮（见图 2-15），当该按钮高亮显示时表示百分比捕捉已开启。

（2）右键单击“”（百分比捕捉）按钮，可弹出如图 2-16 所示的“栅格和捕捉设置”面板，可在“百分比”中设置最小缩放百分比。

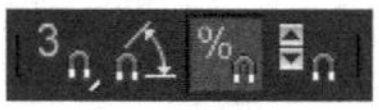

图 2-15　百分比捕捉

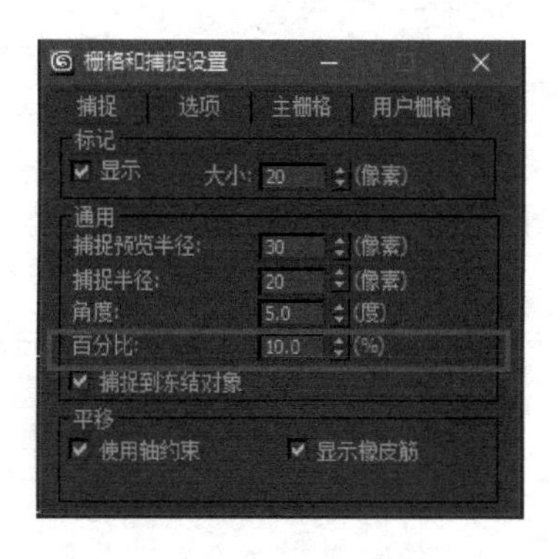

图 2-16　“栅格和捕捉设置”面板（百分比捕捉）

4. 微调器捕捉

微调器捕捉的使用频率也不高，主要功能是控制微调器的最小增减量。开启微调器捕捉后，所有微调器都会按照设置的最小增减量来调节模型。具体操作如下：

（1）单击“■”（微调器捕捉）按钮（见图 2-17），当该按钮高亮显示时表示微调器捕捉已开启。

（2）右键单击“■”（微调器捕捉）按钮，在图 2-18 所示的“微调器”栏中可以设置“精度”和“捕捉”，“精度”表示编辑字段中可显示的小数位数，“捕捉”表示微调器的最小增减量。

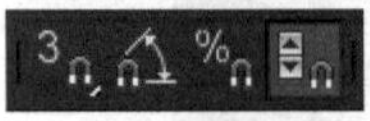

图 2-17　微调器捕捉按钮

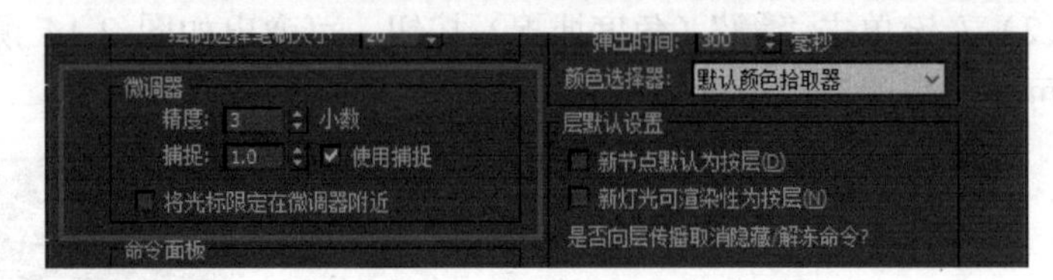

图 2-18　“微调器”栏

2.2　基本的功能性操作

2.2.1　视口操作

前文介绍的工程准备是用于辅助建模的，本节介绍的视口操作是高效建模的必备技能。通过视口，不仅可以帮助用户快速浏览模型的外形，直观确定模型的状态，还可以帮助用户权衡多个模型间的位置层次关系。

在默认情况下，视口区域包括 4 个视图，如图 2-19 所示，分别为顶视图、前视图、左视图和透视图。用户可以通过不同的视图来展示建立的模型。默认的视口区域在进行面片人物建模时十分高效，但由于默认的视口区域过于狭小且角度固定，因此在进行智慧城市建模时会影响建模的效率。通过视口操作，可将视口区域调整到最适合的状态。

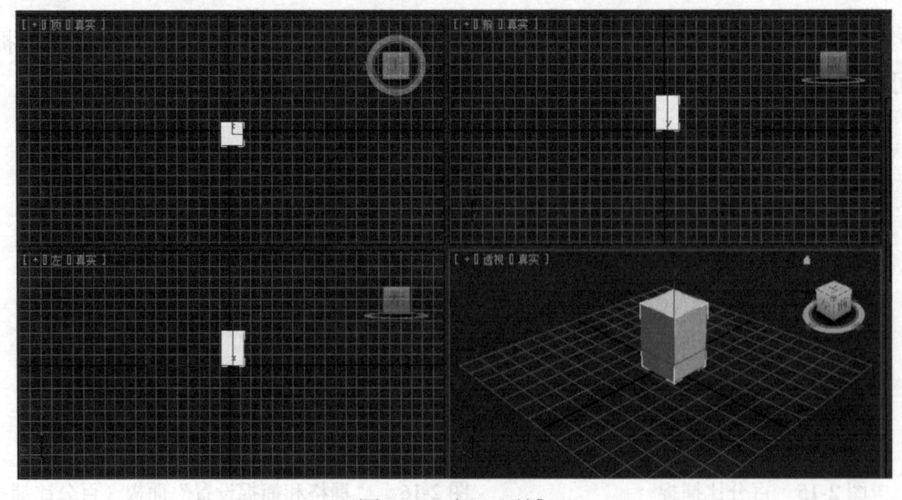

图 2-19　视口区域

1. 视图和模型的最大化显示

在进行智慧城市建模时，需要经常查看模型的全景。为了将视口区域调整到最适合的状态，必须解决视口区域中视图过小的问题。选择某个视图后，在 3ds Max 主界面右下角的视口快捷操作区中，单击“”（最大化视口切换）按钮（见图 2-20），即可将选择的视图放大，放大后的效果如图 2-21 所示。再次单击“”（最大化视口切换）按钮可返回默认的视口。最大化视图显示是常用的功能，组合键为 Alt+W。

图 2-20　最大化视口切换按钮

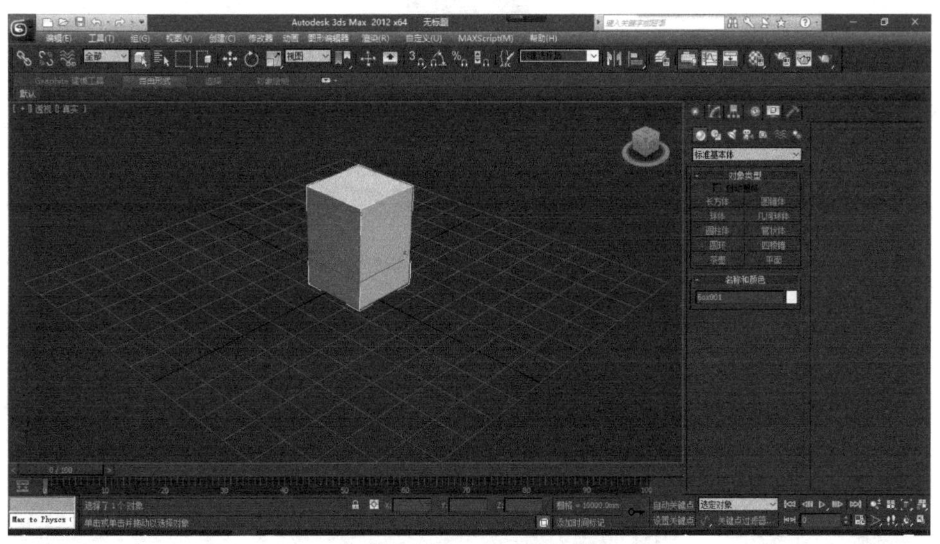

图 2-21　视图放大后的效果

3ds Max 除了具有最大化视图显示功能，还具有视图全窗口显示功能，组合键为 Ctrl+X。在建模时，通常需要向他人展示或汇报建模的进度、细节和结果等，一个干净清爽的界面更有助于模型的展示。视图全窗口显示的效果如图 2-22 所示。

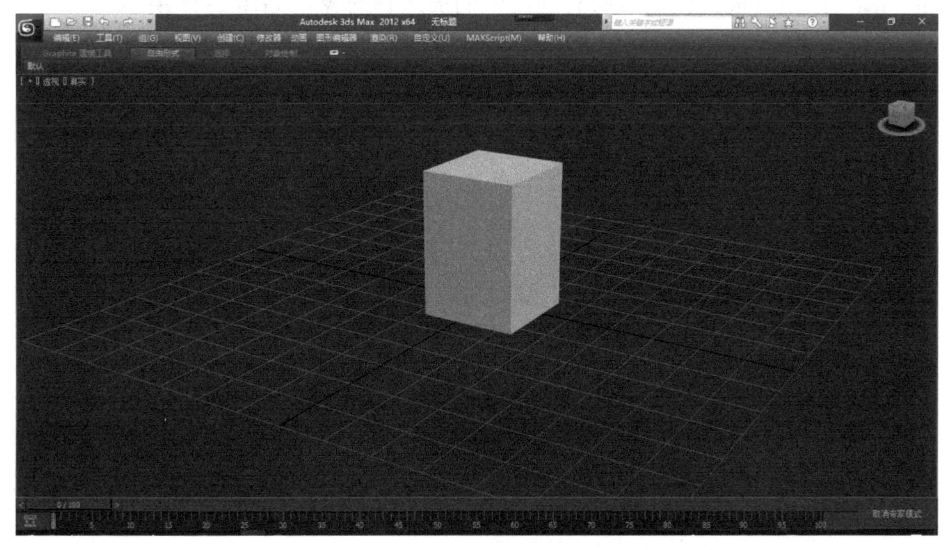

图 2-22　视图全窗口显示的效果

在一个视图中，用户可以使用鼠标滚轮或键盘的上下键来拉近或放远视图，从而实现模型的最大化显示。但在有些情况下，如透视图，放大和缩小不仅与系统比例有关，还与景深有关，需要多次操作才能最大化显示模型。

在此，推荐使用视口快捷操作区的“”（最大化显示被选择对象）按钮和“”（所有视图最大化显示被选择对象）按钮，这两个按钮如图 2-23 中的 1 和 2 所示。

图 2-23　最大化显示被选择对象按钮和所有视图最大化显示被选择对象按钮

单击“”按钮可最大化显示当前被选择视图中的被选择对象，如图 2-24 所示。

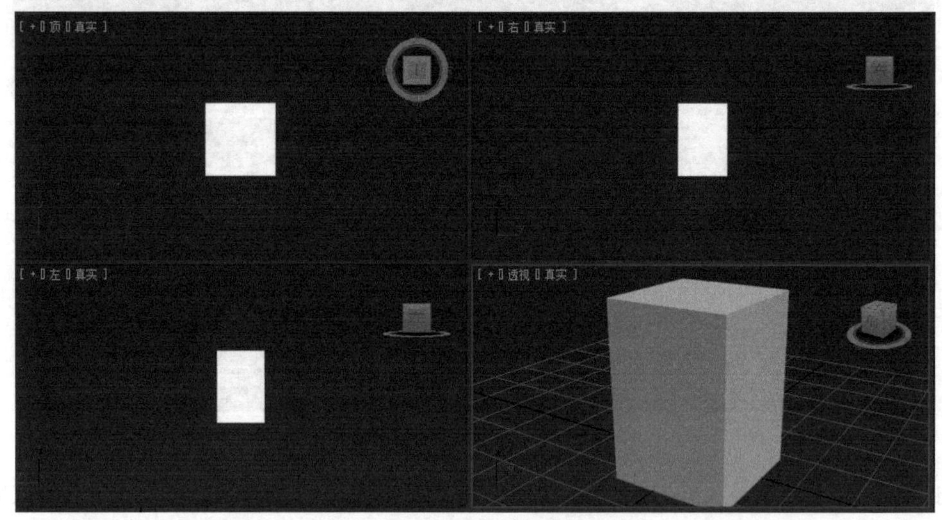

图 2-24　最大化显示当前被选择视图中的被选择对象（透视图被选择）

单击“”按钮可最大化显示所有视图中的被选择对象，如图 2-25 所示。

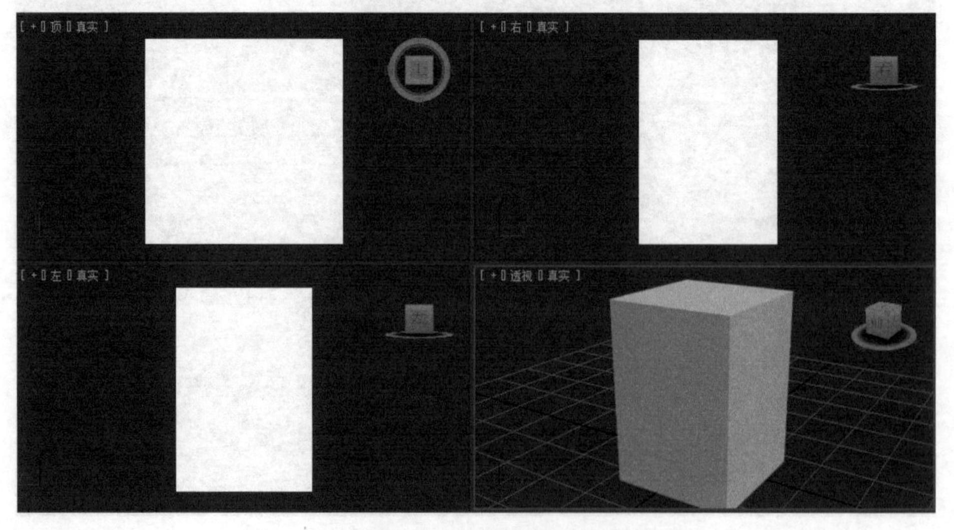

图 2-25　最大化显示所有视图中的被选择对象

当视图中存在多个模型时，既可以最大化显示视图中的所有模型，也可以最大化显示视图中被选择的模型，如图 2-26 所示。

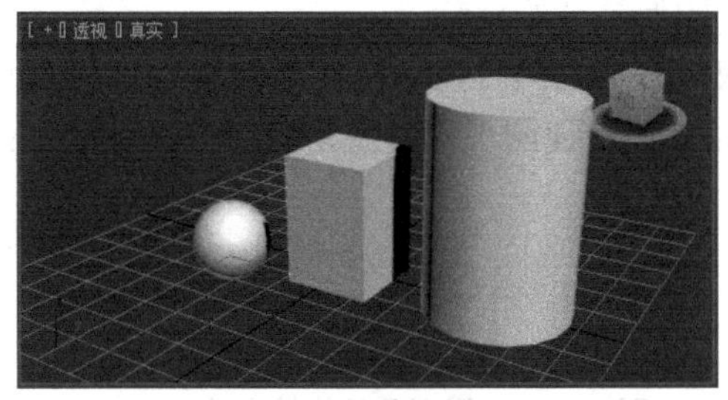

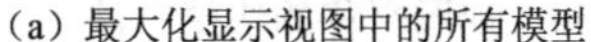
（a）最大化显示视图中的所有模型

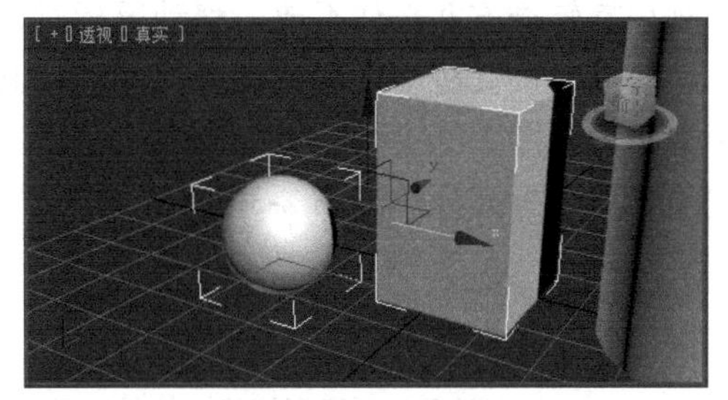
（b）最大化显示视图中被选择的模型

图 2-26　当视图中存在多个模型时的最大化显示

2．视图的切换与平移

默认的视口区域只有 3 个平面视图和 1 个透视图，但在智慧城市建模时，往往需要进行多角度的观察，这就需要进行视图切换。那么该如何切换视图呢？在实际生活中，用户常常使用正方体的展开图来训练空间思维，正方体有 6 个面，也就意味着至少可以从 6 个方位来观察正方体。单击视图左上方的视口属性切换栏，可弹出基础视图切换下拉栏，如图 2-27 所示，选择想要切换到的视图即可。

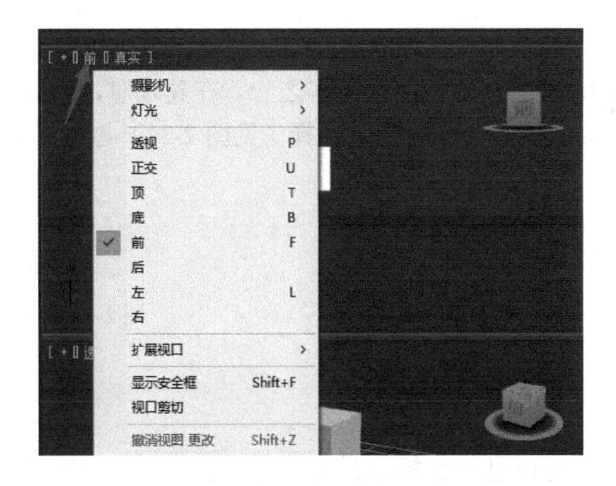

图 2-27　基础视图切换下拉栏

在精度要求较高或模型复杂程度较高时，基础视图未必能满足用户的需求，通过图 2-28 所示的视口旋转魔方可以产生更多的视图视角。

图 2-28　视口旋转魔方

当视图是6大基础视图时，视口旋转魔方的右上角将会出现两个箭头，单击对应的箭头，视图便会旋转；当视图是透视图时，可以单击视口旋转魔方的边角来切换视图；用鼠标左键选择视口旋转魔方并按住不放，移动鼠标时，视图便会开始旋转。

在建模时，会经常使用视图切换功能，其快捷方法为同时按下鼠标滚轮和 Alt 键后移动鼠标光标，如图2-29所示。在建模时，同样会经常使用视图平移功能，快捷方法是按下鼠标滚轮后移动鼠标光标，如图2-30所示。

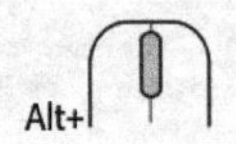

图2-29　视图切换的快捷方法

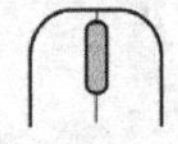

图2-30　视图平移的快捷方法

3. 视图的选择

在模型建立与模型展示两个阶段，通常会使用不同的视图。

建立模型通常是在正交视图下进行的，原因有二：一是6大基础视图在本质上是正交视图，也只有在正交视图中才能快速创建样条线；二是正交视图没有透视效果，不存在近大远小的现象，所有点线面均为正交显示，有利于模型编辑与逻辑梳理。

模型展示通常是在透视图下进行的，透视图中的近大远小现象与人们的视觉相同，模型的表现也会变得更加细腻，有利于模型的展示。

2.2.2 选择

选择操作也是3ds Max的基础功能性操作之一。在建模时，要想操作某个模型，首先要选择这个模型。在3ds Max中，选择分为只选择（见图2-31）与选择并动作（见图2-32），两者都具有选择功能。

图2-31　只选择工具栏

图2-32　选择并动作工具栏

1. 只选择

顾名思义，只选择只可以进行选择，并无其他功能。只选择工具栏从左到右依次为选择过滤器、选择对象、按名称选择、选区形状、包含开关（窗口/交叉）。

（1）选择过滤器。选择过滤器好像一个筛板，可以把不需要的类别隔离在视口中被选择的范围之外。单击选择过滤器的下拉框，可弹出其类别过滤列表（见图2-33），选择其中一个类别后，在视口中只有这一类别的对象可以被选择。选择过滤器适用于模型数量较多的情况，并且多用于产品渲染或者动画制作。

（2）选择对象。当“■”（选择对象）按钮高亮显示时，表示开启了选择对象的功能，这时可在视口中选择允许的类别（在选择过滤器中选择的类别），该功能是3ds Max的常用功能之一，快捷键为Q。

（3）按名称选择。按名称选择的功能多用于场景存在较多模型的情况下，单击“■”（按名称选择）按钮时，可弹出如图2-34所示的“从场景选择”面板，场景中所有的对象都会按照名称显示在该面板中。同时，该面板还提供了查找功能，用户可按照名称和类别进行查找。注意：在建模时，重要的几何体，以及组合或场景中的重要对象，务必自行设置名称，以便查找。

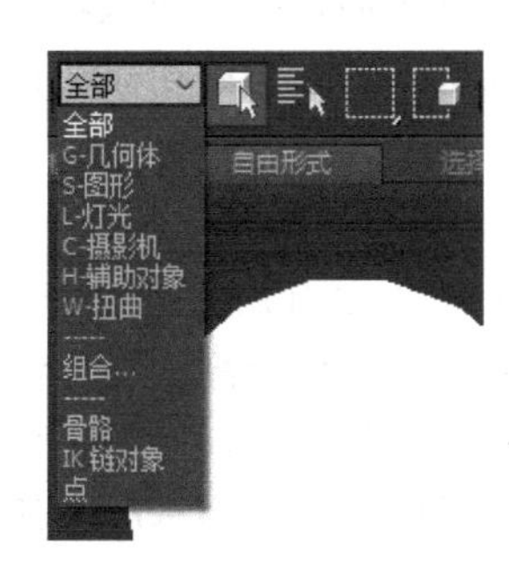

图2-33　选择过滤器的类别过滤列表

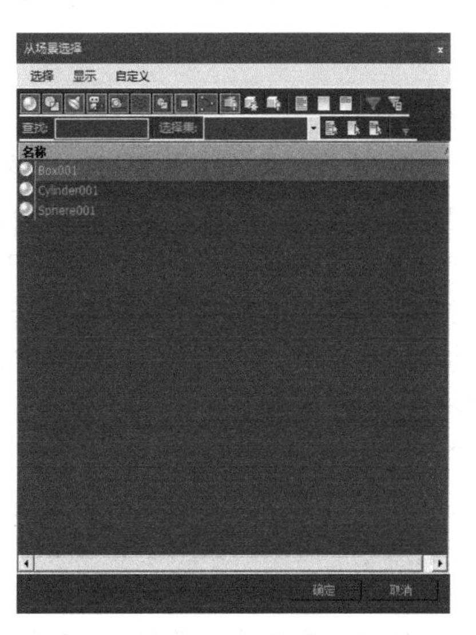

图2-34　“从场景选择”面板

（4）选区形状。选区形状是指选择框的外形，单击并长按“■”（选区形状）按钮，可弹出如图2-35所示的选区形状下拉栏。该下拉栏中的选项从上到下依次为矩形选择区域、圆形选择区域、围栏选择区域、套索选择区域和绘制选择区域，其中的绘制选择区域较为特殊，类似Photoshop中的画笔，使用灵活多变，适用于不规则图形的选择（见图2-36）；读者可在3ds Max中自行体验其他选区形状的选项。选区形状功能经常和选择对象功能一起使用。

（5）包含开关。包含开关也称为窗口/交叉，当“■”（包含开关）按钮高亮显示时（见图2-37），表示开启了包含功能。开启包含功能后，只有完全被选区形状包括在内的对象才会被选择。若没有对象被完全包括在内，或者只被选区形状包括了一部分的对象，则不会被选择。包含功能多用于可编辑多边形中的边面选择。

图2-35　选区形状下拉栏

图2-36　不规则图形的选择

图2-37　包含开关按钮高亮显示

2. 选择并动作

选择并动作同样具有选择功能，但选择功能不如只选择强大，选择并动作的主要作用在于动作。当操作的对象较多时，可以使用选择并动作功能来进行操作。选择并动作工具栏如图 2-38 所示，图中三个高亮显示的按钮分别是选择并移动、选择并旋转、选择并缩放。

图 2-38　选择并动作工具栏

1）选择并移动

单击“”（选择并移动）按钮后，当该按钮高亮显示时，表示开启了选择并移动功能，此时可以选择任意对象，所选对象的轴心会出现一个带有方向的三维坐标系，每两个坐标轴之间存在一个平面，如图 2-39 所示。当用户选择任意一个坐标轴后，即可在该轴方向上移动被选择的对象；当用户选择两个坐标轴所夹的平面时，即可在该平面上移动被选择的对象。选择并移动功能是常用的功能之一，快捷键为 W。

2）选择并旋转

单击“”（选择并旋转）按钮后，当该按钮高亮显示时，表示开启了选择并旋转功能，此时可以选择任意对象，所选对象的轴心会出现一个被三条交叉经线分割三维球体，三条经线将球体分割为 8 个区域，如图 2-40 所示。当用户选择任意一条经线后，即可在该经线方向上旋转被选择的对象；当用户选择三条经线所夹的曲面时，即可以轴心为基准，任意旋转被选择的对象。选择并旋转功能是常用的功能之一，快捷键为 E。

3）选择并缩放

单击“”（选择并缩放）按钮后，当该按钮高亮显示时，表示开启了选择并缩放功能，此时可以选择任意对象，所选对象的轴心会出现一个不带有方向的三维坐标系，每两个坐标轴之间存在一个梯形平面，且梯形对应的三条边共同围成了一个三角形，如图 2-41 所示。当用户选择任意一个坐标轴后，即可在该坐标轴方向上缩放被选择的对象；当用户选择两个坐标轴所夹的梯形平面时，即可在该平面上缩放被选择的对象；当用户选择三条边所围成的三角形时，即可整体缩放被选择的对象。选择并缩放功能同样也是常用的功能之一，快捷键为 R。

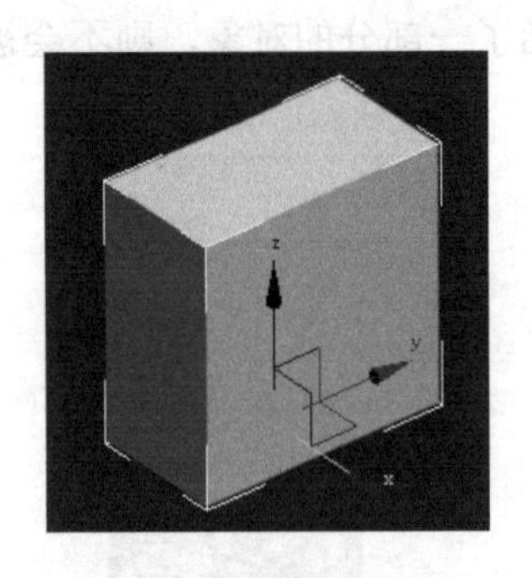

图 2-39　选择并移动示意图

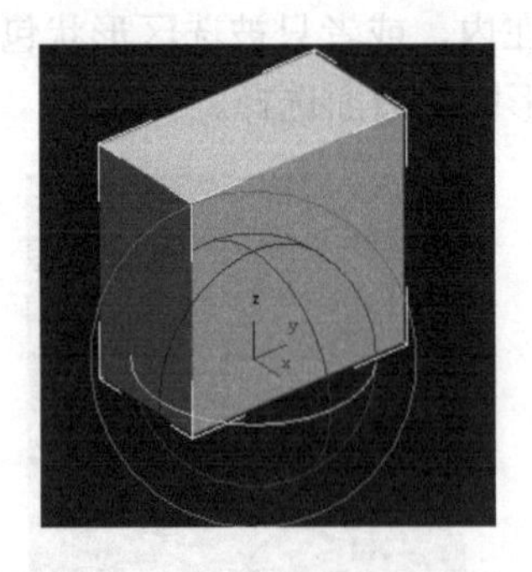

图 2-40　选择并旋转示意图

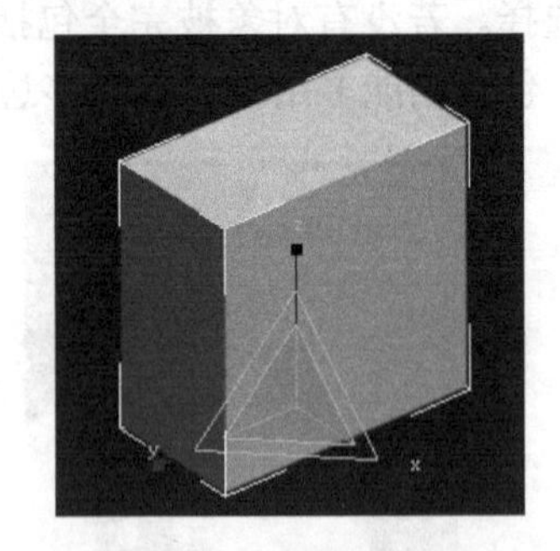

图 2-41　选择并缩放示意图

上述三种功能都是建模过程中常用的功能，结合各种捕捉功能，可以在建模过程中满足摆放对象的各种需求。

第3章 3ds Max的实体建模

3.1 创建二维线

一生二，二生三，三生万物。老子的这句话也说明了 3ds Max 中的图形派生关系。在 3ds Max 中，二维线由点构成，面由二维线排布而成，而面立则体成。

二维线是 3ds Max 中的模型基础，掌握二维线的创建是非常重要的。用户不仅可以通过修改器将二维线扩展成三维对象，还可以通过放样等相关技术实现剖面建模。

二维线可分为样条线、NURBS 曲线和扩展样条线三类，如图 3-1 所示，位于 3ds Max 主界面右侧的命令面板中（命令面板见图 2-1 的区域 4）。

3.1.1 样条线

样条线是最基本的二维线，包括线、圆、弧、多边形、文本、截面、矩形、椭圆、圆环、星形、螺旋线等，如图 3-2 所示。

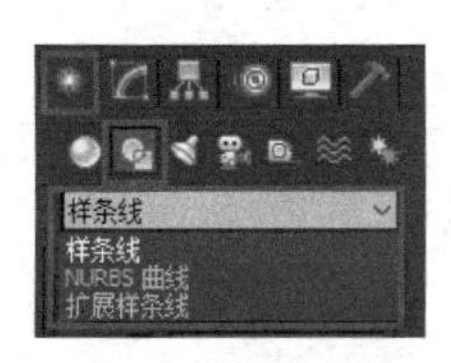

图 3-1　二维线的种类

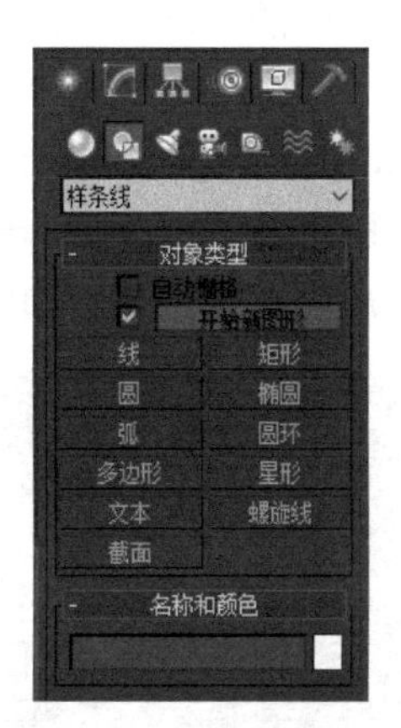

图 3-2　样条线的种类

每种样条线的创建方式都基本相同，下面以最常用的线为例来介绍样条线的创建方法，读者可在 3ds Max 中自行创建其他种类的样条线。

单击样条线面板下的“线”，当其高亮显示时表示开启了画线功能，如图 3-3 所示。此时将鼠标光标移动到视口区域，鼠标光标会变为十字形光标。画线的方法与 Photoshop 中“钢笔”的用法类似，同样画线时的点也分为 Bezier 点与普通点。具体的画线步骤如下：

（1）在视口区域单击鼠标左键可创建第一个点，该点为普通点（见图 3-4）。若需要创建 Bezier 点，则长按鼠标左键并移动鼠标即可（见图 3-5）。

图 3-3　开启画线功能

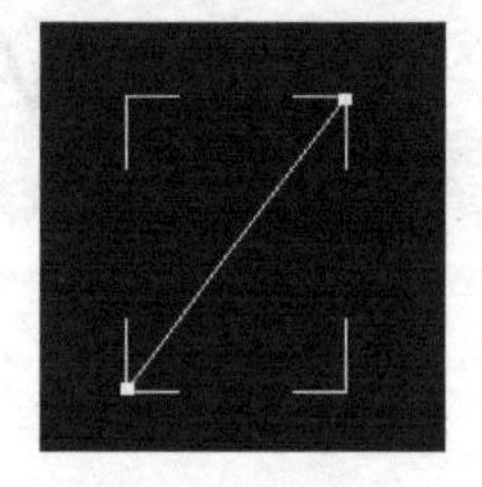

图 3-4　普通点

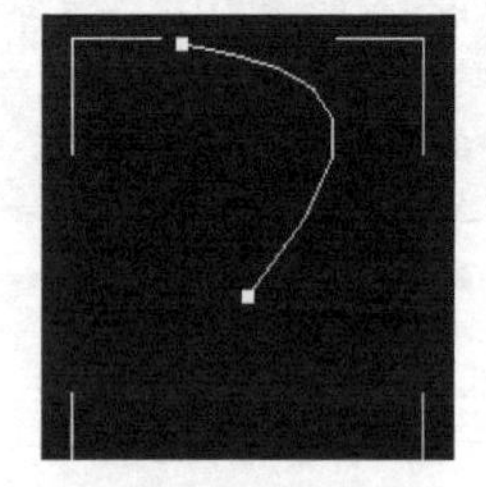

图 3-5　Bezier 点

（2）用户可根据实际的需要来创建普通点或 Bezier 点，单击鼠标右键即可完成样条线的创建并退出画线功能。此时视口区域中鼠标光标的形状恢复正常。

画线时需要注意以下几点：

（1）画线时按住 Shift 键，走线将会变为正方向直线（见图 3-6），该方法便于创建规则的图形。若需要创建闭合的图形，则在画线时一点点回到起始点的位置，并在弹出的提示框中单击“是”按钮，即可闭合样条线。创建闭合的图形如图 3-7 所示。

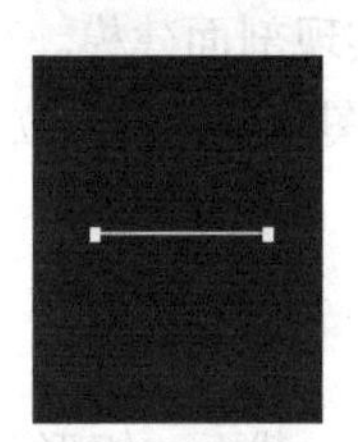

图 3-6　正方向直线

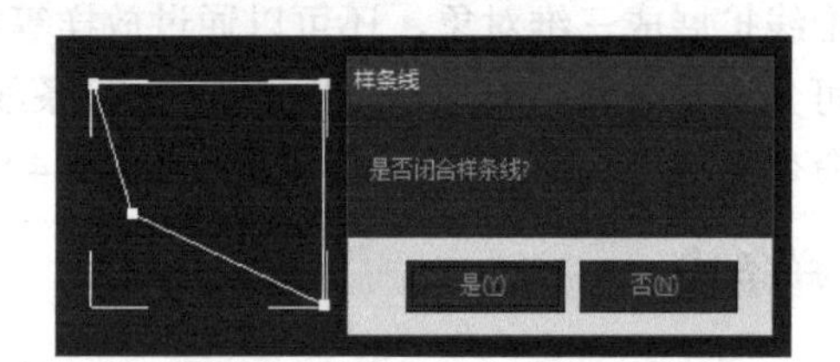

图 3-7　创建闭合的图形

（2）样条线面板中的“自动栅格”“开始新图形”复选框，是创建样条线的辅助功能，可同时勾选。在勾选“自动栅格”后，创建样条线时，鼠标光标在视口区域中将会变成带直角坐标轴的十字形光标，并且自动在视口区域的背景中产生栅格，如图 3-8 所示。自动栅格功能可以和各种捕捉功能配合使用。3ds Max 在默认情况下是勾选“开始新图形”的，若取消勾选，则创建的样条线将成为一个整体，如图 3-9 所示，在这种情况下创建的样条线可一同被选择。

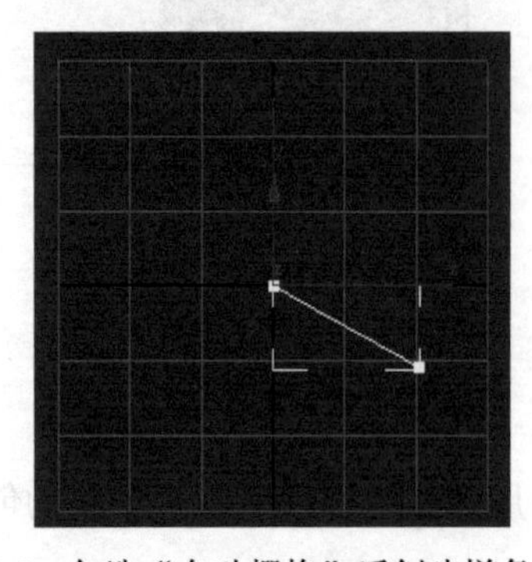

图 3-8　勾选“自动栅格”后创建样条线

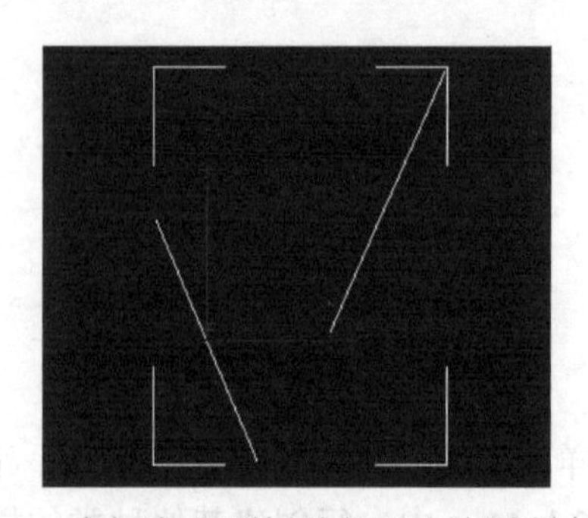

图 3-9　未勾选“开始新图形”后创建样条线

（3）在创建好样条线之后，可对其样式进行修改。例如，创建好矩形之后，可改变角半径，将矩形圆角化，如图 3-10 所示。

3.1.2　NURBS 曲线

NURBS 建模是一种优秀的曲线建模方法，该建模方法通过先进的算法对曲线进行运算，使曲线更加逼真，尤其是在进行人物建模时，常使用 NURBS 建模算法进行模型优化。

NURBS 曲线可分为点曲线与 CV 曲线，如图 3-11 所示。点曲线与 CV 曲线的创建方法和样条线一致，这里仅介绍二者的区别。

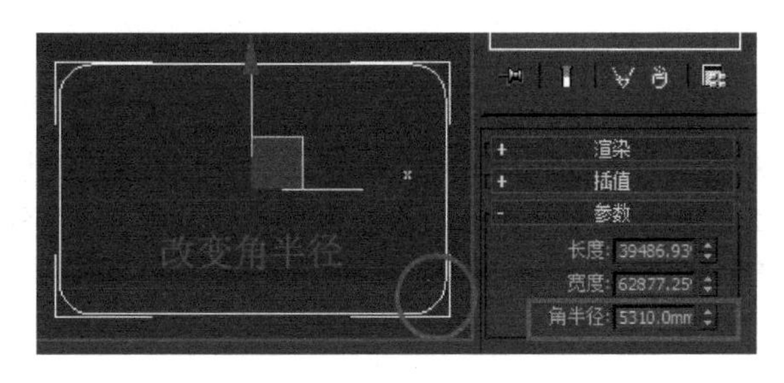

图 3-10　改变角半径

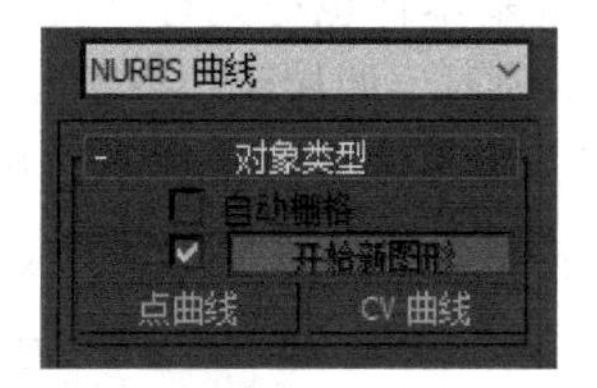

图 3-11　NURBS 曲线的种类

（1）点曲线：在创建点曲线时创建的点都是拐点，曲线会自动根据拐点的位置进行弯曲，用户无法控制，如图 3-12 所示。

（2）CV 曲线：CV 曲线是通过所创建的外包多边形来产生的，通常配合捕捉功能使用，用于创建内包曲线，如图 3-13 所示。

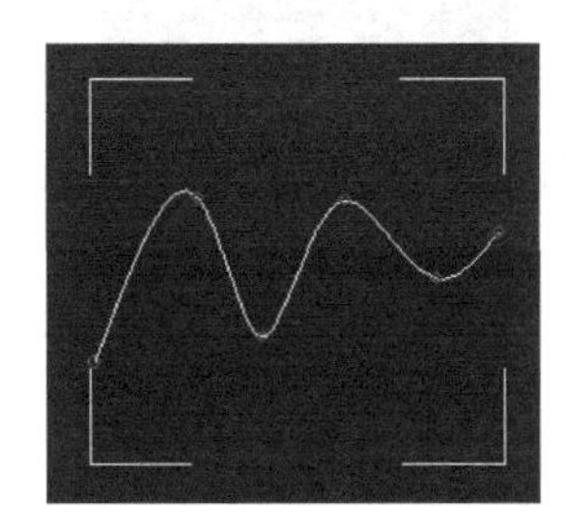

图 3-12　点曲线

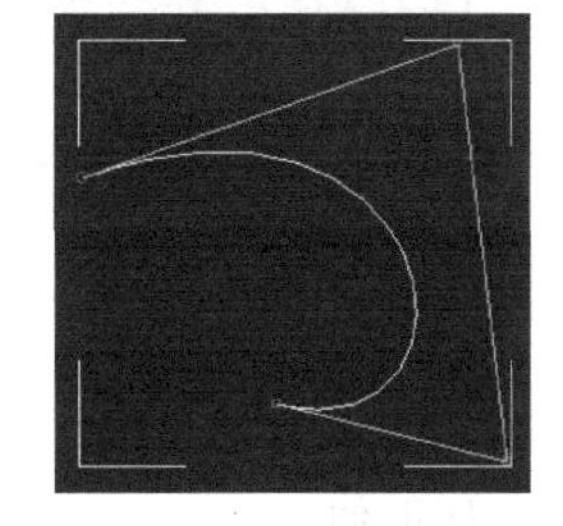

图 3-13　CV 曲线

3.1.3　扩展样条线

扩展样条线是样条线的补充，可以看成是预先设置了外形的样条线，通过修改样条线也可以达到相同的效果。扩展样条线主要有 5 种，即墙矩形、通道、角度、T 形、宽法兰。

扩展样条线的创建方式为：①按住鼠标左键进行轮廓拖曳；②松开鼠标左键进行轮廓填充；③单击鼠标左键完成创建；④单击鼠标右键退出创建状态。

读者可在 3ds Max 中自行创建扩展样条线，5 种扩展样条线如图 3-14 所示。

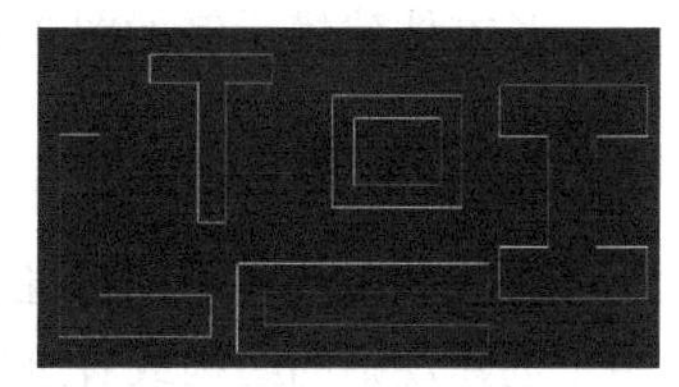

图 3-14　5 种扩展样条线

3.2 创建几何体

几何体是 3ds Max 的精髓，大多数模型都是由几何体派生的。3ds Max 中的几何体有 14 种（见图 3-15）。在智慧城市建模中常用的有标准基本体、扩展基本体和复合对象，复合对象的操作较为复杂，将在后续的章节中讲解。门、窗和楼梯等几何体也经常被使用，但其建模方法比较简单，请读者在 3ds Max 中自行实践。

3.2.1 标准基本体

标准基本体也称为标准几何体，主要包括长方体、圆锥体、球体、几何球体、圆柱体、管状体、圆环、四棱锥、茶壶和平面（见图 3-16）。茶壶和平面多用于渲染出图前的光影测试，在平面设计或者家装设计中使用得较多，在智慧城市建模中很少使用。除了茶壶与平面，其他 8 种标准基本体在智慧城市建模中经常使用，本节重点介绍这 8 种标准基本体。

图 3-15 几何体的种类

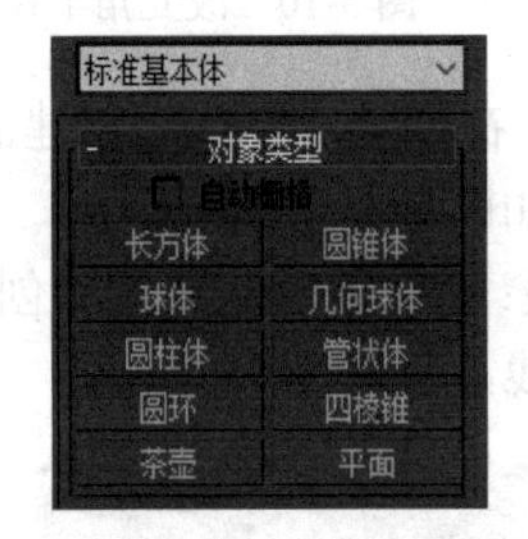

图 3-16 标准基本体的种类

1. 长方体

长方体是最常用的标准基本体之一，因其外形规则，易于变形与分段，常用于创建规则的结构或者进行几何近似。

创建长方体的方法是：单击命令面板中的“长方体”按钮，当该按钮高亮显示时，将鼠标光标移到视口区域中，鼠标光标会变成十字形光标；在视口区域中按住鼠标左键进行拖曳，当出现长方体的底面后，松开鼠标左键，向上或向下移动鼠标光标，当确定长方体的高后，再次单击鼠标左键即可完成长方体的创建；单击鼠标右键可退出创建状态，此时视口区域中的鼠标光标将恢复正常形状。

长方体建模示例如图 3-17 所示。

2. 圆锥体

圆锥体是最常用的标准基本体之一，与长方体一样，其外形规则且易于变形与分段，常用于创建规则的结构或者进行几何近似。

创建圆锥体的方法是：单击命令面板中的“圆锥体”按钮，当该按钮高亮显示时，将鼠标光标移到视口区域中，鼠标光标会变成十字形光标；在视口区域中按住鼠标左键进行拖曳，当出现圆锥体的底面后，松开鼠标左键，向上或向下移动鼠标光标，当确定圆锥体的高后，再次上下移动鼠标光标设定顶面半径，单击鼠标左键即可完成圆锥体的创建；单击鼠标右键可退出创建状态，此时视口区域中的鼠标光标将恢复正常形状。

圆锥体建模示例如图 3-18 所示。

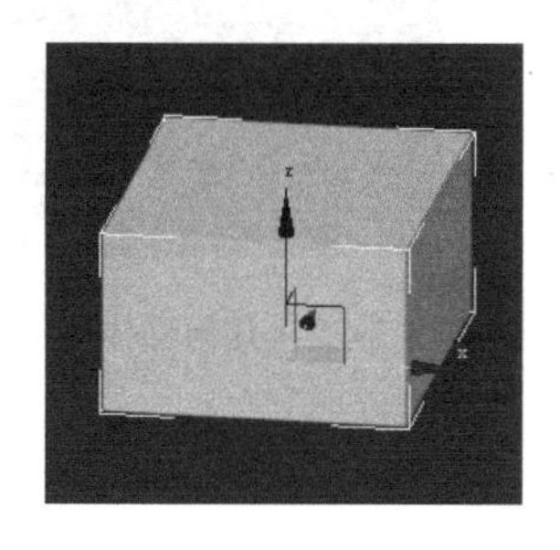

图 3-17　长方体建模示例

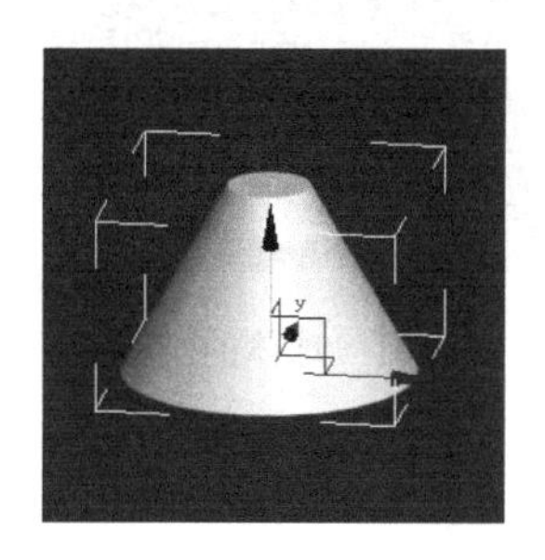

图 3-18　圆锥体建模示例

3. 球体

球体是最常用的标准基本体之一，常用于创建规则的结构或者进行几何近似。

创建球体的方法是：单击命令面板中的“球体”按钮，当该按钮高亮显示时，将鼠标光标移到视口区域中，鼠标光标会变成十字形光标；在视口区域中按住鼠标左键进行拖曳，松开鼠标左键即可完成球体的创建；单击鼠标右键可退出创建状态，此时视口区域中的鼠标光标将恢复正常形状。

球体建模示例如图 3-19 所示。

4. 几何球体

几何球体是最常用的标准基本体之一，常用于创建规则的结构或者进行几何近似。

创建几何球体的方法是：单击命令面板中的“几何球体”按钮，当该按钮高亮显示时，将鼠标光标移到视口区域中，鼠标光标会变成十字形光标；在视口区域中按住鼠标左键进行拖曳，松开鼠标左键即可完成几何球体的创建；单击鼠标右键可退出创建状态，此时视口区域中的鼠标光标将恢复正常形状。

几何球体建模示例如图 3-20 所示。

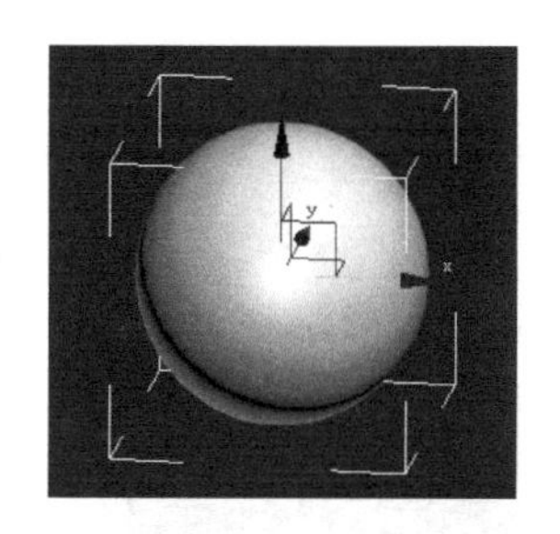

图 3-19　球体建模示例

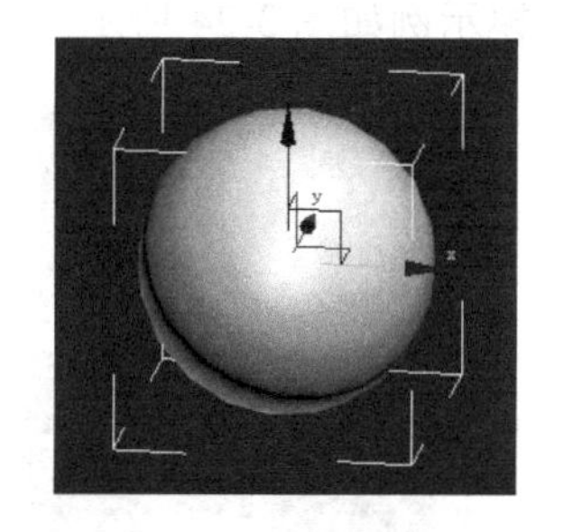

图 3-20　几何球体建模示例

几何球体与球体的展示方法是相同的，它们的不同之处在于结构。球体是由一块一块的四边形构成的，如图 3-21 所示；几何球体是由一块一块的三角形构成的，如图 3-22 所示。几何球体与球体在球面上的表现无明显差别，用户可以根据模型对结构的要求进行选择。

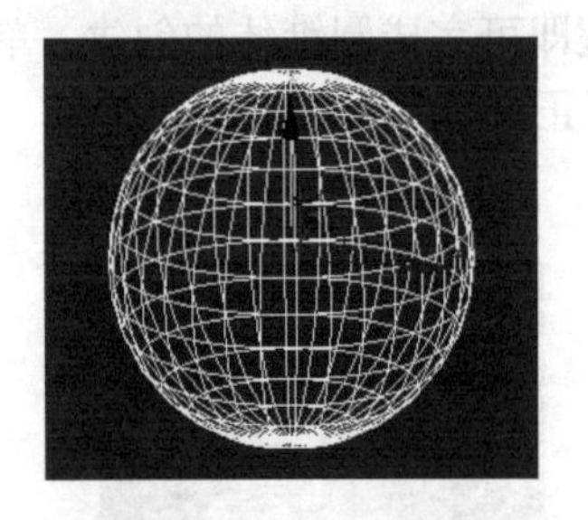

图 3-21 球体的结构

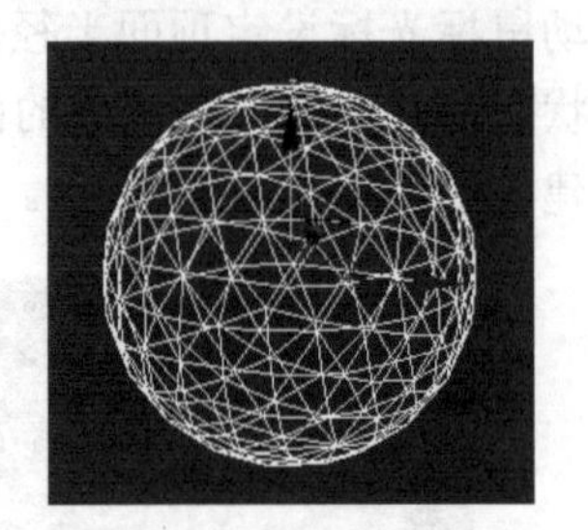

图 3-22 几何球体的结构

5. 圆柱体

圆柱体是最常用的标准基本体之一，常用于创建规则的结构或者进行几何近似。

创建圆柱体的方法是：单击命令面板中的“圆柱体”按钮，当该按钮高亮显示时，将鼠标光标移到视口区域中，鼠标光标会变成十字形光标；在视口区域中按住鼠标左键进行拖曳，当出现圆柱体的底面后，松开鼠标左键，向上或向下移动鼠标光标，当确定圆柱体的高后，再次单击鼠标左键即可完成圆柱体的创建；单击鼠标右键可退出创建状态，此时视口区域中的鼠标光标将恢复正常形状。

圆柱体建模示例如图 3-23 所示。

6. 管状体

管状体是最常用的标准基本体之一，因其外形酷似管道且易于变形与分段，常用于创建规则的结构或者进行几何近似。

创建管状体的方法是：单击命令面板中的“管状体”按钮，当该按钮高亮显示时，将鼠标光标移到视口区域中，鼠标光标会变成十字形光标；在视口区域中按住鼠标左键进行拖曳，当出现管状体的一条底边后，松开鼠标左键，向左或向右移动鼠标光标可确定另一条底边，单击鼠标左键可确定底环；确定底环后，上下移动鼠标光标，确定好高度后再次单击鼠标左键即可完成管状体的创建；单击鼠标右键可退出创建状态，此时视口区域中的鼠标光标将恢复正常形状。

管状体建模示例如图 3-24 所示。

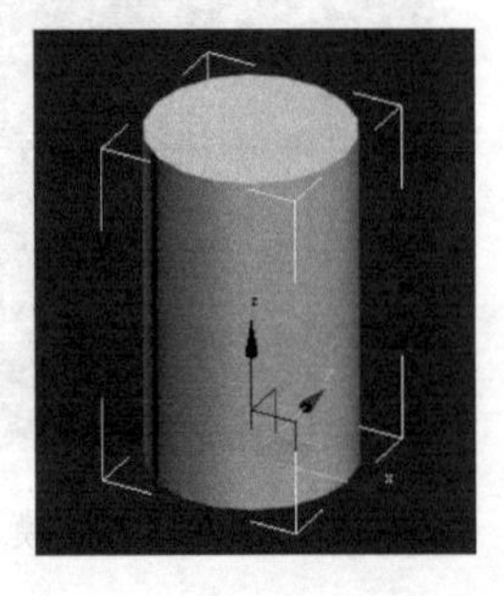

图 3-23 圆柱体建模示例

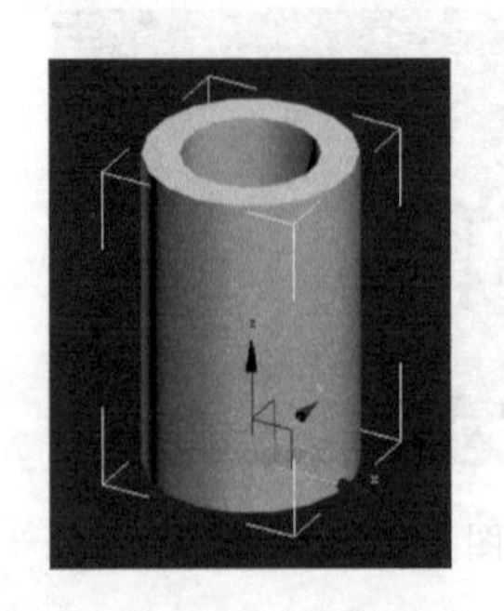

图 3-24 管状体建模示例

7. 圆环

圆环是最常用的标准基本体之一，常用于创建规则的结构或者进行几何近似，如涵洞等。

创建圆环的方法是：单击命令面板中的“圆环”按钮，当该按钮高亮显示时，将鼠标光标移到视口区域中，鼠标光标会变成十字形光标；在视口区域中按住鼠标左键进行拖曳，当确定圆环的大小，松开鼠标左键，向左或向右移动鼠标光标确定圆环的粗细，再次单击鼠标左键即可完成圆环的创建；单击鼠标右键可退出创建状态，此时视口区域中的鼠标光标将恢复正常形状。

圆环建模示例如图 3-25 所示。

8. 四棱锥

四棱锥是最常用的标准基本体之一，常用于创建规则的结构或者进行几何近似。

创建四棱锥的方法是：单击命令面板中的“四棱锥”按钮，当该按钮高亮显示时，将鼠标光标移到视口区域中，鼠标光标会变成十字形光标；在视口区域中按住鼠标左键进行拖曳，当确定四棱锥的底面后，松开鼠标左键，向上或向下移动鼠标光标确定四棱锥的高，再次单击鼠标左键即可完成四棱锥的创建；单击鼠标右键可退出创建状态，此时视口区域中的鼠标光标将恢复正常形状。

四棱锥建模示例如图 3-26 所示。

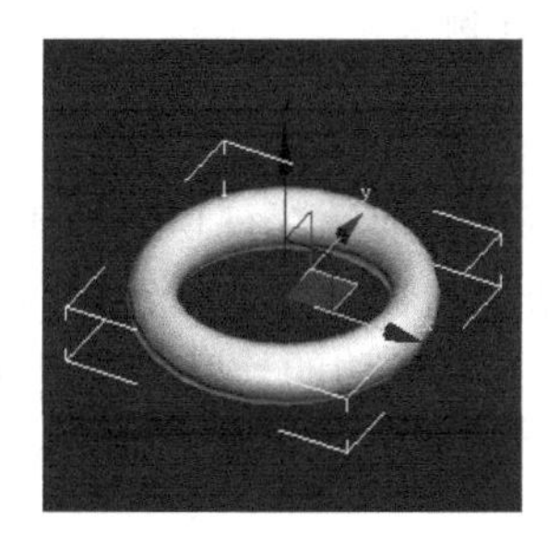

图 3-25 圆环建模示例

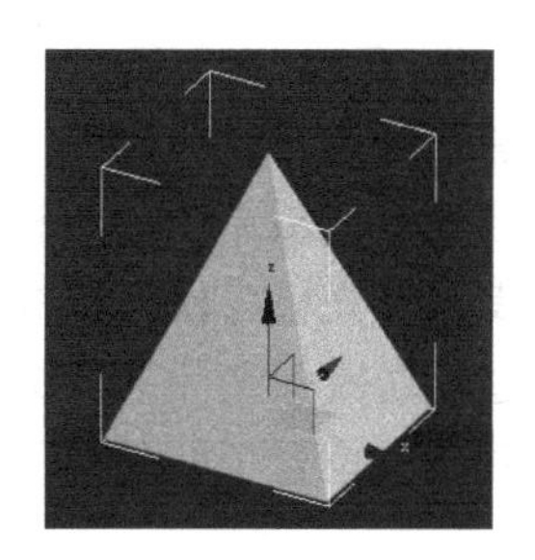

图 3-26 四棱锥建模示例

上述创建的模型，都可以在修改栏中修改模型的相关参数，如设置分段等（见图 3-27）。分段是一个十分重要的参数。分段的数量越多，模型变形后的精度也越高，当然模型的面数也会随之增多，进而增大模型的存储空间，对模型的加载产生影响。在建模时，应综合考虑性能与精度之间的关系，合理控制模型的面数。

3.2.2 扩展基本体

扩展基本体和扩展样条线类似，扩展基本体在标准基本体的基础上预先设置了外形。扩展基本体包括异面体、环形结、切角长方体、切角圆柱体、油罐、胶囊、纺锤、L-Ext、球棱柱、C-Ext、环形波、软管和棱柱等种类（见图 3-28）。在进行智慧城市建模时，这些类型都可能会被用到，这里以最为常用的棱柱为例来介绍扩展基本体的建模，其他种类扩展基本体的建模方法比较简单，读者可在 3ds Max 中自行体会。

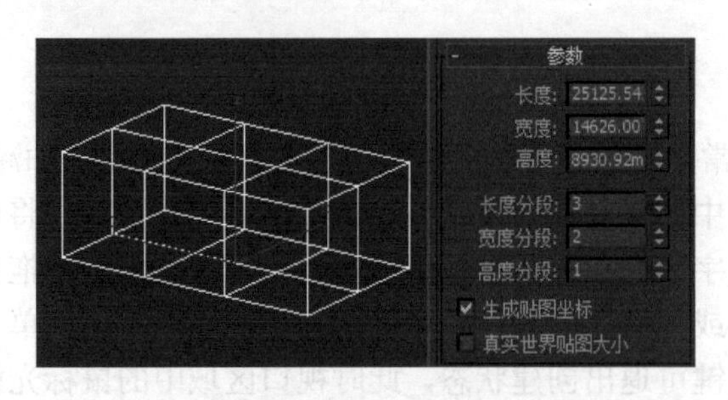

图 3-27　模型参数修改示例

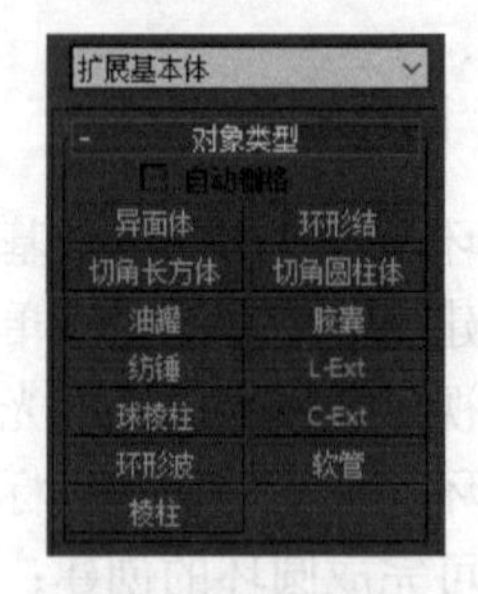

图 3-28　扩展基本体的种类

棱柱也称为三棱柱，之所以属于扩展基本体，是因为它具有独特的三面分段属性（见图 3-29）。得益于这一独特的性质，可使用棱柱来创建不规则的墙角或者立面。

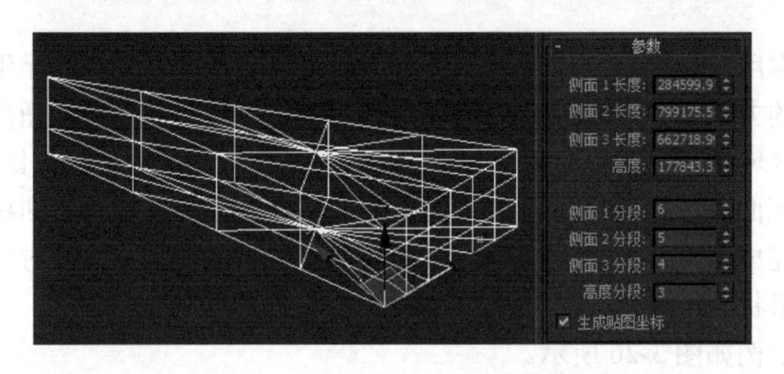

图 3-29　棱柱的三面分段属性示例

棱柱创建可分为三步：

（1）单击命令面板中的“棱柱”按钮，当该按钮高亮显示时，在视口区域中按下鼠标左键后横向拖曳鼠标光标，松开鼠标左键后可确定其中一条边的长度（见图 3-30）。

（2）通过移动鼠标光标来控制顶点位置，进而确定剩余两条边的长度。确定顶点位置后，单击鼠标左键确认位置（见图 3-31）。注意：在移动顶点时有夹角的限制，顶点的位置无法过左或过右。

（3）确定顶点的位置如同确定了长方体的高度，上下移动鼠标光标，单击鼠标左键可确定棱柱高度（见图 3-32），完成棱柱的创建。单击鼠标右键可退出创建状态。

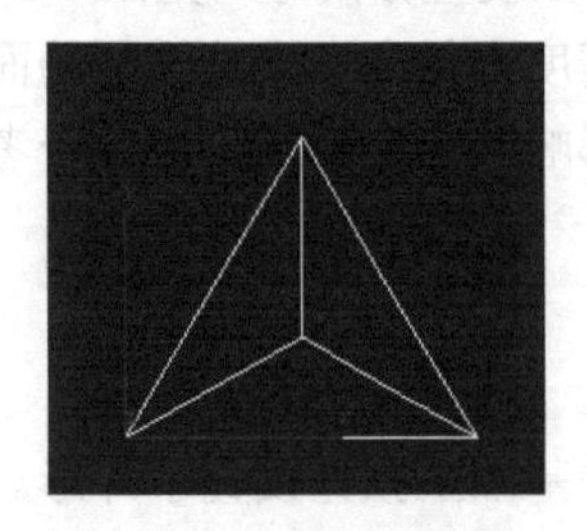

图 3-30　确定一条边的长度

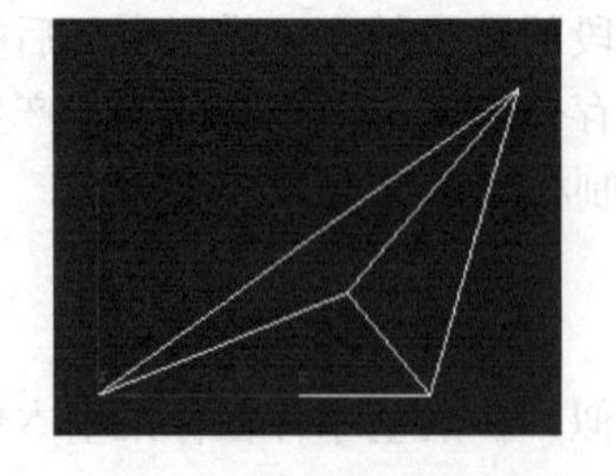

图 3-31　确定棱柱顶点的位置

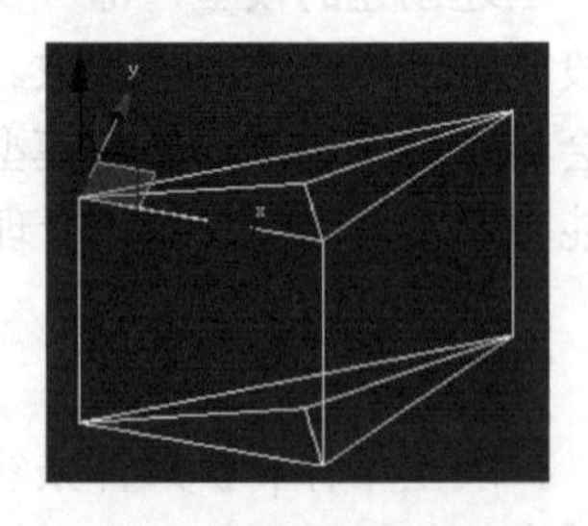

图 3-32　确定棱柱的高度

第4章 3ds Max的实体编辑

第 3 章介绍了二维线和几何体的建模，但仅仅依靠二维线和几何体的堆叠，很难满足实际建模的需要。如何编辑几何体、改变几何体的外形，以满足建模的需求，正是本章要介绍的内容。

4.1 可编辑图形

可编辑图形是 3ds Max 中最为常用的修改工具，也是改变几何体外形的最主要手段。可编辑图形包括可编辑样条线、可编辑多边形、可编辑网格和可编辑面片。在智慧城市地上实体建模中，如道路的建模，最常使用的是可编辑样条线与可编辑多边形。本节主要介绍可编辑样条线与可编辑多边形。

4.1.1 可编辑样条线

可编辑样条线多用于修改样条线，如修改点的位置与性质，焊接、断开顶点，增加线性轮廓等。

选择需要修改的样条线，单击鼠标右键，在弹出的右键菜单中选择“转换为：→转换为可编辑样条线”（见图 4-1），此时命令面板随之发生变化，“选择”栏中出现“⁙”（顶点）、“■”（线段）、“■”（样条线）三个层级（见图 4-2），分别用于控制相应的属性。三个层级对应的快捷键分别是主键盘数字键（非小键盘）“1”“2”“3”。

1. 顶点

顶点是可编辑样条线中的重点，主要功能包括修改顶点的点位和点性，删除顶点，焊接、熔合、断开顶点，连接和细化等。

1）修改顶点的点位和点性

修改顶点的点位是指移动一个或多个点到所需的位置，方法很简单，在顶点层级下选择待移动的顶点后（可按住鼠标左键框选多个顶点，也可按住 Ctrl 键选择多个顶点），按住鼠标左键拖曳需要移动的顶点即可。

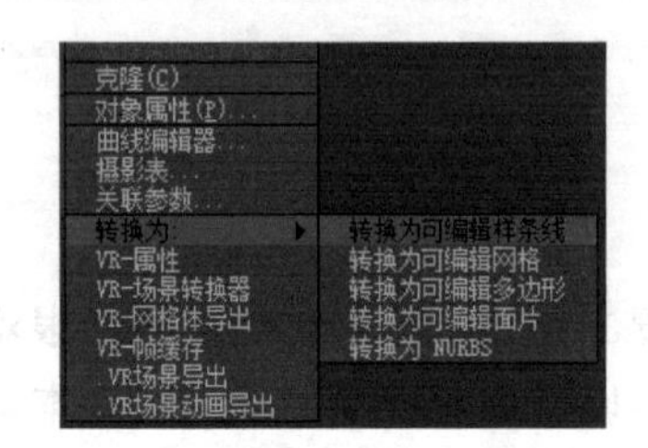

图 4-1 “转换为可编辑样条线”菜单

图 4-2 “选择”栏中的三个层级

点性，即点的性质，分为 Bezier、Bezier 角点、角点和平滑。不同的点性具有不同的图形表现形式。例如，Bezier 具有一条平衡杠杆，用户可通过移动杠杆来调整曲线的形状（见图 4-3）；Bezier 角点具有两条平衡杠杆，可分别控制该点左侧与右侧的曲线形状（见图 4-4）；角点为普通点，只起到连接作用，无法调整角点两侧的线（见图 4-5）；平滑是角点的扩展，也只起到连接作用，无法调整两侧线的形状，但可使角点平滑，且平滑度是确定的（见图 4-6）。

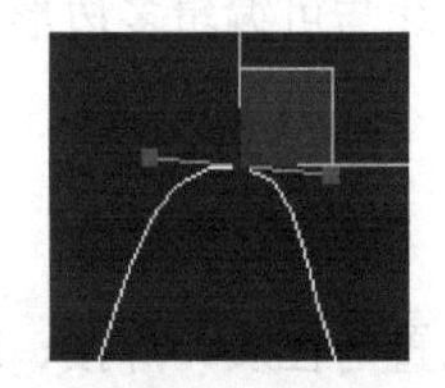

图 4-3 Bezier 的表现形式

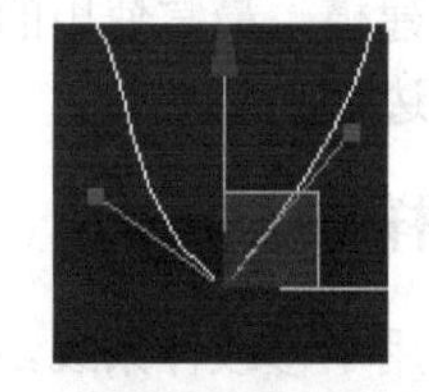

图 4-4 Bezier 角点的表现形式

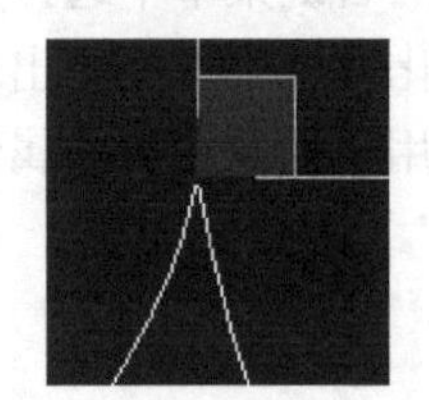

图 4-5 角点的表现形式

图 4-6 平滑的表现形式

选择需要修改点性的顶点后，单击鼠标右键，在弹出的右键菜单中选择所需的点性即可，如图 4-7 所示。

2）删除顶点

删除顶点是基本功能之一，选择顶点后按下键盘上的 Delete 键即可。

3）焊接、熔合、断开顶点

焊接是指将阈值范围内的两个或多个顶点合为一个顶点。选择要焊接的顶点后，单击鼠标右键，在弹出的右键菜单中选择“焊接顶点”即可（见图 4-8）。阈值可以在命令面板中设置，阈值左侧的“焊接”按钮也具有焊接功能，如图 4-9 所示。

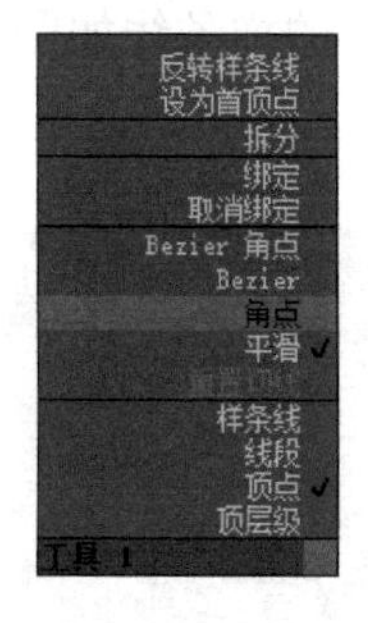

图 4-7　修改点性的右键菜单

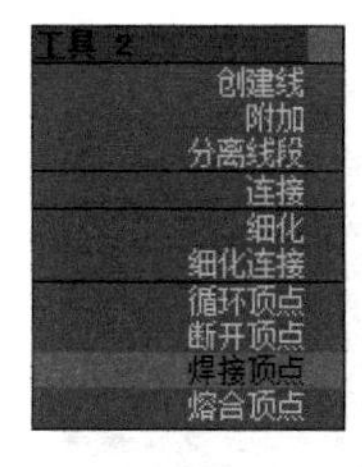

图 4-8　“焊接顶点”右键菜单

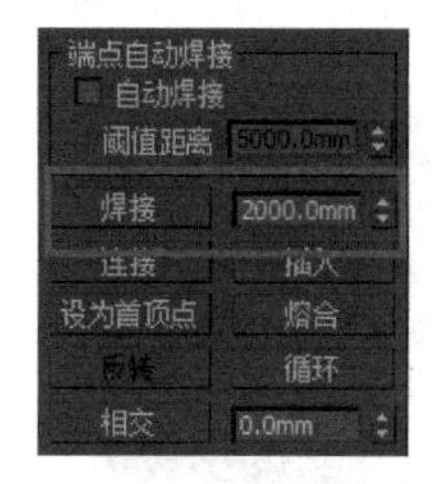

图 4-9　设置焊接的阈值

熔合的功能与焊接类似，但又有很大不同：其一，熔合虽然将选择的顶点合一，但并不是真正连接到一起，仅仅是位置上的重叠；其二，熔合没有阈值限制。进行熔合的方法与焊接相同，在弹出的右键菜单中选择“熔合顶点”即可。

断开可以看成焊接的逆过程，使用方法与焊接类似，在弹出的右键菜单中选择“断开顶点”即可。

4）连接和细化

连接用于将样条线中不相邻的两个点连在一起。在建模时，常常需要将两个分开的点连接在一起，连接功能可满足这种需求。在进行连接时，无须选择要连接的点，直接单击鼠标右键，在弹出的右键菜单中选择“连接”，当鼠标光标靠近某个点时，鼠标光标会变成十字形光标，按住鼠标左键不放，将鼠标光标移动到另一个点，当鼠标光标再次变成十字形光标时，松开鼠标左键即可将两个点连接在一起，两点之间会产生虚线痕迹，单击鼠标右键即可退出连接状态。需要注意的是，连接功能会强行改变点性，强行将连接点转变为 Bezier 角点。连接示例如图 4-10 所示。

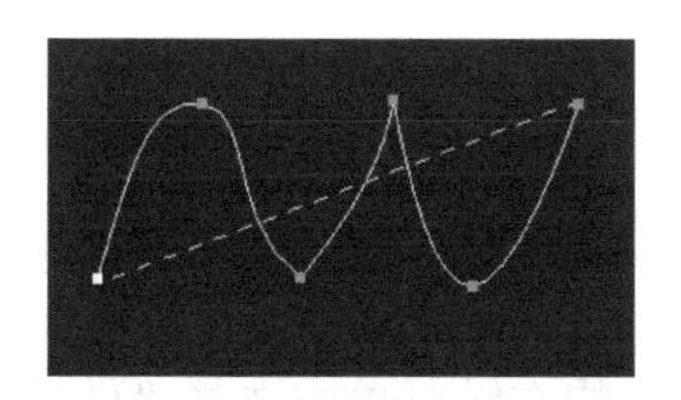

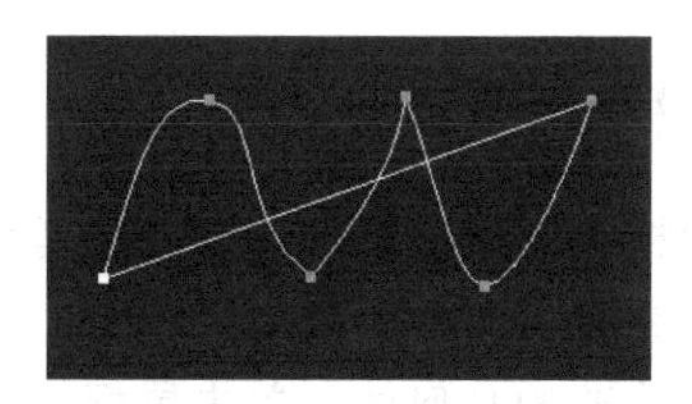

图 4-10　连接示例

细化也俗称加点，即在现有样条线上添加点，通常用于样条线的变形。在顶点层级的右键菜单中选择“细化”，当鼠标光标靠近样条线时，鼠标光标会变成十字形光标，单击鼠标左键即可添加点。注意：添加的点和初始创建的点具有相同的点性。

2．线段

在智慧城市建模中使用线段功能的场合较少，大多使用移动、旋转与缩放等功能。在可编辑样条线中，线段层级的主要功能是创建线和附加，但这两个功能却不是线段层级专属的，在任意层级下都可使用。创建线与附加在命令面板中的“几何体”面板下，如图 4-11 所示。

创建线功能用于在当前图形中创建新的样条线，且新创建的样条线属于原图形，相当于在创建线时取消勾选了“开始新图形”。附加功能可以将不属于可编辑样条线的其他样条线纳入该可编辑样条线中。附加多个功能与附加功能类似。使用附加功能前的样条线如图 4-12 所示，使用附加功能后的样条线如图 4-13 所示。

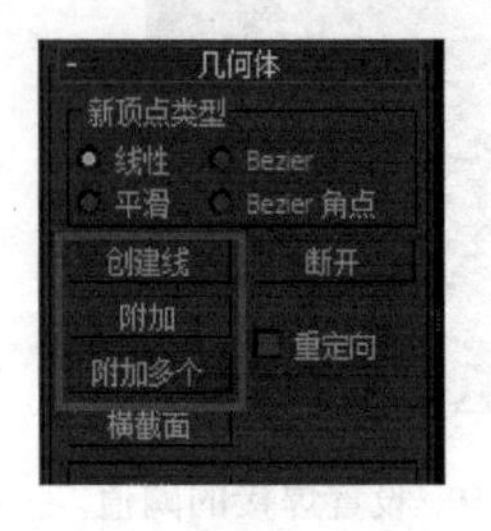

图 4-11　创建线与附加

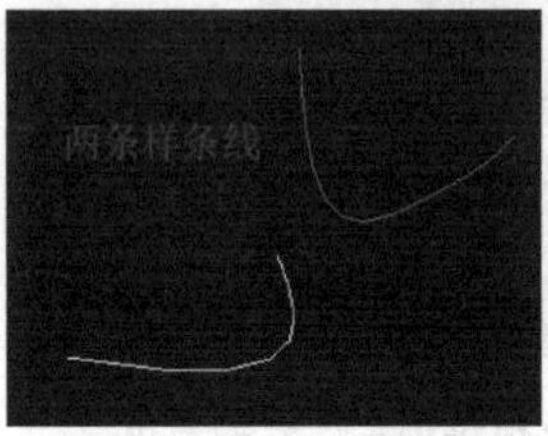

图 4-12　使用附加功能前的样条线

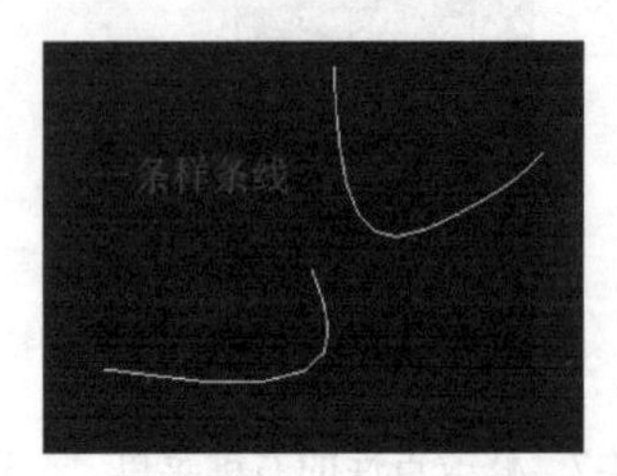

图 4-13　使用附加功能后的样条线

3. 样条线

样条线下的轮廓功能是智慧城市地上实体建模中常用的功能，该功能位于命令面板中的“几何体”面板下（见图 4-14）。轮廓功能用于为所选择的样条线创建轮廓。在选择样条线后，直接输入数值就可以创建轮廓。创建轮廓前的效果如图 4-15 所示，创建轮廓后的效果如图 4-16 所示。

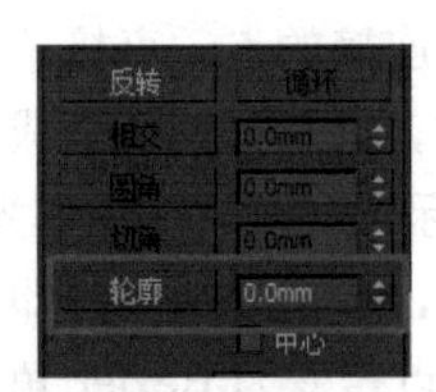

图 4-14　轮廓功能

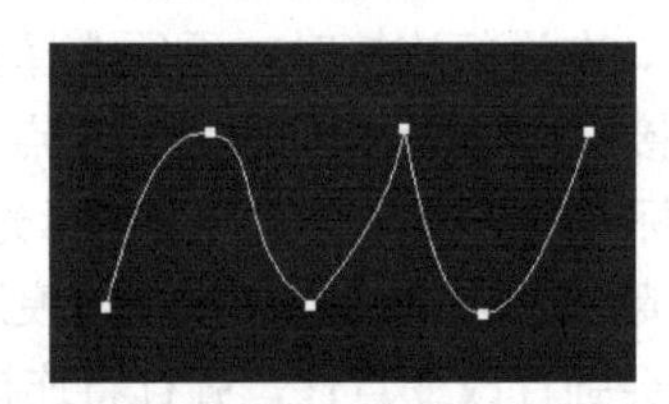

图 4-15　创建轮廓前的效果

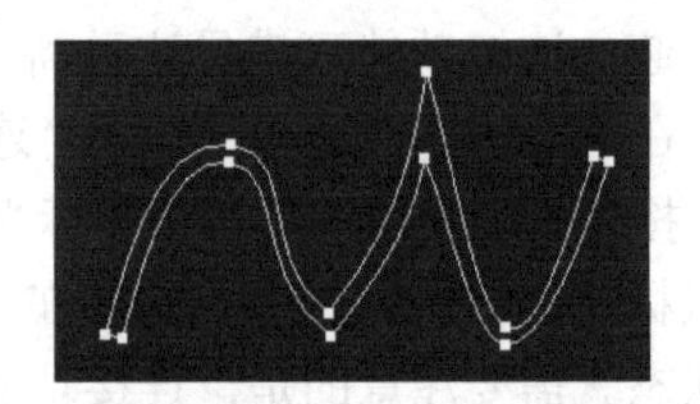

图 4-16　创建轮廓后的效果

4.1.2　可编辑多边形

在道路建模中，可编辑多边形是最常用的变形工具，几乎所有的基础变形都可以通过可编辑多边形来完成。

选择需要修改的几何体，单击鼠标右键，在弹出的右键菜单中选择“转换为：→转换为可编辑多边形”，此时命令面板随之发生变化，“选择”栏中出现“■”（顶点）、“■”（边）、“■”（边界）、“■”（多边形）及“■”（元素）等层级，如图 4-17 所示。这 5 个层级分别用于控制相应的属性，对应的快捷键分别是主键盘数字键（非小键盘）“1”“2”“3”“4”“5”。

本节将对可编辑多边形中的重要功能进行详细介绍，读者可在 3ds Max 中进行操作。

1. 顶点

可编辑多边形中的顶点层级与可编辑样条线中的顶点层级不仅名称相同，而且都可以进行基础的选择并进行动作，但也有很多不同之处，例如，可编辑多边形的编辑顶点功能无法修改点性、无法进行顶点熔合、无法直接在线上添加点等。

可编辑多边形的命令面板包括编辑顶点和编辑几何体，如图 4-18 所示，编辑顶点的主要功能如图 4-19 所示。

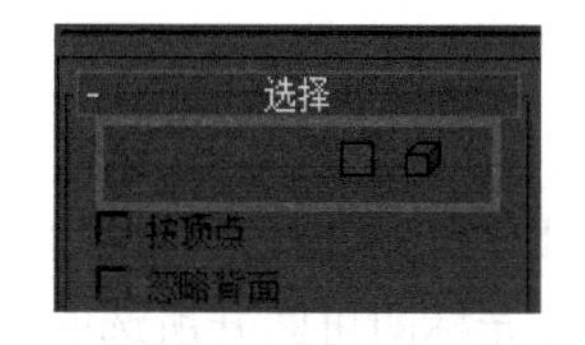

图 4-17　可编辑多边形层级

图 4-18　编辑顶点和编辑几何体

图 4-19　编辑顶点的主要功能

1）移除

在可编辑多边形中，顶点也是其所在线或所在面的一部分，当使用 Delete 键删除线上或面上的某些顶点时，顶点所在线或所在面也会被一并删除；编辑顶点中的移除功能可以很好地解决此问题。使用 Delete 键删除顶点和使用移除功能删除顶点的效果如图 4-20 所示。

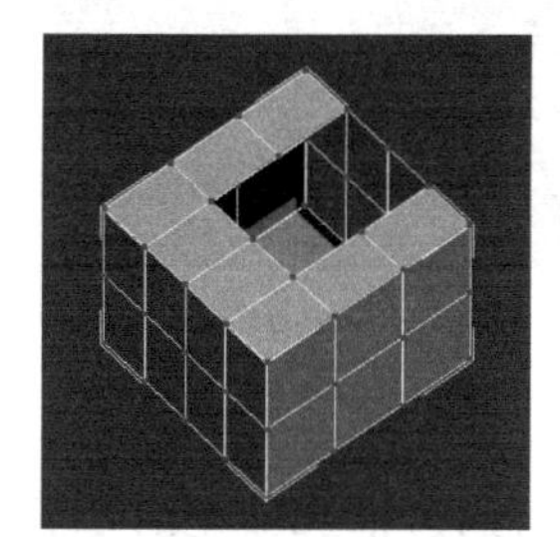

（a）使用 Delete 键删除顶点的效果

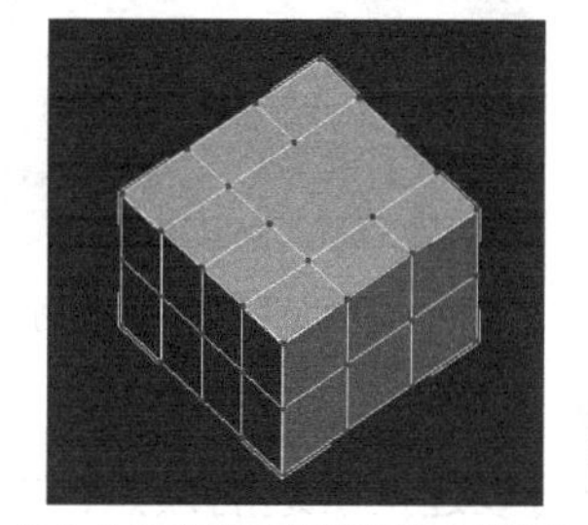

（b）使用移除功能删除顶点的效果

图 4-20　使用 Delete 键删除顶点和使用移除功能删除顶点的效果

2）断开

以长方体为例，长方体的每个顶点都连接着三个面，断开功能可以将选择的顶点“炸开”，断开该顶点所连接的三个面（见图 4-21）。断开功能的使用方法很简单，选择顶点后，单击图 4-19 中的“断开”按钮即可。

3）挤出

开启挤出功能后，当鼠标光标靠近某个顶点时，鼠标光标会变成单线十字形光标，此时用鼠标左键单击该顶点并按住鼠标左键，移动鼠标光标即可将该顶点挤出。挤出功能可以将顶点以棱锥的形式正向拉出，并可根据所选择顶点连接的边数来确定棱锥的边数（见图 4-22）。

4）焊接

与可编辑样条线中编辑顶点的焊接类似，可编辑多边形中编辑顶点的焊接功能同样也可以将所选择的顶点焊接为一点，且需要设置阈值。焊接示例如图 4-23 所示。

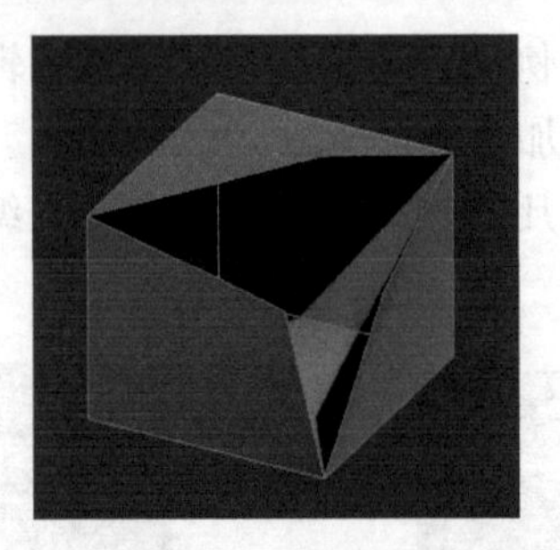

图 4-21　断开示例

图 4-22　挤出示例

5）切角

切角功能可以依据顶点所连接的边数断开所选的顶点。开启切角功能后，当鼠标光标靠近顶点时，鼠标光标会变为单线十字形光标，选择顶点后移动鼠标光标即可断开所选的顶点。切角示例如图 4-24 所示。

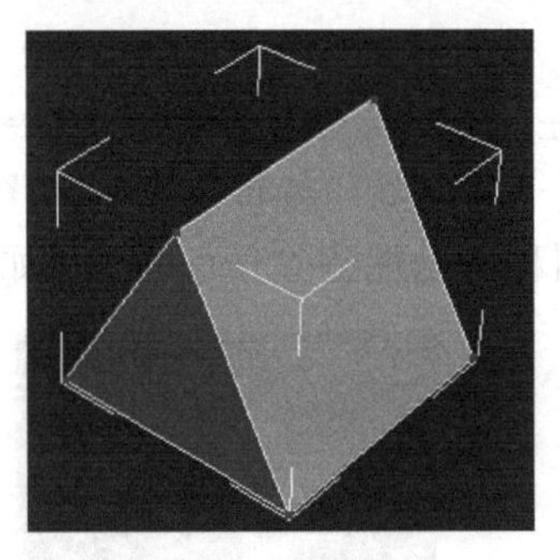

图 4-23　焊接示例

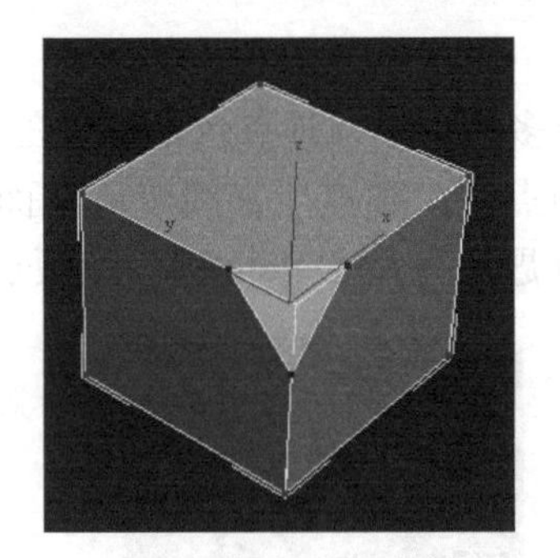

图 4-24　切角示例

6）连接

连接功能可以连接所选的顶点，在连接顶点之前，可通过框选或 Ctrl 键选择两个顶点，单击图 4-19 中的“连接”按钮即可。连接示例如图 4-25 所示。

图 4-26 所示为编辑顶点的设置按钮，设置按钮用于精确控制操作。单击“挤出”“焊接”或“切角”按钮右侧的“■”（设置）按钮，在开启相应的功能后，视口区域会出现参数设置面板，在参数设置面板中可精确设定动作的幅度，建议在进行高精度建模时使用参数设置面板。图 4-27 所示为切角功能的参数设置面板。

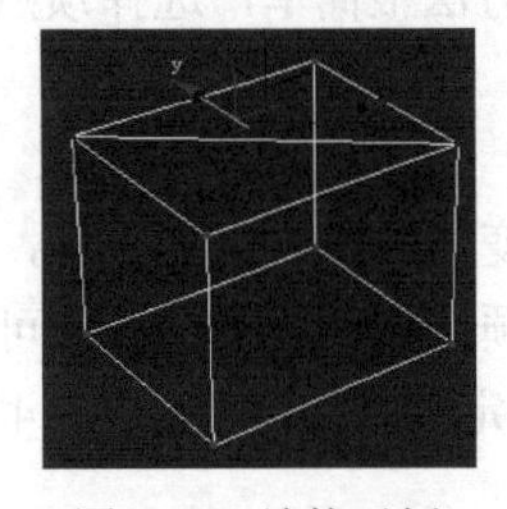

图 4-25　连接示例

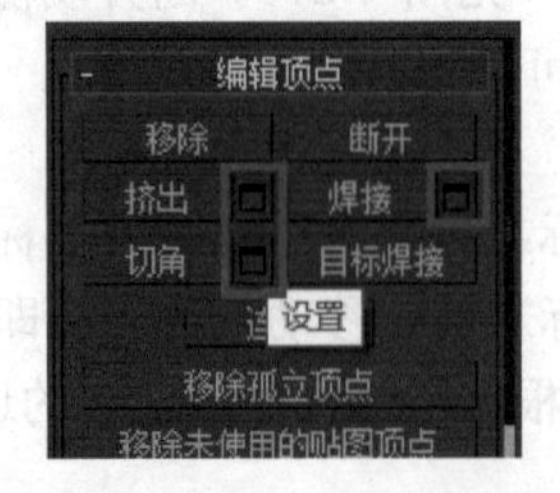

图 4-26　编辑顶点的设置按钮

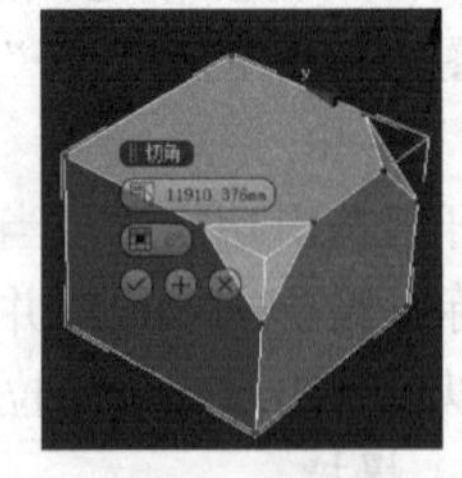

图 4-27　切角功能的参数设置面板

2. 边

在可编辑多边形的边层级下，可以对边进行选择并动作的操作，从而控制边的方位、长度或距离。编辑边的主要功能如图 4-28 所示，其中的移除、分割、挤出、焊接、切角与编辑顶点中的相应功能是一致的，只是将操作对象从点换成了边，读者可以自行在 3ds Max 中操作。这里主要介绍编辑边中的插入顶点、桥、连接与利用所选内容创建图形这四个功能。

1）插入顶点

编辑边中的插入顶点功能类似于可编辑样条线中的细化功能，可在边上创建顶点。在开启插入顶点功能后，当鼠标光标靠近边时，鼠标光标会变成单线十字形光标，此时单击鼠标左键即可创建新的顶点。

2）桥

桥功能就如同其名字一样，可在所选择的线实体之间建立连接。选择要建立连接的两条边后，单击图 4-28 中的“桥”按钮即可。需要注意的是，此处所选的两条边应为未封闭的边，即该边的端点和与其相连的线段未能全部组成封闭面。桥示例如图 4-29 所示。

图 4-28　编辑边的主要功能

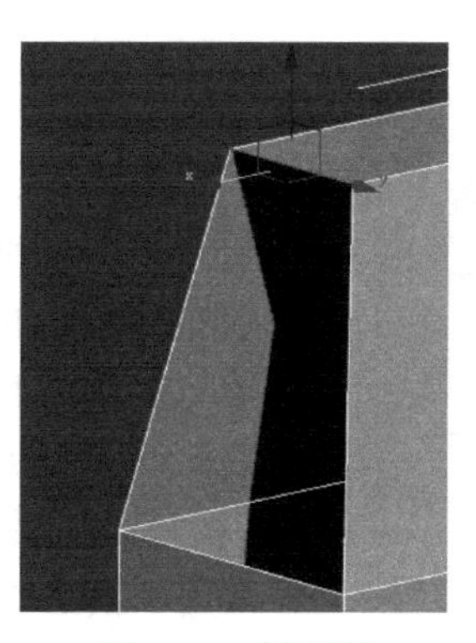

图 4-29　桥示例

3）连接

连接功能是可编辑多边形中主要的规则分段方法。进行该操作时，可任意选择多条边，单击“连接”按钮后，3ds Max 会自动从各边的中线开始连接。由于具有中分的特性，连接功能常常用于对规则图形进行分段，如创建轮胎竖纹（见图 4-30）。单击“连接”按钮右侧的“■”（设置）按钮，可进行更加精确的设置。

另外，选择环形纹路后还可使用命令面板“选择”栏中的环形功能，选择其中一条横边，单击“环形”按钮，同一圈内的横边就会被全部选择。环形选择如图 4-31 所示。

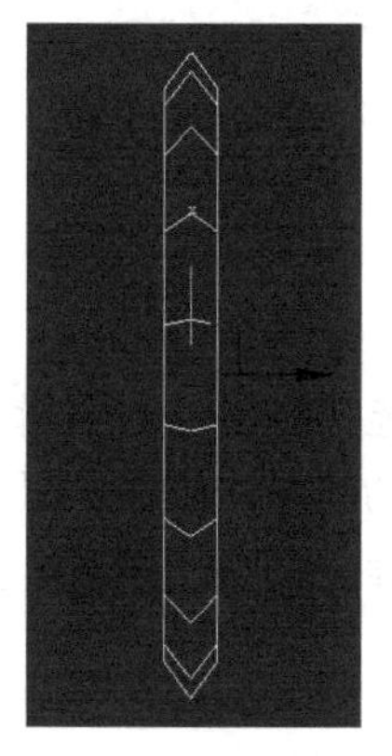

图 4-30　创建轮胎竖纹

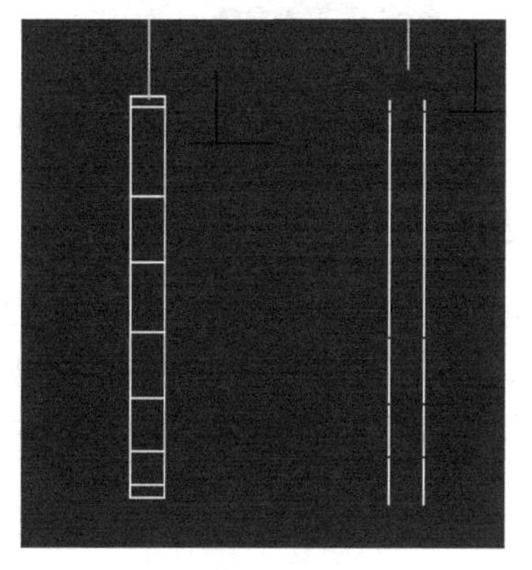

图 4-31　环形选择

4）利用所选内容创建图形

利用所选内容创建图形可以将选择的边独立成像，生成新的样条线（见图 4-32）。在生成新的样条线时，可以根据自己的需求修改图形名称、选择图形类型（见图 4-33）。

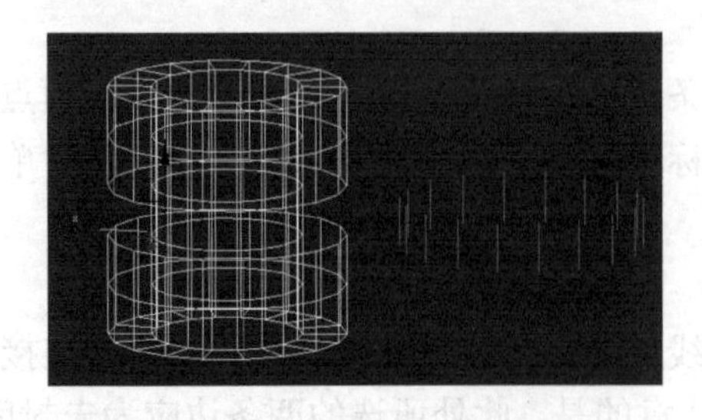

图 4-32　利用所选内容创建图形

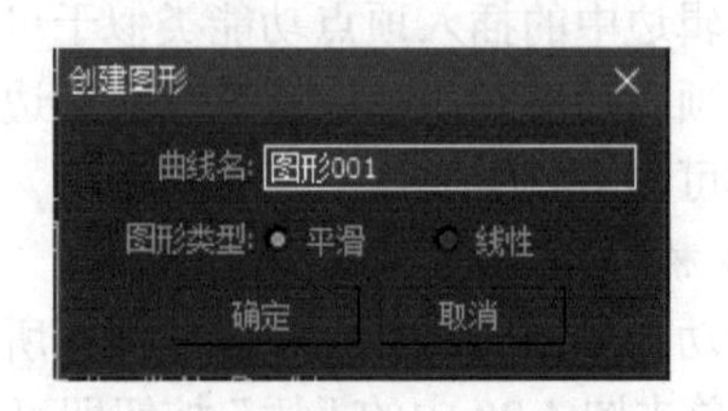

图 4-33　修改图形名称、选择图形类型

3．边界

图 4-34　编辑边界的功能

在边界层级下，用户可以选择并控制模型中未封闭的边界，如断开的顶点或者分割边后的边。编辑边界的功能如图 4-34 所示，其中的挤出、插入顶点、切角、桥、连接，以及利用所选内容创建图形与编辑边的功能是一致的，只是将操作对象改成了边界，读者可以自行在 3ds Max 中操作。这里主要介绍封口功能。

封口是指将原本未封闭的“窗口”封闭起来的动作。封口功能常常用于模型的收尾工作，如封闭舞台底面、封闭最后一圈等高线等。封口示例如图 4-35 所示。

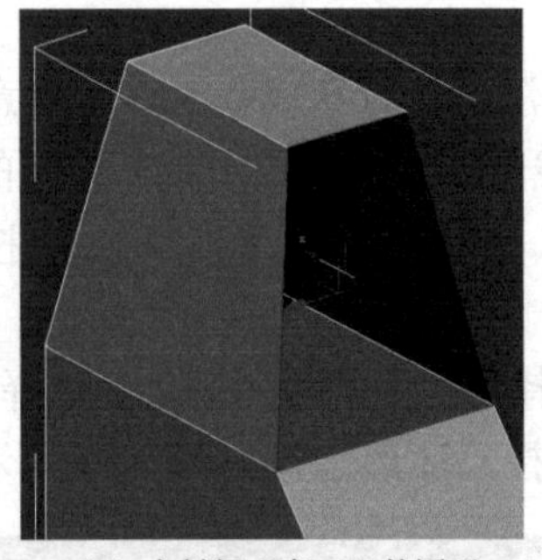

（a）未封闭“窗口”的图形

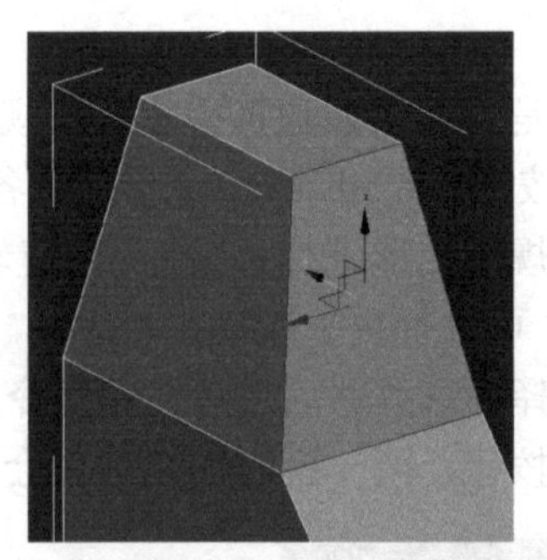

（b）封闭“窗口”之后的图形

图 4-35　封口示例

4．多边形

编辑多边形又称为编辑面，主要对由二维线组成的面进行选择与操作。编辑多边形的功能如图 4-36 所示，其中的插入顶点、挤出、桥与编辑边的相应功能是一致的，只是将操作对象换成了面，读者可在 3ds Max 中自行体会。这里主要介绍轮廓、倒角、插入、翻转和沿样条线挤出。

1）轮廓

轮廓功能多用于等比例缩放所选多边形，开启轮廓功能后，当鼠标光标靠近多边形时，鼠标光标将变成十字形光标，按住鼠标左键并上下移动即可。

2）插入

插入功能多用于创建相框状图形，该功能可以在当前平面内生成与原图形相连的等比例图形（见图 4-37）。开启插入功能后，当鼠标光标靠近多边形时，鼠标光标将变成十字形光标，此时按住鼠标左键并左右移动鼠标光标即可。

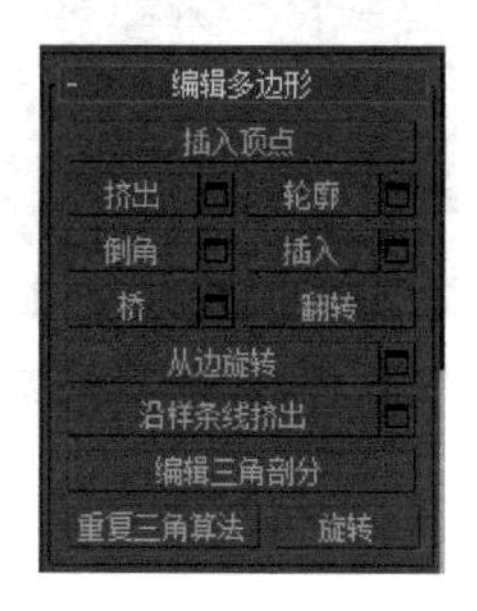

图 4-36　编辑多边形的功能

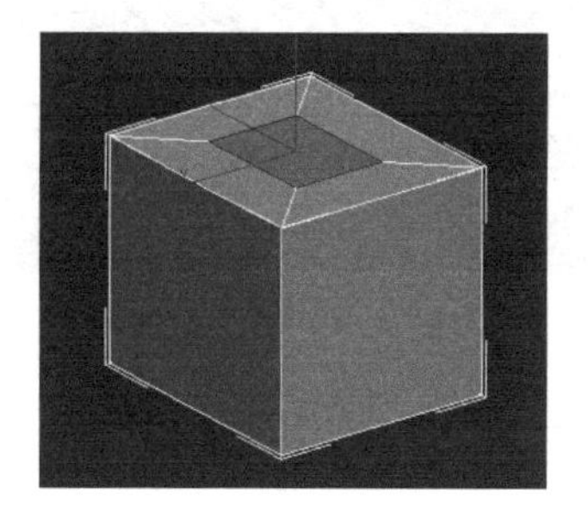

图 4-37　插入示例

3）倒角

倒角功能是挤出功能的一种特殊形式，可以放大或缩小挤出面（见图 4-38）。开启倒角功能后，当鼠标光标靠近多边形时，该多边形会变成梯形，按住鼠标左键并上下移动鼠标光标可确定挤出高度，按住鼠标左键并左右移动鼠标光标可确定倒角大小。

4）翻转

翻转功能在智慧城市地上实体建模时使用不多，主要用于翻转多边形的正反，用于满足特殊的透视需求。

5）沿样条线挤出

沿样条线挤出功能是挤出的一种特殊方式，用于创建不规则图形，挤出方向与样条线的创建方向有关。使用该功能时首先需要创建样条线，然后选择需要挤出多边形，当鼠标光标靠近样条线时，鼠标光标将变成十字形光标，单击创建的样条线，双击鼠标右键即可沿样条线挤出所选的多边形。沿样条线挤出示例如图 4-39 所示。

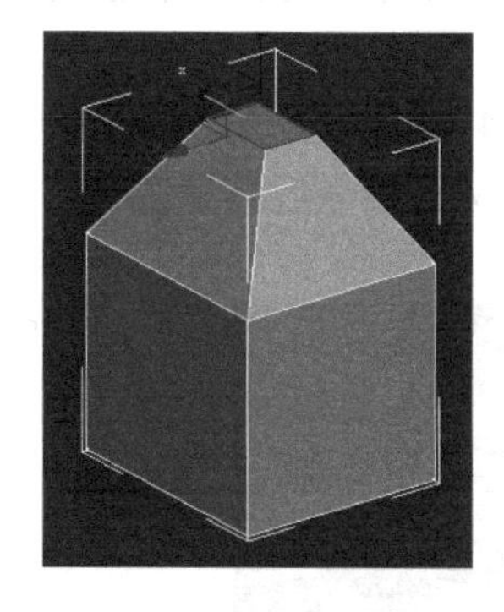

图 4-38　倒角示例

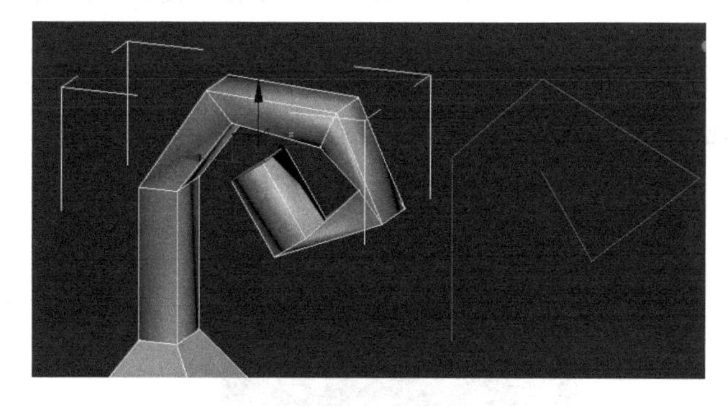

图 4-39　沿样条线挤出示例

5. 元素

元素层级主要用于选择可编辑多边形中的独立整体，或者在可编辑多变形内选择与复制所有的元素。元素选择示例如图 4-40 所示。编辑元素的主要功能是插入顶点与翻转（见图 4-41），其操作与编辑多边形的功能相同。编辑元素功能在智慧城市地上实体建模中使用得不多。

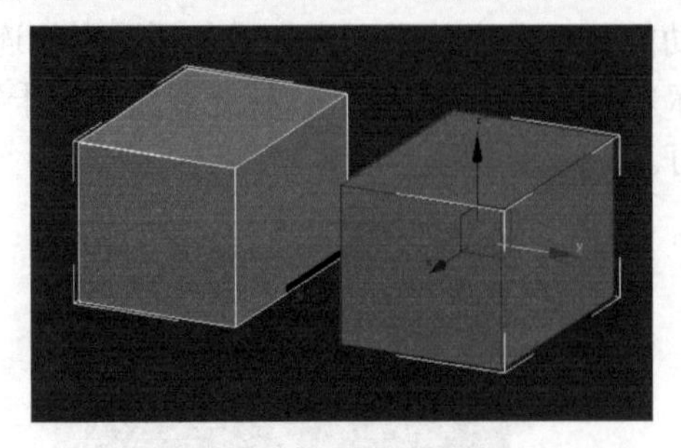

图 4-40　元素选择示例

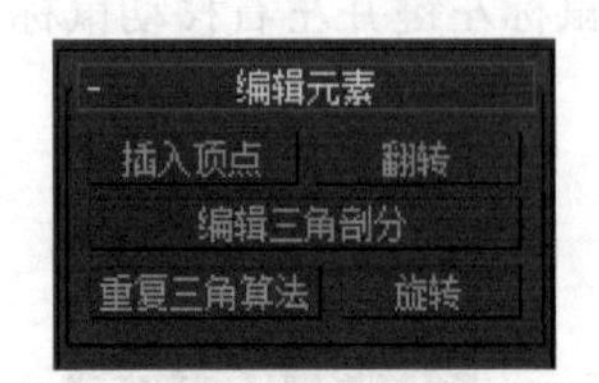

图 4-41　编辑元素的主要功能

4.1.3　NURBS 建模

第 3 章对 NURBS 曲线进行了简单的介绍。NURBS 建模是一种先进的建模方法，依据 NURBS 曲线可以非常方便地创建曲面。在智慧城市地上实体建模中，常常采用 NURBS 建模方法来创建具有一定弧度的物体或者具有等高线性质的曲面。本节以简易地形曲面为例介绍 NURBS 建模方法，具体如下：

（1）创建几条错落有致的二维高程线，如图 4-42 所示。

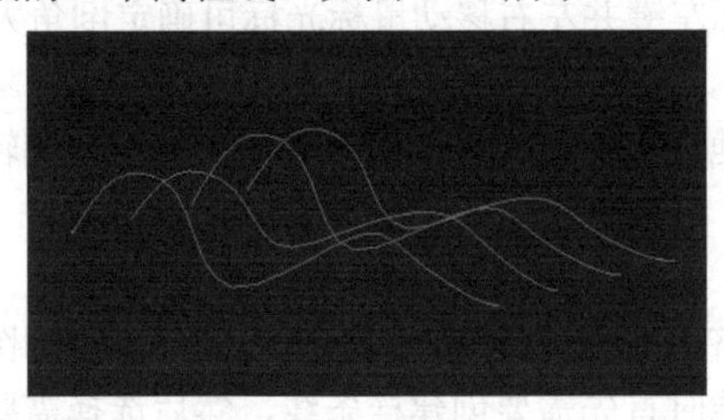

图 4-42　二维高程线

（2）选择其中的一条高程线，单击鼠标右键，在弹出的右键菜单中选择“转换为：→转换为 NURBS”，如图 4-43 所示。

（3）在“创建曲面”面板中单击“U 向放样”按钮，如图 4-44 所示，此时将鼠标光标移动到视口区域，鼠标光标的右下角会出现 NURBS 小标，当鼠标光标靠近高程线时，该高程线会变成蓝色，并且鼠标光标会变成十字形光标。

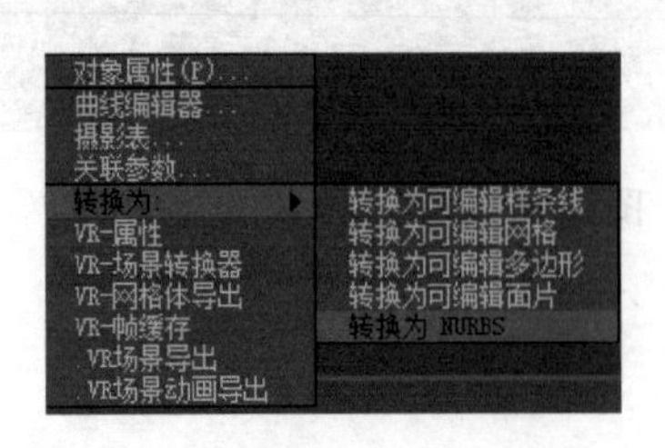

图 4-43　转换为 NURBS

图 4-44　“U 向放样”按钮

（4）依次单击高程线，即可在两条相邻的高程线之间创建曲面，如图 4-45 所示，在单击的过程中会出现虚线提示轨迹。

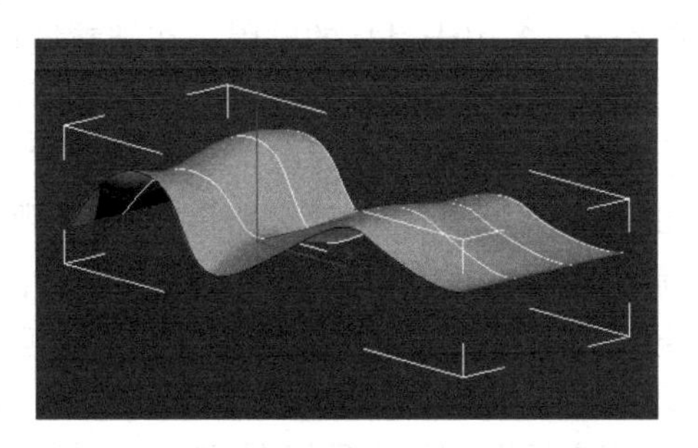

图 4-45　在两条相邻的高程线之间创建曲面

（5）双击鼠标右键即可完成地形曲面的创建。

4.2　复合对象

复合对象可以将两个或多个图形进行有机合并，生成符合用户要求的新图形。复合对象的主要功能包括变形、散布、一致、连接、水滴网格、图形合并、布尔、地形、放样、网格化、ProBoolean（超级布尔）和 ProCutter（超级切割），如图 4-46 所示。

在智慧城市地上实体建模中，常用的功能有散布、一致、图形合并、超级布尔与放样，本节主要介绍这五种功能的使用方法。

图 4-46　复合对象的主要功能

1．散布

散布功能是常用功能之一，常常用于摆放不规则分布的物体，利用散布的随机算法可以实现更加自然的效果（见图 4-47）。在使用散布功能时，至少需要两个物体，一个是用于摆放的“沙盘”，另一个是散布摆放的物体。首先选择要进行散布摆放的物体（此处以图 4-47 中的茶壶为例），开启复合对象中的散布功能，单击“拾取分布对象”按钮（见图 4-48），选择“沙盘”（此处以图 4-47 中的球体为例），调整命令面板中的源对象参数（见图 4-49）和分布对象参数（见图 4-50）即可。

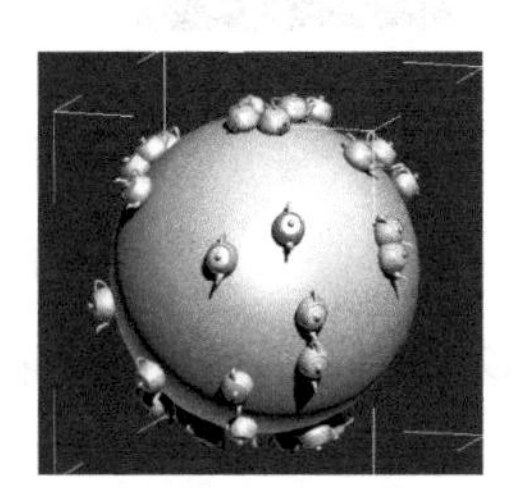

图 4-47　散布示例

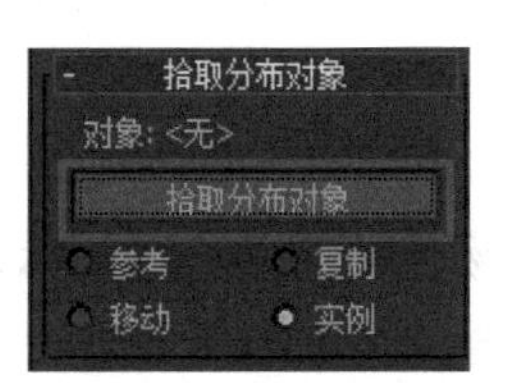

图 4-48　拾取分布对象

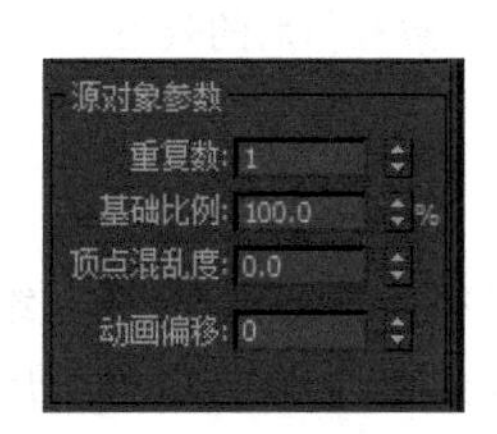

图 4-49　源对象参数

图 4-50　分布对象参数

2. 一致

一致功能也是常用功能之一，多用于目标的贴附。在智慧城市地上实体建模中，常使用一致功能来创建蜿蜒的山中公路。在使用一致功能时，至少需要两个实体，一个是包裹器，对应山中的公路，另一个是承接包裹器的包裹对象，也就是承载公路的山体。下面以球体作为“山体”，以平面作为“公路”，介绍一致功能的使用。

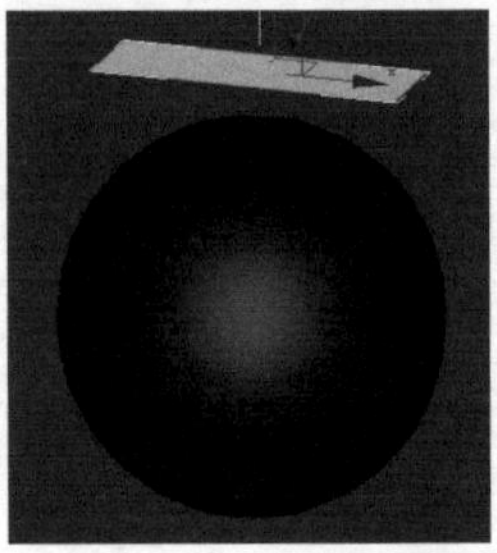

首先在正交视图下创建一个球体和一个二维图形，二维图形的对角线应短于球体的直径，保证球体可以完全包裹二维图形，并将二维图形置于球体之上。模型摆放位置如图 4-51 所示。

图 4-51　模型摆放位置

将正交视图切换到顶视图，选择二维图形并开启一致功能。单击“拾取包裹对象”按钮后选择球体，并勾选“隐藏包裹对象”，如图 4-52 所示，即可完成一致操作。通过“包裹器参数”（见图 4-53）可控制二维图形与球体之间的间隔距离。

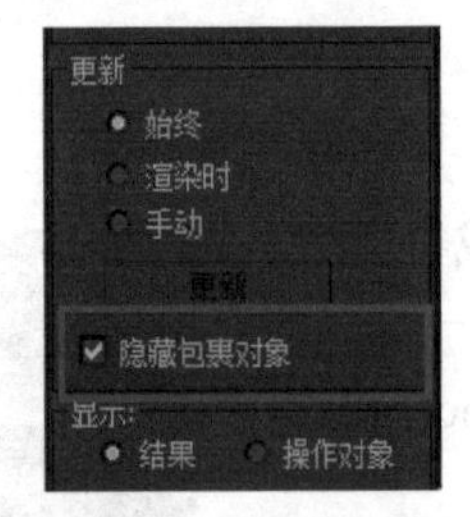

图 4-52　勾选“隐藏包裹对象”

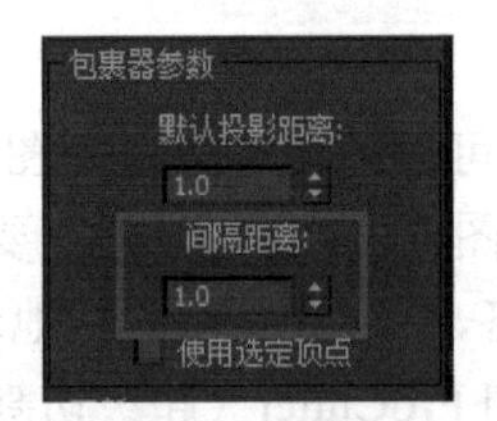

图 4-53　包裹器参数

在使用一致功能时，包裹器与包裹对象的分段数应尽可能相近。若包裹器的分段数远大于包裹对象的分段数，则会浪费面数，产生大量的冗余数据；若包裹器的分段数远小于包裹对象的分段数，则会出现无法包裹的情况。

完成一致操作后的效果如图 4-54 所示，用户可将其转换为可编辑多边形，通过编辑多边形中的挤出功能创建具有一定厚度的公路，如图 4-55 所示。

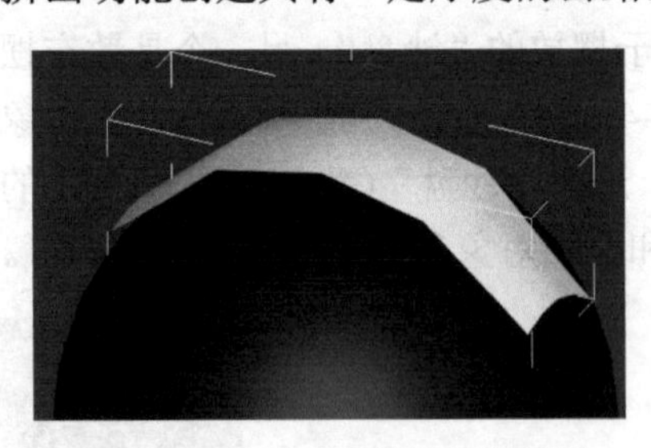

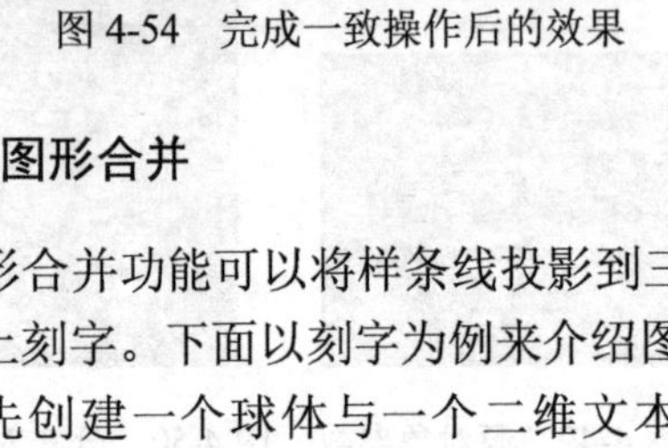

图 4-54　完成一致操作后的效果

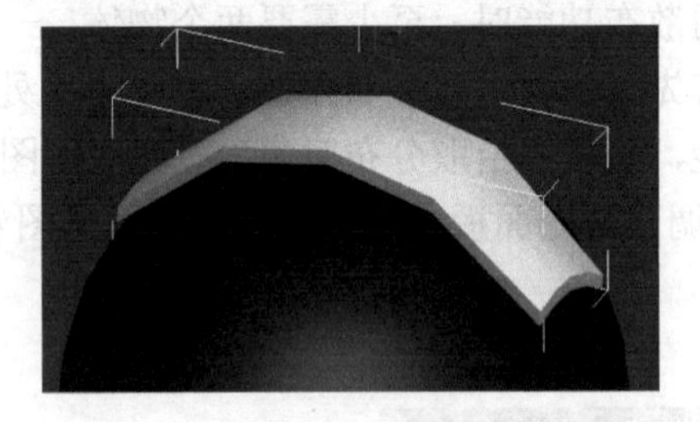

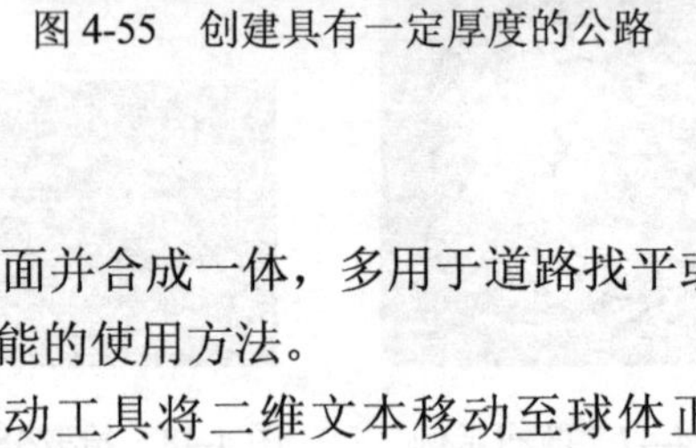

图 4-55　创建具有一定厚度的公路

3. 图形合并

图形合并功能可以将样条线投影到三维物体表面并合成一体，多用于道路找平或者在其他物品上刻字。下面以刻字为例来介绍图形合并功能的使用方法。

首先创建一个球体与一个二维文本，利用移动工具将二维文本移动至球体正面（见图 4-56）；选择球体后，开启复合对象中的图形合并功能，单击“拾取图形”按钮后单击二维文本，二维文本的轮廓就会被投影在球体上（见图 4-57）。

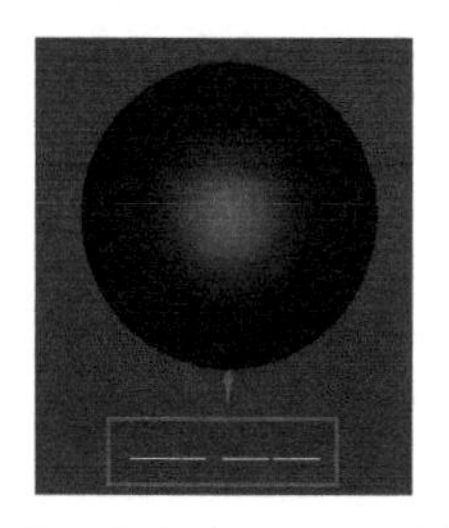

图 4-56　将二维文本框移动至球体正面

图 4-57　二维文本的轮廓投影

然后在“输出子网格选择”中点选“面”（见图 4-58），将图形转换为可编辑多边形，使用快捷键“4”切换到多边形层级，二维文本面将被自动选择（见图 4-59），此时可以进一步进行删除或者找平等操作。平面化工具位于“编辑几何体”中，可在 x、y、z 轴三个方向对选择的多边形进行找平操作。

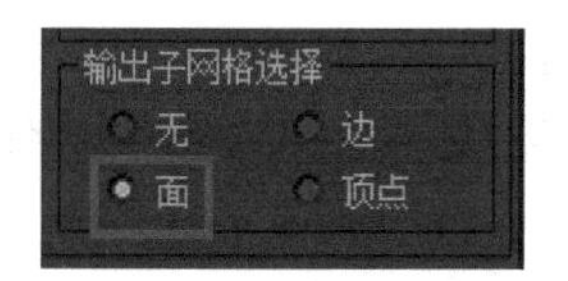

图 4-58　在“输出子网格选择”中选择“面”

图 4-59　二维文本面被自动选择

4．超级布尔（ProBoolean）

超级布尔是 3ds Max 的新增功能。与传统布尔运算相比，超级布尔的运算结果更加精确与稳定，且不会产生杂线。在智慧城市地上实体建模中，超级布尔常用于创建镂空的墙体或者异形几何体。

在使用超级布尔时，至少需要两个实体。例如，墙体窗口，至少需要一个墙体及一个厚于墙体的规则长方体。

首先创建一个长方体作为墙体，创建一个厚于墙体的长方体作为镂空参考（窗口）；然后将镂空参考置于墙体的适当位置（见图 4-60）；在选择墙体后开启超级布尔功能，单击“拾取布尔对象”下的“开始拾取”按钮，最后单击墙体的镂空参考即可。超级布尔拾取示例如图 4-61 所示。

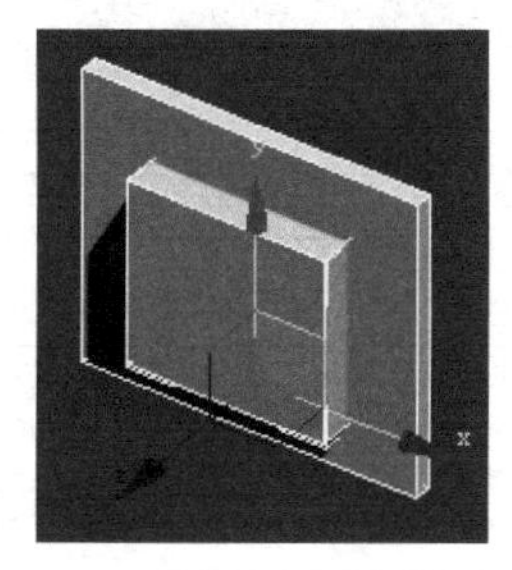

图 4-60　将镂空参考置于墙体的适当位置

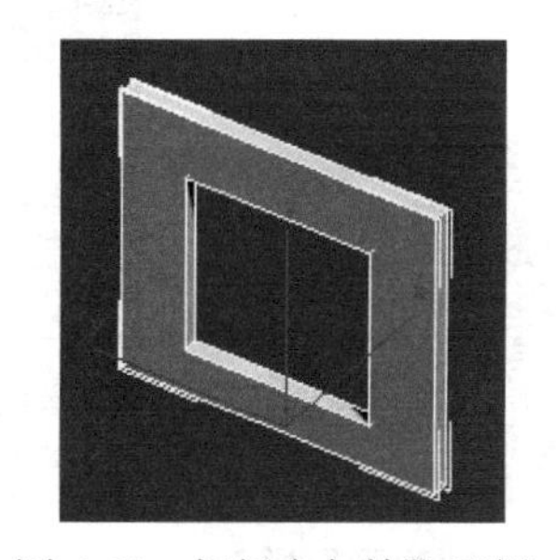

图 4-61　超级布尔拾取示例

超级布尔的默认运算方式为差集，用户可在“参数”面板下选择其他运算方式，如图 4-62 所示。

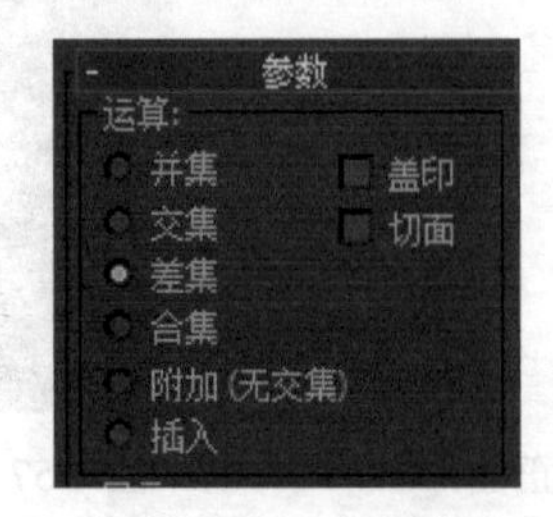

图 4-62 在“参数”面板下选择其他运算方式

5. 放样

放样功能是智慧城市地上实体建模中最常用的功能之一。一个封闭的二维图形可以以其他样条线为参考进行放样，并生成三维几何体。放样是二维图形转三维几何体的方法之一，主要用于创建道路、护栏或者各种异形灯柱。这里以异形灯柱为例来介绍放样功能的使用方法。

首先在正交视图中创建异形灯柱的走向样条线；然后在顶视图（两个视图相互垂直即可）中创建一个二维圆形截面（见图 4-63）；选择二维圆形截面后，开启放样功能，单击“创建方法”中的“获取路径”按钮后再单击异形灯柱的走向样条线，即可生成三维几何体，如图 4-64 所示。

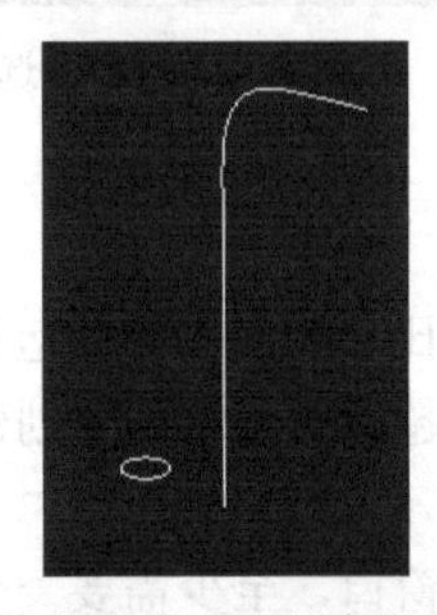

图 4-63 创建异形灯柱的走向样条线和二维圆形截面

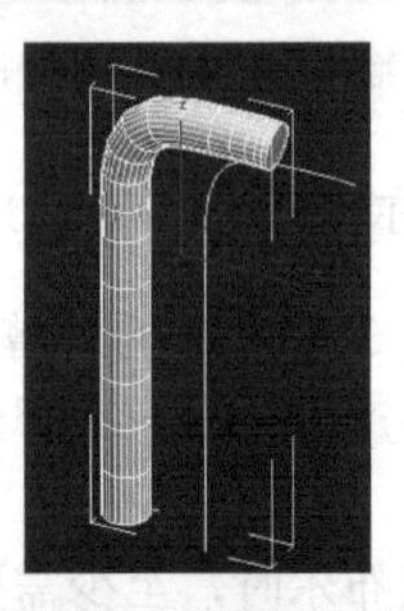

图 4-64 通过放样功能生成的三维几何体

生成三维几何体后，可在“变形”面板（见图 4-65）中对生成的三维几何体进行调整。以缩放三维几何体为例，单击“缩放”按钮后，可弹出如图 4-66 所示的“缩放变形”面板，用户可在该面板中通过移动点、新建点或删除点等按钮来调整三维几何体的外形。

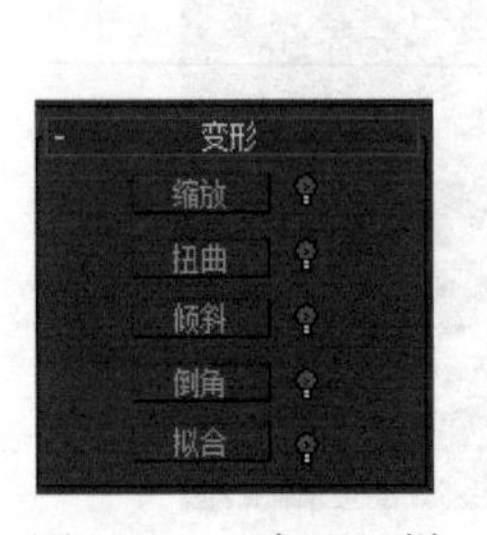

图 4-65 “变形”栏

图 4-66 “缩放变形”面板

第5章

3ds Max 常用的模型修改器

修改器是建模过程中最常用的变形工具。如果说建模工作量的一半是创建模型，则另一半工作量是修改模型。用户常常在修改面板中为基础形状或样条线添加修改器，将其塑造成需要的样子。

5.1 修改器使用方法

不同于一般的建模方法，在使用修改器时，必须先选定某个或某几个操作对象，离开操作对象是无法使用修改器的，即修改器必须用在操作对象上。当选定操作对象后，可在修改器列表（见图 5-1）中添加修改器（见图 5-2）。

图 5-1　修改器列表

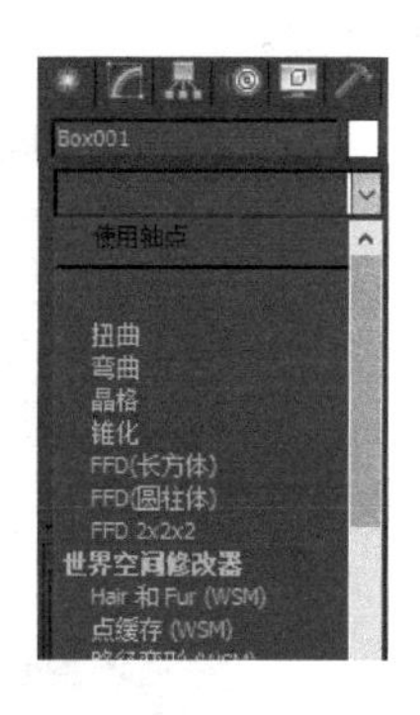

图 5-2　添加修改器

3ds Max 内置了很多修改器，可帮助用户建模。在智慧城市地上实体建模中，常用的修改器并不多，频繁地查看修改器列表会严重影响建模的速度。为了加快建模速度，可以将使用频率较高的修改器添加到快捷栏中。

右键单击“修改器列表”右侧的“”（下拉标志），如图 5-3 所示；在弹出的右键菜单中选择“配置修改器集”（见图 5-4），可弹出如图 5-5 所示的“配置修改器集”面板。在该面板中选择好修改器后，单击“确定”按钮即可保存配置，在下拉标志的右键菜单中勾选“显示按钮”（见图 5-6），即可调出配置好的修改器快捷栏。

图 5-3　右键单击下拉标志

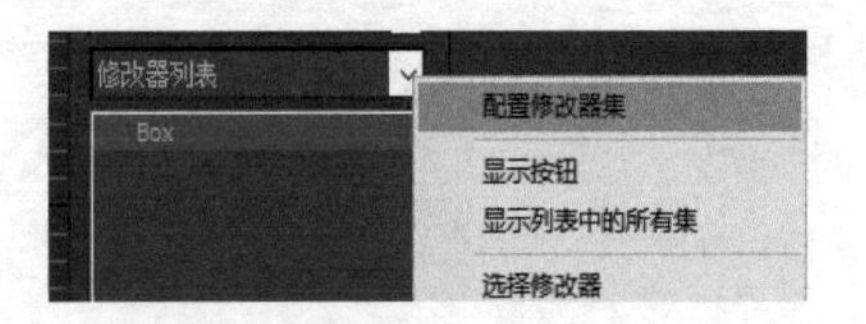

图 5-4　选择“配置修改器集”

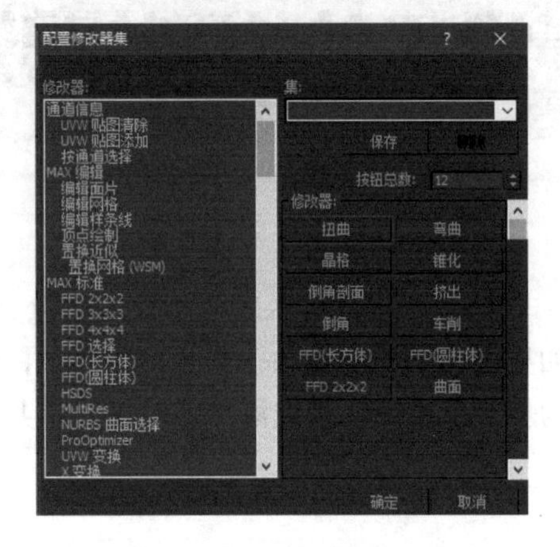

图 5-5　“配置修改器集”面板

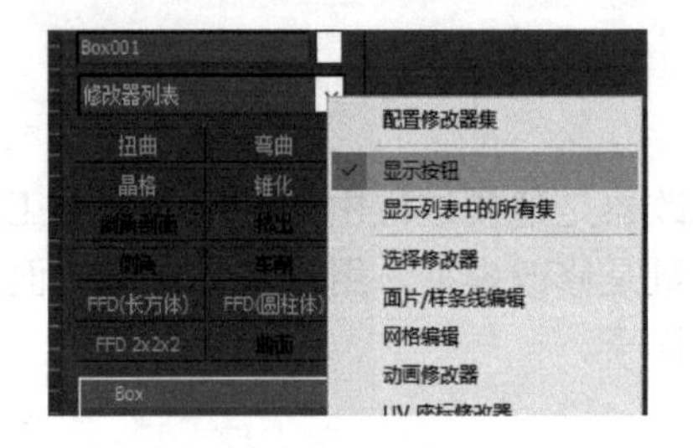

图 5-6　勾选“显示按钮”

需要注意的是，修改器具有堆栈的性质，可通过鼠标拖曳的方式来改变修改器的先后顺序。当用户为某个操作对象添加多个修改器时，改变修改器的堆叠先后顺序有可能影响模型的外形。例如，先使用扭曲修改器再使用晶格修改器的效果和先使用晶格修改器再使用扭曲修改器的效果分别如图 5-7 和图 5-8 所示。当然，对于某些特殊的修改器，即使改变其先后顺序也不会影响模型的外形。

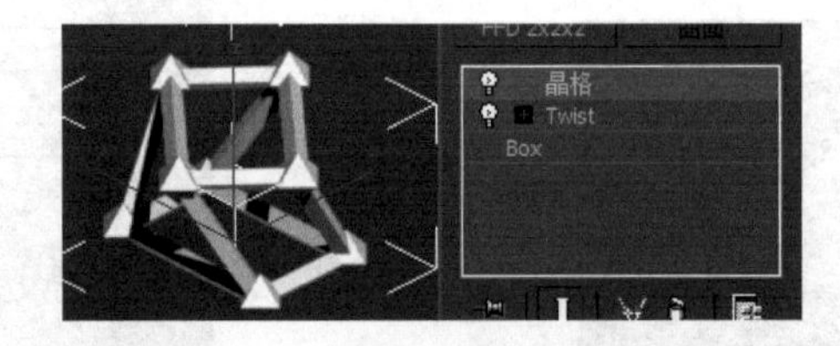

图 5-7　先使用扭曲修改器再使用晶格修改器的效果

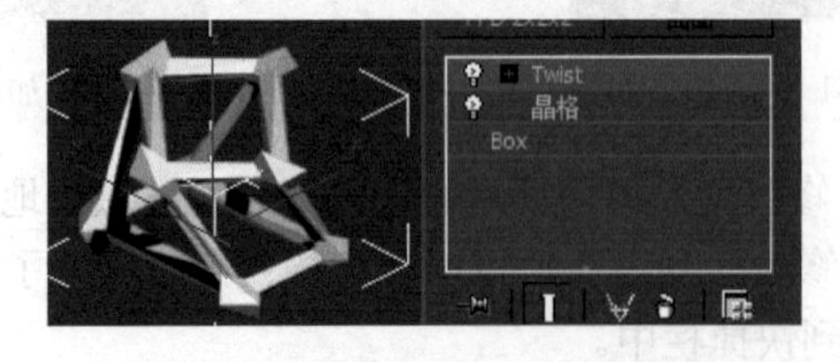

图 5-8　先使用晶格修改器再使用扭曲修改器的效果

在修改器列表的下方有 4 个常用的修改器功能按钮（见图 5-9），4 个功能按钮从左到右依次是锁定堆栈、显示最终结果、使唯一、从堆栈中移除修改器。

锁定堆栈功能可将堆栈锁定在当前所选操作对象，即使选取其他的操作对象，依然可以对锁定堆栈的操作对象进行操作。

显示最终结果功能可用于控制堆栈效果的开关，打开后可显示满栈效果，关闭后则不显示修改效果。

使唯一功能适用于具有选择集的操作对象，可对选择集中的操作对象进行单独编辑。

从堆栈中移除修改器功能用于删除选定修改器。当选定某修改器时，按 Delete 键会删除整个模型。若想仅删除选定修改器，则应使用从堆栈中移除修改器的功能。

5.2　编辑多边形修改器

从功能上来讲，编辑多边形修改器（见图 5-10）与转换为可编辑多边形是一致的。编辑多边形修改器是常用的修改器之一，其操作方法与可编辑多边形的操作方法一致，具体请参考 4.1.2 节。

图 5-9　常用的修改器功能按钮

图 5-10　编辑多边形修改器

从形式上来看，编辑多边形修改器属于修改器的一种，具有堆栈特性，可以在不影响操作对象的前提下进行删除操作。与转换为可编辑多边形相比，编辑多边形修改器更加灵活易用。

但从性能上看，编辑多边形修改器时对设备性能的要求比转换为可编辑多边形高，因为编辑多边形修改器并不改变操作对象本身，只是用堆栈的方式使操作对象在视觉上产生变化。当操作对象过于复杂时，如果要使用编辑多边形修改器，则要对设备的性能进行评估。

5.3　弯曲修改器

弯曲修改器（见图 5-11）主要用于对具有分段的操作对象施加限制效果的平滑弯曲变形。操作对象在弯曲轴向的分段数越多，弯曲修改器的弯曲变形效果就越好。

图 5-11　弯曲修改器

在弯曲修改器中，可以设置弯曲的角度与方向，并规定弯曲的轴向。图 5-12 所示为一个高度分段数为 3 的长方体，为其添加弯曲轴为“Z”、角度为“45.0”的弯曲修改器后，效果如图 5-13 所示。不修改弯曲修改器的参数，仅增加长方体的高度分段，其效果如图 5-14 所示。对比图 5-13 与图 5-14，不难发现，弯曲轴的分段数越高，弯曲就越平滑。

限制效果是弯曲修改器中非常实用的一项功能。设置弯曲的起点与终点后，可产生部分弯曲的效果。限制效果示例如图 5-15 所示。

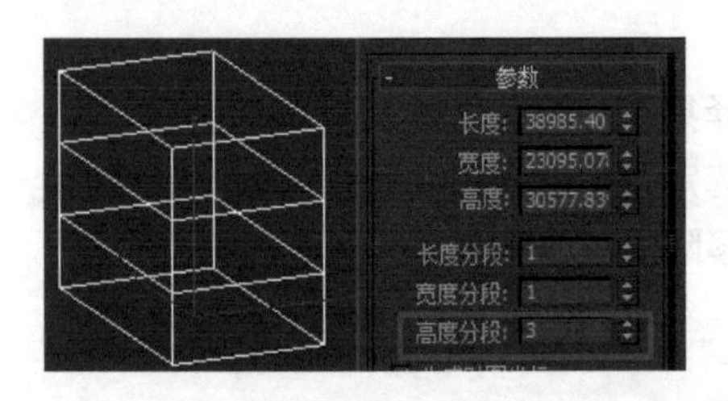

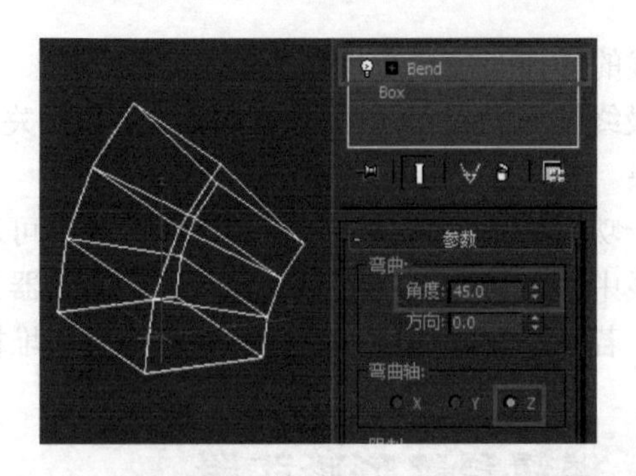

图 5-12　高度分段数为 3 的长方体　图 5-13　添加弯曲轴为“Z”、角度为“45.0”的弯曲修改器后的效果

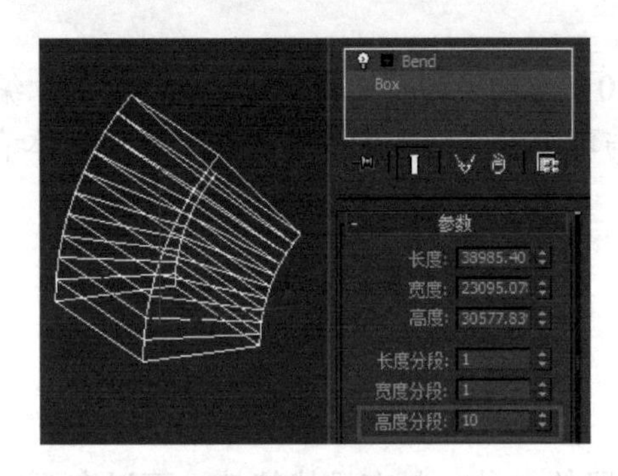

图 5-14　仅增加长方体高度分段后的效果

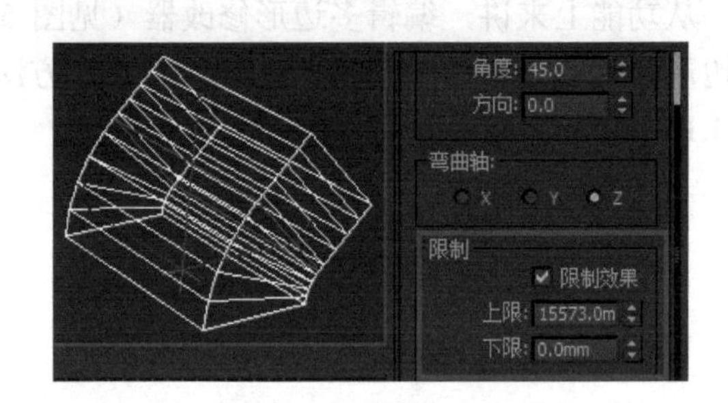

图 5-15　限制效果示例

5.4　晶格修改器

晶格修改器（见图 5-16）具有顶点与支柱两个效果子集，可以单独使用顶点或支柱效果子集，也可以同时使用顶点和支柱效果子集。因为这一特性，晶格修改器常用于创建空间点阵效果，同时也可用于创建镂空框架与异形钢结构。

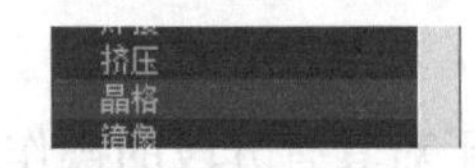

图 5-16　晶格修改器

图 5-17 所示为三个方向分段（长度分段、宽度分段和高度分段）均为 2 的长方体，为其设置晶格修改器，用户可在“参数”面板中设置晶格修改器的应用范围与相应的支柱或节点，不同参数的效果分别如图 5-18 到图 5-22 所示。

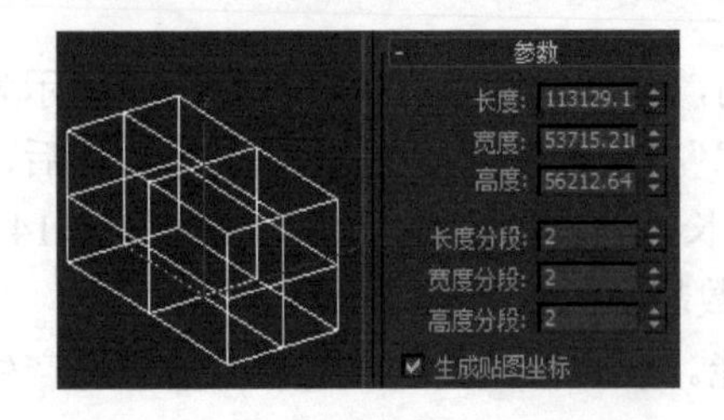

图 5-17　三个方向分段均为 2 的长方体

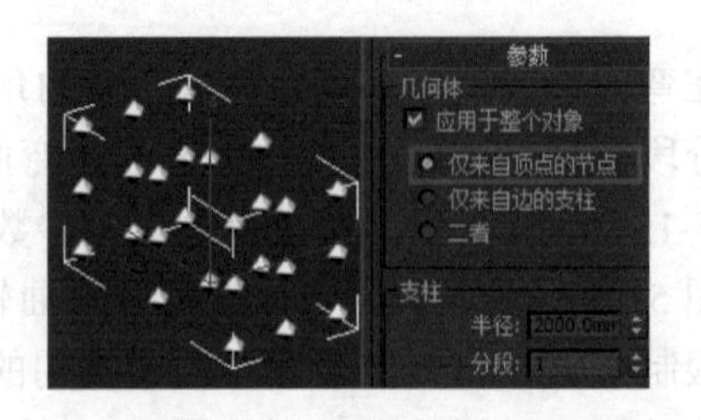

图 5-18　点选“仅来自顶点的节点”后的效果

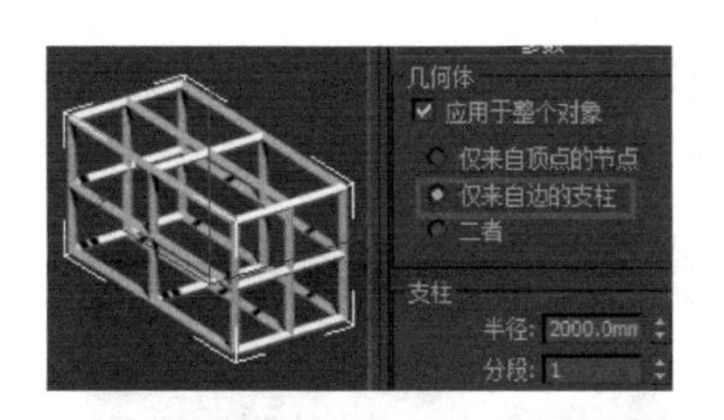

图 5-19 点选“仅来自边的支柱”后的效果

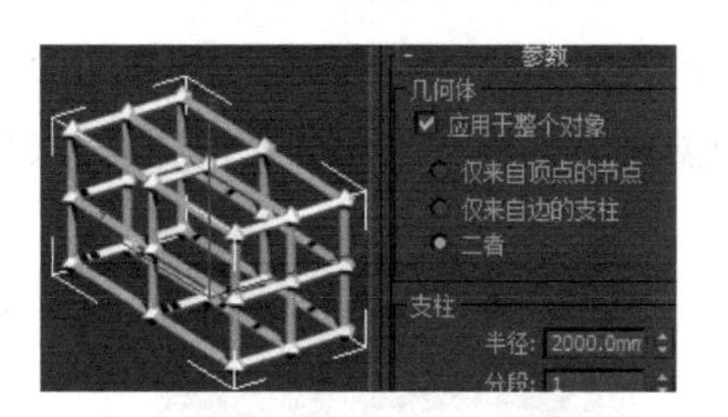

图 5-20 点选“二者”后的效果

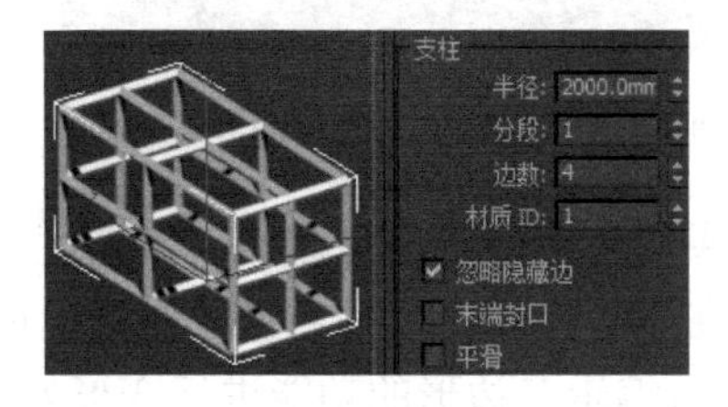

图 5-21 勾选“忽略隐藏边”后的效果

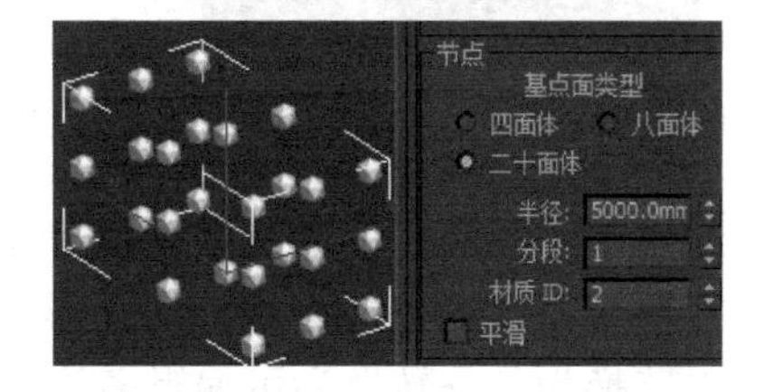

图 5-22 点选“二十面体”后的效果

5.5 锥化修改器

锥化修改器可在选定轴向上对操作对象的一端进行缩放，从而产生锥形效果。设置锥化修改器中的曲线参数，可使曲线的轮廓变得更加平滑。与弯曲修改器相同，锥化中的曲线属性同样受到选定轴向的分段影响，分段数越多，曲线变化就越平滑。

图 5-23 所示为三个方向分段（长度分段、宽度分段和高度分段）均为 2 的长方体，为其添加锥化修改器。用户可在“参数”面板中设置锥化和锥化轴的参数，如图 5-24 所示。

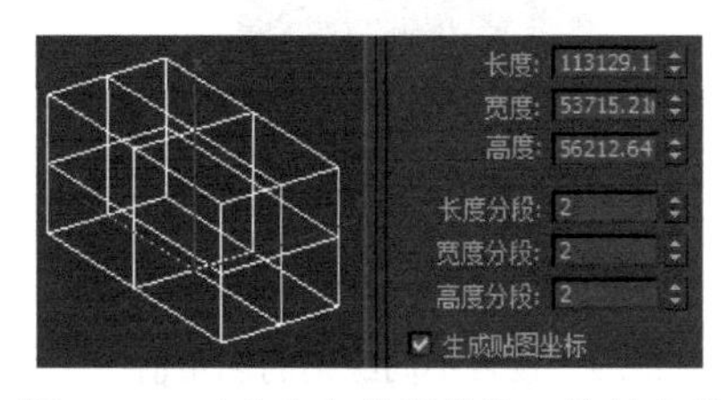

图 5-23 三个方向分段均为 2 的长方体

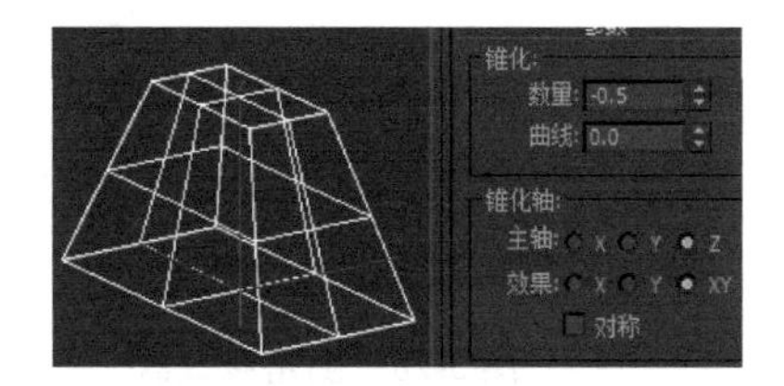

图 5-24 设置锥化和锥化轴的参数

5.6 挤出修改器

挤出修改器（见图 5-25）是智慧城市地上实体建模中最常用的修改器之一，可以将样条线转变为三维几何体，是连接二维图形与三维几何体的重要纽带。在建模时，常用挤出功能来创建不规则的平面，这些不规则的平面多用于拼接或二次变形。

图 5-25 挤出修改器

挤出修改器的使用方式很简单，用户利用样条线勾勒出所需的平面轮廓（见图 5-26）后，为轮廓添加挤出修改器并设置相关参数即可，如图 5-27 所示。

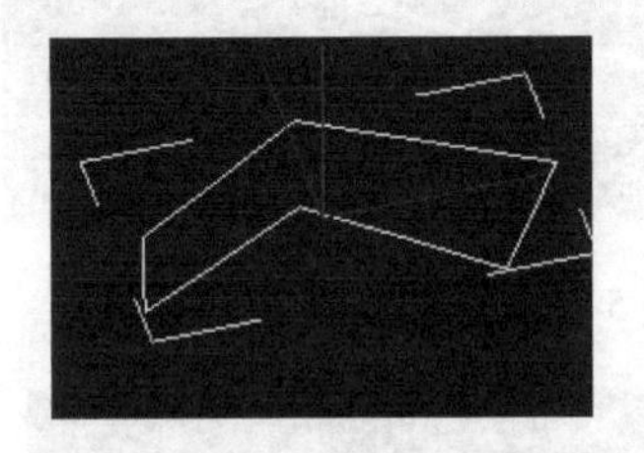
图 5-26　平面轮廓

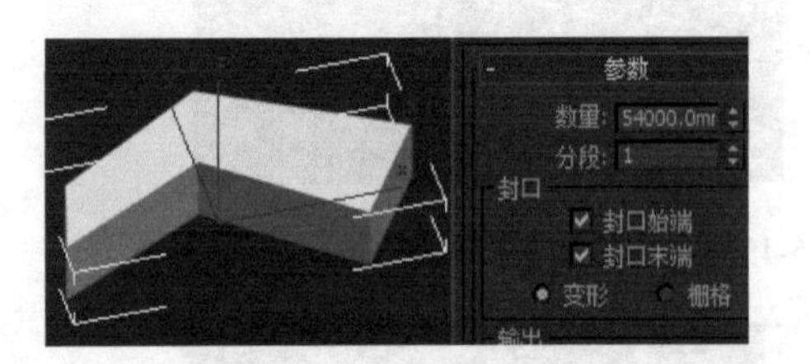

图 5-27　为平面轮廓添加挤出修改器并设置相关参数

在一般情况下，挤出的图形往往过于单调。如果用户想要给模型添加一定曲度或者进行修改，就需要对挤出的图形进行二次变形。此时可在图形上单击鼠标右键，在弹出的右键菜单中选择“转换为：→转换为可编辑多边形”，利用可编辑多边形的功能进行变形处理。

5.7　倒角修改器

倒角修改器（见图 5-28）也是常用的修改器之一，该修改器可设置不同级别的倒角值（见图 5-29）。倒角修改器适用于所有的封闭样条线，但由于其具有不同级别的倒角值，可设置不同级别的高度与轮廓，常用于创建立体字体。

图 5-28　倒角修改器

图 5-29　设置不同级别的倒角值

以 3ds Max 中的默认字体（见图 5-30）为例，为其添加倒角修改器。在“倒角值”面板中设置起始轮廓值，可以改变字体的衬字；调整各级别中的高度可以增加文字的厚度；调整轮廓可以控制相应级别的衬字缩放。在“倒角值”面板中，起始轮廓和级别 1 是默认设置的，用户可根据自己的需求选择并添加级别 2 和级别 3 的高度及轮廓。为默认字体添加倒角修改器后的效果如图 5-31 所示。

图 5-30　默认字体

图 5-31　为默认字体添加倒角修改器后的效果

5.8　倒角剖面修改器

倒角剖面修改器（见图 5-32）是常用修改器之一，常用于创建画框或其他具有环形剖面的模型。倒角剖面修改器的使用方法不同于上面介绍的修改器，在使用倒角剖面修改器时，至少需要两条样条线，一条用于创建基础循环截面，另一条用于创建剖面路径，且二者相互垂直。倒角剖面修改器所需的样条线如图 5-33 所示。

图 5-32　倒角剖面修改器

图 5-33　倒角剖面修改器所需的样条线

倒角剖面修改器的使用方法是：首先，在顶视图下拉出一个矩形作为剖面路径；然后，在前视图下，根据所需的截面样式利用样条线创建基础循环截面；接着，选择矩形并为其添加倒角剖面修改器；最后，单击“拾取剖面”按钮后选择基础循环截面即可。需要注意的是，在创建基础循环截面时，既可以将基础循环截面封闭起来，也可以在基础循环截面中保留开口。当基础循环截面是封闭的图形时，使用倒角剖面修改器后的图形是空心的，空心倒角图形如图 5-34 所示；当基础循环截面中保留开口时，使用倒角剖面修改器后的图形是实心的，实心倒角图形如图 5-35 所示。

图 5-34　空心倒角图形

图 5-35　实心倒角图形

5.9　FFD（长方体）修改器

FFD（长方体）修改器也称为自由曲面变形修改器，是建模中常用的局部变形工具之一。为选定的操作对象添加 FFD（长方体）修改器后，在操作对象周围会加载一个由控制点构成的线框。在 FFD（长方体）修改器的“控制点”下，可以通过移动各个控制点来改变操作对象的外形。在智慧城市地上实体建模中，使用这种以点带面的变形调节方式可以更好地维持曲面弧度，使外形变得更加平滑自然。

FFD（长方体）修改器具有 2×2×2、3×3×3、4×4×4、圆柱体、长方体五个默认分类，可依据原始图形的轮廓选择相近的样式。当然，选定样式后依然可以在修改面板中设置点数，以满足更高的精度要求。

与弯曲修改器类似，操作对象的分段数也会影响 FFD（长方体）修改器的使用效果。当分段数足够多时，模型的外形将会比较平滑；当分段数过少时，模型的外形将会比较粗糙。

FFD（长方体）修改器的使用方式很简单，为操作对象添加合适的 FFD（长方体）修改器之后，单击修改器前的加号即可弹出下拉栏，在下拉栏中选择“控制点”后，在视图中移动相应控制点即可。FFD（长方体）修改器如图 5-36 所示。

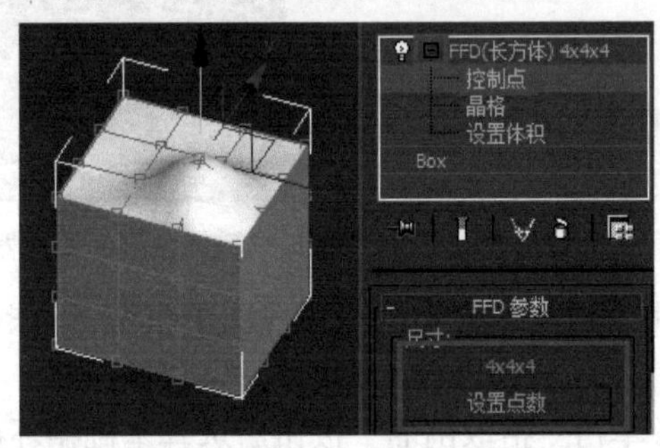

图 5-36　FFD（长方体）修改器

5.10　对称修改器

对称修改器（见图 5-37）是常用的修改器之一，主要用于创建对称的模型。对称修改器与镜像功能不同，镜像功能只是单纯地将所选的操作对象进行轴向翻转，对称修改器可以智能地进行图形拼接，只要对称后的两个图形间距合适即可。

对称修改器的使用方式也很简单，添加对称修改器后，单击修改器前的加号可弹出下拉栏，在下拉栏中选择“镜像”，在视口区域中将模型拖曳到合适的位置即可，同时可在“参数”栏中设置镜像轴。对称修改器的参数设置如图 5-38 所示。

图 5-37　对称修改器

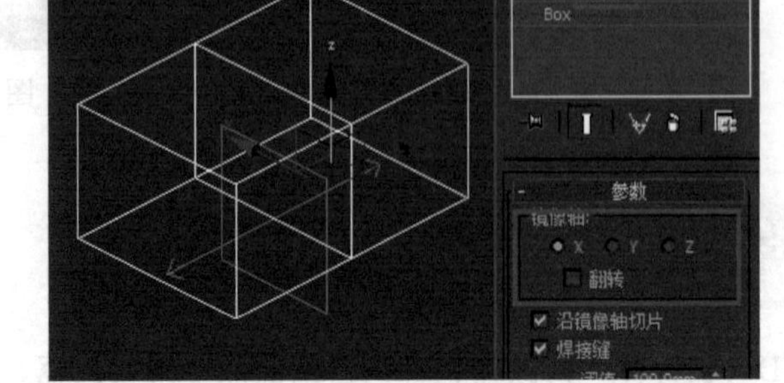

图 5-38　对称修改器的参数设置

5.11　车削修改器

一个图形沿其中轴线旋转 360° 形成三维几何体的过程，称为车削。在 3ds Max 中，车削修改器常用于创建旋转体，如酒杯、异形钢管等。

在使用车削修改器前，应检查二维半截面的轴位置，若轴位置不对，则可通过层次面板中的“仅影响轴”（见图 5-39）来调整，轴调整如图 5-40 所示。一切准备就绪后，可在车削的修改面板中设置相应参数，完成车削操作，如图 5-41 所示。

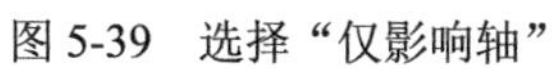

图 5-39　选择“仅影响轴”

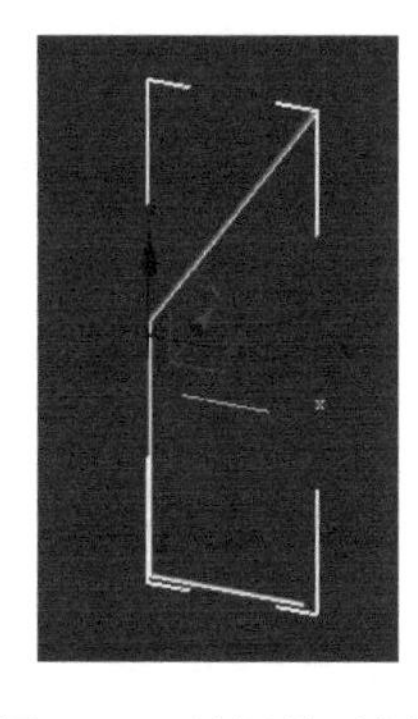

图 5-40　轴调整示例

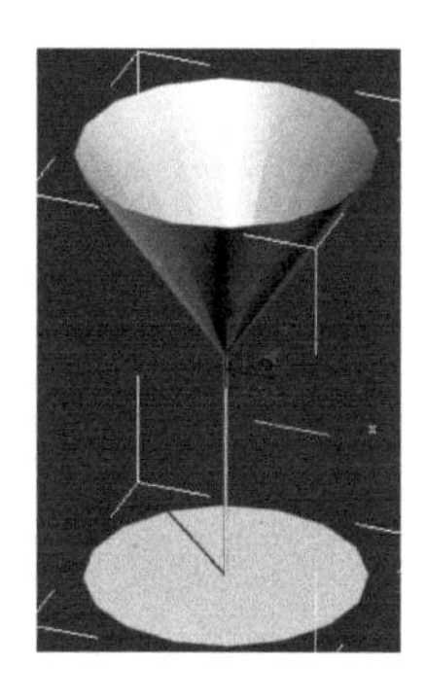

图 5-41　车削操作示例

对车削效果不满意时，单击车削修改器前的加号可弹出下拉栏，在下拉栏中选择“轴”后也可对轴进行调整，如图 5-42 所示。

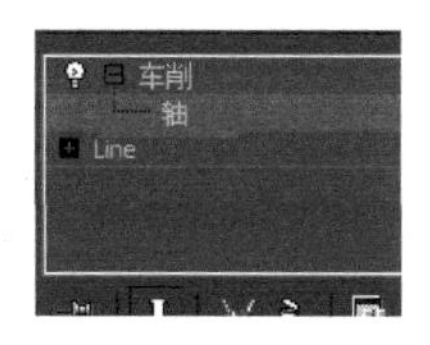

图 5-42　在下拉栏中选择“轴”

第6章 道路的三维建模

黄河九曲连弯，小路蜿蜒进山。从古至今，关于道路，人们总可以品出它的独特滋味，道路也被赋予了各种美好的意义。道路是文明发展的见证，有人的地方便有道路，有道路的地方便有方向。

路基和路面是道路中最重要的主体，同样也是道路建模的关键所在。路基和路面的数据量较大，在路基和路面的三维建模中，应在不影响道路曲度的情况下适当降低面数，保证系统运行的流畅性。

本章涉及基本操作、多边形建模、放样、倒角等内容。

6.1 道路的建模逻辑

1. 分析化简

道路（见图6-1）是连接多个地点之间的通道，按其用途可分为公路、城市道路、乡村道路、厂矿道路、林业道路、考试道路、竞赛道路、汽车试验道路、车间通道及学校道路等。在铺设道路时，多用沥青、水泥、塑胶等材质，且在纵向上具有一定的重复性，故可以使用循环填充的放样来进行道路建模。

图6-1 道路

在道路建模时，会产生许多具有曲度的边线，利用这些边线可以辅助其他配套设施（护栏、隔离带、路基外延曲面等）的建模。经过长时间的风吹日晒，路面难免会出现一些裂纹或者缺口，当对建模精度的要求不高时，这些痕迹可以省去。同样，由于物理碰撞或者土质疏松等原因，路边的护栏会存在位置偏移或破损，在中低精度的建模时都可省略。

对于路基部分，若模型对此需求较低，则可以适当精简。

2．几何近似

为了便于材质的赋予，在路面建模时常常使用放样的方式，所以几何近似阶段的主要任务是在顶视图中根据道路的参考图形勾勒道路走向线，并根据路面宽度和厚度在相应的侧视图中绘制道路横截面。道路的参考图形如图 6-2 所示，勾勒出的道路走向线如图 6-3 所示，道路的横截面如图 6-4 所示。

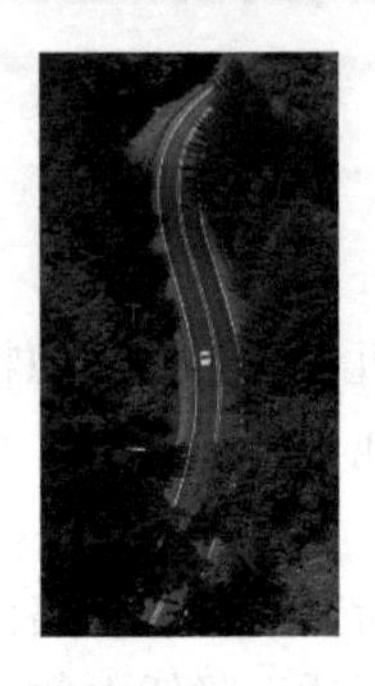

图 6-2　道路的参考图形

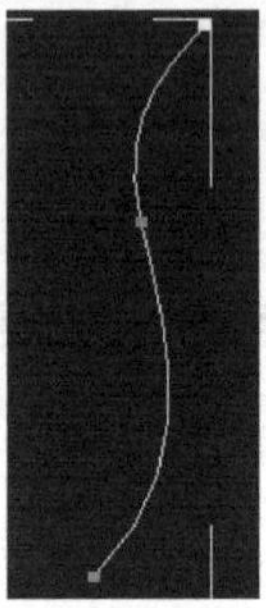

图 6-3　勾勒出的道路走向线

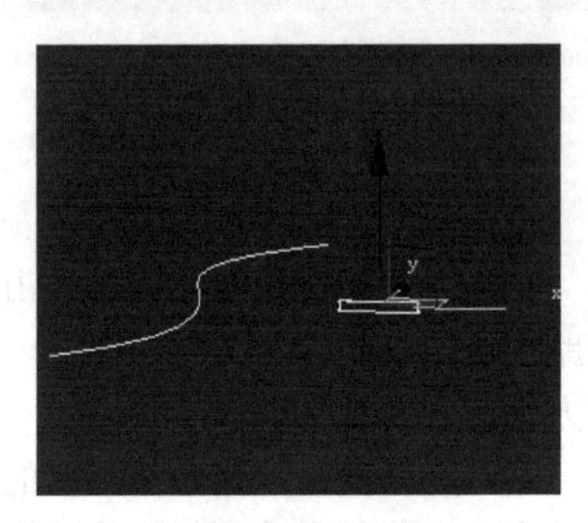

图 6-4　绘制横截面

3．模型精修与整理

在放样结束后可将模型转变为可编辑多边形，利用多边形的外边来创建新图形，用于创建护栏曲线和路基范围曲线。参考新创建的护栏曲线，利用间隔工具可排布护栏；参考路基范围曲线，利用复合对象中的图形合并功能可在平面上勾勒路基范围。

在放样结束后，模型的外形可通过参考曲线来调整，因此在完成路面的放样操作后，可通过参考曲线来设置路面的起伏和宽高。当道路过长且比较复杂时，可分开绘制道路走向线，再通过编辑样条线的相关功能来合并图形。

6.2　路面和路基的建模

本节以双向八车道高速公路为例介绍路基和路面的建模方法，本节介绍的建模方法是较为通用的道路建模方法，适用于绝大多数道路的建模。

6.2.1　路面的建模

路基和路面的建模需要以真实的场景为基础，在建模前，需要了解实际的道路数据。我国高速公路标准车道的宽度为 3.75 m，应急车道的宽度为 2.5 m，隔离带的宽度为 1 m，护栏标准的高度为 1.2 m，护栏支柱的直径为 0.14 m，护板的宽度为 0.3 m 等。在进行道路建模时可结合实际的道路数据，依据实际情况进行建模。路面建模的方法如下：

（1）创建路面基础。在创建路面基础时，可使用放样的方法；在绘制截面时需计算出双向八车道的宽度，双向八车道由 6 条标准车道、2 条应急车道和 1 条隔离带构成，故其宽度为 28.5 m。

首先绘制放样截面，方法为：选择菜单“创建→样条线”，在样条线层级下选择“样条线”，使用矩形工具在前视图中创建一个 0.2 m×28.5 m 的矩形。绘制的放样截面如图 6-5 所示。

然后创建放样走向线，方法为：选择菜单“创建→样条线”，在样条线层级下选择“样条线”，使用线工具在顶视图中绘制一条曲线。绘制的放样走向线如图 6-6 所示。

选择放样走向线后选择菜单“创建→几何体”，在几何体层级下选择“复合对象”，使用放样工具开启创建方法中的“获取图形”，单击创建好的放样截面，即可完成放样，得到路面基础，如图 6-7 所示。

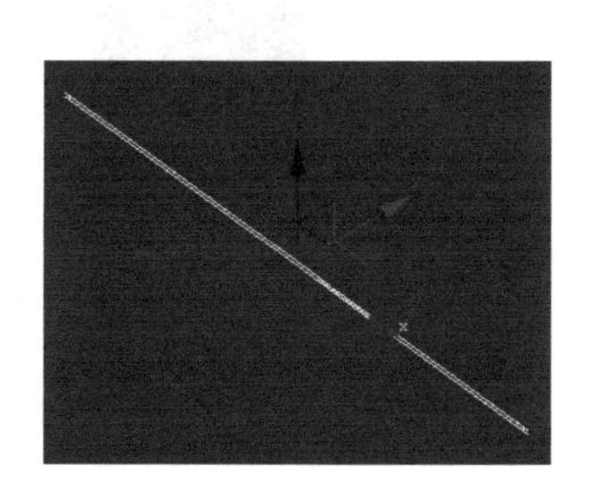

图 6-5　绘制的放样截面

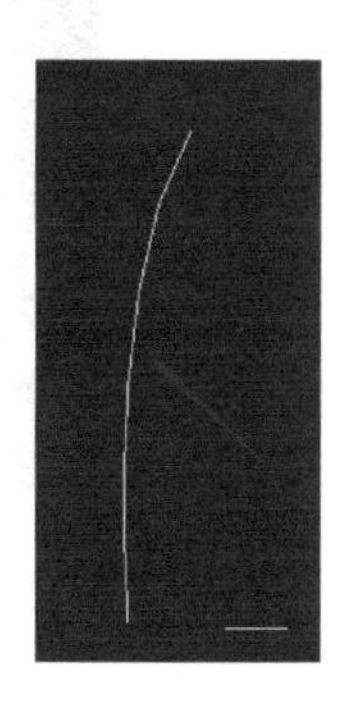

图 6-6　绘制的放样走向线

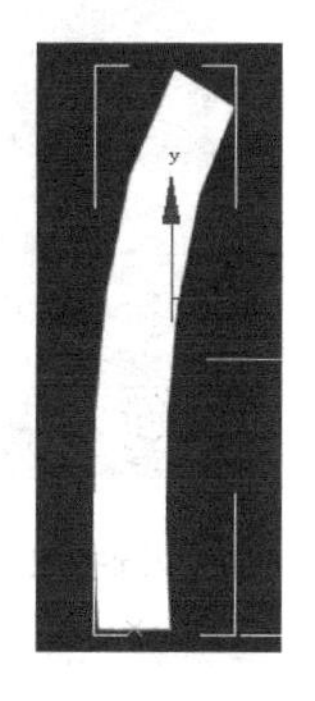

图 6-7　路面基础

（2）创建道路两旁及中间隔离带的护栏。道路护栏的创建分为两部分，一部分是护栏的护板，另一部分是护栏的支柱。护板的创建需要使用放样工具，支柱的创建需要使用间隔工具，而放样与间隔工具都依靠放样走向线。故创建护栏的第一步，就是在路面基础中提取放样走向线。

① 在路面基础中提取放样走向线。选择路面基础后单击鼠标右键，在弹出的菜单中选择“转换为：→转换为可编辑多边形”，在修改面板的边层级下利用循环工具选择正中间的纵向分段线（见图 6-8），使用切角工具设置边的切角量为 0.5 m、连接边分段数为 1，得到 2 条居中分布的新纵向分段线（见图 6-9）。

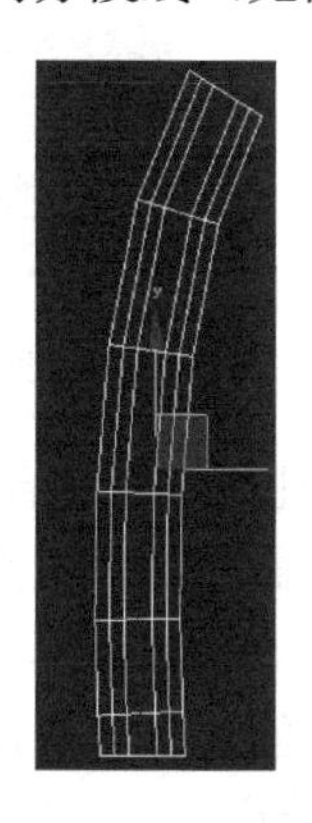

图 6-8　选择正中间的纵向分段线

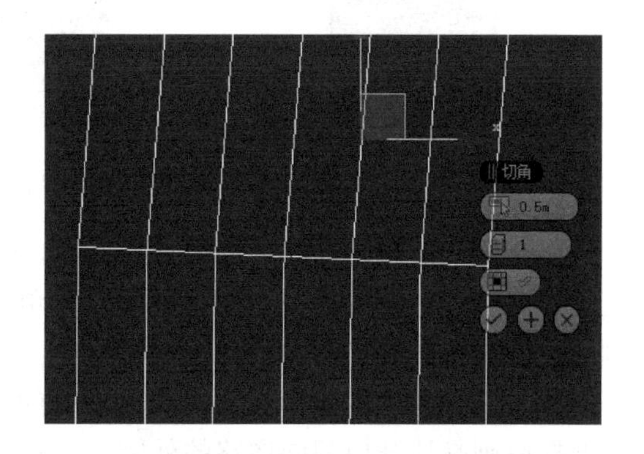

图 6-9　使用切角工具得到 2 条新纵向分段线

利用循环工具选择 2 条外边线及 2 条新纵向分段线（见图 6-10），单击“利用所选内容创建图形”按钮，勾选“线性”，可得到新的线形状（见图6-11）。

选择新的线形状后，在修改面板的样条线层级下选择“几何体→分离”，将4条曲线分离成为4条独立的样条线，从而创建4条放样走向线（见图6-12）。注意：切勿移动4条放样走向线间的相对位置。

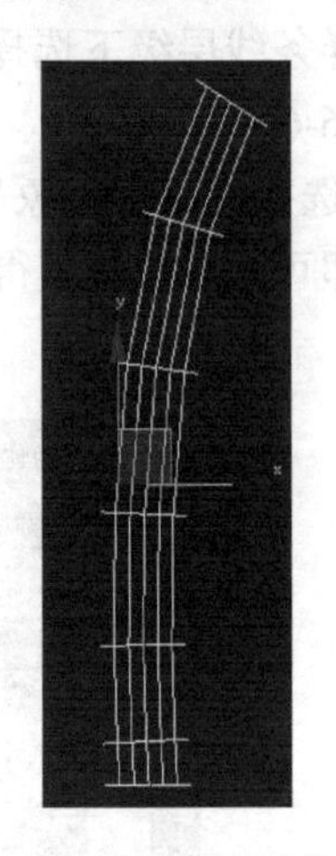

图6-10　选择2条外边线及2条新纵向分段线

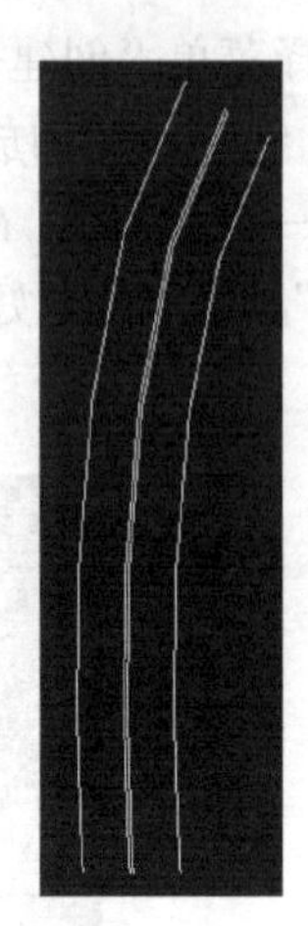

图6-11　新的线形状

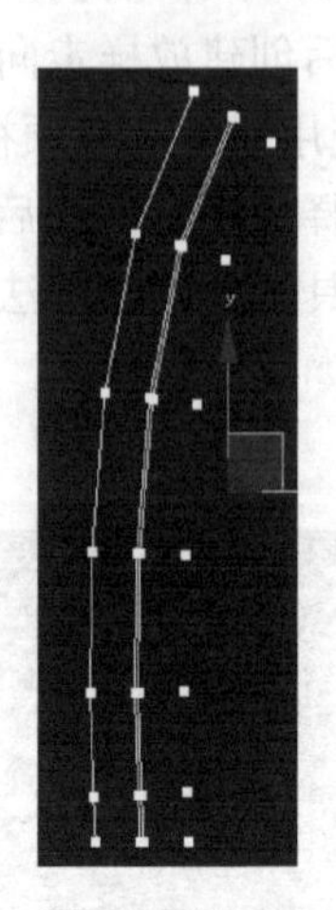

图6-12　创建的4条放样走向线

② 创建护板截面。护板截面呈波浪状，整体高度约为0.3 m，护板有左右之分。选择菜单“创建→样条线”，在样条线层级下选择“样条线”，使用样条线层级下的线工具在前视图中绘制一条“3”形曲线（见图6-13）。在修改面板的样条线层级下选择“几何体→轮廓”，为“3”形曲线添加0.01 m的轮廓，此时可创建好开口朝左的护板截面（见图6-14）。利用同样的方法可以创建开口朝右的护板截面（见图6-15）。

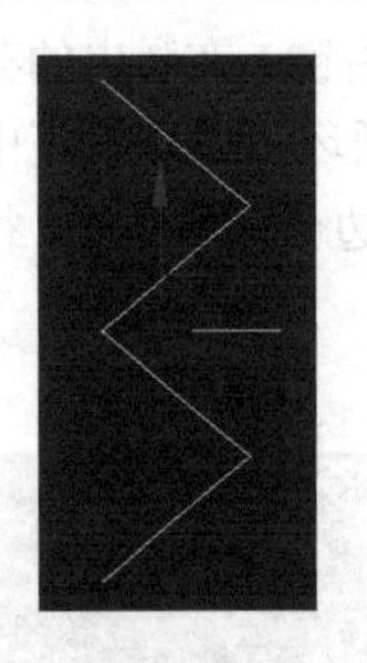

图6-13　“3”形曲线

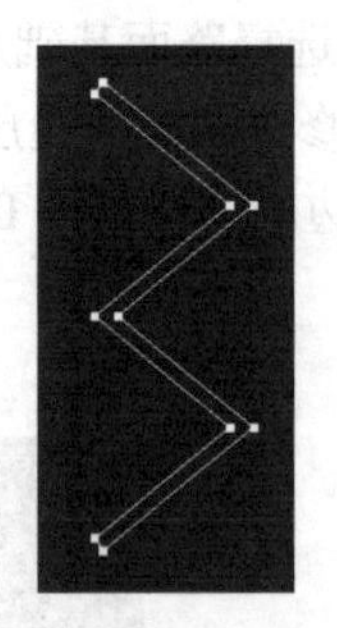

图6-14　开口朝左的护板截面

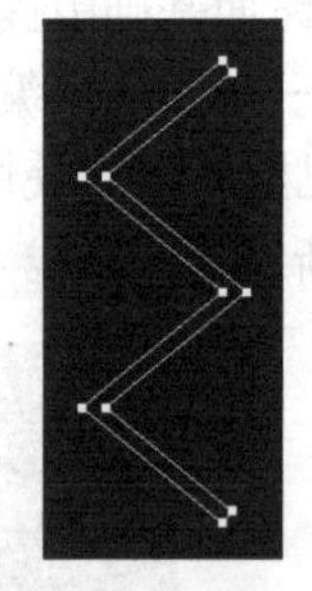

图6-15　开口朝右的护板截面

选择左侧的放样走向线（见图6-16）后，选择菜单“创建→几何体→复合对象”，通过放样工具开启创建方法中的获取图形功能，并单击开口朝右的护板截面，即可完成放样，得到左侧的护板（见图6-17）。

同样，选择右侧的走向线，可得到右侧的护板。中间护板的创建方法与此类似。护板截面的选择原则是让开口朝向道路的外侧。创建的护板如图6-18所示。

③ 创建护栏的支柱。选择菜单“创建→几何体”，在几何体层级下选择“标准基本体”，使用圆柱体工具在顶视图中绘制一个底面半径为0.07 m、高度为1.2 m的圆柱体。选择刚创

建好的圆柱体，选择菜单“工具→对齐→间隔工具”，单击“拾取路径”按钮后依次拾取 4 条放样走向线，勾选“间距”后将其设置为 2.0 m，可得到全部的护栏支柱，如图 6-19 所示。

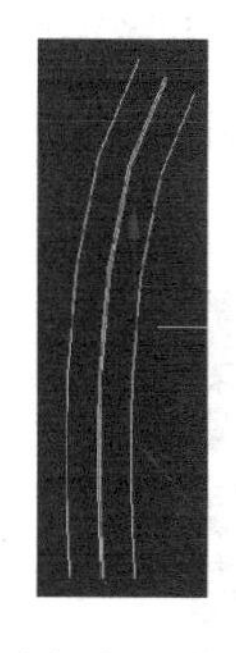

图 6-16　选择左侧放样走向线

图 6-17　创建左侧的护板

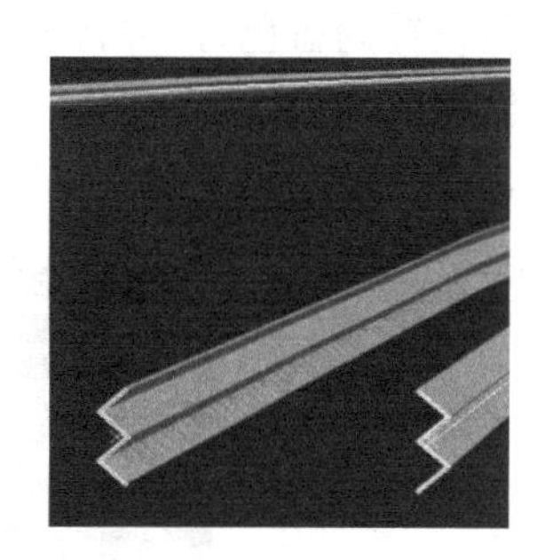

图 6-18　护板创建完成

将创建好的护板与支柱组合在一起，可得到护栏模型（见图 6-20）；将护栏与路面基础组合在一起，可得到路面模型（见图 6-21）。

图 6-19　创建的护栏支柱

图 6-20　护栏模型

图 6-21　路面模型

6.2.2　路基的建模

路基是指按照道路位置和一定技术要求修筑的作为道路基础的带状构造物。从建模的角度来看，路基在一定程度上反映了自然场景，可配合植物进行布景。本节主要介绍路基的建模。

在进行路基的建模时，需要用到图形合并功能。首先需要创建道路的轮廓，选择路面基础后单击鼠标右键，在弹出的右键菜单中选择“转换为：→转换为可编辑多边形”；在修改面板的边层级下选择路面基础的外部边框（见图 6-22），单击“利用所选内容创建图形”按钮，点选“线性”可得到路基轮廓（见图 6-23）。

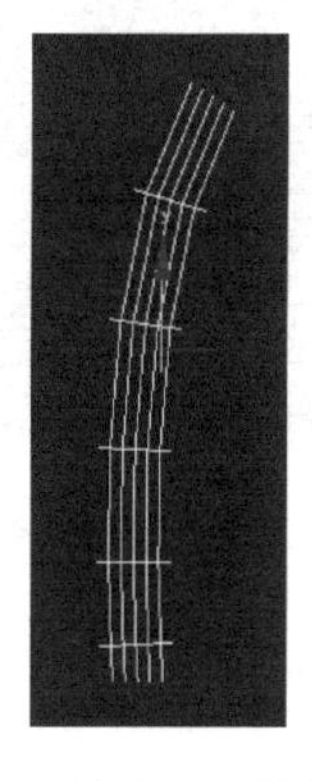

图 6-22　选择路面的外部边框

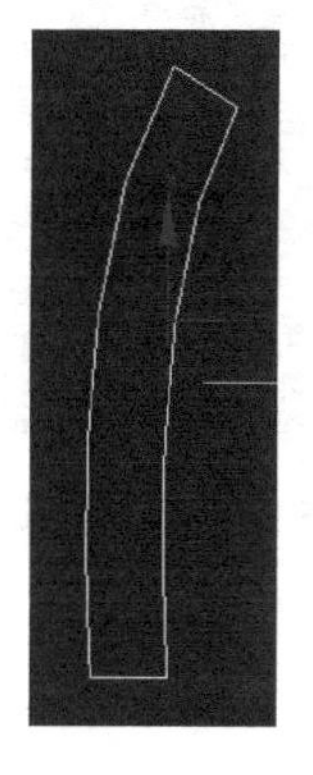

图 6-23　路基轮廓

接着在顶视图下添加一个平面，选择菜单“创建→几何体”，在几何体层级下选择“标准基本体”，使用平面工具绘制一个大于路面且分段数足够多的平面（为了便于区分，可将平面的颜色设置为蓝色），并将该平面置于创建的路基轮廓下（见图 6-24）。选择平面后，选择菜单“创建→几何体”，在几何体层级下选择“复合对象”，单击“图形合并”下的“拾取图形”按钮，可拾取路基轮廓（见图 6-25），选择“输出子网格”中的“面”。

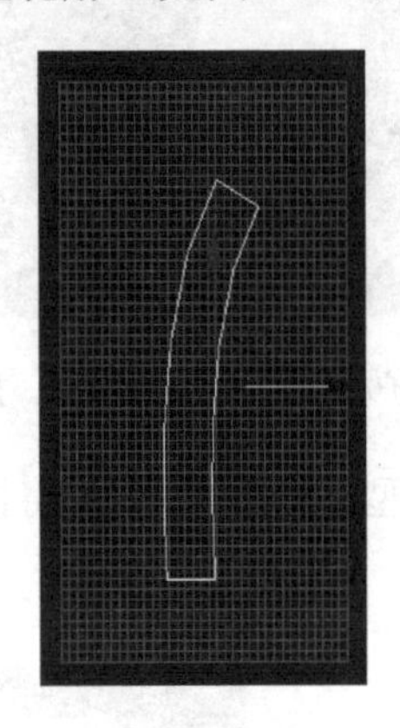

图 6-24　在路基轮廓下添加平面

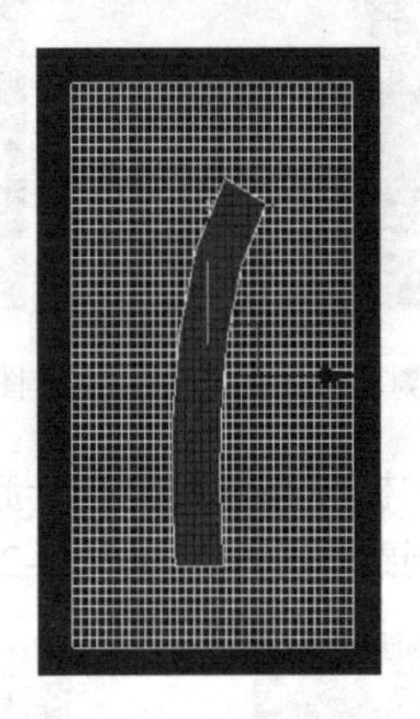

图 6-25　拾取路基轮廓

选择路基轮廓后单击鼠标右键，在弹出的右键菜单中选择“转换为：→转换为可编辑多边形”，在修改面板的多边形层架下将路基轮廓投影下的面全部选择，即可完成图形合并的操作。使用移动（）工具将平面中被选择的面向上提拉至合适位置，即可得到路基初步模型，如图 6-26 所示。路基初步模型中的点往往过于僵硬，不够自然，此时可通过顶点层级下的松弛与推拉功能进行处理，使其显得平滑自然一些。需要注意的是，在使用松弛功能时，可依据需求设置笔刷大小，若笔刷相对模型过大，则会影响松弛的精度。

在修改面板的顶点层级下，选择凸起路基外的点（见图 6-27），通过“绘制变形”下的松弛功能可平滑路基外的部分，通过推拉功能可产生一些起伏效果（见图 6-28），从而得到最终的路基模型（见图 6-29）。

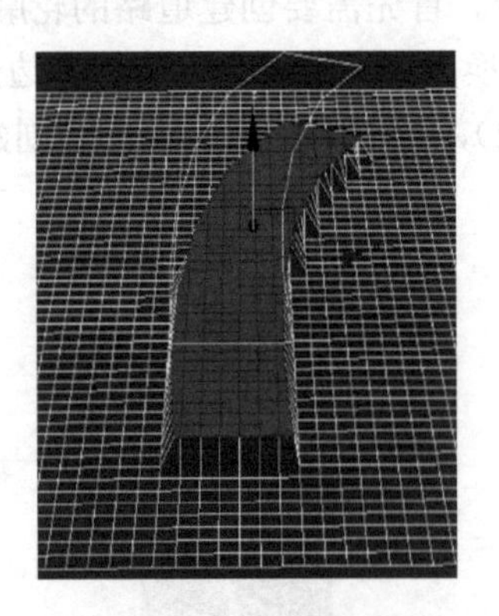

图 6-26　路基初步模型

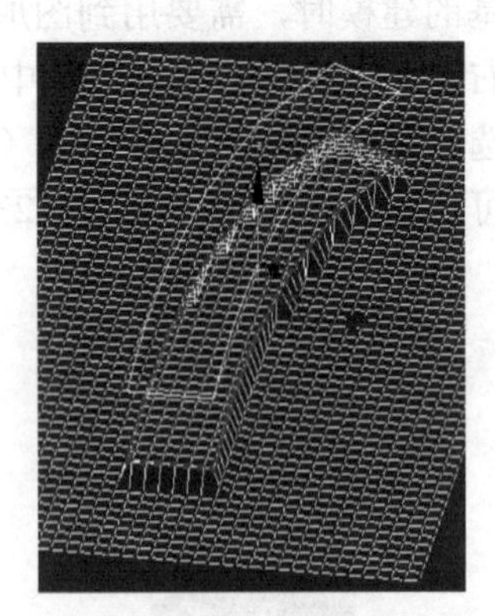

图 6-27　选择凸起路基外的点

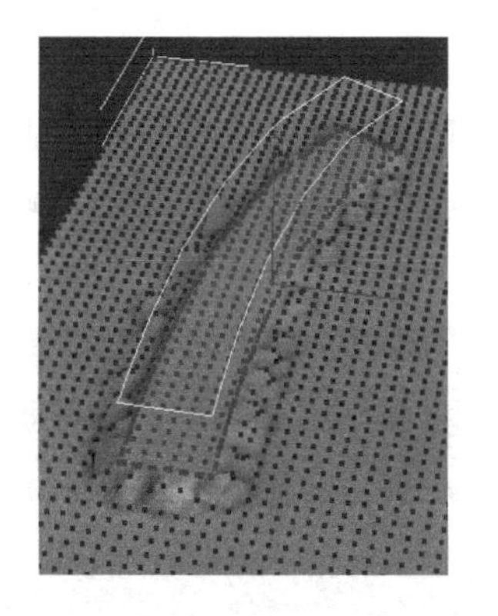

图 6-28　创建路基起伏

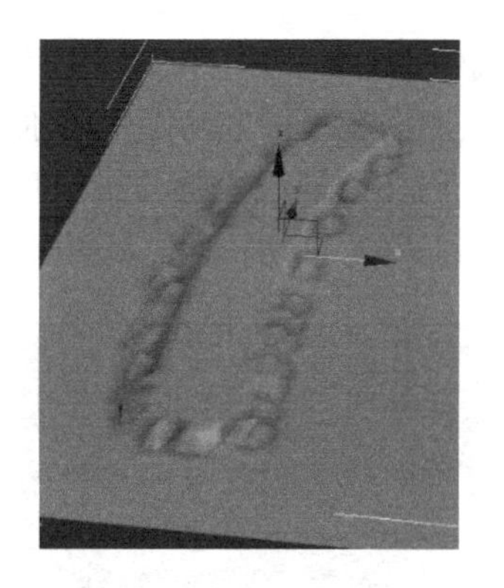

图 6-29　最终的路基模型

将创建好的路面、护栏、路基模型组合起来，可得到道路的初步模型，如图 6-30 所示。

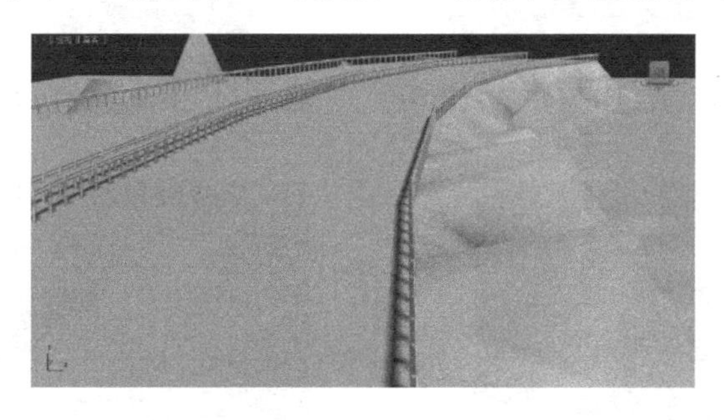

图 6-30　道路的初步模型

路基也可以依照现实情况进行建模。如果能得到相应路基的数字高程模型（Digital Elevation Model，DEM）数据，则可将相应的数据导入 3ds Max 中，先通过图形合并功能选择路基，再通过平面化工具进行路基找平。DEM 数据的导入方法有很多，可查阅相关资料，这里不再赘述。

在 3ds Max 中打开 DEM（见图 6-31），将绘制的路基轮廓置于 DEM 的相应位置（见图 6-32）。

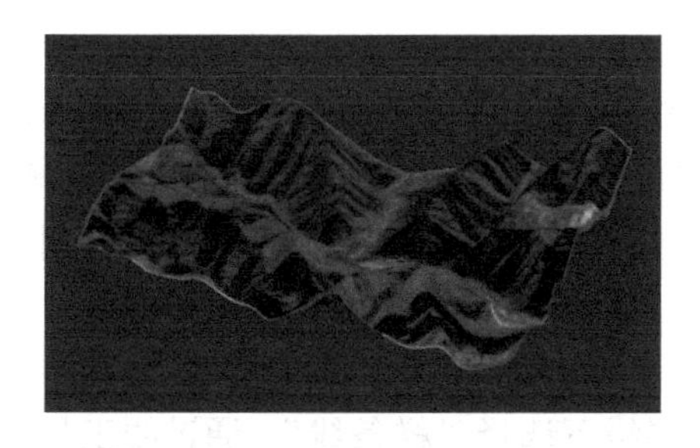

图 6-31　在 3ds Max 中打开 DEM

图 6-32　将路基轮廓置于 DEM 的相应位置

选择 DEM 后，选择菜单“创建→几何体”，在几何体层级下选择“复合对象”，开启图形合并功能后，单击“拾取图形”按钮可拾取路基轮廓，在“输出子网格”中选择“面”。选择拾取的路基轮廓，单击鼠标右键，在弹出的右键菜单中选择“转换为：→转换为可编辑多边形”，在切换面板中的多边形层级下选择路基轮廓在 DEM 中的投影面（见图 6-33），即路面。选择“编辑几何体”后，采用平面化工具在z轴方向上对路基轮廓进行找平（见图6-34）。此时所选的投影面在z轴方向上保持水平，可使用移动工具调整路面的位置（见图6-35）。在顶点层级下，同样可使用松弛与推拉功能来产生一定的起伏效果，将创建好的路面放置在路基上，可得到DEM下的路基和路面模型，如图6-36所示。

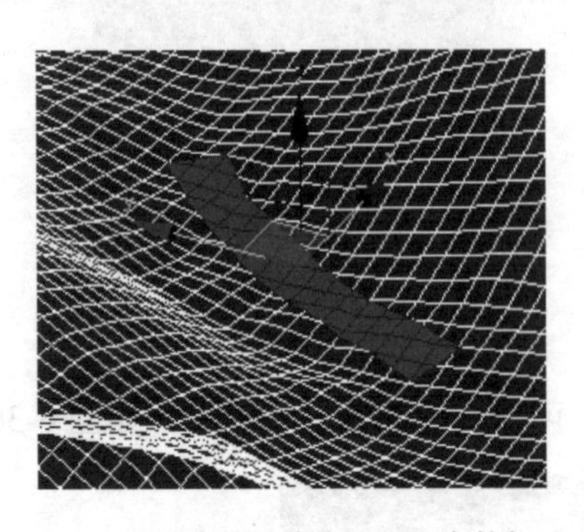

图6-33 选择路基轮廓在DEM中的投影面

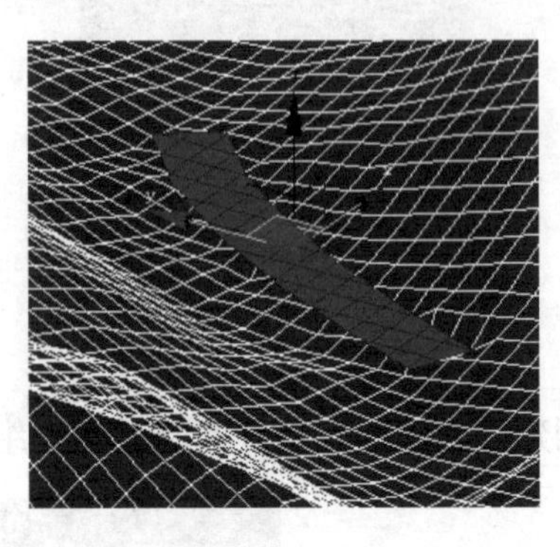

图6-34 在z轴方向上对路基轮廓进行找平

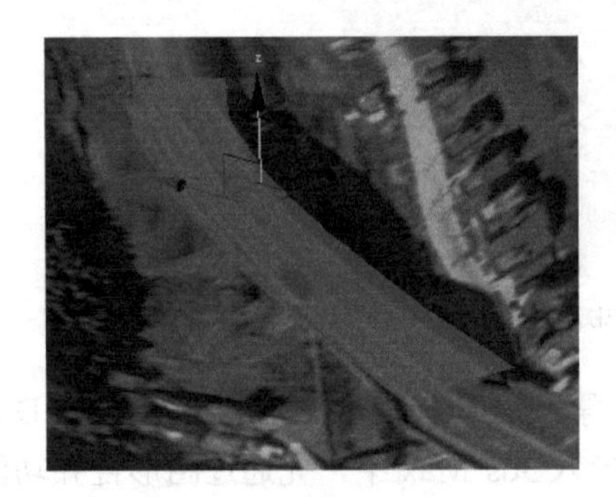

图6-35 调整路面的位置

图6-36 DEM下的路基和路面模型

6.3 路面标志

在进行路面建模时，有些场合需要创建特殊的地物用于交互，如斑马线、指向箭头、车道名称等。由于交互的要求，这些地物需要进行单体化处理，不能仅仅作为路面的贴图。

在实际应用中，这类地物的作用与标志牌、摄像头等立体交互地物的作用等同，但其创建过程却相对比较简单，仅需要在创建相应的轮廓后，为其添加倒角修改器即可。下面以直线箭头为例进行说明。

（1）选择菜单“创建→样条线”，在样条线层级下选择“样条线”，通过线工具可绘制直线箭头的左侧部分（见图6-37），然后利用镜像功能复制直线箭头的右侧部分即可，如图6-38所示。注意：不要使用实例克隆，实例克隆后无法进行附加操作。

（2）在修改面板中将直线箭头的左右两个部分对正后，通过附加工具将左右两个部分附加为一个整体，在顶点层级下将对应的部分焊接在一起，焊接顶点如图6-39所示，焊接底边如图6-40所示。

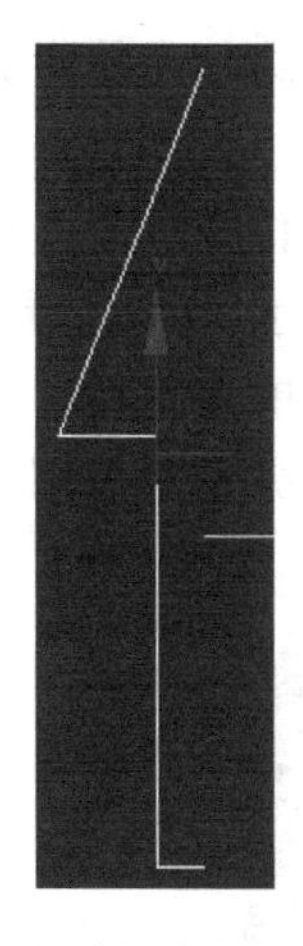

图 6-37　绘制直线箭头左侧部分

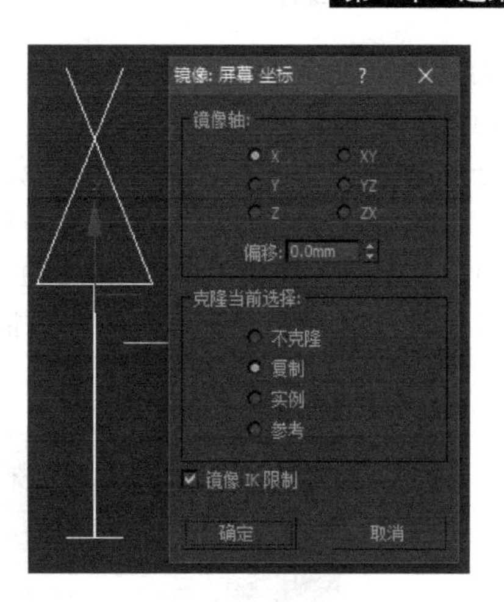

图 6-38　利用镜像功能复制直线箭头右侧部分

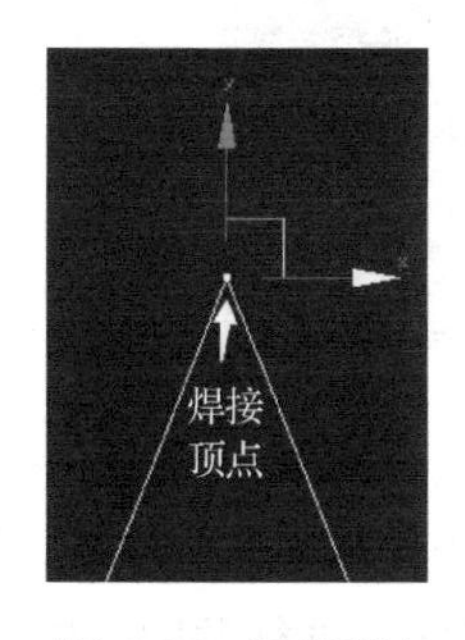

图 6-39　焊接顶点

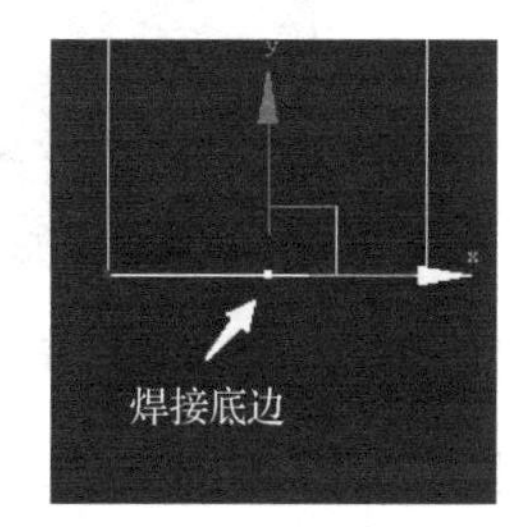

图 6-40　焊接底边

（3）在“修改器列表”的下拉栏中为直线箭头的轮廓添加倒角修改器，并设置级别 1 和级别 2 的参数（见图 6-41），创建的直线箭头如图 6-42 所示。

图 6-41　设置级别 1 和级别 2 的参数

图 6-42　创建的直线箭头

6.4　模型的单体化

需要注意的是，如果要将创建的模型加载到相应的平台并对模型进行操作，则在建模时应保证模型是一个单独的整体。

在 3ds Max 中，模型单体化的方法有两种，一种是组合，另一种是附加。组合是利用 3ds

Max 中的组合功能，将选定的多个实体打包；附加是利用可编辑多边形中的附加功能，将多个实体附加到某个实体上。

采用组合的方法时，可以在完全不破坏实体原有材质的情况下将多个实体打包在一起。在视口区域中选择需要打包的实体（如球体与长方体），如图 6-43 所示，单击工具栏中的“组(G)”按钮，然后单击“成组(G)”按钮，在弹出的面板中输入所需的组名后单击“确认”按钮即可将选择的实体打包在一起（打组）。组合的方法非常方便，但某些平台并不能识别 3ds Max 的打组格式。

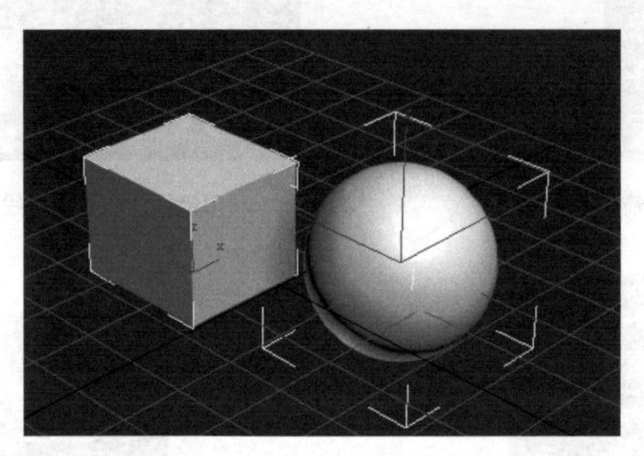

图 6-43　选择需要打包的实体

附加是指将某个实体附加到其他实体上，在附加的过程中难免会出现材质混乱的现象，在处理材质时需要重新部署实体的材质编码，并利用多维子材质进行贴图。与组合方法相比，大多数的平台都支持采用附加的方法进行模型的单体化。

这里以球体和长方体为例来介绍附加的方法。选择长方体（或球体）后，单击鼠标右键，在弹出的右键菜单中选择“转换为：→转换为可编辑多边形”；切换到修改面板后，在元素层级下开启“编辑几何体”下的附加功能；将鼠标光标移动到视口区域的球体上时，鼠标光标会变成十字形光标，此时单击球体即可完成附加操作。执行完附加操作后，球体和长方体将变成一个整体的两个元素，在元素层级下可以选择这两个元素。附加的效果如图 6-44 所示。

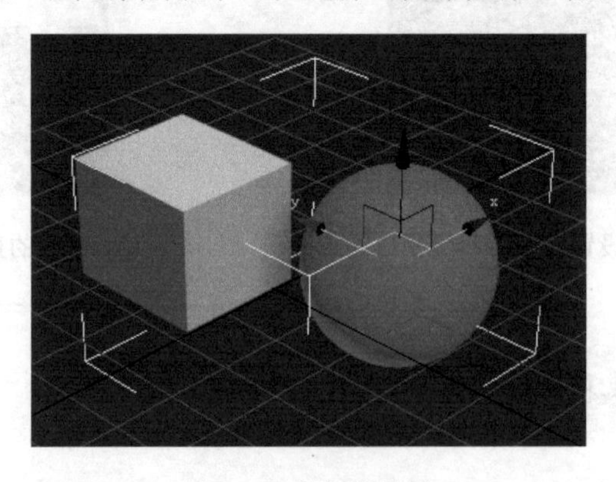

图 6-44　附加的效果

模型单体化的两种方法各有其特点，用户可根据实际使用的平台来选择不同的方法。

第 7 章 桥梁的三维建模

隐隐飞桥隔野烟，石矶西畔问渔船。在诗词中，桥梁被赋予了很多美好的意境。在现实生活中，桥梁跨越山涧、连接两岸，桥梁的架设使通行更加便捷。

在智慧城市地上实体建模中，要特别注意桥梁的建模，因为桥梁具有较多的交互功能，在建模时应充分了解模型的需求，做好模型的单体化处理。例如，在对桥梁模型进行单体化时，桥面与路面的衔接部分就需要特别注意，应尽量使衔接更加自然；当无具体尺寸可参考时，应当使路面与桥面的宽度保持一致。

为了方便贴图的铺设，常规的桥面建模与路面建模一样，采用放样的方法来建模。放样后应调整放样的面数，避免由于面数过多而造成数据的冗余。

本章涉及基本操作、多边形建模、放样、倒角、挤出、阵列等内容。

7.1 桥梁的建模逻辑

1．分析化简

桥梁是道路的延伸，在对模型精度的要求不高，并且无特殊交互要求时，在建模时可以简化桥梁的装饰与其他静物。图 7-1 所示为南京长江大桥，在对模型精度的要求较低时，可省略桥面上的雕塑、简化路灯外形等，仅保证路面与桥体的基本外形即可。

现代桥梁多采用大体对称、细节区分的方式，在对模型精度的要求较低时，可在创建好模型的一半后，利用对称或镜像的功能来快速完成另一半模型的创建。

2．几何近似

真实的桥梁是十分复杂的，无论在结构上，还是在材质上，桥梁的复杂程度都远高于普通的道路。在开始创建模型时，应尽可能协调各方、掌握桥梁的基本信息，以便为创建模型提供参考。若无法获取有用的参考数据，则应进行现场测量与多角度观察，尽可能还原桥梁的真实面貌。

以杭州西兴大桥为例（见图 7-2），可以近似拆解为桥墩，桥面，悬索与索塔，以及路灯与护栏等桥面饰物四大部分。桥墩为平面，可采用挤出的方式建模；桥面蜿蜒且高度不一，可采用放样方法建模；悬索与索塔属于桥体的主要实体，在建模时要尽量准确，索塔可采用可编辑多边形建模，悬索可采用放样方法建模；路灯与护栏的数量繁多，且相对桥梁来说并非主要实体，应精简建模的面数与数量。

图 7-1　南京长江大桥

图 7-2　杭州西兴大桥

3. 模型精修与整理

在完成几何近似后需要将各个实体转换为可编辑多边形（需提前分段的可先分段再进行转换），在顶点、边、边界、多边形、元素等层级下，可利用切角、挤出等功能进行模型的精修与整理。

7.2　桥墩的建模及细节处理

通过观察图 7-3 所示的杭州西兴大桥的桥墩可发现，桥墩有两种样式，一种是长方体实体，用于两个吊杆下；另一种为分体式桥墩，且与桥面的接触处呈凹形，用于桥体中部与两端。

图 7-3　杭州西兴大桥的桥墩

7.2.1　长方体实体桥墩的创建

长方体实体桥墩的创建方法是：在顶视图中选择菜单“创建→几何体”，在几何体层级下选择“标准基本体”，使用长方体工具绘制一个长约 8 m、宽约 3 m、高约 6 m 的长方体。创建的长方体实体桥墩如图 7-4 所示，创建完成后可在修改面板下修改相应的参数。

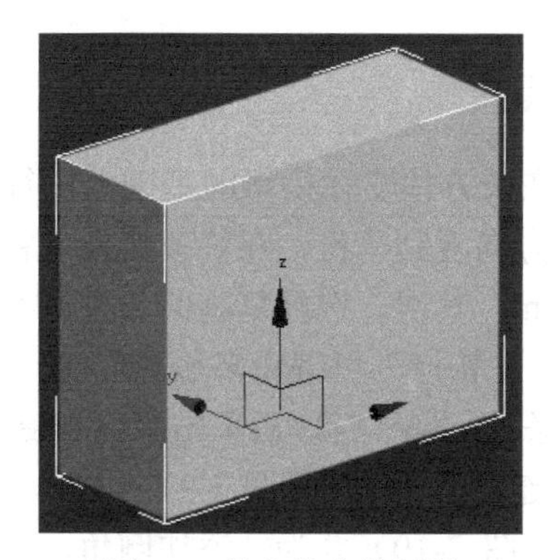

图 7-4　长方体实体桥墩

7.2.2　桥墩配梯的创建

桥墩配梯的创建方法是：首先，将 7.2.1 节创建的长方体实体桥墩沿 x 轴方向复制一份（见图 7-5），在修改面板中将复制的长方体实体桥墩的宽度设置为 0.8 m、高度设置为 1.7 m，将高度分段数设置为 8（数值也可依据具体情况自行设置），如图 7-6 所示；然后，在修改面板的“修改器列表”下拉栏中为修改参数后的长方体实体桥墩添加晶格修改器，将晶格修改器设置为“应用于整个对象”以及“仅来自边的支柱”，设置支柱底面半径为 0.1 m，即可完成桥墩配梯的创建；最后，将桥墩配梯桥移动到桥墩侧面。桥墩配梯初步模型如图 7-7 所示。

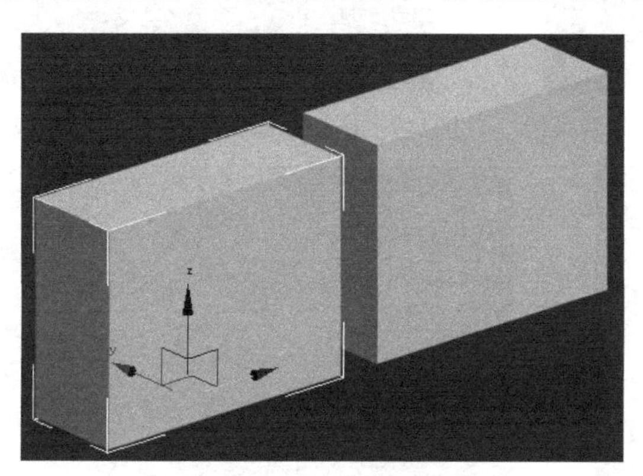

图 7-5　沿 x 轴方向复制创建的长方体实体桥墩

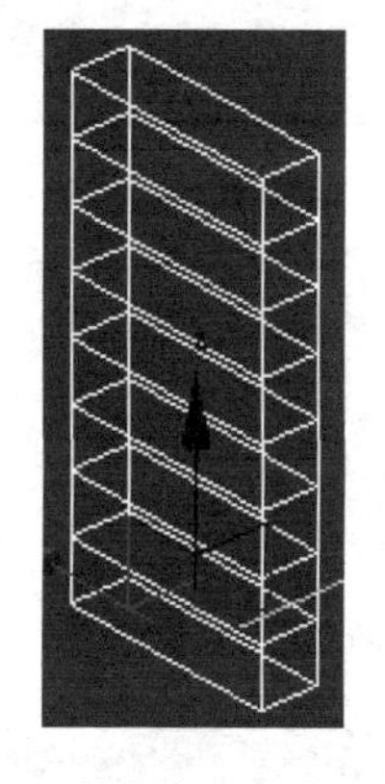

图 7-6　将高度分段数设置为 8

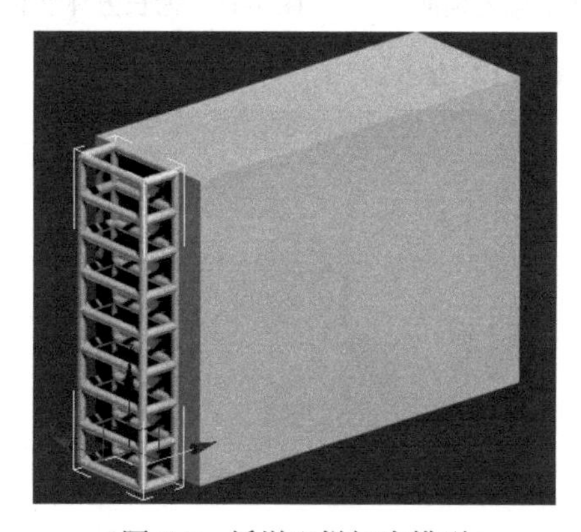

图 7-7　桥墩配梯初步模型

7.2.3 分体式桥墩的创建

分体式桥墩的创建同样是在长方体实体桥墩的基础上进行的，其创建方法是：首先，将创建的长方体实体桥墩沿 x 轴方向复制一份，在修改面板中将复制的长方体实体桥墩的宽度修改为 3.2 m、高度修改为 5.4 m；其次，选择复制的长方体实体桥墩后单击鼠标右键，在弹出的右键菜单中选择“转换为：→转换为可编辑多边形”；接着，在修改面板中选择边层级下选择长方体实体桥墩顶面的两条边（见图 7-8）后单击鼠标右键，在弹出的右键菜单中选择“连接”，在长方体实体桥墩的顶面连接两条边（见图 7-9）；最后，在修改面板中选择多边形层级，选择长方体实体桥墩的顶面（见图 7-10）并为之添加倒角，将倒角设置为“按多边形”并设置倒角的参数（见图 7-11），使倒角顶面与长方体实体桥墩的顶面对齐。分体式桥墩的另一半可通过平移复制的方法得到。

分体式桥墩的配梯可以通过复制长方体实体桥墩的配梯得到，无须二次创建。

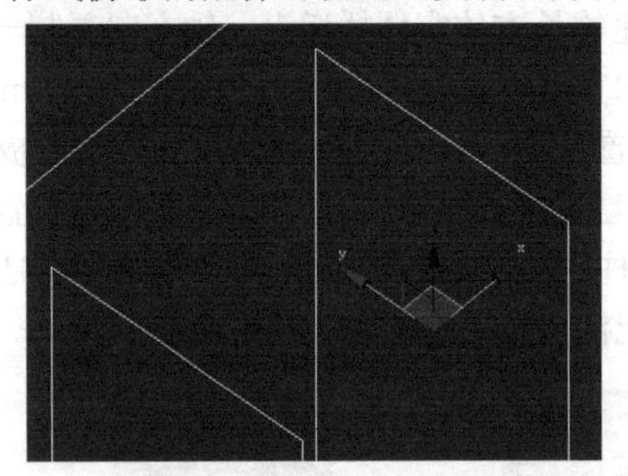

图 7-8 选择长方体实体桥墩顶面的两条边

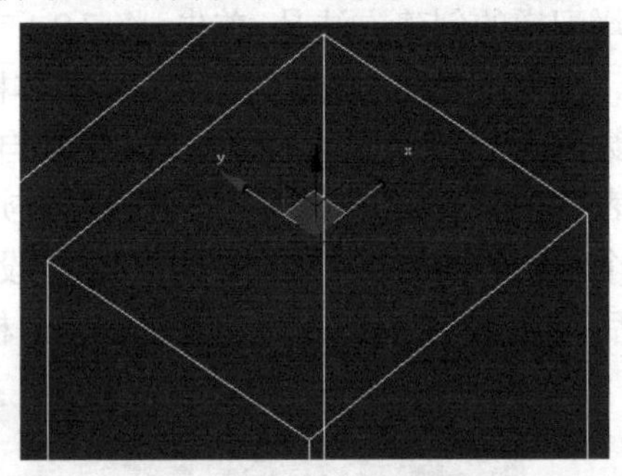

图 7-9 在长方体实体桥墩的顶面连接两条边

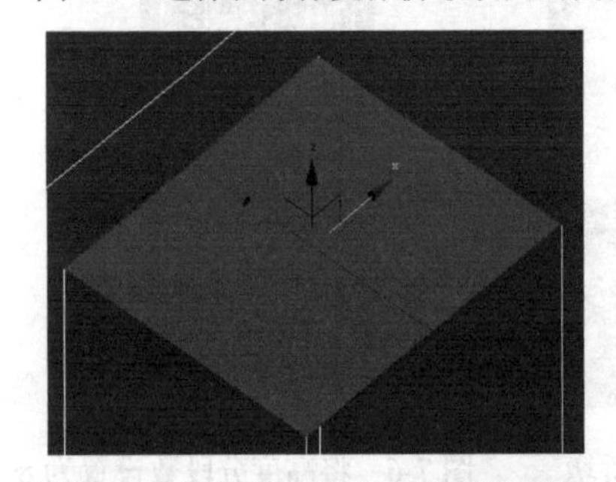

图 7-10 选择长方体实体桥墩的顶面

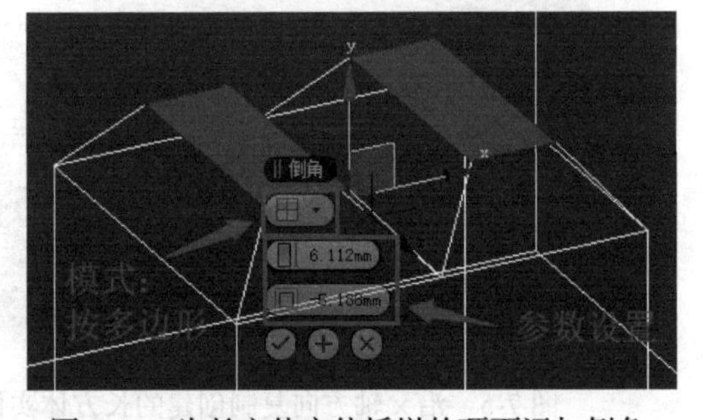

图 7-11 为长方体实体桥墩的顶面添加倒角

分体式桥墩初步模型如图 7-12 所示。

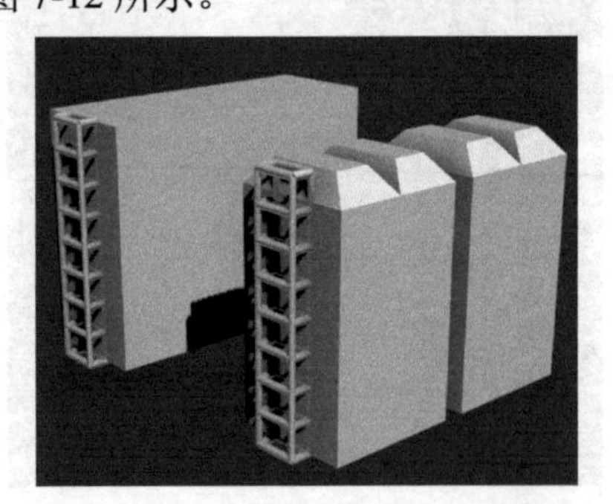

图 7-12 分体式桥墩初步模型

7.2.4　桥墩模型的细节处理

通过上述的方法可创建桥墩的初步模型，但该模型在细节上稍有欠缺，往往还需要为桥墩的初步模型添加细节，使其看起来更加生动。需要添加的细节主要包括以下三种。

1. 砖块纹理

这里以长方体实体桥墩为例来介绍添加砖块纹理的方法。首先，切换到修改面板，按照实际需求将长方体实体桥墩的宽度分段设置为 3、将高度分段设置为 3，如图 7-13 所示；然后，选择长方体实体桥墩后单击鼠标右键，在弹出的右键菜单中选择“转换为：→转换为可编辑多边形”；最后，在修改面板中选择边层级，选择刚刚分段的边（见图 7-14），使用挤出工具向内挤出一定的距离，即可得到深度适中的砖块纹理，如图 7-15 所示。

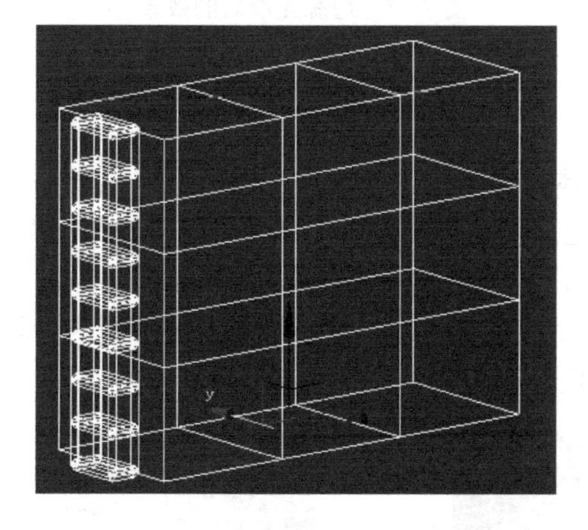

图 7-13　设置高度分段和宽度分段

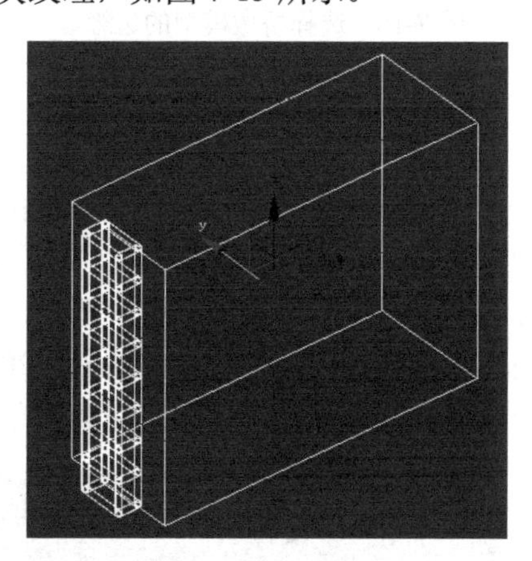

图 7-14　选择分段的边

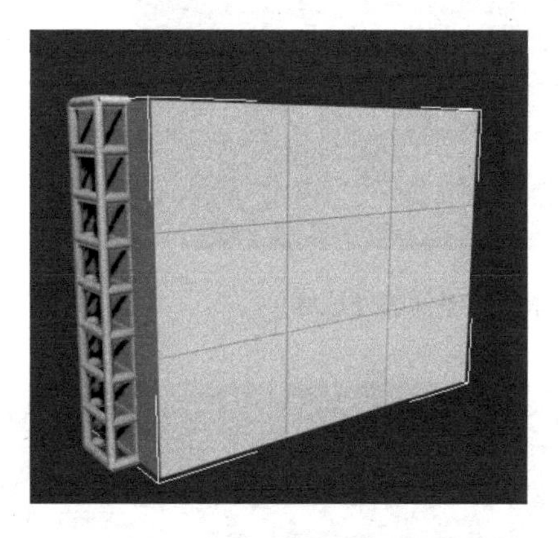

图 7-15　深度适中的砖块纹理

2. 边缘光滑

桥墩浸泡在水中，经过长时间的砂石和流水打磨，其边缘部分也就没有了棱角。在进行桥墩建模时，可以通过边缘切角的方法来使桥墩模型的边缘变得更加光滑，让模型更加逼真。边缘光滑的方法是：在修改面板的边层级下，选择“循环”（目的是选择创建纹理时产生的细小边缘），选择桥墩模型的边缘（见图 7-16），为其添加细致切角，设置切角的大小为 0.05、步数为 1，即可完成边缘切角的创建。边缘光滑后的效果如图 7-17 所示。

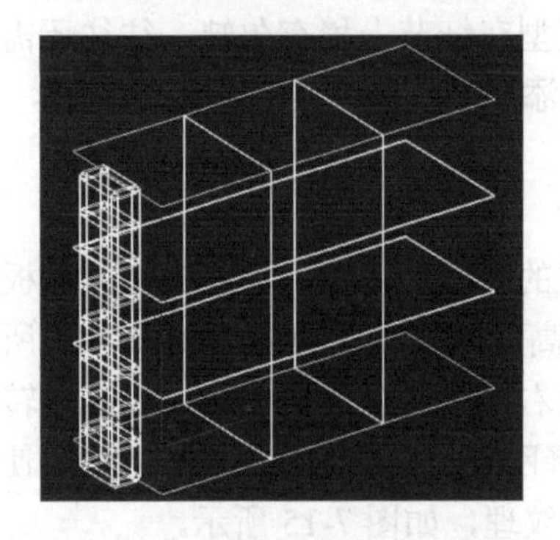

图 7-16　选择桥墩模型的边缘

图 7-17　边缘光滑后的效果

3．倒角细化

分体式桥墩的倒角并不是一个标准的梯形体，通常是由三段扁平的梯形体组成的。倒角细化的方法是：首先，在修改面板的边层级下选择倒角部分的外边缘（见图 7-18）；然后，单击鼠标右键，在弹出的右键菜单中选择“连接”，并将连接段数设置为 2（见图 7-19）；最后，利用循环工具选择下面的分段（见图 7-20），使用缩放工具对其进行缩小，使下面的分段与上面的分段处在同一垂线上，即可完成倒角的细化，其效果如图 7-21 所示。

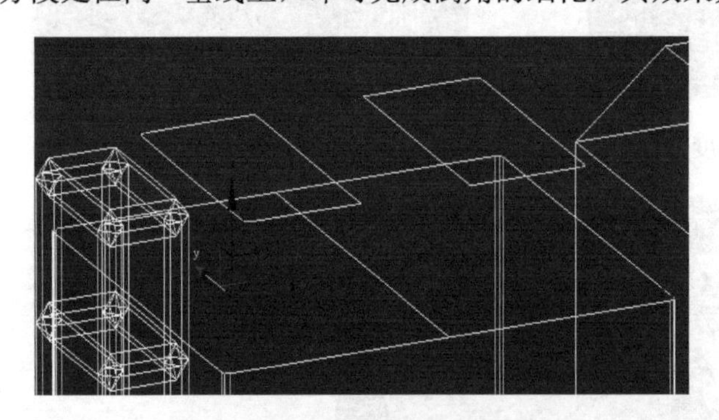

图 7-18　选择倒角部分的外边缘

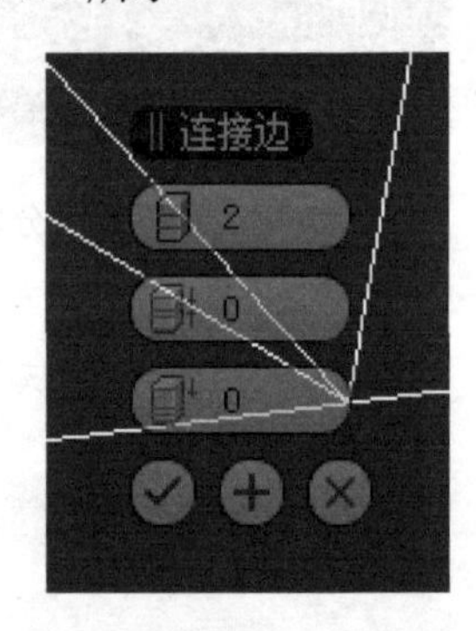

图 7-19　将连接段数设置为 2

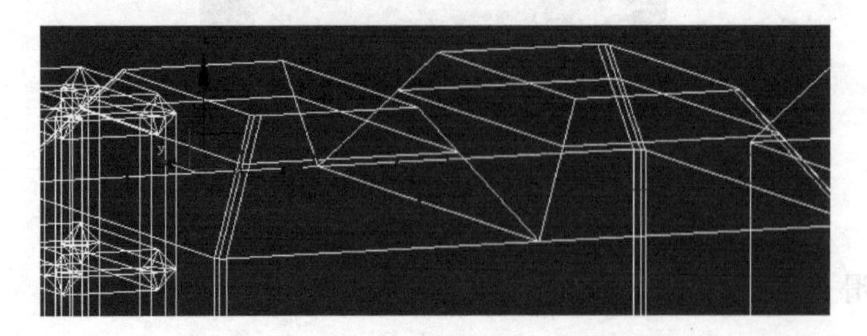

图 7-20　利用循环工具选择下面的分段

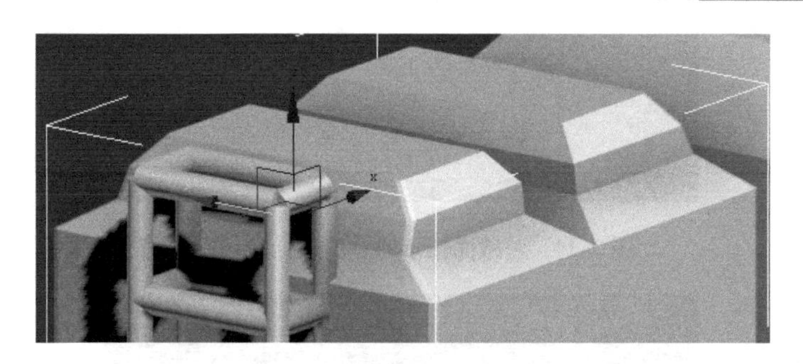

图 7-21 倒角细化后的效果

7.3 桥面的建模及细节处理

桥面模型的创建与路面模型的创建都用到了复合对象中的放样。杭州西兴大桥的桥面是水平的，且底部是封闭的，在创建放样截面时，应预置机动车道与非机动车道的纵向隔断。

7.3.1 桥面模型的创建

1．放样截面的创建

首先，在前视图下选择菜单“创建→样条线”，在样条线层级下选择“样条线”，使用样条线层级下的线工具来绘制截面图形的左侧（见图 7-22），使用镜像工具（见图 7-23）沿 x 轴方向复制得到截面图形的右侧，使用移动工具将截面图形移动到相应位置。其次，选择左侧的截面图形，在修改面板中使用几何体层级下的附加功能，将镜像复制得到的截面图形的右侧进行附加操作（见图 7-24）。最后，在顶点层级下选择顶点并使用焊接顶点，从而使图形连续化。完整的连续截面图形如图 7-25 所示。

在没有具体数值参考的情况下，创建好的截面下边缘长度应与桥墩宽度一致，便于后期模型的拼接与整合。

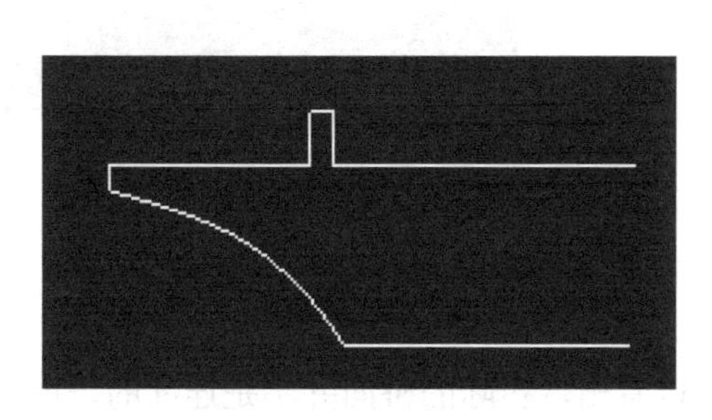

图 7-22 截面图形的左侧

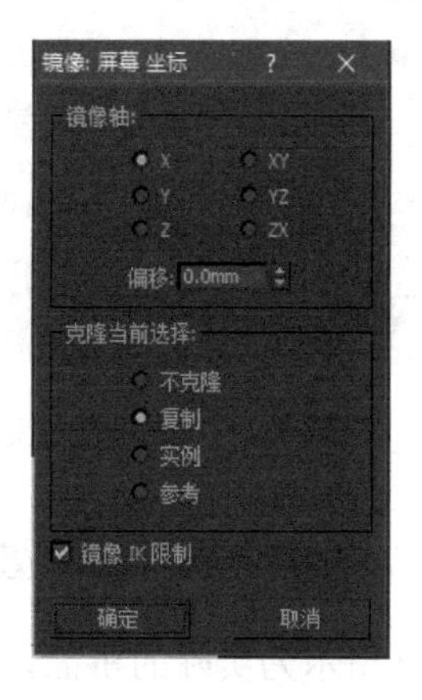

图 7-23 镜像设置

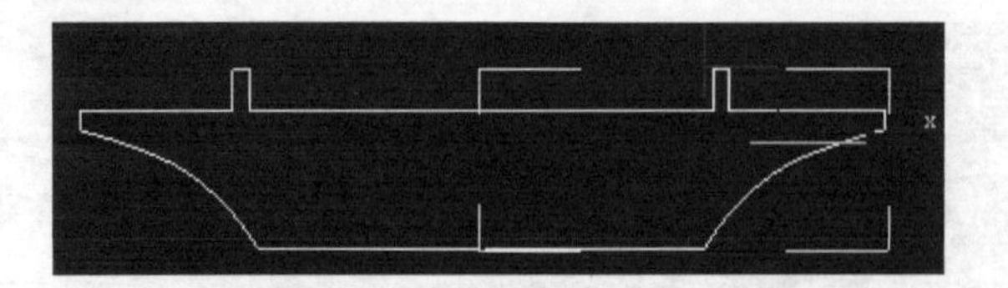

图 7-24　对截面图形的右侧进行附加操作

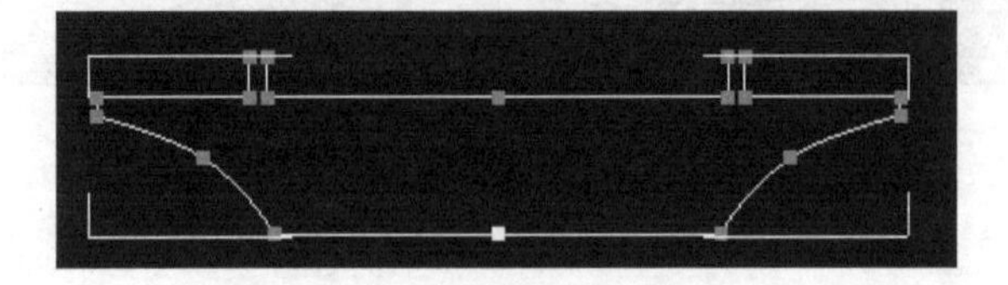

图 7-25　完整的连续截面图形

2. 桥面的放样

杭州西兴大桥为直线形桥体，选择菜单“创建→样条线”，在样条线层级下选择“样条线”，使用样条线层级下的线工具在视图中创建一条直线；选择直线后，选择菜单“创建→几何体”，在几何体层级下选择“复合对象”，使用放样工具开启创建方法中的获取图形功能并单击创建好的截面，即可完成桥面的放样。桥面模型的顶视图如图 7-26 所示。

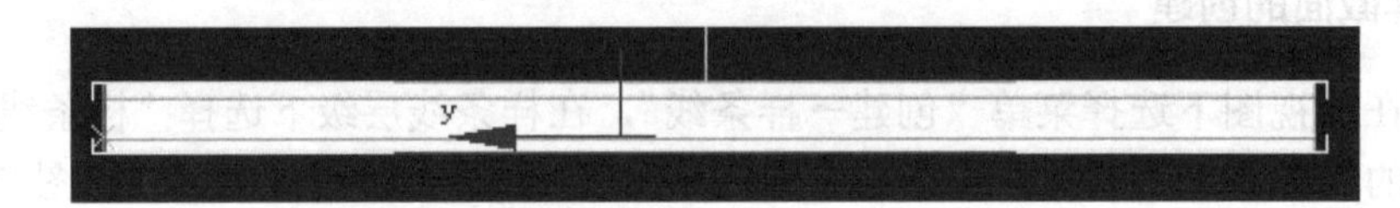

图 7-26　桥面模型的顶视图

如果桥面的材质无须循环填充，则可在修改面板中修改放样的曲面参数输出方式，将网格改为面片，可大幅度减少面片数，提高运算性能。面片桥面模型如图 7-27 所示，网格桥面模型如图 7-28 所示。

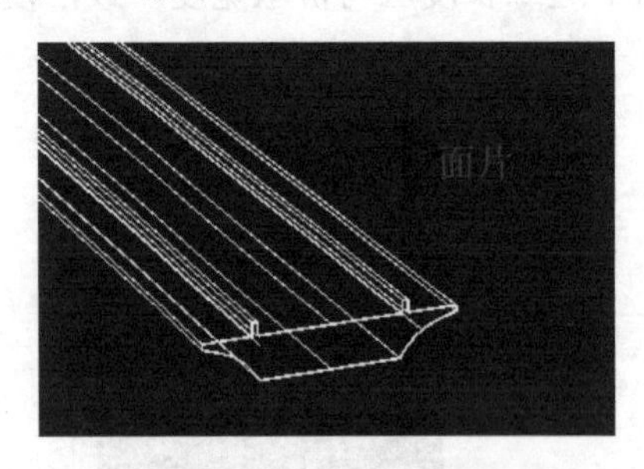

图 7-27　面片桥面模型

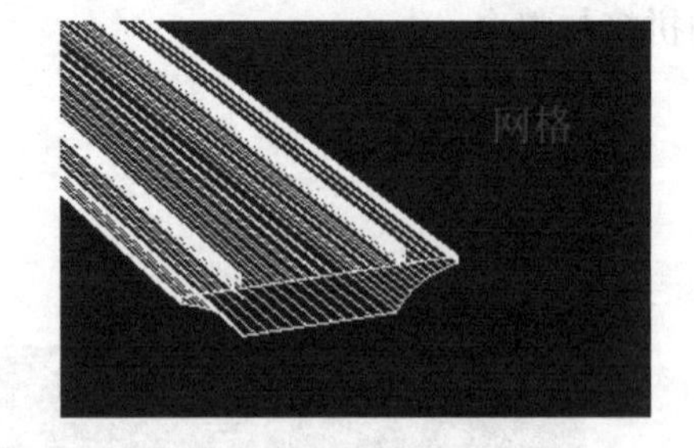

图 7-28　网格桥面模型

7.3.2　桥面模型的细节处理

图 7-29 所示为实际的桥面，从该图可以看出，实际的桥面并不是连续的，每隔一段就有一个连接处。在处理桥面模型的细节时，首先选择桥面模型并单击鼠标右键，在弹出的右键菜单中选择“转换为：→转换为可编辑多边形”；然后在修改面板中选择边层级，在边层级下

选择横向纹路并为其添加适量的挤出量（见图 7-30，挤出操作与桥墩细节处理中的挤出操作相同），即可完成桥面模型的细节处理。经过细节处理后的桥面模型如图 7-31 所示。

图 7-29　实体的桥面

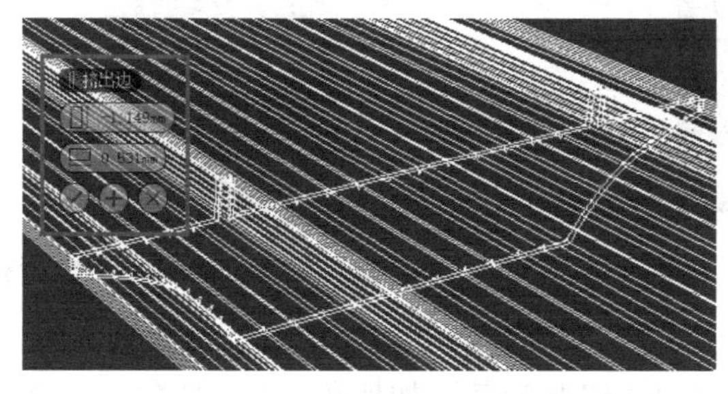

图 7-30　添加适量的挤出量

图 7-31　经过细节处理后的桥面模型

7.4　索塔与悬索的建模及细节处理

1. 索塔与悬索模型的创建

杭州西兴大桥的吊力由悬索与索塔承担，悬索与索塔是常用的桥梁吊力承载单元。

1）索塔建模

图 7-32 和图 7-33 所示为杭州西兴大桥的索塔，从图中可以看出，杭州西兴大桥的索塔总体呈长方体状，边缘处装有白色长方体装饰物，侧面具有半圆形切角。

图 7-32　杭州西兴大桥索塔实景（1）

图 7-33　杭州西兴大桥索塔实景（2）

在顶视图中，选择菜单“创建→几何体”，在几何体层级下选择“标准基本体”，使用长方体工具绘制一个长约 2.5 m、宽约 1.5 m、高约 30 m 的长方体（见图 7-34）；创建完长方体后，可在修改面板中进行参数修改，设置长方体的长度分段数为 2、高度分段数为 20（见

图 7-35）。选择长方体后，单击鼠标右键，在弹出的右键菜单中选择“转换为：→转换为可编辑多边形”。切换至侧视图后，在边层级下对图形的下边缘进行横向拉伸（见图 7-36）。

图 7-34　创建长方体

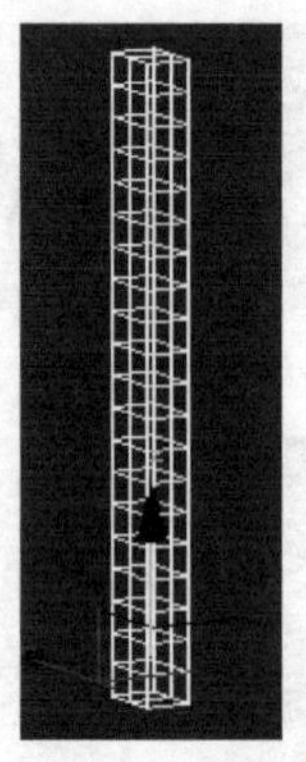

图 7-35　设置长方体的长度和高度分段

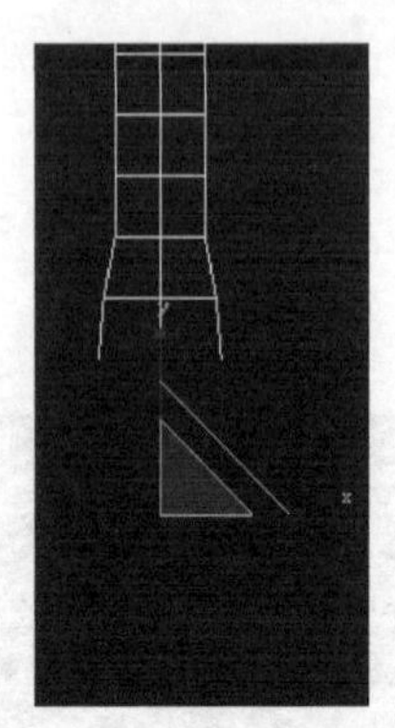

图 7-36　横向拉伸图形的下边缘

在修改面板的顶点层级下，选择左侧顶点并向下移动顶点（见图 7-37）。选择顶点时，请勿勾选“忽略背面”。在边层级下选择两个顶点的连线并为其添加切角，设置切角数为 2（见图 7-38）。

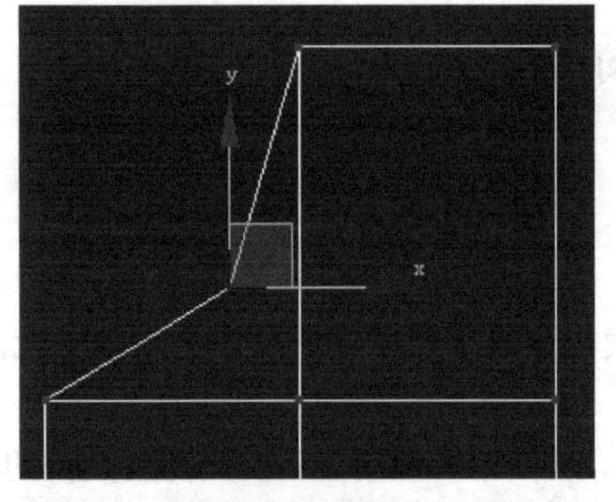

图 7-37　选择左侧顶点并向下移动顶点

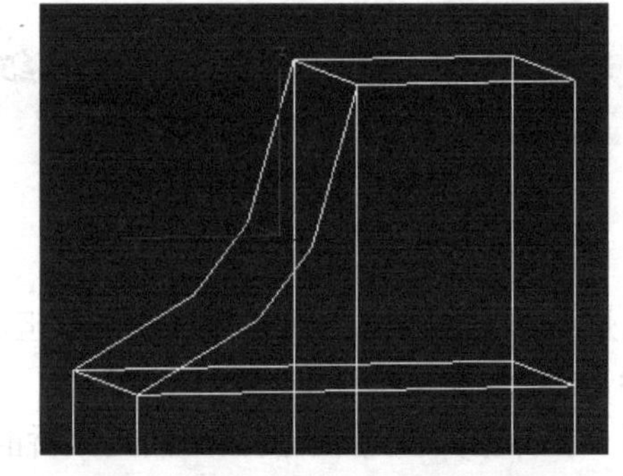

图 7-38　添加切角并设置切角数为 2

在边层级下，利用循环工具选择多边形的边线（见图 7-39），为其向内添加挤出，可创建出横断截面的效果（见图 7-40）。索塔的初步模型创建完成（见图 7-41）。

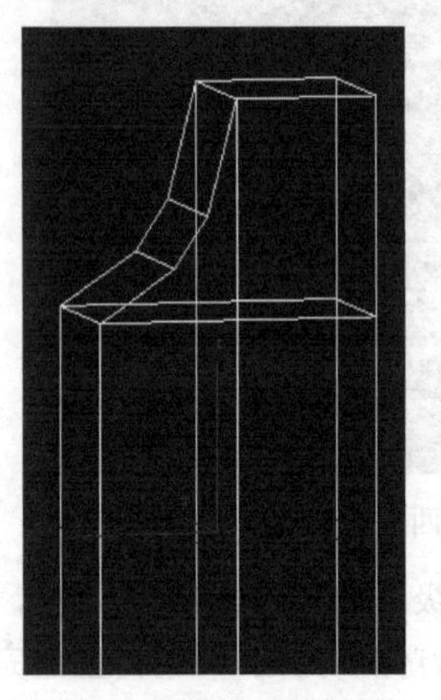

图 7-39　选择多边形的边线

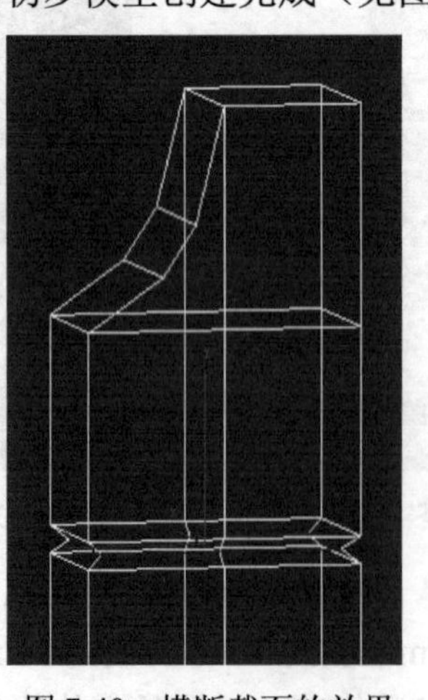

图 7-40　横断截面的效果

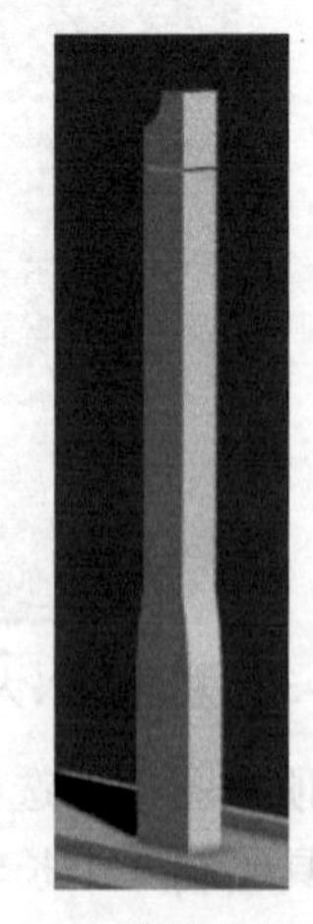

图 7-41　索塔的初步模型

选择菜单“创建→几何体”，在几何体层级下选择“标准基本体”，使用长方体工具在视图中创建并复制出3个小长方体，将其放置在相应位置，创建出一层的装饰（见图7-42）。使用工具栏中的阵列工具将4个小长方体组合在一起，对象类型勾选“实例”，选择“1D”，设置1D的数量为15，并将z轴方向上的移动增量设置为2.0 m，将4个小长方体沿z轴方向复制14份，使用缩放工具将底部的三层装饰扩大，完成装饰的创建（见图7-43）。

图7-42 创建出一层的装饰

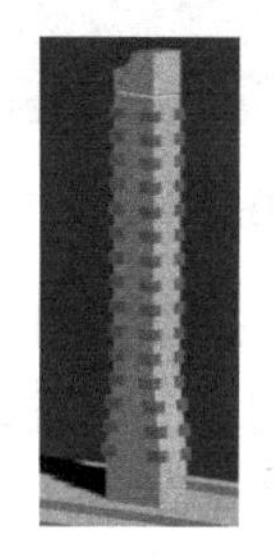

图7-43 完成装饰后的效果

2）悬索建模

悬索架设在索塔与桥面之间，在两个悬挂点之间承受载荷，是桥梁的重要受力结构。悬索建模相对比较简单，既可采用画线放样的方法，也可采用圆柱体建模的方法，两种方法各有千秋。

（1）画线放样：采用画线放样来创建悬索时，由于采用的是放样的方法，所以只需要调整放样时的截面就可以统一调整悬索的粗细与形状。画线放样的缺点同样是由放样造成的，由于放样属于复合对象中的单路径方法，因此，即使需要放样的路径再多，也只能逐条进行放样，无法一次性完成所有的放样。

（2）圆柱体建模：相对于画线放样而言，圆柱体建模在进行等间距排布时会相对比较容易，使用横向的阵列排布即可。但由于每条悬索的长度不一，阵列排布后仍需要调整，因此不可选用实例复制，这样也就导致只能单独控制每条悬索的粗细，无法统一来调整悬索的粗细。

这里以画线放样方法为例来进行悬索建模，请读者自行尝试使用圆柱体建模的方法来进行悬索建模。

在侧视图中选择菜单“创建→样条线”，在样条线层级下选择样条线，使用样条线层级下的线工具绘制一条从索塔顶端到桥面的斜线（见图7-44）；使用工具栏中的阵列工具沿纵向等间距缩放复制14份。阵列排布后的部分斜线超出了路面，需要修剪（见图7-45）。选择需要修剪的斜线，单击鼠标右键，在弹出的右键菜单中选择“细化”，在合适的位置加点（见图7-46），再切换到对应斜线的顶点层级下，将超出路面的端点删除即可（见图7-47）。

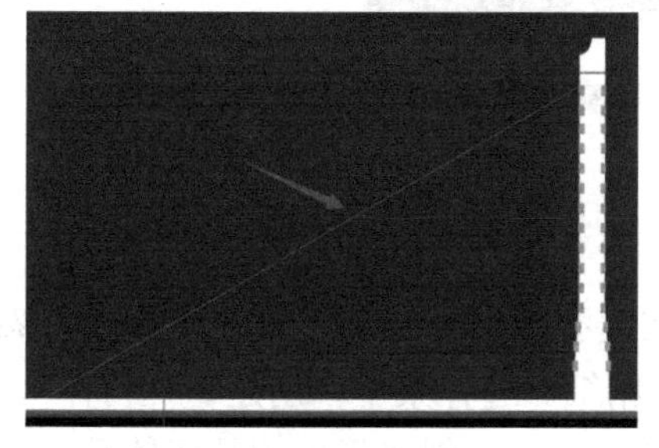

图7-44 斜线绘制

图7-45 修剪超出路面的斜线

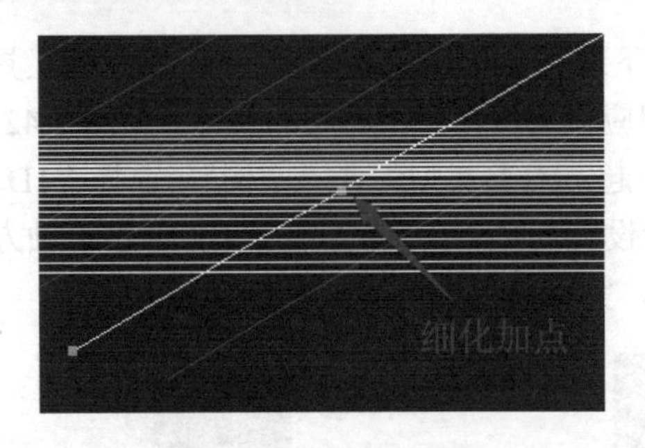

图 7-46　在合适的位置加点

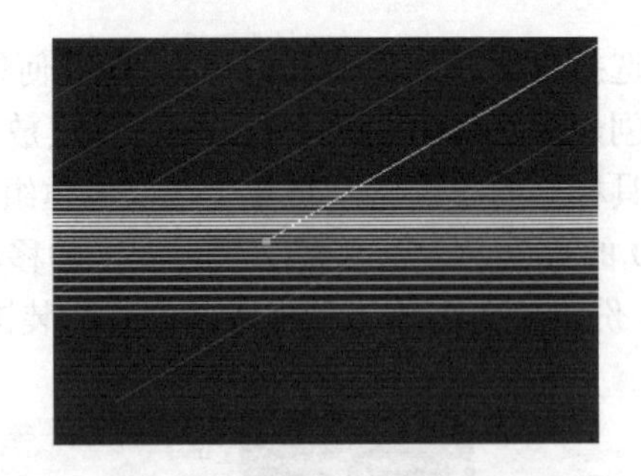

图 7-47　删除超出路面的端点

整理好的斜线如图 7-48 所示，被索塔或桥面遮挡的部分并不可见，故在整理斜线时无须完全对齐到桥面。悬索需要使用放样的方法创建，放样所用截面为圆形，在前视图中绘制圆形即可（见图 7-49）。依次选择斜线，选择菜单“创建→几何体”，在几何体层级下选择“复合对象”，使用放样工具开启创建方法中的获取图形功能并单击创建好的截面，即可完成放样。

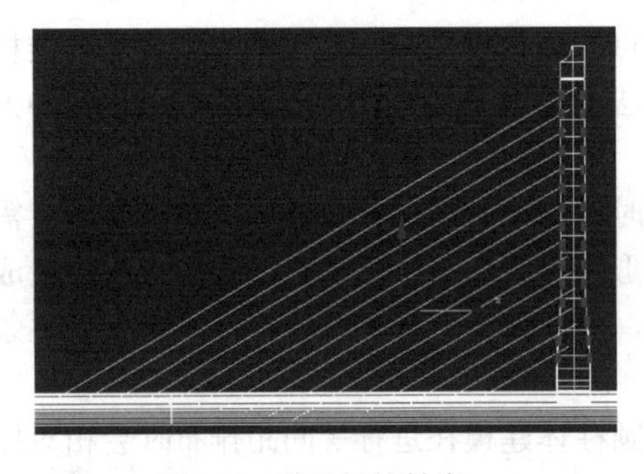

图 7-48　整理好的斜线

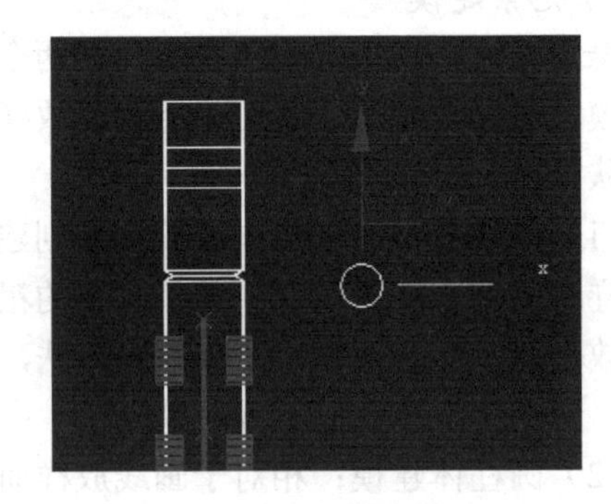

图 7-49　绘制圆形

调整截面（圆形）的半径与放样的位置，将放样组合在一起即可完成左侧悬索的创建。选择左侧的悬索，利用镜像功能可复制得到右侧悬索，从而得到悬索初步模型（见图 7-50）。

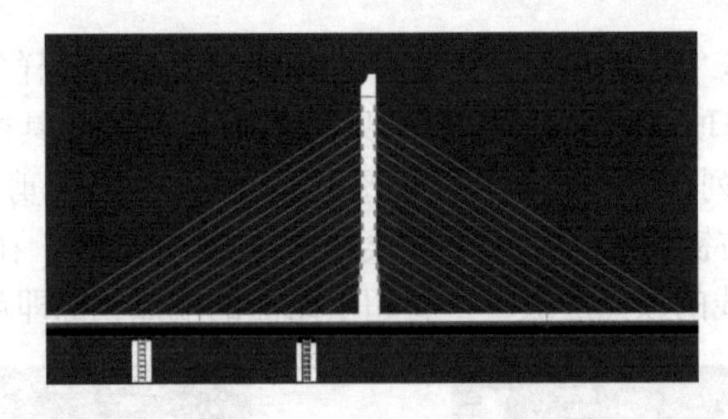

图 7-50　悬索初步模型

2. 索塔与悬索模型的细节处理

索塔的顶部通常安装了避雷针、提示灯等，在模型的细节处理阶段，可为模型添加适当精度的细节模型。索塔与悬索模型由于不需要太过精细。选择菜单“创建→几何体”，在几何体层级下选择“标准基本体”，使用长方体工具或圆柱体工具创建简单的几何体后进行堆叠即可（见图 7-51）。悬索的连接处同样不只是单纯的一条链子，当对精度有要求时，可用管状体为其添加一个简易的连接装置（见图 7-52）。

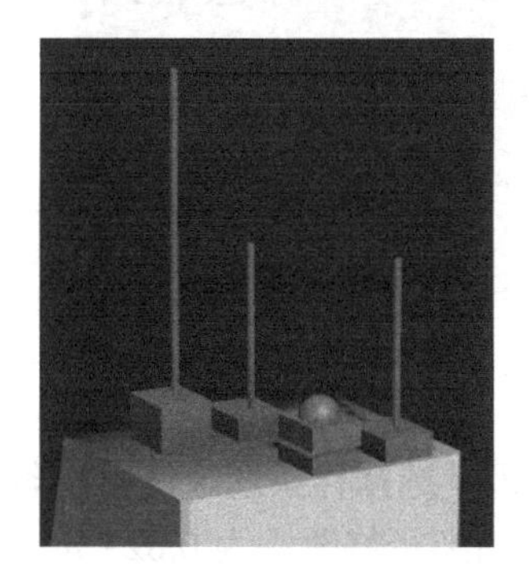

图 7-51 几何体堆叠

图 7-52 简易的连接装置

经过细节处理后的悬索模型与索塔模型分别如图 7-53 和图 7-54 所示。

图 7-53 经过细节处理后的悬索模型

图 7-54 经过细节处理后的索塔模型

7.5 护栏与路灯的建模

在桥梁建模中，虽然护栏与路灯不是桥梁的主要部分，却常常具有交互功能，还可以增加桥面的真实性与层次感。由于护栏与路灯的数量一般比较多，因此在建模时应主动减少面数，减少运算的负担。

1. 护栏

护栏是道路建模中的通用部分，桥梁护栏的建模方法与道路护栏的建模方法相同。桥面放样时的直线路径同样可以用于护栏扶手放样的路径以及护栏支柱排布的间隔路径。

在顶视图中选择菜单“创建→几何体”，在几何体层级下选择“标准基本体”，使用长方体工具绘制一个长约 0.05 m、宽约 0.05 m、高约 1.5 m 的长方体作为竖向基础护栏（见图 7-55）。选择长方体后，选择菜单“工具→对齐→间隔工具→拾取路径”，即可开始拾取桥面放样直线，设置计数为 100，单击“应用”按钮即可完成间隔复制。间隔复制效果如图 7-56 所示。

图 7-55　竖向基础护栏

图 7-56　间隔复制效果

在前视图中选择菜单“创建→样条线”，在样条线层级下选择样条线，使用样条线层级下的圆工具绘制放样截面（见图 7-57），在修改面板中将圆的半径修改为为 0.025 m。选择桥面放样直线，选择菜单“创建→几何体”，在几何体层级下选择“复合对象”，使用放样工具开启创建方法中的获取图形功能并单击创建好的圆形截面，即可完成放样。放样完成后的护栏模型如图 7-58 所示。

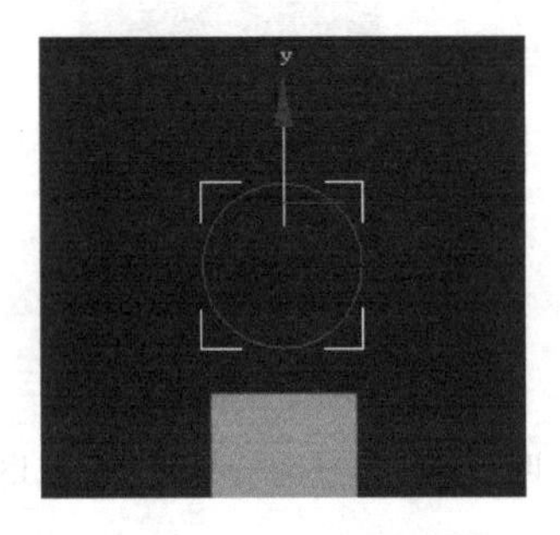

图 7-57　绘制的放样截面

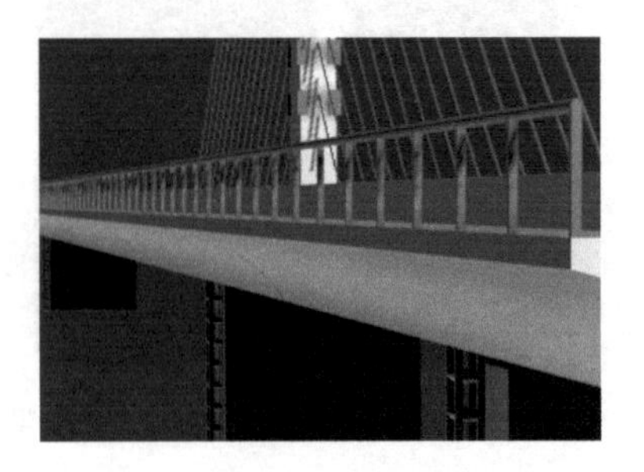

图 7-58　护栏模型

通过放样的方法还可以创建道路中间的隔离带模型，如图 7-59 所示。

2．路灯

杭州西兴大桥的路灯有两种，一种是双头探灯，另一种是单头探灯，双头探灯位于桥体两侧与中间，单头探灯位于悬索的两侧。路灯实景如图 7-60 所示。

图 7-59　道路中间的隔离带模型

图 7-60　路灯实景

路灯的面数不宜过多，保证外形相似即可，可通过添加修改器得到；路灯的灯架可通过放样的方法得到。

在顶视图中选择菜单“创建→几何体”，在几何体层级下选择“标准基本体”，使用长方体工具绘制一个具有一定分段的长方体（见图 7-61）；在修改面板下为该长方体添加松弛修改器，设置松弛值为 1，迭代次数为 10（见图 7-62），可得到一个类似椭圆的实体（见图 7-63）。使用阵列工具或者间隔工具对路灯进行排布，即可完成路灯建模。

图 7-61　长方体

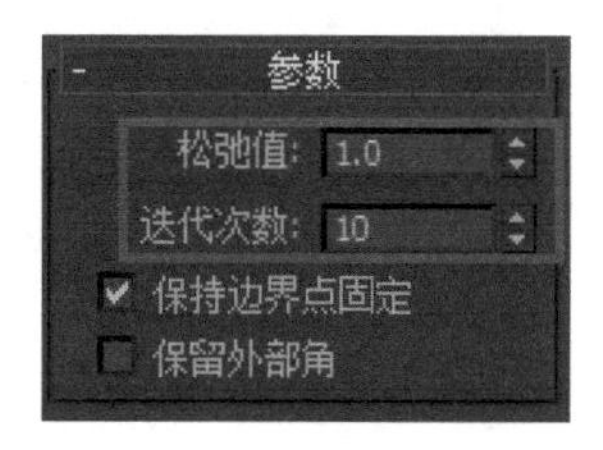

图 7-62　设置松弛参数

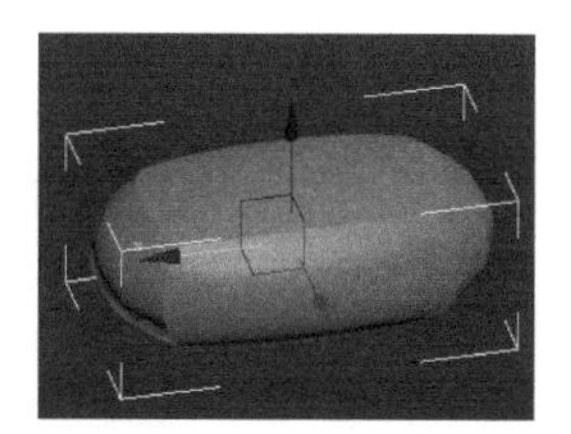

图 7-63　类似椭圆的实体

在前视图中选择菜单“创建→样条线”，在样条线层级下选择样条线，使用样条线层级下的线工具绘制 3 条线段，作为放样走向线。3 条线段可在前视图中组成“Y”字形（见图 7-64），在侧视图绘制圆形截面作为放样截面。选择走向线，选择菜单“创建→几何体”，在几何体层级下选择“复合对象”，使用放样工具开启创建方法中的获取图形功能并单击创建好的截面，即可完成放样完成，得到 3 个圆柱体。将圆柱体与松弛后的长方体（类似椭圆的实体）进行组合，可得到 3 种路灯模型（如图 7-65 所示）。

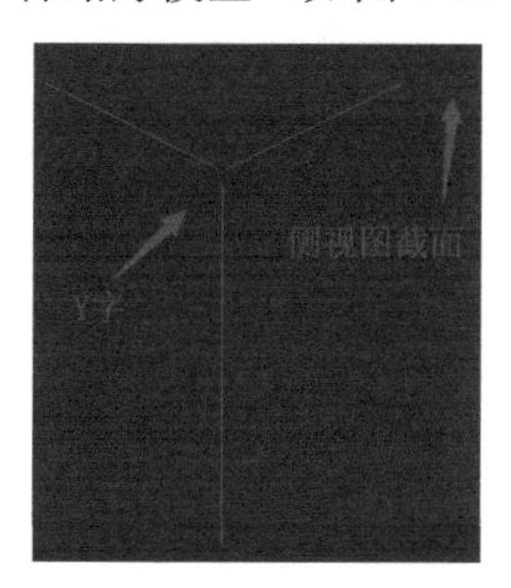

图 7-64　“Y”字形走向线

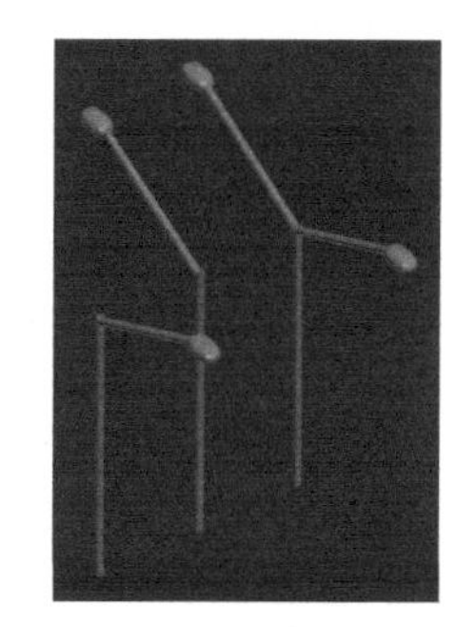

图 7-65　3 种路灯模型

7.6　桥梁模型的整理与组合

完成各个模型的创建后，调整这些模型之间的比例关系，将调整好的模型进行组合排列，可得到完整的桥梁模型，如图 7-66 到图 7-68 所示。

图 7-66　整体模型（1）

图 7-67　整体模型（2）

图 7-68　整体模型（3）

第8章 涵洞与隧道的三维建模

交通技术的发展给人们带来了更加安全、快捷、高效的出行体验。近几年来，我国大力发展高速铁路，构建了全国高速铁路网。在地形崎岖、复杂的山地，隧道与涵洞成为必要的交通设施。

简单来说，隧道的结构包括主体建筑物和附属设施两部分。主体建筑物由洞身和洞门组成，附属设施包括避车洞、消防设施、应急通信和防排水设施。较长的隧道还有专门的通风设备和照明设备。涵洞包括翼墙、端墙、洞身和基础 4 个部分。从结构上说，隧道更像一个加长、加大的涵洞，涵洞则像缩小版的隧道。从功能的角度来看，隧道与涵洞都是打破阻碍、连通两地的“捷径”。从建模的角度来看，隧道就是涵洞的扩展。在道路建模中，隧道与涵洞都是常见的模型，其在交互需求上同样丰富，应做好单体化的工作。

本章涉及基本操作、多边形建模、放样、圆锥体、间隔工具、布尔、扭曲和 FFD 等内容。

8.1 涵洞与隧道的建模逻辑

1. 分析化简

上文提到，从建模的角度来看，隧道就是涵洞的扩展，因此本章先从涵洞建模入手来介绍涵洞与隧道的建模。

图 8-1 所示为涵洞的简易侧视结构，从图中可以看出，涵洞的主要组成部分从外到里依次为翼墙、端墙、洞身和基础 4 大部分。基础是地基，在建模时可根据交互的需求来决定是否进行基础的建模；翼墙、端墙和洞身是常用的交互模块，应予以建模。另外，洞身中埋藏有钢筋、管线等特殊装置，如果有交互需求，则应当单独建模。

2. 几何近似

与桥梁等大型工程相比，涵洞的设计与建造要简单一些。涵洞的翼墙形状近似于 1/4 圆锥，端墙近似于梯形，洞身近似于一个圆筒。在进行涵洞建模前，应当咨询有关部门，得到涵洞的数据，或进行实地测量与观察，确定结构层级关系。隧道亦是如此，依据图纸或测量数据确定隧道的洞身、洞门以及其他附属设施的位置，创建近似模型即可。隧道如图 8-2 所示。

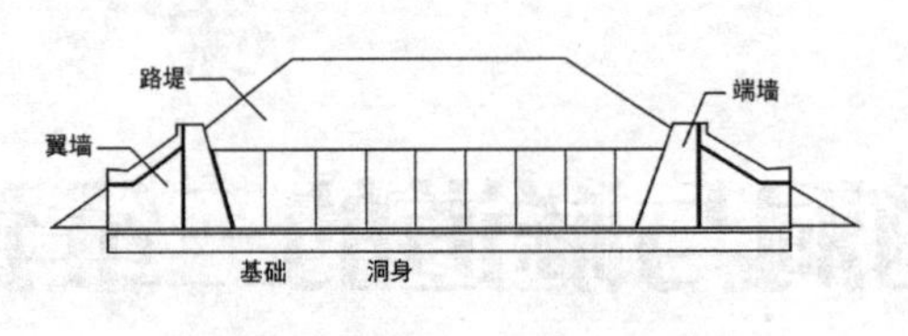

图 8-1　涵洞的简易侧视结构

图 8-2　隧道

3．模型精修与整理

从建模的角度来看，涵洞的长度通常较短，大多使用管状体创建；隧道的长度较长，并且可能存在一定的弯曲，因此可采用放样的方法来建模。

在创建近似模型后，还需要利用布尔等图形整合方法去除多余部分，同时将各个实体转换为可编辑多边形（若需要提前分段，则可先分段再进行转换），在顶点、边、边界、多边形、元素等层级下，利用切角、挤出等功能进行模型精修与整理，强化细节。

8.2　涵洞的建模

抛开工程技术层面的问题，仅仅从三维建模的角度出发，涵洞就是简易的隧道，隧道则是涵洞的扩展，因此本章先介绍涵洞的建模，隧道的建模由涵洞的建模扩展而来。

8.2.1　翼墙与端墙的建模

翼墙的形状近似于 1/4 圆锥体，因此可通过修改标准基本体中的圆锥体来得到所需的模型。选择菜单“创建→几何体”，在几何体层级下选择“标准基本体”，使用圆锥体工具绘制一个高约 2.2 m、底部半径约 1.5 m 的圆锥体（见图 8-3）。创建好圆锥体之后，在修改面板中启用切片平面功能，设置切片的起始位置为 0、结束位置为−90，将圆锥体切割为 1/4 圆锥体（见图 8-4）。在修改面板中设置 1/4 圆锥体的边数为“4”（边数可依据实际情况而定），在减少面数的同时，还可以使 1/4 圆锥体产生棱角，让模型更加贴合实际。为 1/4 圆锥体加边后的效果如图 8-5 所示。

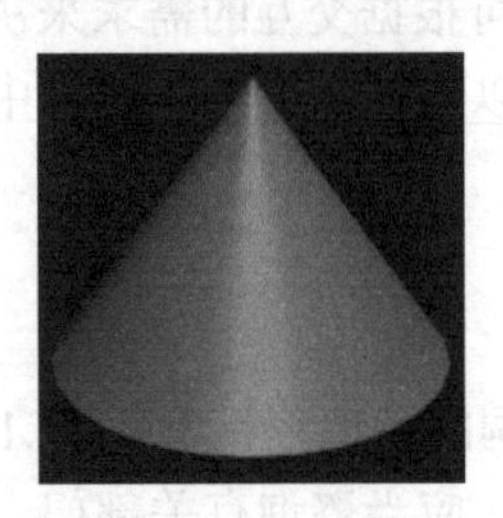

图 8-3　创建圆锥体

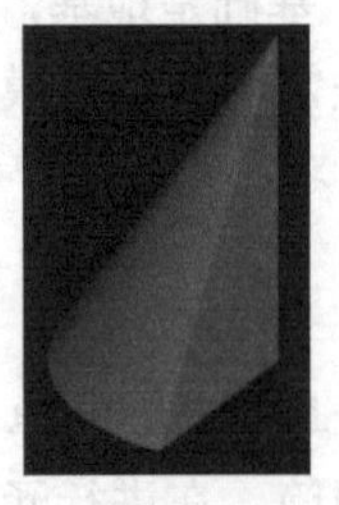

图 8-4　将圆锥体切割为 1/4 圆锥

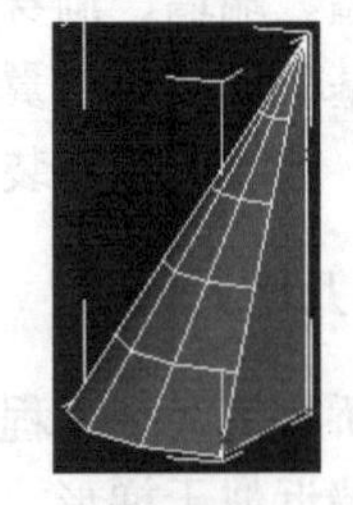

图 8-5　为 1/4 圆锥体加边后的效果

端墙可看成一个梯形体与两个长方体的组合，梯形体可由长方体通过变形来得到。选择菜单“创建→几何体”，在几何体层级下选择“标准基本体”，使用长方体工具在顶视图中绘制 3 个等长、宽但不等高的长方体，控制总高度为 2.4 m（见图 8-6）。选择中间的长方体，单击鼠标右键，在弹出的右键菜单中选择“转换为：→转换为可编辑多边形”。切换到修改面板后，在顶点层级下选择长方体的两个底的顶点，使用移动工具将两个顶点向外移动一定距离，使之变形成一个梯形体（见图 8-7）。

图 8-6　创建 3 个等长、宽但不等高的长方体

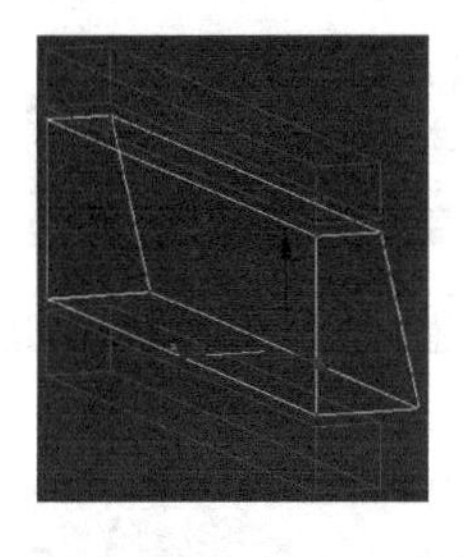

图 8-7　将中间的长方体变为梯形体

在修改面板中修改上、下两个长方体的宽度（见图 8-8），使之符合侧视图中的宽度比例。

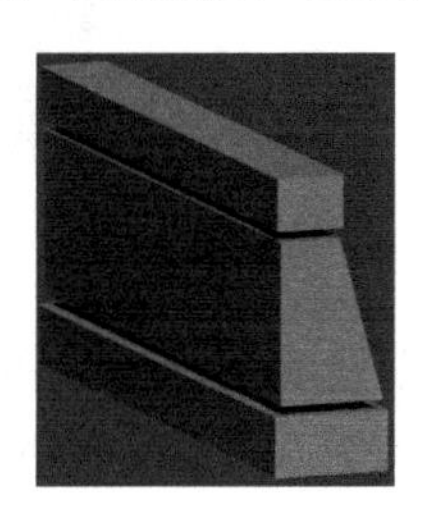

图 8-8　修改上、下两个长方体的宽度

选择翼墙模型，使用工具栏中的镜像工具沿对称轴方向复制翼墙模型（见图 8-9），使用移动工具拼合翼墙与端墙，完成墙头初步模型的创建（见图 8-10）。

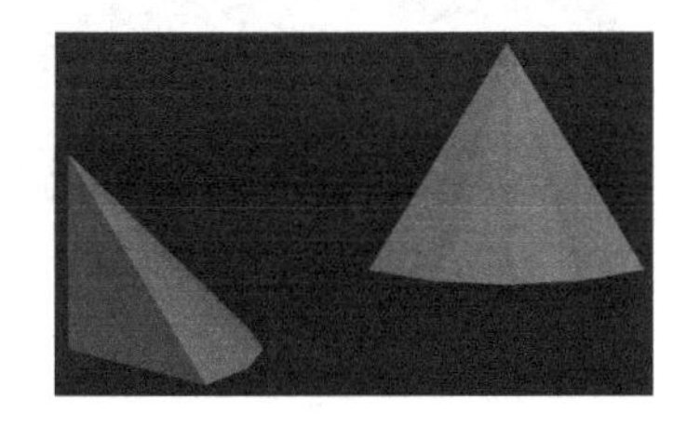

图 8-9　沿对称轴方向复制翼墙模型

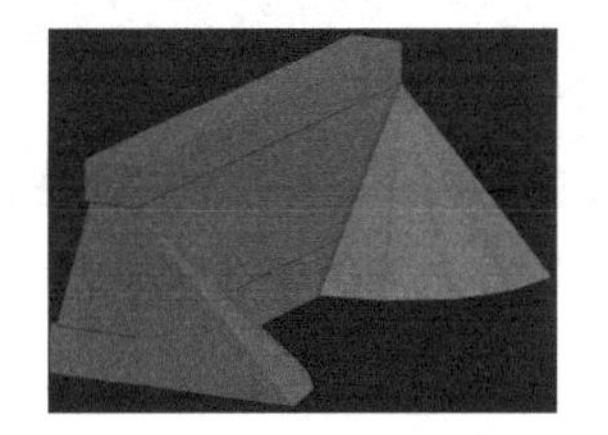

图 8-10　墙头初步模型

在现实情况下，墙头底部与地基相连，常被埋入地下，在建模时，可省略地下部分，只创建地上部分。也就是说，可以省去端墙模型下端的长方体，缩小翼墙长度与半径。

8.2.2　基础与洞身的建模

选择菜单“创建→几何体”，在几何体层级下选择“标准基本体”，使用圆柱体工具绘制一个底面直径略小于端墙的圆柱体（见图 8-11）。开启捕捉功能后将圆柱体放置在端墙的中心（见图 8-12）。选择菜单“创建→几何体”，在几何体层级下选择“复合对象”，使用超级布尔功能中的差集运算来拾取圆柱体，得到镂空的端墙（见图 8-13），使用镜像工具将端墙与翼墙镜像复制一份，得到涵洞的两头（见图 8-14）。

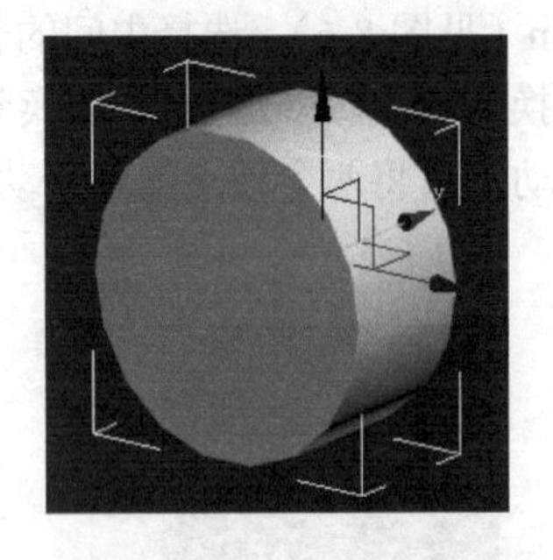

图 8-11　创建直径略小于端墙的圆柱体

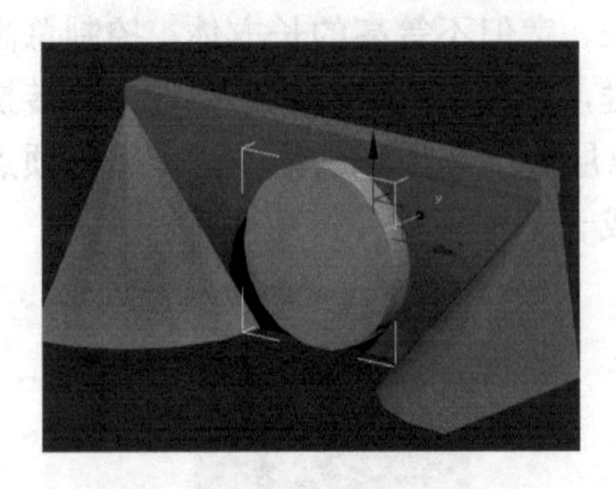

图 8-12　将圆柱体放置在端墙中心

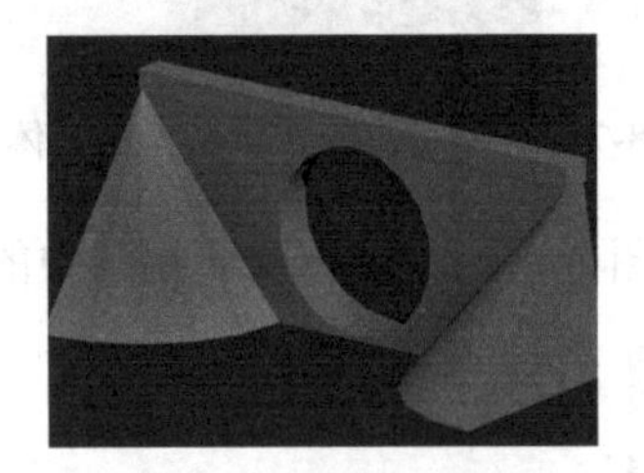

图 8-13　镂空的端墙

图 8-14　涵洞的两头

使用管状体工具绘制一个与刚刚创建的圆柱体等粗的管状体，即可完成洞身模型的创建（见图 8-15）；使用移动工具将管状体放置在端墙的相应位置，即可完成涵洞初步模型的创建（见图 8-16）。

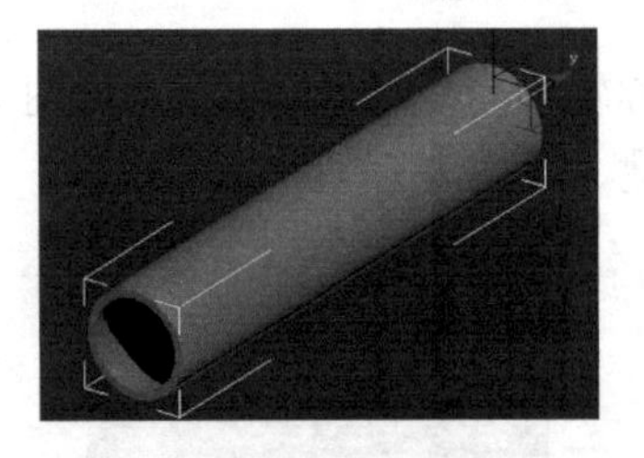

图 8-15　洞身模型

图 8-16　涵洞初步模型

8.3　隧道的建模

在功能上，隧道与涵洞都是连接两地的捷径，在长度上隧道更像涵洞的延长。在现实生活中，隧道常常建设在群山之中，穿行在明暗之间，虽然是捷径，但也会因为山体内外结构差异等原因，在设计建设时存在一定的弯曲，加之长度过长，必然存在空气流动不畅、自然光照度不足、维护难度较大等问题。为了解决这些问题，隧道设计者通常会为隧道配备相应的设备，如风机、照明灯、反光带、逃生门、逃生道等。隧道洞顶的风机如图 8-17 所示，隧道的反光带、照明灯如图 8-18 所示。

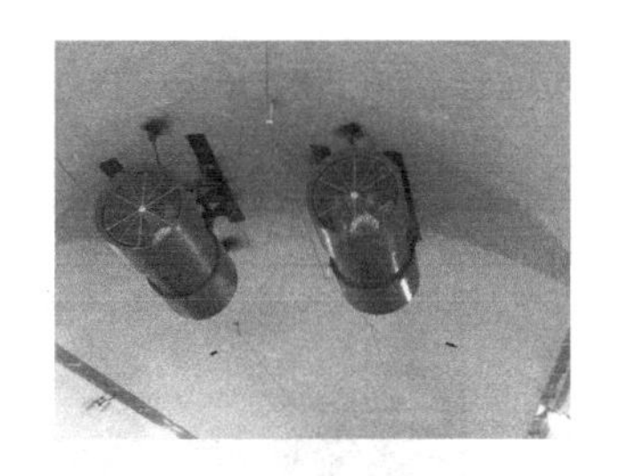

图 8-17　隧道洞顶的风机

图 8-18　隧道的反光带、照明灯

在隧道建模时可以根据实际情况事先创建风机、反光带、照明灯等的模型，再通过菜单“工具→对齐→间隔工具”来沿着隧道走向放置这些模型。

8.3.1　风机的建模

风机在隧道中用于空气流动，是非常重要的设施之一。在创建风机模型时，应明确风机模型的交互需求，以此确定是否对风机的结构进行简化。

风机由机壳、风扇和防护网三部分构成。机壳呈哑铃状，两端直径较长，中间直径相对较小；风扇位于风机的中部，一般有两组扇叶；防护网位于机壳两端，起阻隔异物的作用。

1. 机壳的建模及细节处理

1）机壳的建模

对风机的机壳进行几何近似后，可将其抽象成为空心的圆柱体。选择菜单“创建→几何体”，在几何体层级下选择“标准基本体”，使用圆柱体工具绘制一个底面半径为 0.7 m、高度为 4 m 的圆柱体，在修改面板中设置圆柱体高度分段数为 5。选择创建的圆柱体，单击鼠标右键，在弹出的右键菜单中选择“转换为：→转换为可编辑多边形”。在修改面板的面层级下框选 5 个分段中的中间段，将挤出方式设置为“局部法线”，选择需要挤出的面片，即可创建出哑铃状的外形（见图 8-19）。在面层级下选择圆柱体的两个端面，按 Delete 键即可删除（见图 8-20）。打开修改器列表，为圆柱体添加壳修改器，在修改面板中设置外部量为 0.05 m，可创建出哑铃状的机壳雏形（见图 8-21）。

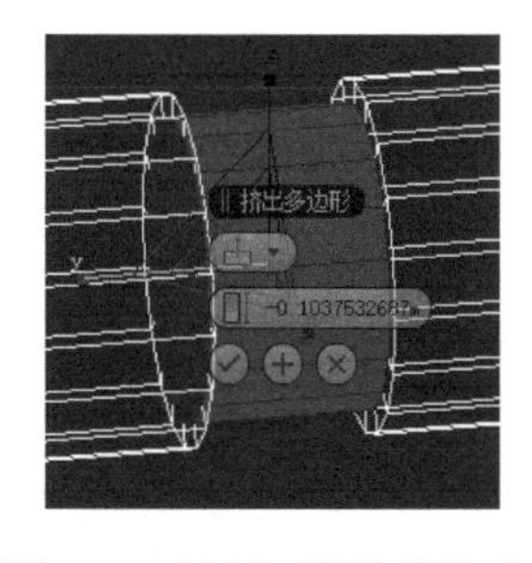

图 8-19　绘制哑铃状的外形

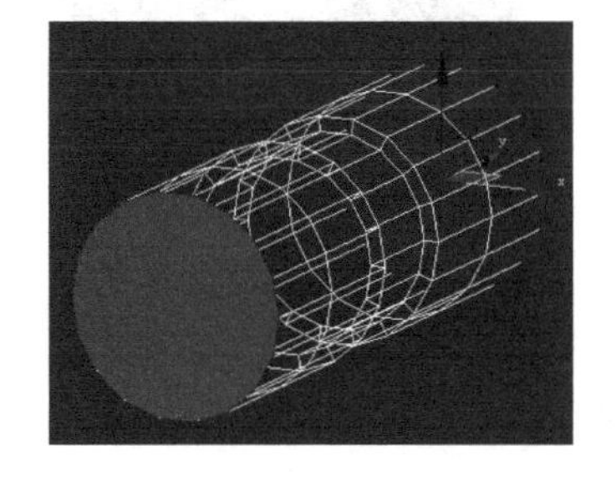

图 8-20　删除圆柱体的两个端面

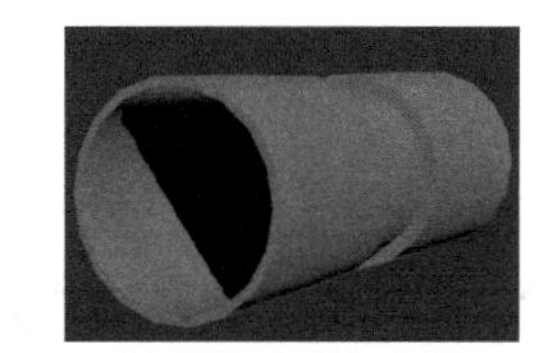

图 8-21　哑铃状的机壳雏形

2）机壳模型的细节处理

由于风机常年悬挂于隧道顶端，为了方便空气流动，其外壳边缘部位一般相对比较平滑，存在一定的切角；同时，为了方便风机的安装，一般在机壳的中部设置有翼形固定板。选择刚刚创建完成的机壳雏形，单击鼠标右键，在弹出的右键菜单中选择“转换为：→转换为可编辑多边形”。在修改面板的边层级下，利用循环工具选择机壳两端的边线（见图 8-22），使用切角工具对所选的边线进行平滑处理（见图 8-23）。

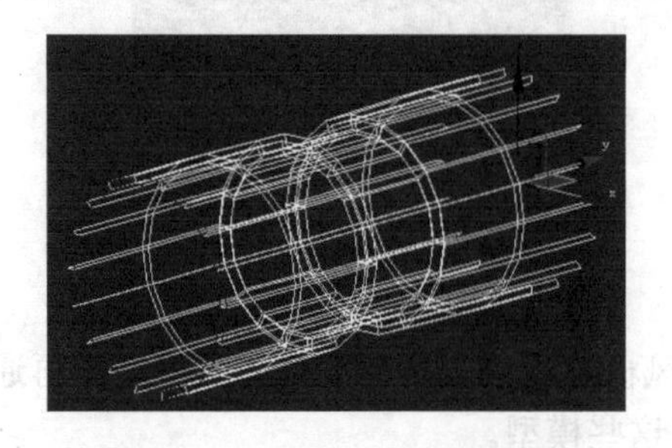
图 8-22　选择机壳两端的边线

图 8-23　对所选的边线进行平滑处理

在顶视图中选择机壳中部的 2 条对称边线（见图 8-24），使用切角工具对所选的对称边线进行切角，可生成 2 个新面（见图 8-25）。

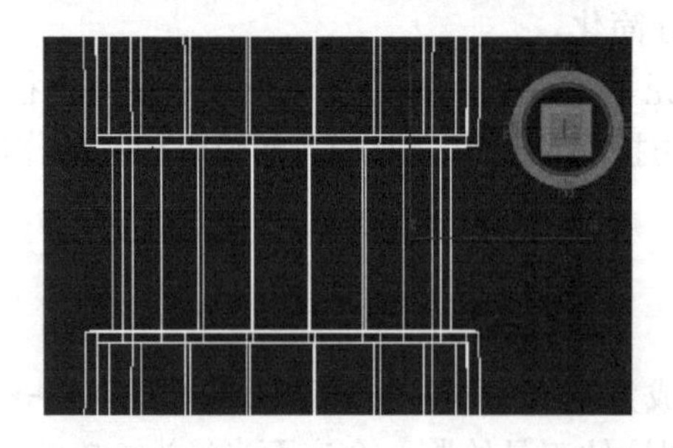
图 8-24　选择机壳中部的 2 条对称边线

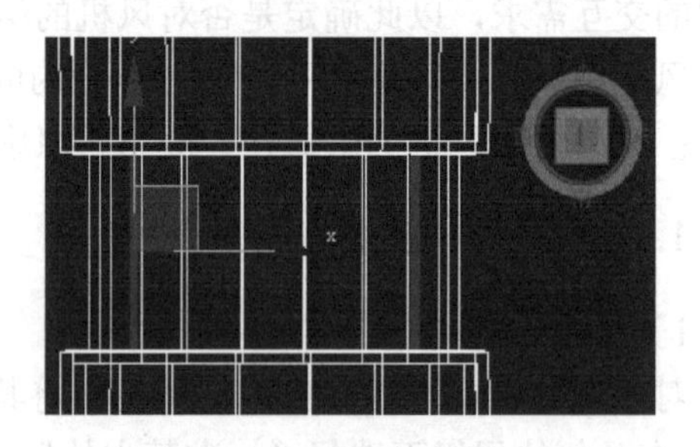
图 8-25　生成的 2 个新面

选择新生成的 2 个新面，利用挤出工具将其向外挤出一定的距离，可生成翼形固定板（见图 8-26）。依据精度的不同，还可以增加更精细的机壳细节，请读者自行探索。

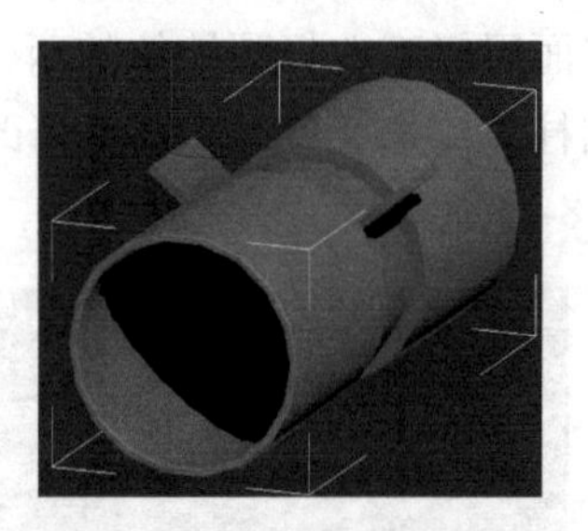
图 8-26　生成的翼形固定板

2．风扇的建模及细节处理

风扇是风机的主要功能部件，风扇的扇叶形状都相同，故只需要创建一个扇叶的模型，通过旋转复制的方法即可得到整个风扇的模型。

风扇的扇叶可几何近似为长方体，选择菜单“创建→几何体”，在几何体层级下选择“标准基本体”，使用长方体工具绘制一个较薄的长方体，并设置一定的端面分段，以便弯曲变形（见图 8-27）。在修改器列表中为长方体添加 FFD（长方体）修改器，展开 FFD（长方体）修改器，在控制点层级下拖曳控制点，将长方体变形为扇叶（见图 8-28）。在修改器列表中为扇叶添加扭曲修改器，以 z 轴为扭曲轴，设置扭曲角度为 30°，可得到如图 8-29 所示的扇叶模型。

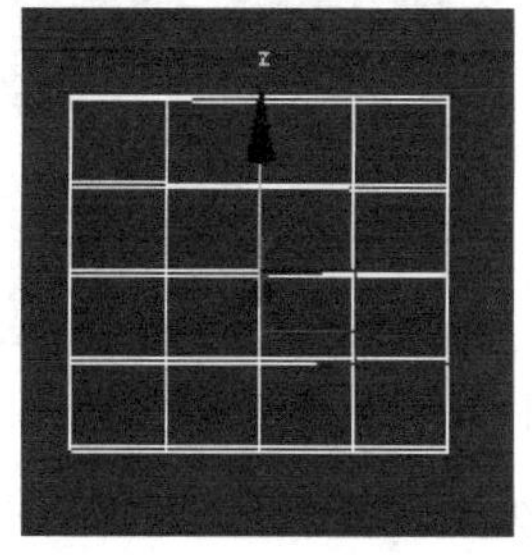

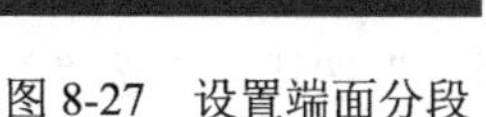

图 8-27　设置端面分段

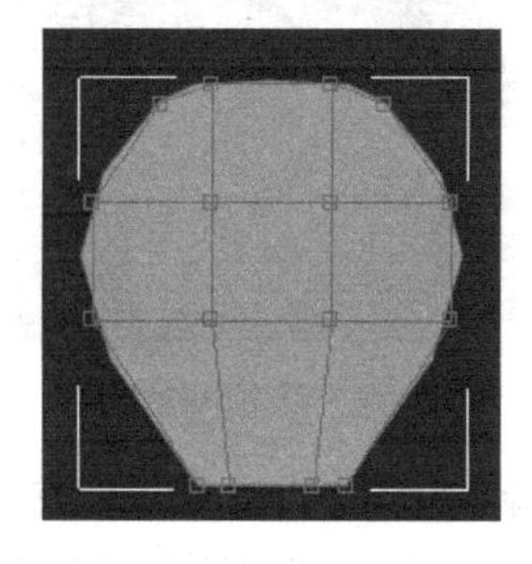

图 8-28　将长方体变形为扇叶

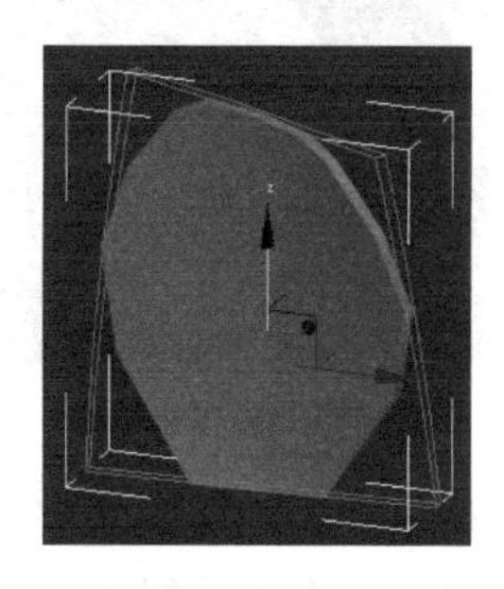

图 8-29　扇叶模型

完成单个扇叶的模型后，切换至层次面板，使用“仅影响轴”命令将单个扇叶的轴心向下移动一定距离（见图 8-30）。设置好轴心后，在前视图中利用阵列工具设置 z 轴方向的旋转角度为 360°，阵列维度为 1D，数量为 6，将扇叶沿 z 轴旋转复制，可生成 6 个扇叶（见图 8-31）。创建好 6 个扇叶后，可利用圆柱体工具为其创建一个转动轴。选择菜单“创建→几何体”，在几何体层级下选择“标准基本体”，使用圆柱体工具绘制一个底面半径为 0.02 m、高度为 0.05 m 的圆柱体，在修改面板中设置圆柱体的边数为 6，使用移动工具将转动轴移动至扇叶中心，使之与扇叶贴合，将扇叶与转动轴组合在一起，即可完成风扇模型的创建（见图 8-32）。

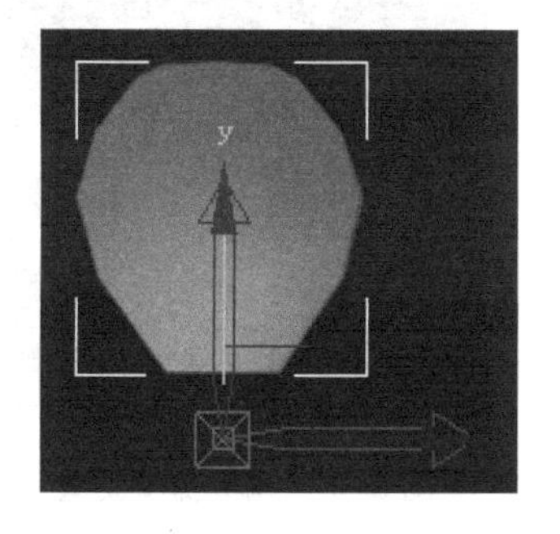

图 8-30　向下移动单个扇叶的轴心

图 8-31　生成 6 个扇叶

图 8-32　风扇模型

3．防护网的建模及细节处理

1）防护网的建模

防护网的作用是在保证通风顺畅的同时阻拦异物进入风机。选择菜单“创建→几何体”，在几何体层级下选择“标准基本体”，使用圆柱体工具绘制一个底面半径为 0.75 m 的辅助圆柱体（见图 8-33）。在修改面板中将辅助圆柱体的高度分段设置为 1，边数与机壳相同（默认为 18）。选择圆柱体后，单击鼠标右键，在弹出的右键菜单中选择“转换为：→转换为可编辑多边形”。在修改面板的面层级下选择并删除一个顶面后，可生成防护网的边界（见图 8-34）。切换至边界层级后选择新的边界，按住 Shift 键，使用缩放工具分 3 次向内缩放，可绘制出一个向内聚合的放射状网面（见图 8-35）。

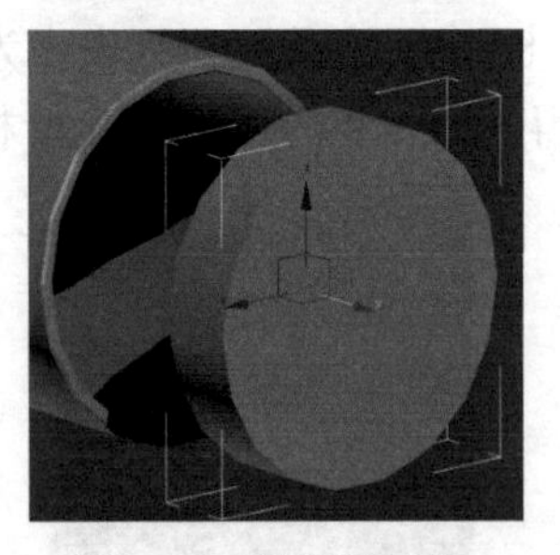
图 8-33　辅助圆柱体

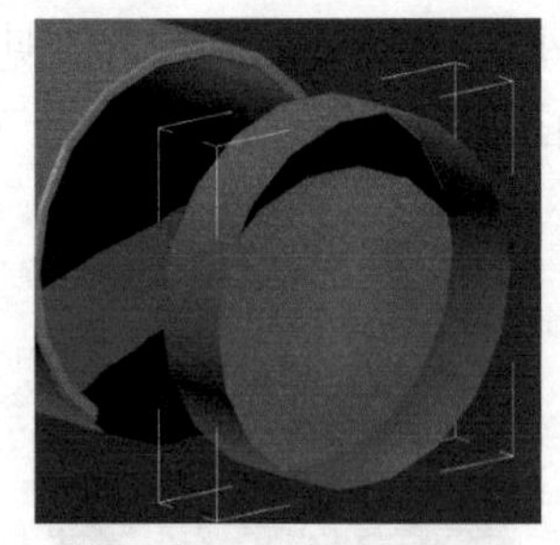
图 8-34　防护网的边界

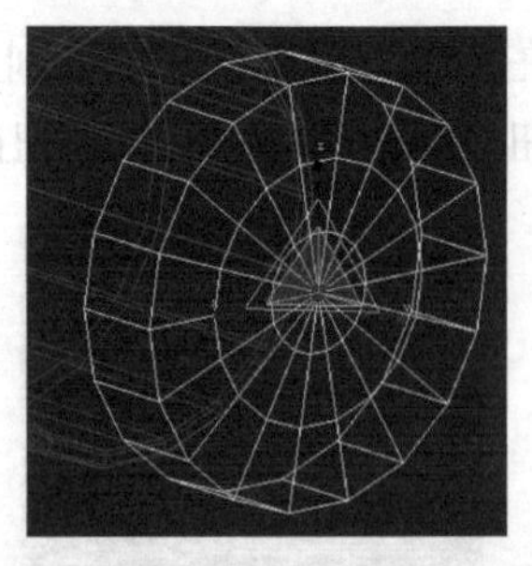
图 8-35　向内聚合的放射状网面

切换至顶点层级，选择并焊接新创建出的边界点；在边层级下选择新生成的放射线边组（见图 8-36），在“编辑边”下拉栏中单击“利用所选内容创建图形”按钮，点选“线性”，可创建防护网放射线（见图 8-37）。创建完防护网放射线后，可删除辅助圆柱体。使用这种方法创建防护网放射线的优点是可控，用户可根据自己的需求控制圆环的间距与位置。

2）防护网细节处理

新创建的防护网放射线为样条线，为了使其三维化，可在修改面板中的“渲染”下拉栏中选择“在视口中启用”，设置径向厚度为 0.01 m、边数为 3，此时防护网放射线可转化为三维网状结构。单击鼠标右键，在弹出的右键菜单中选择“转换为：→转换为可编辑多边形”，即可完成图形的三维化。将创建好的风扇模型和防护网模型放到机壳模型内，并进行整体打组，可得到如图 8-38 所示的风机初步模型。

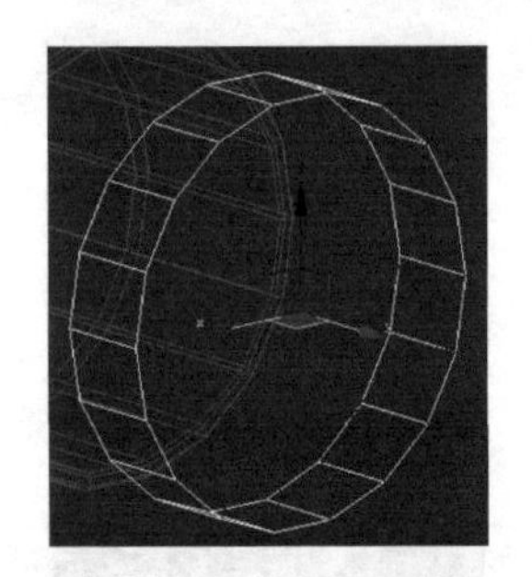
图 8-36　选择新生成的放射线边组

图 8-37　防护网放射线

图 8-38　风机初步模型

8.3.2　隧道照明设备的建模

不同于普通道路的照明，隧道空间相对封闭，且无日光，车辆的行驶速度较快，需要科学地排布灯光。隧道中照明区域的排列应尽量靠近一些，以避免出现过于强烈的明暗交替，强烈的明暗交替会使驾驶员产生眩晕感。隧道出入口的灯光既要注意出入口的视场变化，又要起到一定的提示作用。

常见的隧道照明设备有三种，分别是 LED 灯、无极灯、钠灯。LED 灯的配光科学合理，可满足隧道各个路段对照明均匀度和防眩光的要求；无极灯是一种没有电极和灯丝的照明设备，可以制成环形、螺旋形或管状等不同形状；钠灯的光线是暖黄的，是道路照明的常用光源。无论采用哪种照明设备，在道路建模时，若无特殊交互需求，则只需要考虑其外形与排布即可。

下面以 LED 灯与提示灯为例介绍隧道照明设备的建模。

1. LED 灯的建模

隧道内的 LED 灯通常较多，若单一模型过于复杂，则整体模型将占用大量的资源，因此在创建 LED 灯的模型时，若无特殊交互需求，则应尽量精简模型，控制模型的面数。

对 LED 灯面板进行几何近似后，可将其看成一个长方体。选择菜单“创建→几何体”，在几何体层级选择“标准基本体”，使用长方体工具绘制一个长约 0.3 m、宽约 0.2 m、高约 0.05 m 的长方体，并设置端面的分段数为 3（见图 8-39）。单击鼠标右键，在弹出的右键菜单中选择“转换为：→转换为可编辑多边形”，在修改面板的边层级下选择中间的两个横边，使用挤出工具向内挤出凹槽，即可创建 LED 灯面板的初步模型（见图 8-40）。

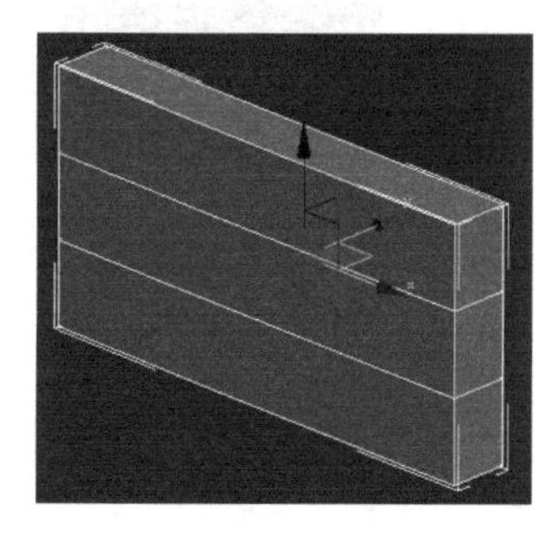

图 8-39　创建长方体并设置端面的分段数为 3

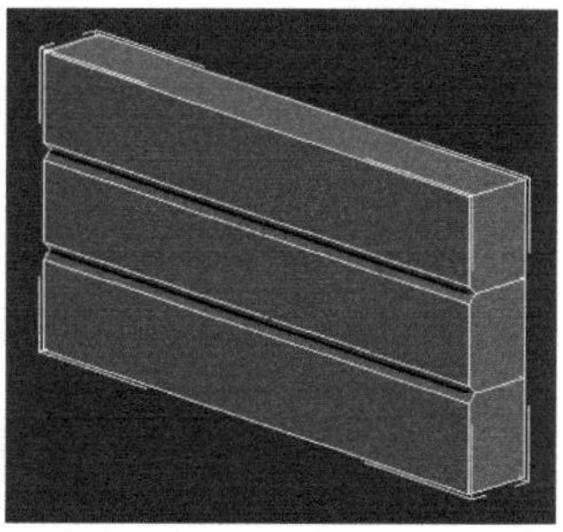

图 8-40　LED 灯面板的初步模型

LED 灯安装把手是采用放样的方法来创建的。选择菜单“创建→样条线”，使用样条线层级下的线工具在顶视图中绘制出 LED 灯安装把手边框（见图 8-41）；使用样条线层级下的矩形工具在前视图中绘制一个长 0.03 m、宽 0.01 m 的矩形，作为放样的截面（见图 8-42）。

图 8-41　LED 灯安装把手边框

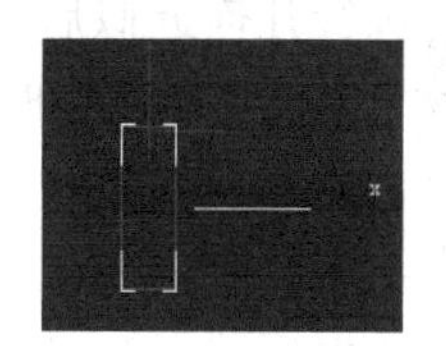

图 8-42　放样的截面

选择菜单“创建→几何体”，在几何体层级下选择“复合对象”，选择刚刚创建的截面，使用放样工具的获取路径功能来得到 LED 灯安装把手边框。在修改面板中设置蒙皮参数中的图形步数与路径步数为 0，完成 LED 灯安装把手的创建（见图 8-43）。选择 LED 灯面板，在侧视图中旋转 30°，拼合 LED 灯安装把手与 LED 灯面板，可得到 LED 灯的初步模型（见图 8-44）。

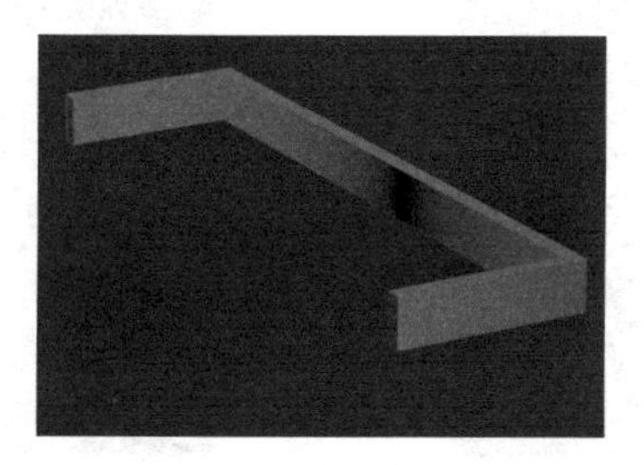

图 8-43　LED 灯安装把手

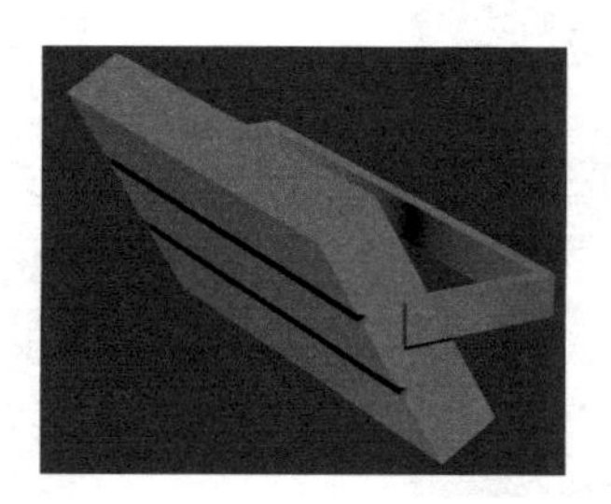

图 8-44　LED 灯的初步模型

2. 提示灯的建模

提示灯通常垂悬于隧道入口的顶端（见图 8-45），用于为驾驶员提供道路信息，指示隧道的通行状况。对提示灯进行几何近似后，可将其看成一个长方体与一个圆柱体的组合。选择菜单“创建→几何体”，在几何体层级下选择“标准基本体”，使用长方体工具绘制一个长约 0.4 m、宽约 0.4 m、高约 0.05 m 的长方体，完成提示灯面板模型的创建。选择菜单“创建→几何体”，在几何体层级下选择“标准基本体”，使用圆柱体工具绘制一个底面半径约为 0.02 m、高度约为 0.5 m 的圆柱体，完成提示灯灯柱模型的创建。拼接提示灯面板与提示灯灯柱并打组，可得到提示灯的初步模型（见图 8-46）。

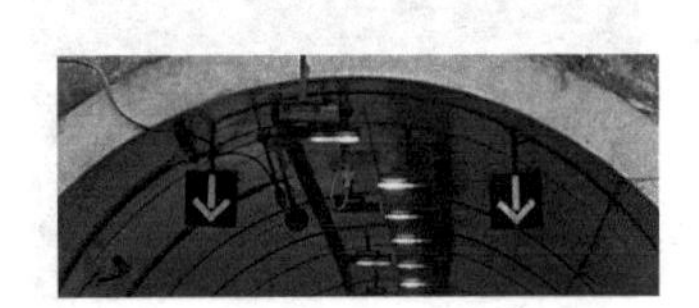

图 8-45 提示灯示意图

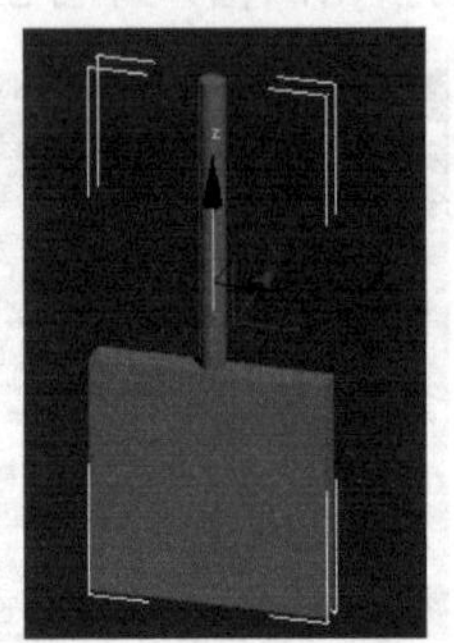

图 8-46 提示灯的初步模型

8.3.3 逃生门的建模

逃生门在隧道中用于连接隧道两边，允许在紧急情况下使用。

对逃生门进行几何近似后，可将其分解为两部分，一部分是百叶门，另一部分是墙体。百叶门又称为卷帘门，在建模时可先创建横截面，再为横截面添加挤出修改器而得到百叶门。首先选择菜单“创建→样条线”，在样条线层级下选择“样条线”，使用样条线层级下的线工具在侧视图中绘制百叶门横截面单线（若需精确绘制，可先画出其中一段，并使用阵列工具向下复制，随后焊接顶点），如图 8-47 所示。选择创建的横截面单线，在修改面板的样条线层级下为其添加一个 0.02 m 的轮廓（见图 8-48）。在“修改器列表”下拉栏中为其添加挤出修改器，设置挤出量为 4 m，即可完成百叶门的初步模型（见图 8-49）。

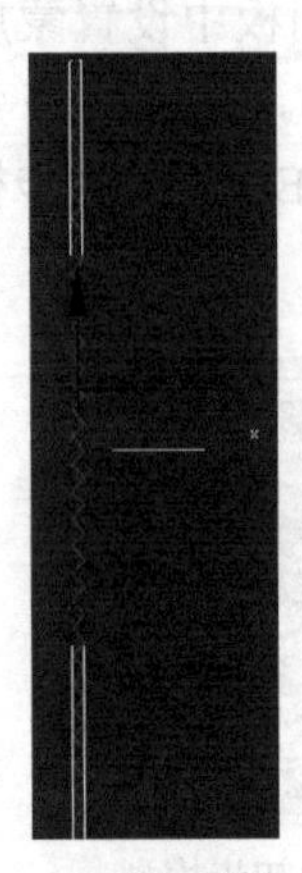

图 8-47 百叶门横截面单线

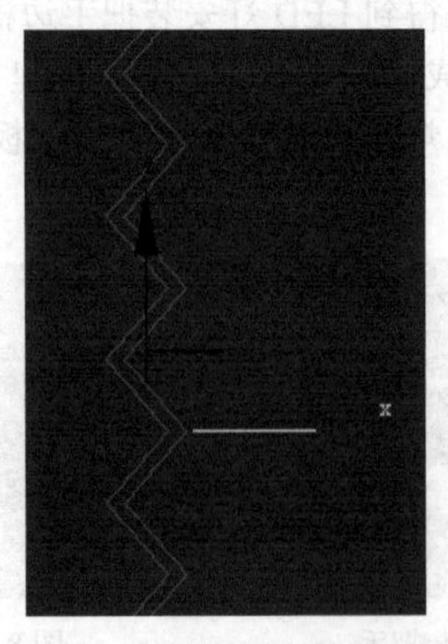

图 8-48 为横截面单线添加轮廓

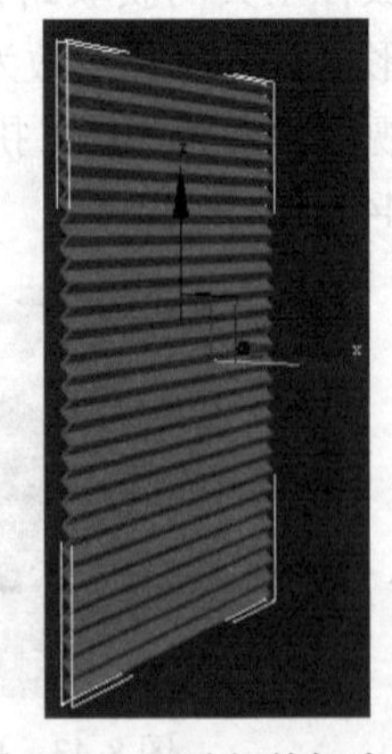

图 8-49 百叶门的初步模型

在创建墙体时，逃生门的墙体厚度应与其所在的隧道墙体厚度保持一致。在大多数情况下，隧道墙体的创建是通过放样的方法完成的，存在一定的弯曲与平滑，因此在创建逃生门的墙体时，不仅要注意墙体厚度的一致性，还应预留出一定的弧度与关节结构，以便模型的安装。

假设隧道墙体的厚度为 4 m，选择菜单“创建→几何体”，在几何体层级下选择“标准基本体”，使用长方体工具在顶视图中绘制一个长约 3.5 m、厚约 4.0 m、高约 6.0 m 的长方体；使用圆柱体工具在同一位置绘制 2 个轴心在长方体侧边线中点、底面半径约为 2.0 m、高度约为 7.0 m 的圆柱体（见图 8-50）。

选择长方体，选择菜单“创建→几何体”，在几何体层级下选择“复合对象”，使用超级布尔功能中的差集运算，拾取一个轴心在长方体侧边线中心的圆柱体，使长方体产生一个半圆形切面（见图 8-51）。

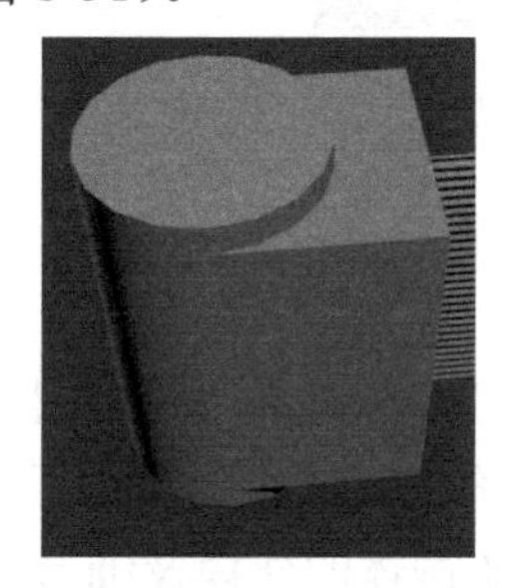
图 8-50　绘制的长方体与圆柱体

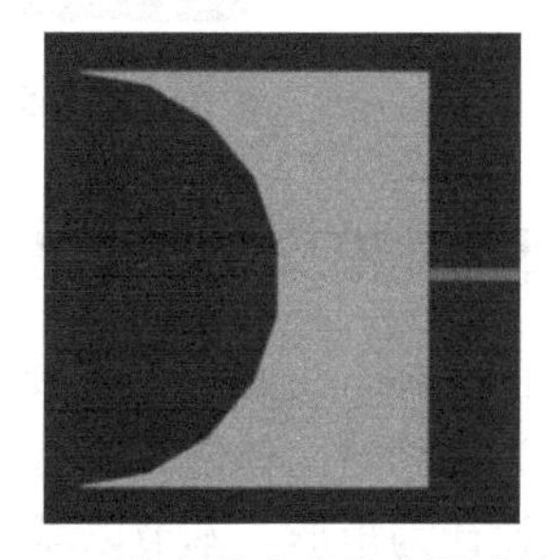
图 8-51　长方体产生的半圆形切面

此时可将半圆形切面与百叶门编为一个实例组，在层次面板下使用“仅影响轴”命令将实例组的轴心移动到原先边线中点（见图 8-52）。此时无论怎样转动该实例组，该实例组都将绕着参考圆柱体无缝转动（向上转动和向下转动见图 8-53 和图 8-54）。

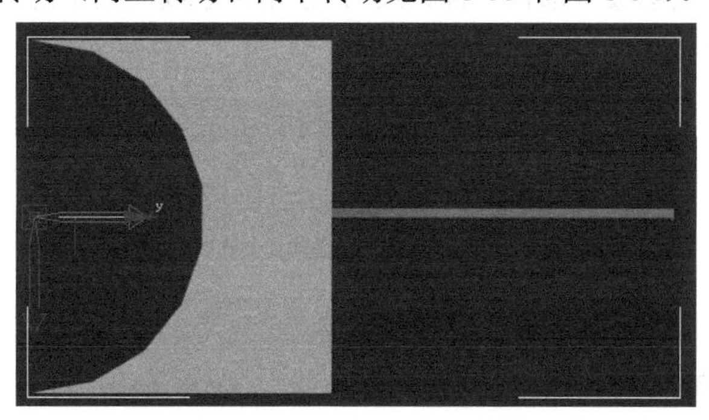
图 8-52　将实例组的轴心移动到原先边线中点

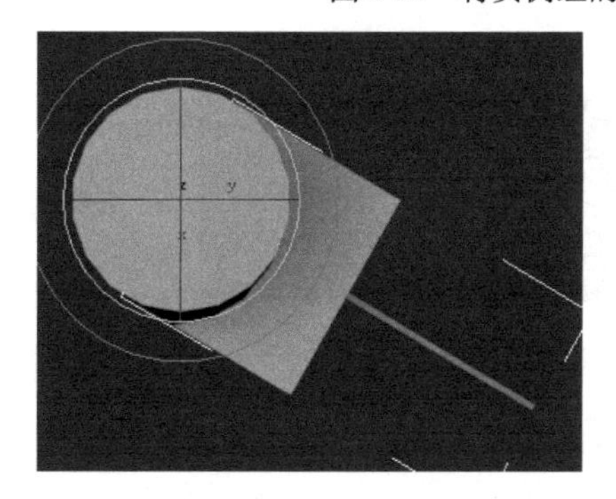
图 8-53　实例组绕着参考圆柱体向上无缝转动

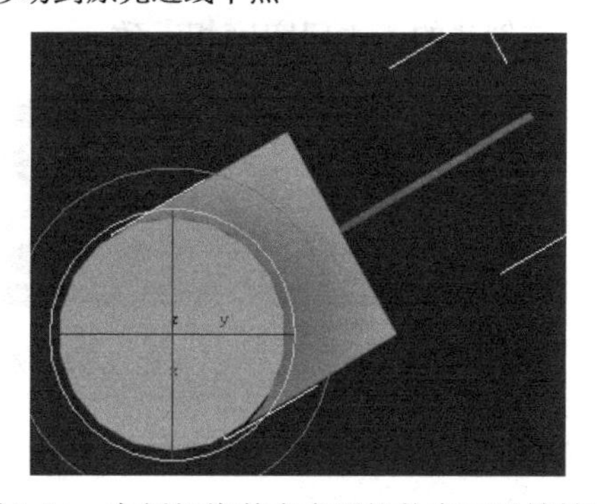
图 8-54　实例组绕着参考圆柱体向下无缝转动

将实例组解组，将长方体与参考圆柱镜像复制得到百叶门右侧，并将它们与百叶门左侧除参考圆柱体之外的所有模型打组。在层次面板下使用“仅影响轴”命令将打组后模型的轴心移动至原先边线的中点，即可得到逃生门的初步模型（见图 8-55）。

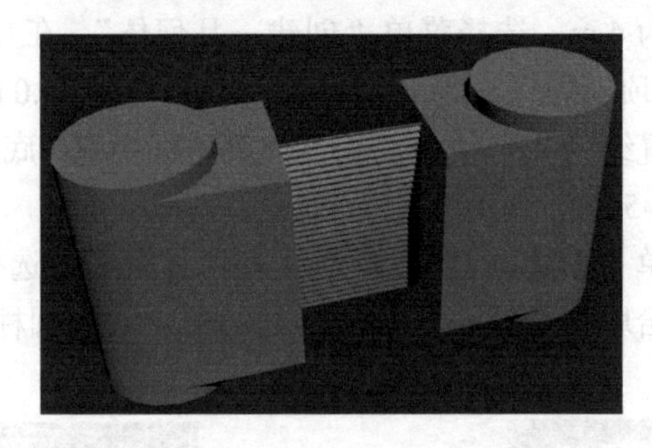

图 8-55　逃生门的初步模型

8.3.4　洞体的建模及细节处理

洞体是隧道的主体，也是最为重要的部分。目前，山体隧道洞体的露出部分大多呈 3/4 圆筒状，这是因为在修建山体隧道工程时多使用大型盾构机。城市隧道由于工程操作或景观设计需求，多被设计为矩形。本节以城市隧道为例来介绍洞体的建模及细节处理。

1．洞体的建模

无论圆筒状的洞体还是矩形的洞体，在建模时大多使用放样的方法来创建。选择菜单“创建→样条线”，在样条线层级下选择“样条线”，使用样条线层级下的线工具在顶视图下绘制隧道走向线（见图 8-56）。

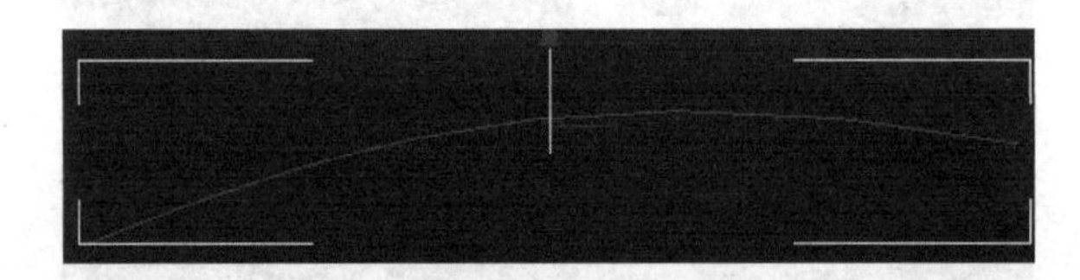

图 8-56　绘制隧道走向线

调整视图至侧视图，选择菜单“创建→样条线”，在样条线层级下选择“样条线”，使用样条线层级下的线工具绘制一个矩形的双车道隧道截面图形（见图 8-57），应保证截面中部的宽度与之前创建的逃生门宽度相一致。

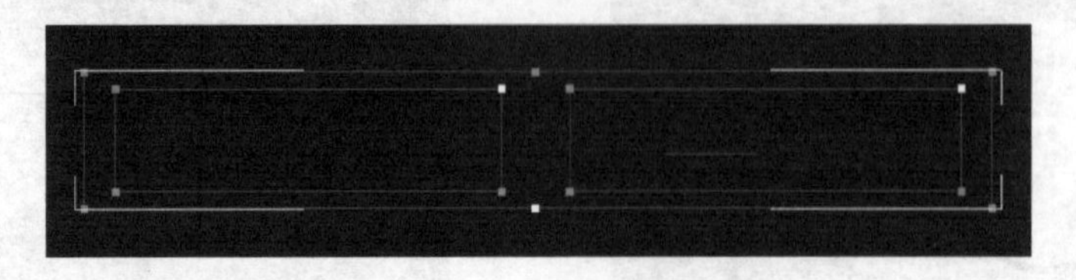

图 8-57　双车道隧道截面图形

移除图形中部不必要的点（见图 8-58），以防止在放样过程中产生多余线条。

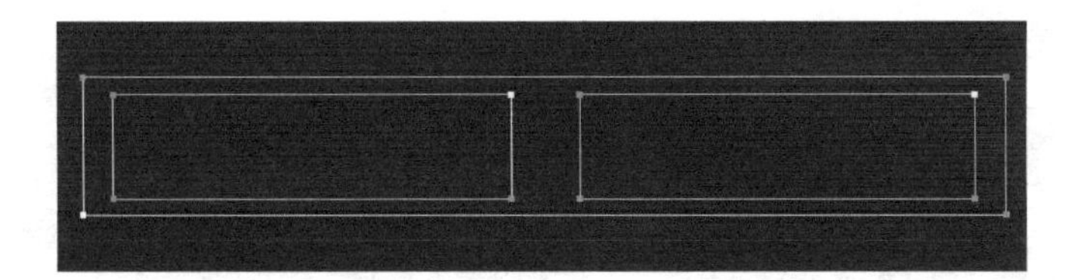

图 8-58　移除图形中部不必要的点

选择隧道走向线，选择菜单“创建→几何体”，在几何体层级下选择“复合对象”。使用放样工具开启创建方法中的获取图形功能，单击创建好的截面即可完成放样，绘制的截面放样图形如图 8-59 所示。为了减少不必要的面数，在修改面板中设置蒙皮参数中的图形步数为 0、路径步数为 5。

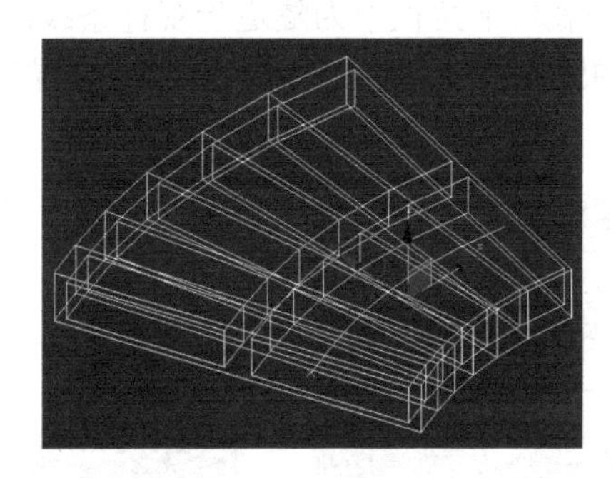

图 8-59　截面放样图形

选择截面放样图形，单击鼠标右键，在弹出的右键菜单中选择“转换为：→转换为可编辑多边形”。在修改面板的边层级下，分别选择洞体内部的 4 条顶边线（见图 8-60）。在“编辑边”下拉栏中，单击“利用所选内容创建图形”按钮，可生成 4 条独立的参考线，该参考线可用于隧道照明等设备的排布（见图 8-61）。

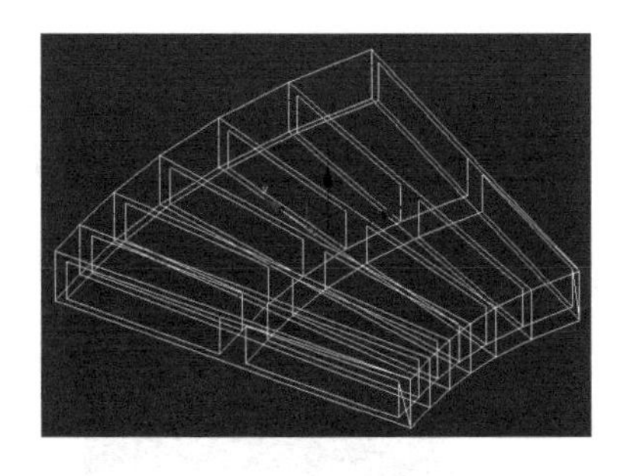

图 8-60　选择洞体内部 4 条顶边线

图 8-61　生成 4 条独立的参考线

2. 洞体模型的细节处理

城市隧道除了具有通车的功能，还可以作为城市景观，因此会在城市隧道的出入口处增加一些装饰性的结构。不同的城市隧道有不同景观，在建模时应根据具体情况来具体处理。

在侧视图中选择菜单“创建→样条线”，在样条线层级下选择“样条线”，使用样条线层级下的线工具绘制 5 条隧道景观样条线（见图 8-62），并依次对这 5 条隧道景观样条线进行变形（见图 8-63）。

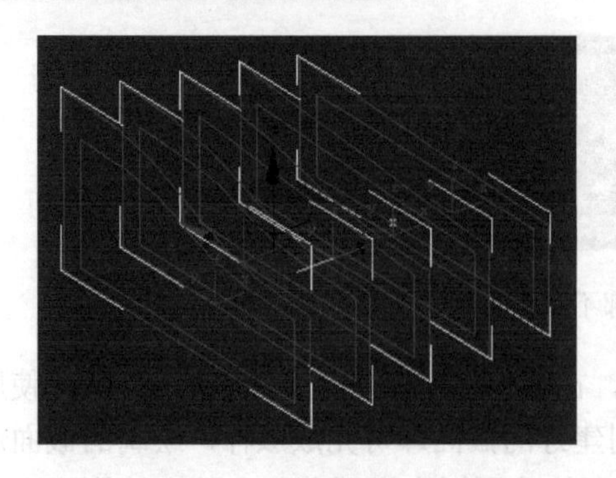

图 8-62　5 条隧道景观样条线

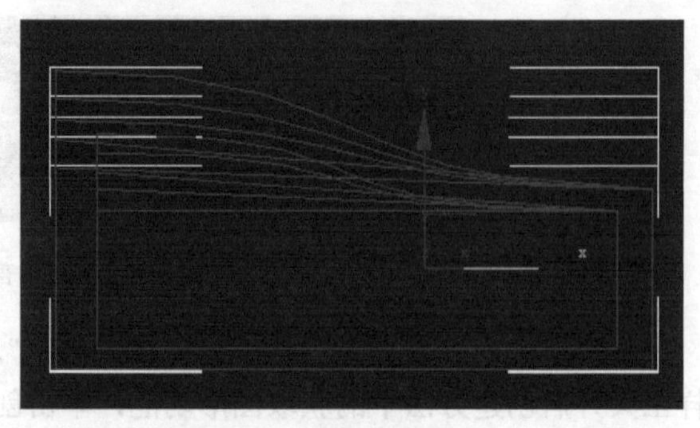

图 8-63　依次对 5 条隧道景观样条线进行变形

在修改面板的“修改器列表”下拉栏中为隧道景观样条线添加挤出修改器，设置挤出量为 0.5 m，景观模型的挤出效果如图 8-64 所示，将景观模型放置在隧道入口处即可，如图 8-65 所示。

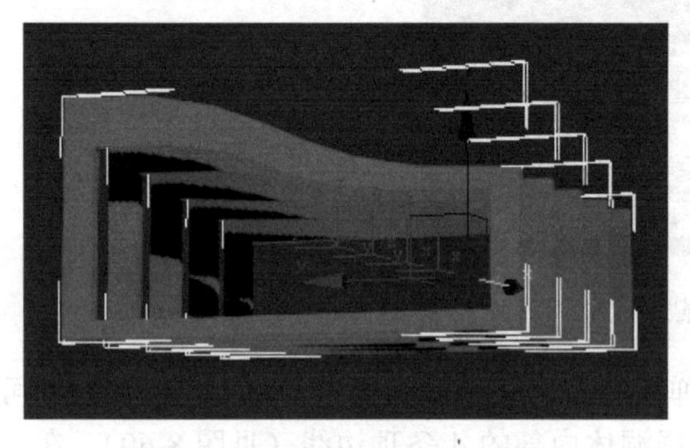

图 8-64　景观模型的挤出效果

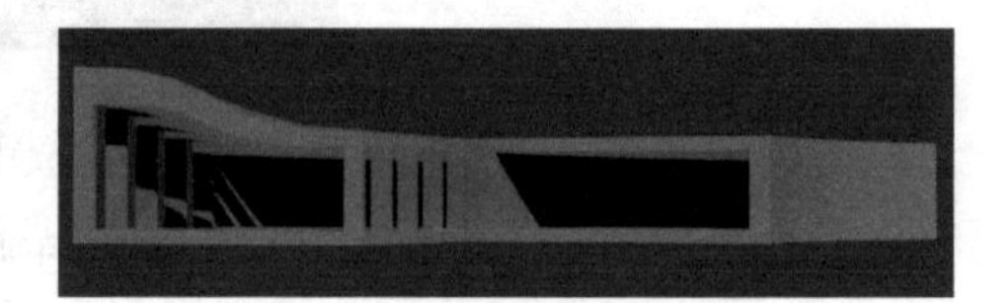

图 8-65　将景观模型放置在隧道入口处

8.3.5　隧道模型的整理与组合

在“■”按钮的下拉栏中选择“导入→合并”，将前面创建的风机、照明设备与逃生门等模型合并到洞体模型中，模型合并如图 8-66 所示。将视图切换到顶视图，将模型旋转到顺着参考线的角度，如图 8-67 所示。

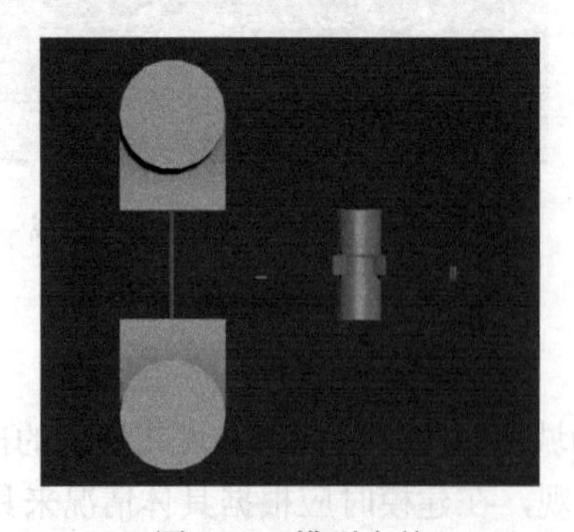

图 8-66　模型合并

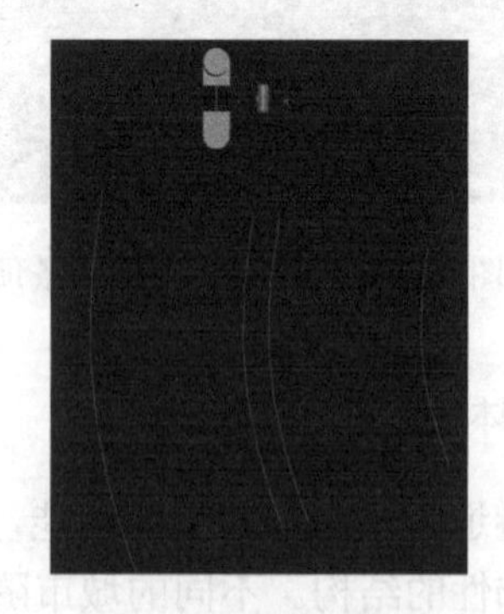

图 8-67　将模型旋转到顺着参考线的角度

选择 LED 灯后，选择菜单“工具→对齐→间隔工具”，开始拾取路径，并依据具体情况设置相关的参数。当模型需要顺着参考线的角度旋转时，应勾选“跟随”。

不同朝向的 LED 灯对应着不同的参考线，选择利用间隔工具生成的 LED 灯，使用镜像工具将 LED 灯绕着 x 轴和 y 轴翻转，生成朝向相反的 LED 灯，保证灯面朝向隧道道路，将 LED 灯按照道路打组后，放置在适当的位置即可。LED 灯沿参考线排布的效果如图 8-68 所示。

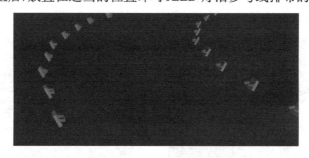

图 8-68　LED 灯沿参考线排布的效果

选择风机后，选择菜单“工具→对齐→间隔工具”，开始拾取路径，并勾选“跟随”。可利用间隔工具将风机调整到适当的位置。风机排布的效果如图 8-69 所示。

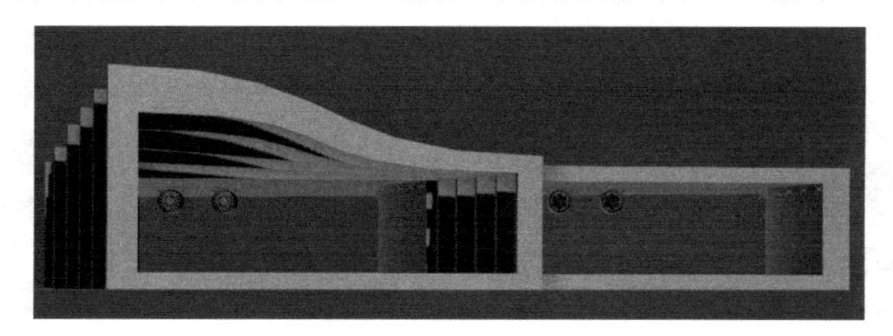

图 8-69　风机排布的效果

在放置逃生门时，应先绘制逃生门的线条（见图 8-70），再开启捕捉开关，最后沿着参考圆柱体轴向绘制一个长度和高度与逃生门的长度和高度一致，宽度略大于逃生门的宽度的长方体（见图 8-71），并放置在相应位置即可。

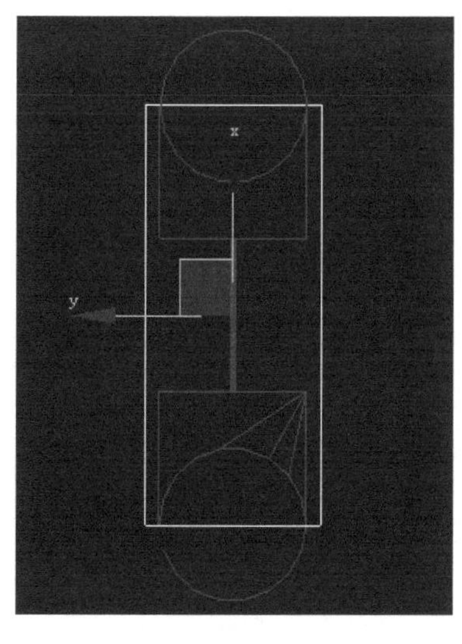

图 8-70　逃生门线条

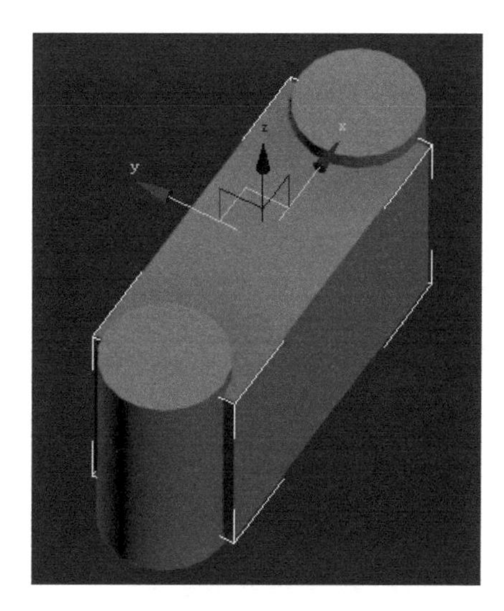

图 8-71　逃生门长方体

将逃生门与长方体移动到隧道墙体中，通过旋转工具安置逃生门，选择菜单"创建→几何体"，在几何体层级下选择"复合对象"，使用超级布尔功能中的差集运算来拾取新创建的长方体，即可完成逃生门的安装（见图 8-72）。

至此，隧道示例建模完毕，完整的隧道是多个隧道段的结合。隧道入口景观如图 8-73 所示，隧道模型内部如图 8-74 所示，隧道的整体模型如图 8-75 所示。

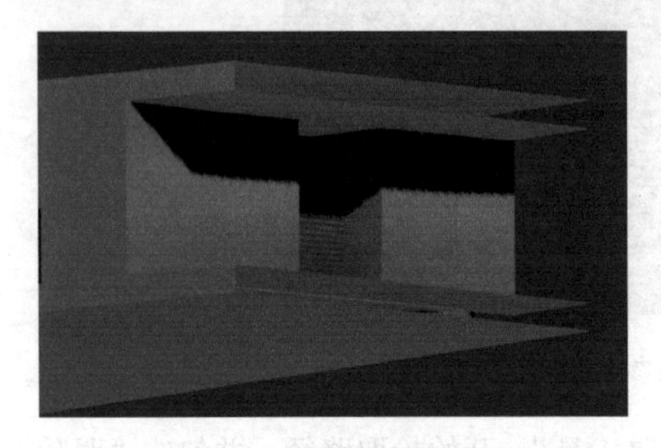

图 8-72　逃生门的安装

图 8-73　隧道入口景观

图 8-74　隧道模型内部

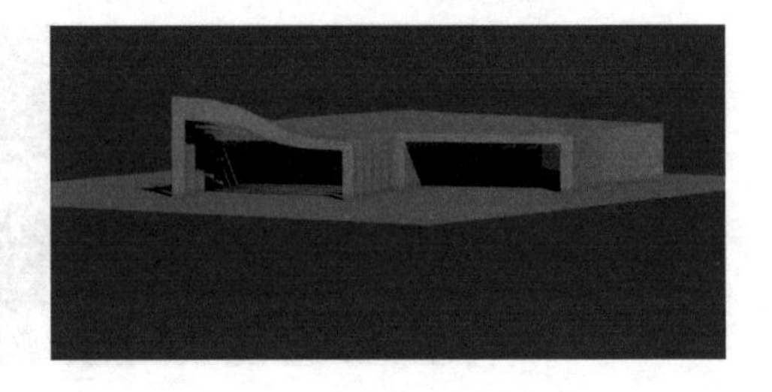

图 8-75　隧道的整体模型

第9章 收费站的三维建模

伴随着我国经济的高速发展，高速公路的建设也变得如火如荼。高速公路的建设不仅需要技术的支持，还需要大量的人力与财力支持。收费站通常设置在高速公路的出入口，是为了征收道路通行费而设置的，收取的费用多用于道路建设及道路养护。

相较于早期的收费站，现在的收费站的车道更宽，通常设置有可双向通车的车道等。目前，随着科学技术的不断发展，不停车电子收费系统（Electronic Toll Collection，ETC）应用得越来越普遍。在道路建模时，收费站属于关键部分，应注意收费站的建模精度，有条件的话可向有关部门和设计单位索取 CAD 图纸或者进行现场考察。

本章涉及基本操作、多边形建模、放样、间隔工具、布尔、扭曲、FFD、倒角剖面等内容。

9.1 收费站的建模逻辑

1. 分析化简

从建模的角度出发，可将收费站分为 4 个部分，分别为顶棚、岗亭、隔离设备与路杆。普通收费站的顶棚多为平顶状或网状，一些大型收费站的顶棚还具有桥或楼的作用；岗亭是收费站中的主要设施；隔离设备用于区分不同的车道或保护岗亭工作人员的安全；路杆属于附属建筑。当收费站存在特定的交互需求时，还应为其加入相应的交互结构。顶棚为平顶状的普通收费站如图 9-1 所示，顶棚为网状的收费站如图 9-2 所示。

图 9-1　顶棚为平顶状的收费站

图 9-2　顶棚为网状的收费站

2. 几何近似

平顶状的顶棚多为基础的规则长方体，在进行几何近似后可将其看成相应尺寸的长方体；网状的顶棚多为重复且对称的结构，可通过样条线的三维转化以及对称修改器完成创建；具有桥或楼作用的顶棚，可根据实际情况进行创建。岗亭可近似成长方体。除了顶棚和岗亭，收费站的其他组成部分相对复杂一些，当对模型精度有一定的要求时，无法通过简单几何体变形得到，在建模时应单独分析、单独建模。

3. 模型精修与整理

在完成模型的几何近似后，应依据模型的具体规格来绘制相应的样条线，使用挤出修改器来完成模型的创建。在创建模型时，应控制各个模型的厚度与宽度，控制实体之间的相对比例。

在创建 ETC 车道模型时，应注意观察 ETC 车道与普通车道的区别。不同方向车道的岗亭与隔离栏的位置也存在前后位置的差别。

利用布尔等图形整合方法去除多余的部分，同时将各个实体转换为可编辑多边形（需提前分段的可先分段再进行转换），在顶点、边、边界、多边形、元素等层级下，利用切角、挤出等修改器进行模型精修与整理，强化细节。

当模型存在一定的交互需求时，应注意控制模型的精度，在保证交互质量的同时，也应尽量减少不必要的分段与截面。

9.2 异形顶的建模及细节处理

收费站车道的宽度一般为 3.2 m、3.5 m、4 m 或 4.5 m。为了提高通行速度，大型收费站的收费通道一般要比高速公路多 2～6 个车道。在收费站中，岗亭、隔离设备、路杆等基础设施大多大同小异，收费站的区别大多表现在顶棚上。特别是省级行政区交界处的收费站，收费站的外形一般都会专门设计，用以表现一个地区的文化特色或发展理念。普通收费站一般采用平顶状的顶棚，其模型的创建比较简单，读者可按照基础操作示例自行探索。本节重点介绍异形顶的建模。异形顶收费站如图 9-3 所示。

9.2.1 异形顶的建模

异形顶在结构上多采用交叉相支的钢结构，从图 9-3 中不难看出，该收费站的异形顶由三片叶状弧形顶组成。异形顶建模的方法如下：

（1）使用放样的方法创建横跨高速公路的异形弧形顶。首先绘制放样参考线，在前视图中选择菜单“创建→样条线”，在样条线层级下选择“样条线”，使用样条线层级下的线工具绘制一条长约 50 m 的横线。其次开启捕捉，选择菜单“创建→样条线”，在样条线层级下选择“样条线”，使用样条线层级下的弧工具，在前视图中采用捕捉横线两端的方式绘制一条跨度约为 50 m 的放样参考线（见图 9-4）。

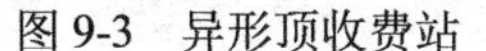

图 9-3 异形顶收费站

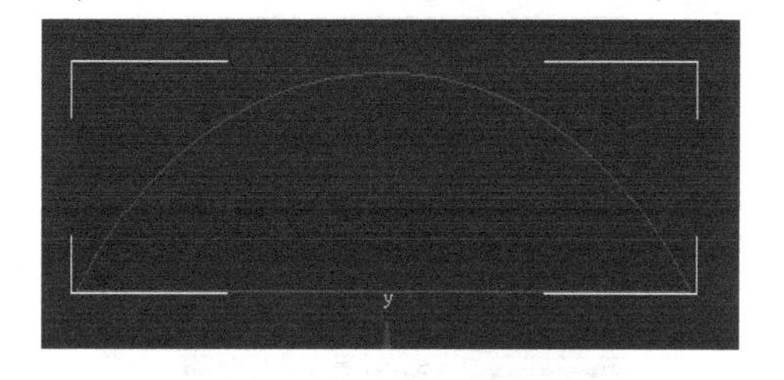

图 9-4 跨度约为 50 m 的放样参考线

（2）创建放样截面。首先在侧视图中选择菜单“创建→样条线”，在样条线层级下选择“样条线”，使用样条线层级下的线工具绘制一条跨度约为 10 m 的横线。其次开启捕捉，选择菜单“创建→样条线”，在样条线层级下选择“样条线”，使用样条线层级下的弧工具在侧视图中采用捕捉横线两端的方式绘制一条宽度约为 10 m 的放样参考线（见图 9-5）。

在侧视图中选择绘制的放样参考线，单击鼠标右键，在弹出的右键菜单中选择“转换为：→转换为可编辑样条线”，在样条线层级为该放样参考线添加一个 0.5 m 的轮廓，即可得到放样截面（见图 9-6）。

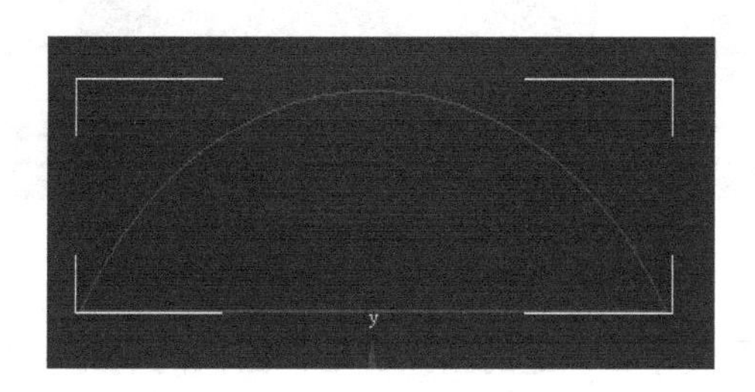

图 9-5 宽度约为 10 m 的放样参考线

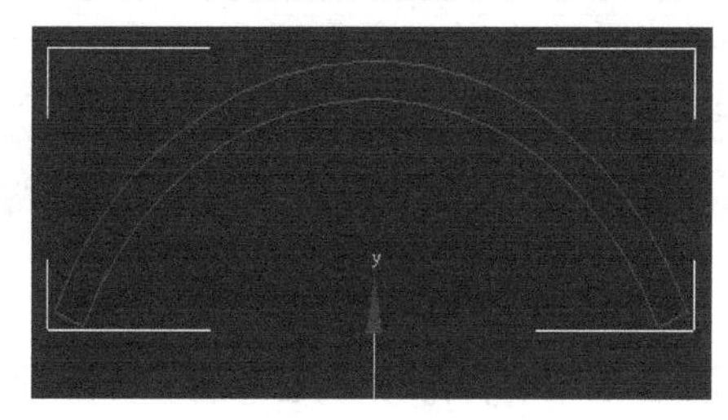

图 9-6 放样截面

创建完放样截面与放样参考线后，选择放样参考线，选择菜单“创建→几何体”，在几何体层级下选择“复合对象”，使用放样工具开启创建方法中的获取图形功能并单击创建好的放样截面，即可完成放样，最终得到一个偏移的半圆拱形体（见图 9-7）。

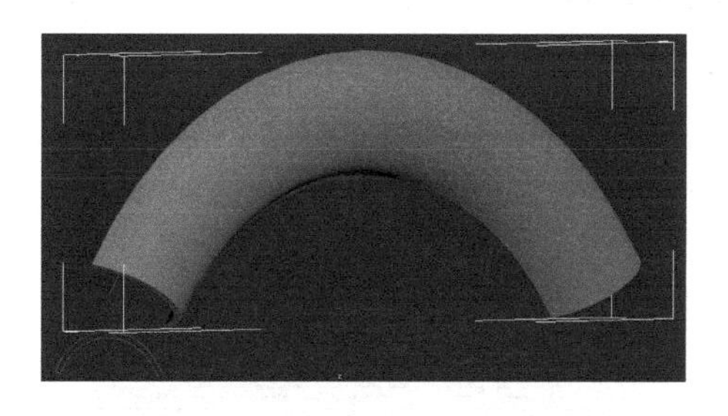

图 9-7 偏移的半圆拱形体

选择偏移的半圆拱形体，在修改面板的“放样修改器→变形”中开启扭曲功能，打开扭曲变形面板，使用其中的移动控制点工具（![]）移动变形曲线上的点，使偏移的半圆拱形体产生变形；使用插入角点工具（![]）在变形曲线的任意部位加入可移动的点（使用移动控制点工具），选择待移动的点后单击鼠标右键，可在弹出的右键菜单中切换点的属性（见图 9-8），扭曲后的放样体如图 9-9 所示。

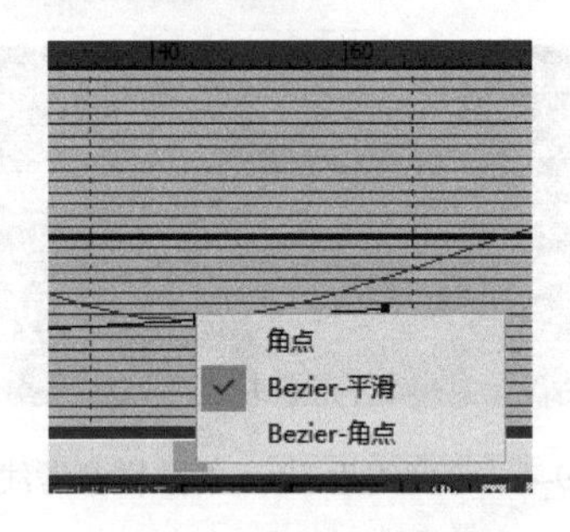

图 9-8 切换点的属性（扭曲变形）

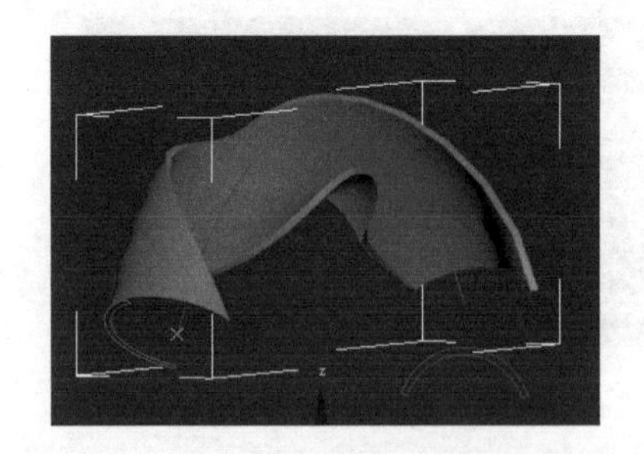

图 9-9 扭曲后的放样体

在异形顶的建模中，无须添加其他的中间点，只需依次选择变形曲线的两个端点并将旋转扭曲的角度设置为 90° 即可，扭曲的设置如图 9-10 所示，扭曲的结果如图 9-11 所示。

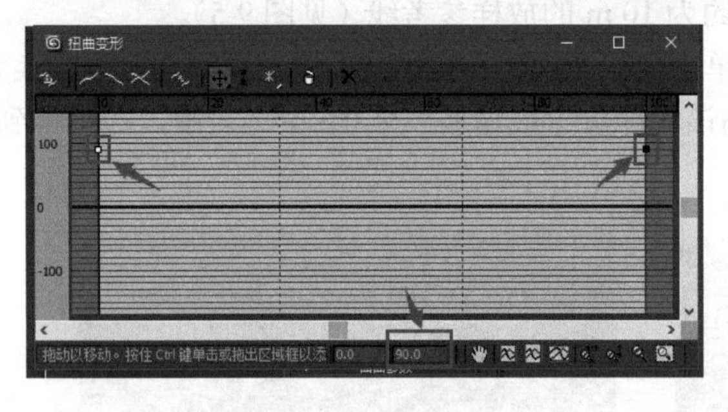

图 9-10 扭曲的设置

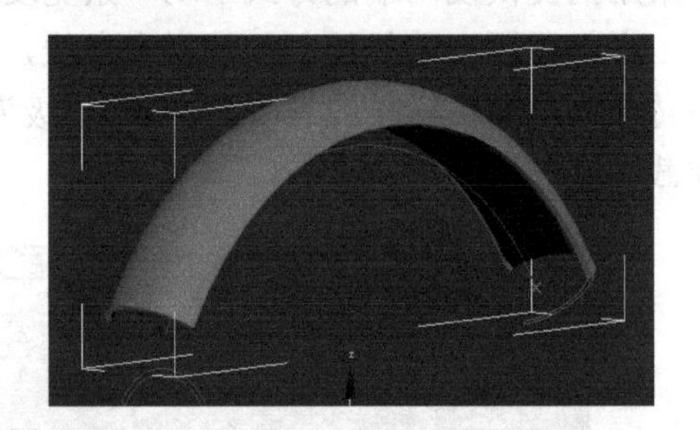

图 9-11 扭曲的结果

从图 9-3 中的异形顶不难看出，异形顶不仅存在一定的圆拱变形，圆拱两端的大小也存在一定的差异，圆拱的变形可以通过放样修改器中的变形工具实现。选择扭曲后的半圆拱形体，在修改面板的"放样修改器→变形"中开启缩放功能，打开缩放变形面板，使用其中的移动控制点工具来控制曲线上的点，可使半圆拱形体产生变形；使用插入角点工具（▣）可在曲线的任意部位加入可移动的点，选择待移动的点后单击鼠标右键，可在弹出的右键菜单中切换加入点的属性（见图 9-12）。

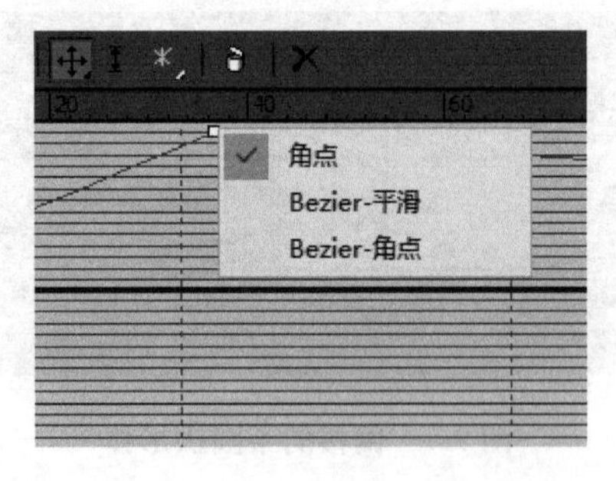

图 9-12 切换加入点的属性（缩放变形）

与扭曲变形一致，在缩放变形中也无须添加其他中间点，只需要选择其中一个点并缩小其大小（调整其大小为 5）即可（见图 9-13），缩放的结果如图 9-14 所示。

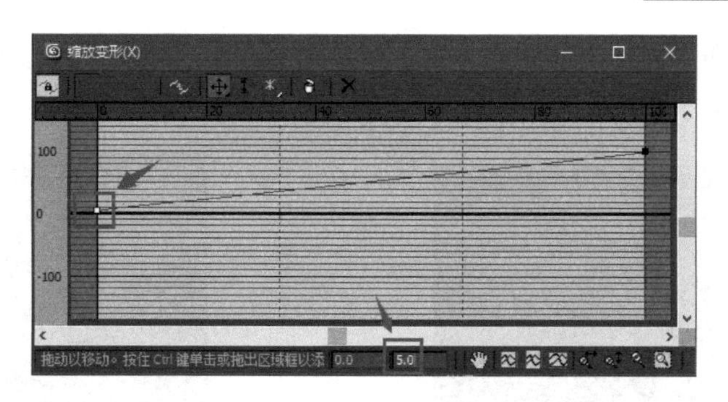

图 9-13　缩放的设置

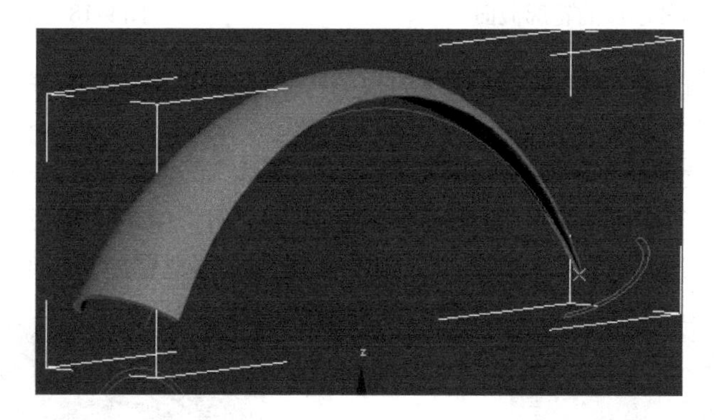

图 9-14　缩放的结果

（3）创建异形顶中的镂空部分。异形顶是一个一头粗一头细的圆拱形钢结构，可使用遮阳棚模型的创建方法；对于异形顶的镂空部分，需要在放样完成后通过添加晶格修改器来进行晶格化处理。

在前视图中开启捕捉，选择菜单"创建→样条线"，在样条线层级下选择"样条线"，使用样条线层级下的弧工具在侧视图中捕捉原放样参考线的左侧端点，创建一条宽度约为 20 m 的弧段（见图 9-15）。在侧视图中开启捕捉，选择菜单"创建→样条线"，在样条线层级下选择"样条线"，使用样条线层级下的弧工具捕捉原放样截面的外边框端点，创建一条宽度约为 11 m 的弧段（见图 9-16）。

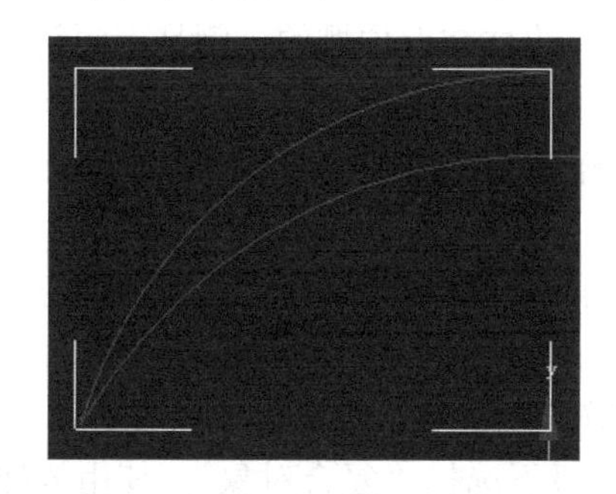

图 9-15　从左侧端点创建弧段

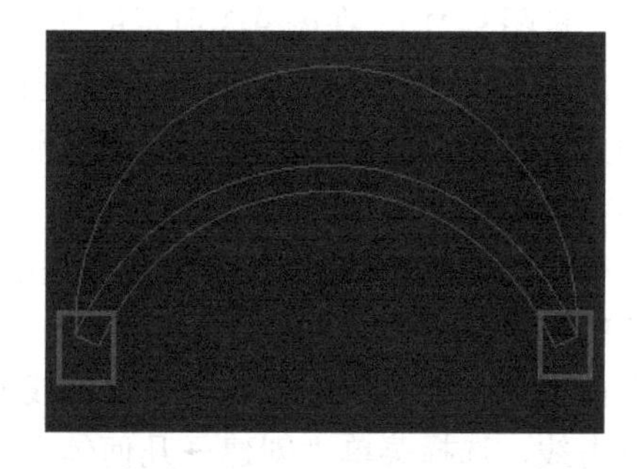

图 9-16　从外边框端点创建弧段

选择在侧视图中创建的弧段，单击鼠标右键，在弹出的右键菜单中选择"转换为：→转换为可编辑样条线"，在样条线层级为该弧段添加一个−0.5 m 的轮廓（向外添加轮廓），该轮廓的截面如图 9-17 所示。使用同样的方法，对轮廓的截面沿新的放样参考线进行放样，并设置缩放、扭曲的参数与顶棚对应的参数相同，可得到中部顶棚（见图 9-18）。

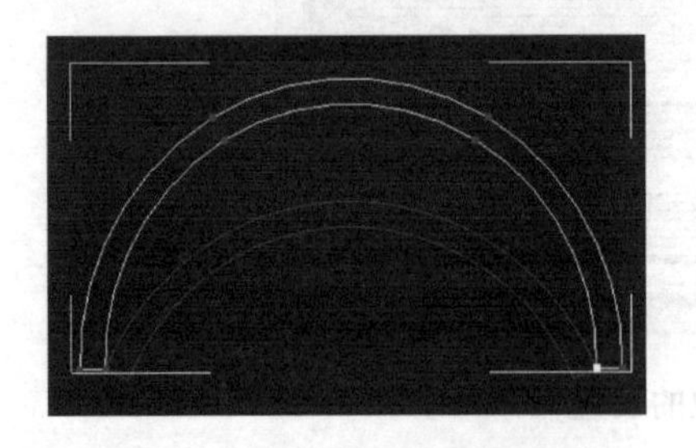

图 9-17　向外添加的轮廓截面

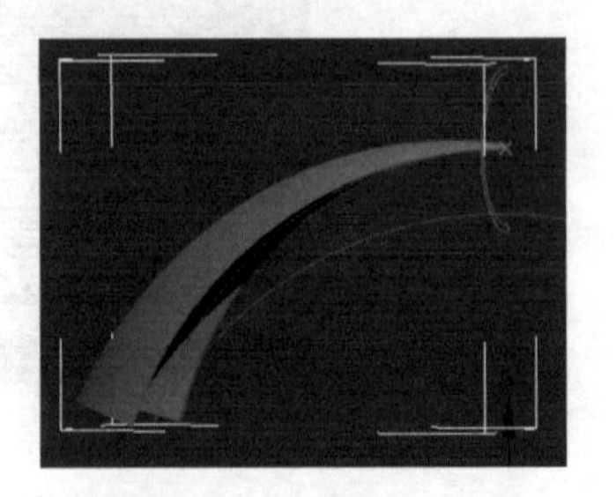

图 9-18　中部顶棚

选择放样完成后的中部顶棚，在修改面板的“修改器列表”下拉栏中为其添加晶格修改器，勾选“应用于整个对象”并点选“二者”（二者）；设置支柱底面半径为 0.1 m 并取消勾选“忽略隐藏边”；设置节点的基本点面类型为“八面体”，设置节点的半径为 0.2 m。完成晶格修改器的设置后可生成镂空的中部顶棚（见图 9-19）。将镂空的中部顶棚移动到大顶棚左侧的相应位置（见图 9-20），可进行适当的旋转或位移，使模型更加贴近原始外形。

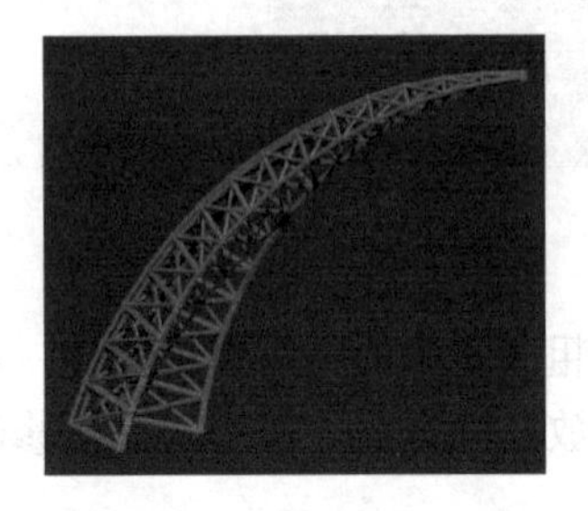

图 9-19　镂空的中部顶棚

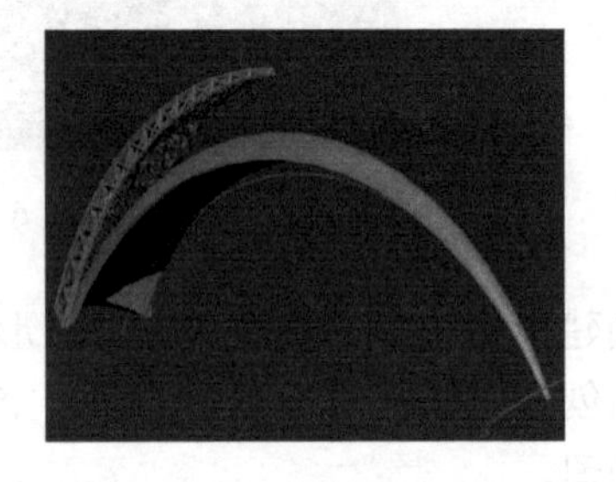

图 9-20　将镂空的中部顶棚移动到大顶棚左侧的相应位置

（4）创建异形顶最外侧的边柱。该边柱在结构上与中部顶棚一样，都是钢结构，但其结构更加稀疏。边柱采用的是一头粗一头细的结构，同样可以通过放样的方法来建模。

在顶视图中开启捕捉，选择菜单“创建→样条线”，在样条线层级下选择“样条线”，使用样条线层级下的多边形工具，设置边柱的边数为 3，创建一个底边略宽于中部的三角形放样截面（见图 9-21）。在图 9-3 所示的异形顶收费站中，边柱靠近顶棚的一侧是不倾斜的，如果直接使用三角形放样截面进行放样，则修改面板中的缩放工具会使边柱三个面都发生倾斜，这是因为三角形放样截面的轴心在三角形内部，而放样轴心吸附于走向参考线，因此在放样前应当将轴心移动至截面侧边线的中点。

选择三角形放样截面，在层次面板中选择“仅影响轴”，将三角形放样截面的轴心移动到侧边线的中点。

在前视图中绘制一条略高于中部曲线的竖直直线作为新的放样参考线（见图 9-22）。选择放样参考线，选择菜单“创建→几何体”，在几何体层级下选择“复合对象”，使用放样工具开启创建方法中的获取图形功能并单击修改过轴心的三角形放样截面，完成放样后可得到一个三角柱。

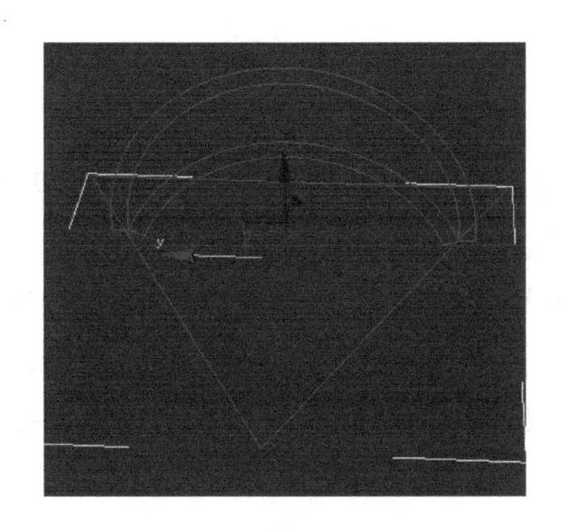

图 9-21　三角形放样截面

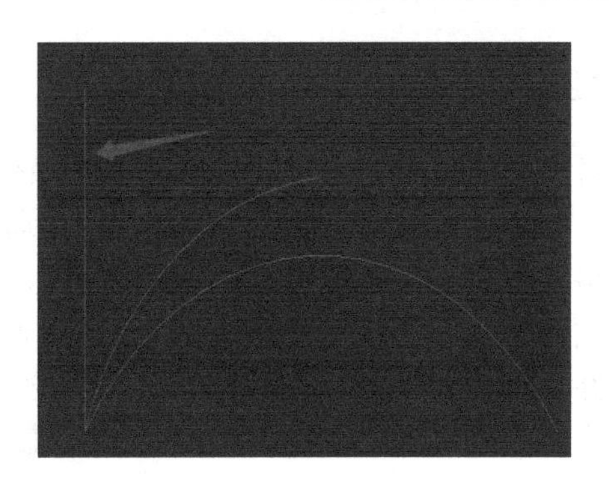

图 9-22　放样参考线

在修改面板的“放样修改器→变形”中，开启缩放功能，打开缩放变形面板，使用其中的移动控制点工具将右侧端点的缩放值设置为 0，使用插入角点工具在曲线中插入一个可移动的点，并单击鼠标右键，在弹出的右键菜单中选择“Bezier-平滑”，使用移动控制点工具将该点移动到相应的位置即可。缩放点的设置如图 9-23 所示。

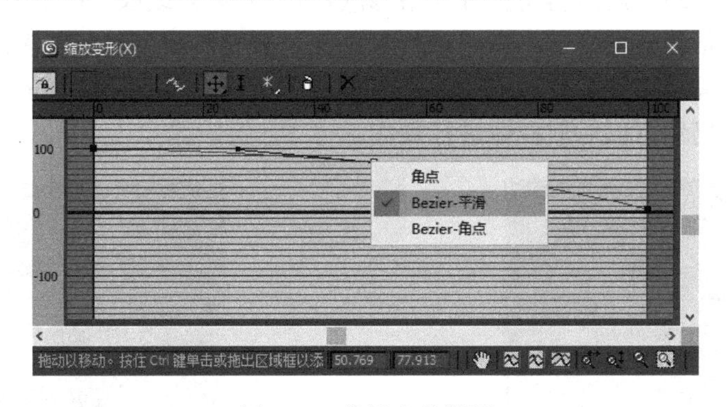

图 9-23　缩放点的设置

选择放样完成后的图形，在修改面板的“修改器列表”下拉栏中为其添加晶格修改器，勾选“应用于整个对象”并点选“二者”(二者)；设置边柱底面半径为 0.3 m，勾选“平滑”；将节点的基本点面类型设置为“八面体”，设置节点的半径为 0.3 m。经过晶格修改器处理后的边柱如图 9-24 所示。将创建好的边柱模型移动到顶棚旁的相应位置，如图 9-25 所示。

图 9-24　经过晶格修改器处理后的边柱

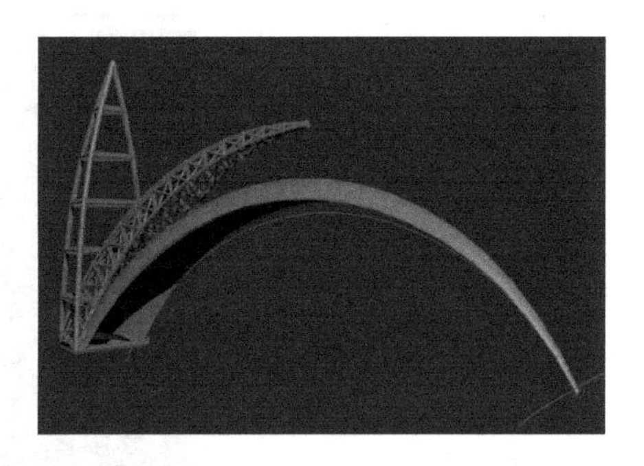

图 9-25　将创建好的边柱模型移动到顶棚旁的相应位置

9.2.2 异形顶模型的细节处理

当对模型精度有一定需求时，可对异形顶初步模型进行细节处理，让模型与实体更加贴合。

（1）中部顶棚的细节处理。中部顶棚是通过放样的方法得到的，因此具有一定厚度，在进行晶格处理后，存在典型的双面晶格问题，需要使用编辑多边形修改器进行细节处理。选择中部顶棚模型，在修改面板的“修改器列表”下拉栏中为中部顶棚模型添加编辑多边形修改器，并且将其放置在“晶格”与“Loft”之间，如图 9-26 所示。为了方便观察与操作，可先将晶格修改器关闭（单击“晶格”前的“”）。

图 9-26 将“编辑多边形”放置在“晶格”与“Loft”之间

选择编辑多边形修改器，在多边形层级下勾选“忽略背面”，将内侧的面全部选择（见图 9-27）并删除（见图 9-28），此时再将打开晶格修改器，可看到修改成单面后的效果（见图 9-29）。此处使用编辑多边形修改器，而不是将放样后的图形直接转换为可编辑多边形，是出于便于修改的目的。使用编辑多边形修改器可以达到同样的效果，并保留放样的功能。当需要再次修改放样层次时，仍然可以对放样体进行操作。

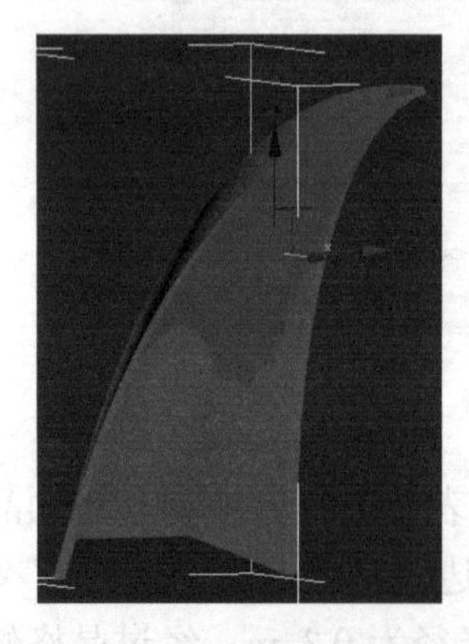

图 9-27 将中部顶棚内侧的面全部选择

图 9-28 将中部顶棚内侧的面全部删除

图 9-29 修改成单面后的中部顶棚

从实景图中可以看到，中部顶棚中存在一定的横向连接。横向连接的创建方法也十分简单，只需要创建相应长度的样条线，在视口中开启与晶格支柱一致的渲染参数，并将其转换为可编辑多边形即可。

在顶视图中，选择菜单“创建→样条线”，在样条线层级下选择“样条线”，使用样条线层级下的线工具绘制相应长度的样条线。在修改面板的渲染选项中勾选“在视口中应用”，并点选“径向”，设置厚度为 0.1 m，设置边数为 4（与晶格支柱一致），单击鼠标右键，在弹出的右键菜单中选择“转换为：→转换为可编辑多边形”即可。横向连接的创建如图 9-30 所示，横向连接示例如图 9-31 所示。完成中部顶棚的细节处理后，将所有的部件打组。

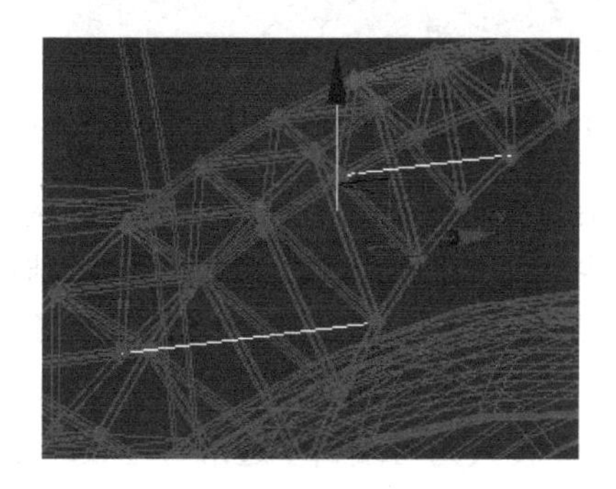

图 9-30 横向连接的创建

图 9-31 横向连接示例

（2）大顶棚的细节处理。有了中部顶棚的细节处理经验，现在对大顶棚进行细节处理。从实景图中不难看出，大顶棚的内部与中部顶棚一致，同样具有钢结构架，且大顶棚的厚度相对较薄，直接放样后的大顶棚无法满足高精度的需求。大顶棚的细节处理方法同样不复杂，只需要将原先的放样截面变薄，并使用中部顶棚的创建方法为大顶棚添加一个钢架结构即可。选择大顶棚后在原地复制一份，由于原先的放样模型过于平滑，无法满足钢架结构的需求，因此需要在修改面板将图形步数设置为 1，将路径步数设置为 5，在“修改器列表”下拉栏中为大顶棚添加编辑多边形修改器，在多边形层级下勾选“忽略背面”。与中部顶棚相反，此时将大顶棚外侧的全部面选择（见图 9-32）并删除（见图 9-33）。

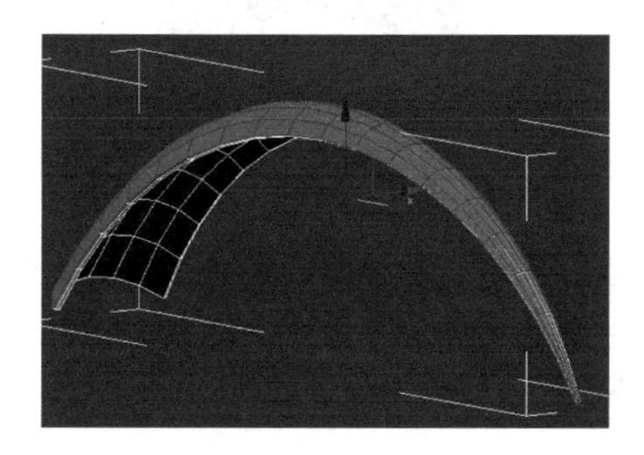

图 9-32 将大顶棚外侧的全部面选择

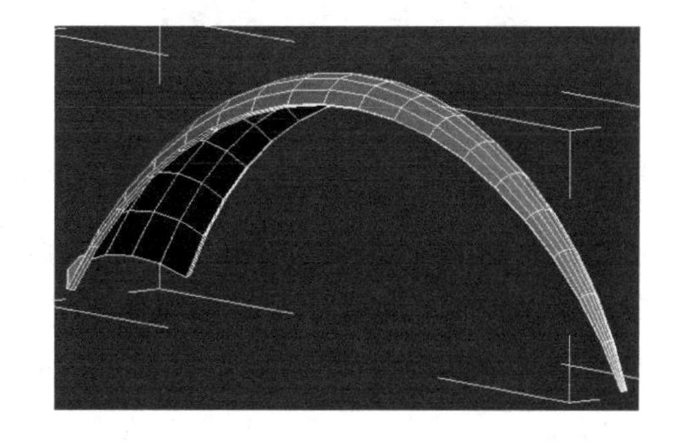

图 9-33 将大顶棚外侧的全部面删除

在修改面板的“修改器列表”下拉栏中为大顶棚添加晶格修改器，勾选“应用于整个对象”并点选“二者”；设置边柱底面半径为 0.1 m 并取消勾选“忽略隐藏边”；设置节点的基本点面类型为“八面体”，设置节点的半径为 0.2 m。完成晶格处理后的大顶棚如图 9-34 所示。

创建好大顶棚的结构后，选择原先的放样截面，在修改面板的边层级下选择上边界，使用移动工具与缩放工具将其厚度变薄，此时放样后的模型同样也会发生变化。使用移动工具将创建好的大顶棚放置在中部顶棚下方即可（见图9-35）。

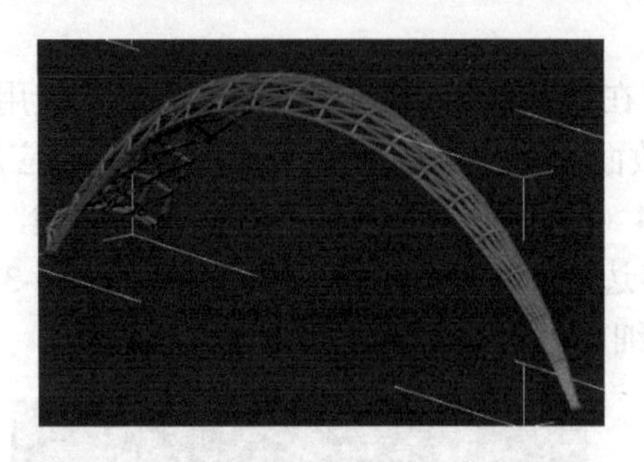

图9-34　完成晶格处理后的大顶棚

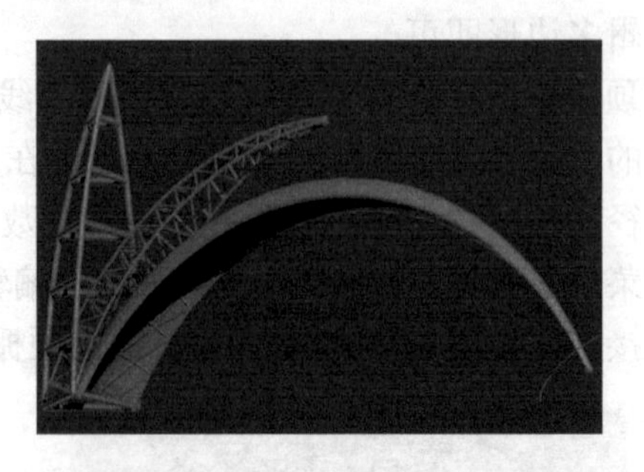

图9-35　将大顶棚放置在中部顶棚下方

（3）边柱的细节处理。完成大顶棚的细节处理后，接着进行边柱的细节处理。从实景图中可以看到，边柱顶端有一个异形圆柱体结构，且中间的横向连接也围绕着半圆形结构。选择菜单“创建→几何体”，在几何体层级下选择“标准基本体”，使用圆柱体工具在顶视图中绘制一个底面半径为0.25 m、高为2.0 m的圆柱体，并且将高度分段设置为5。选择边柱后，单击鼠标右键，在弹出的右键菜单中选择“转换为：→转换为可编辑多边形”，在边层级下选择边柱下方分段处的两个弧段（见图9-36），使用挤出工具将两个弧段向内挤出纺锤形结构（见图9-37）并放置在对应的位置，即可完成边柱顶部的创建。

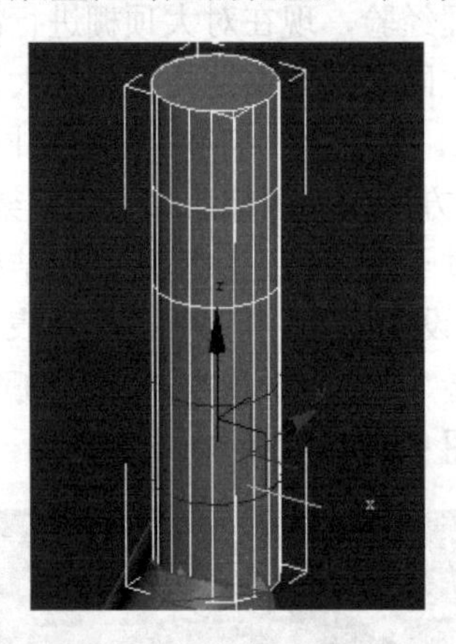

图9-36　在边层级下选择边柱下方分段处的两个弧段

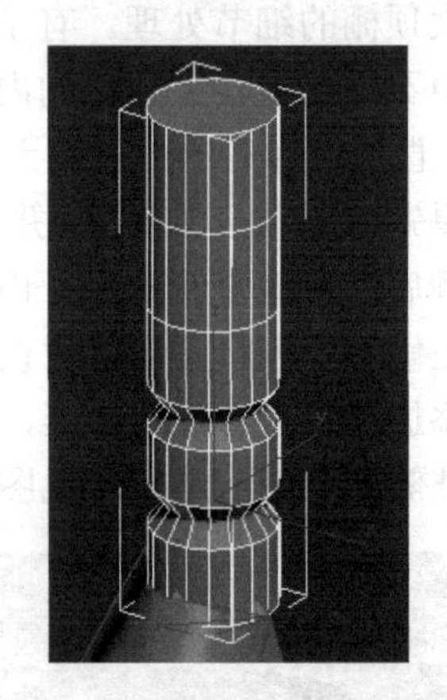

图9-37　将两个弧段向内挤出纺锤形结构

侧边线包绕的弧段可使用样条线中的弧渲染得到，其操作与中部顶棚横向连接的创建方法类似，读者可自行操作。创建好所有的模型后，可依据具体情况进行微调（如中部顶棚的底端角度等），将模型打组后即可得到异形顶的整体效果，如图9-38所示。

9.3　岗亭的建模及细节处理

岗亭是收费站中的重要部分，由于收费站的规格和用途不同，因此出现了不同的岗亭样式。常见的高速公路收费站岗亭包括单向岗亭、双向岗亭和复式岗亭。单向岗亭是使用最多的一种样式，多用于单向车道收费。顾名思义，双向岗亭可对两侧的过往车辆收费，常用于于小型收费站或大型收费站的机动位置。复式岗亭相对较为特殊，从概念上来说，复式岗亭其实是一种移动收费站。当车辆较多、收费站过于拥堵时，工作人员可在同一条通路的前后分别设置可移动的简易收费亭，以便同时对多车辆进行收费，加快通行的速度。复式岗亭的体积较小，并且底部安装了滚轮，因此具有可移动的特点。

不同的岗亭也有不同的尺寸，其规格尺寸有 1.5 m×2.5 m×2.5 m、1.6 m×2.5 m×2.5 m、1.5 m×3.8 m×2.5 m、1.6 m×3.8 m×2.5 m、1.3 m×1.7 m×2.4 m 等，可根据实际需求确定。本节采用的是单向岗亭。

9.3.1 岗亭的建模

传统的岗亭大多采用全圆弧状的结构，为了降低材料成本并提高安装速度，现在的岗亭多采用长方体的结构，如图 9-39 所示。本节以长方体岗亭为例来介绍岗亭的建模方法。

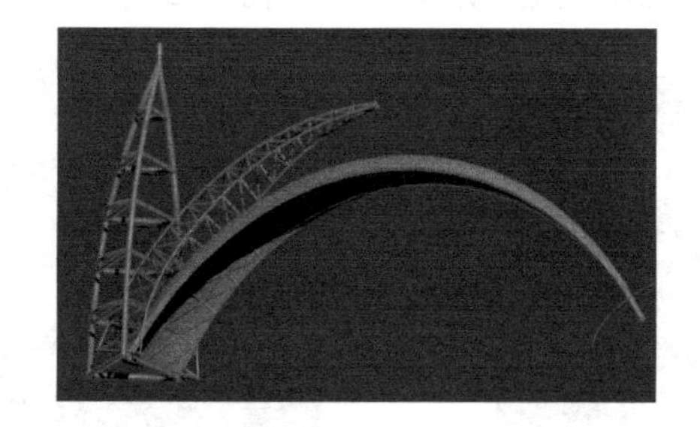

图 9-38 异形顶的整体效果

图 9-39 长方体岗亭示例

选择菜单“创建→几何体”，在几何体层级下选择“标准基本体”，使用长方体工具在顶视图中绘制一个长约 2.5 m、宽约 1.6 m、高约 2.5 m 的长方体，默认的各分段数为 1。选择长方体后，单击鼠标右键，在弹出的右键菜单中选择“转换为：→转换为可编辑多边形”；在修改面板的边层级下，选择长方体的 4 条竖边，使用切角工具对 4 条竖边进行切角，使之产生一定的角度。竖边的切角如图 9-40 所示。

选择切角后的长方体，将切换中心（■）设置为整体中心，使用缩放工具，并按住 Shift 键，可将长方体向内缩小并复制（见图 9-41）。选择长方体后，选择菜单“创建→几何体”，在几何体层级下选择“复合对象”，使用超级布尔工具，选择差集运算，开启开始拾取功能后，即可拾取长方体的内部图形并将内部图形转换为可编辑多边形，从而完成岗亭壳体的创建，如图 9-42 所示。也可以使用壳修改器来创建岗亭的壳体。

创建岗亭的壳体后，再创建岗亭的窗体。观察岗亭前左后右四个方向，了解窗体的大致形状与比例关系，选择菜单“创建→样条线”，在样条线层级下选择“样条线”，使用矩形工具绘制相应的矩形窗体，将参数中的角半径设置为 0.1 m，可得到多个边角平滑的二维矩形窗体线框（见图 9-43）。

将所有的二维矩形窗体线框实例复制（不使用镜像复制）一份后放在旁边作为参考线备用。选择复制前的二维矩形窗体线框，在修改面板的“修改器列表”下拉栏中为其添加挤出修改器，设置挤出量为 1 m，可得到具有一定厚度的实心窗体。将实心窗体插入到壳体的相应位置，避免交叉。将其中一个实心窗体转换为可编辑多边形，在修改面板中使用附加功能来附加其他的实心窗体，使实心窗体成为一个整体（见图 9-44）。

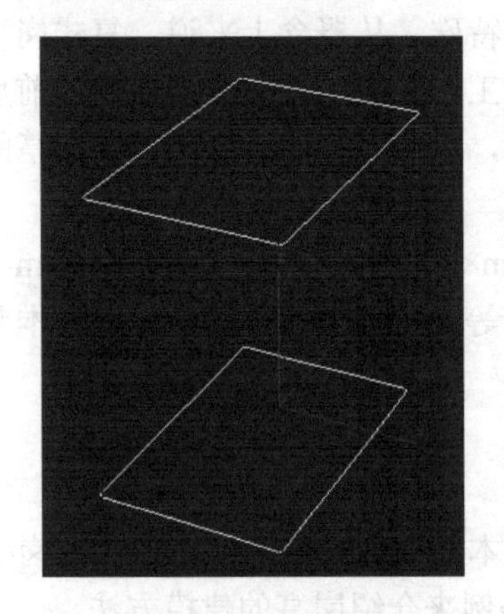

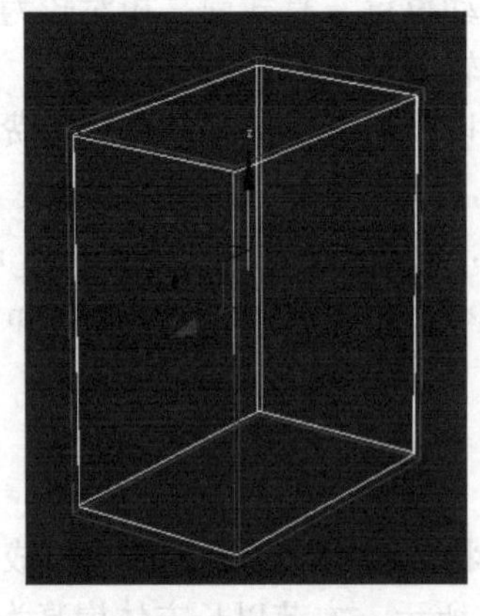

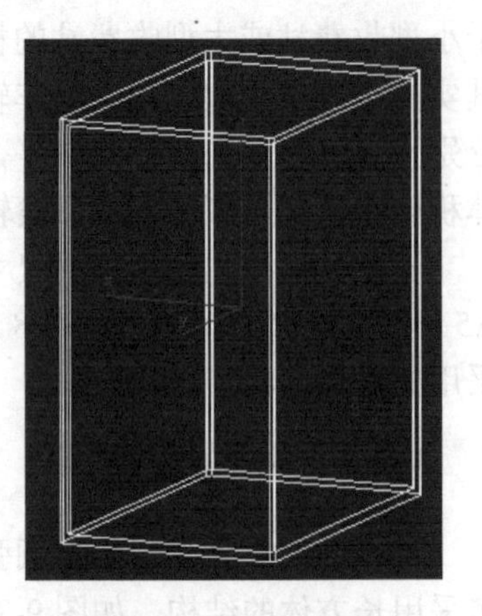

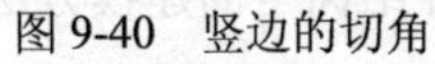

图 9-40　竖边的切角　　图 9-41　将长方体向内缩小并复制　　图 9-42　岗亭的壳体

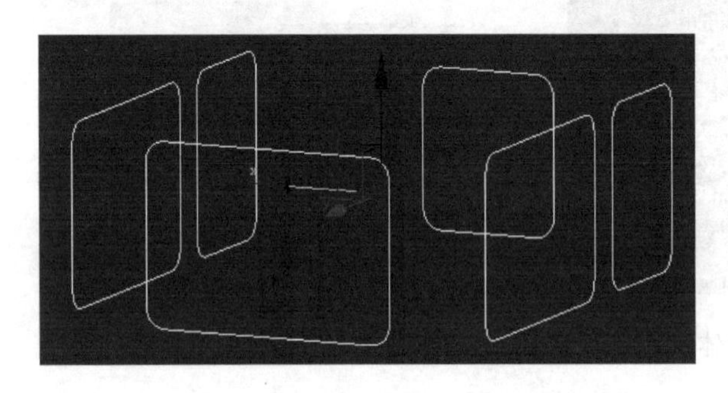

图 9-43　边角平滑的二维矩形窗体线框

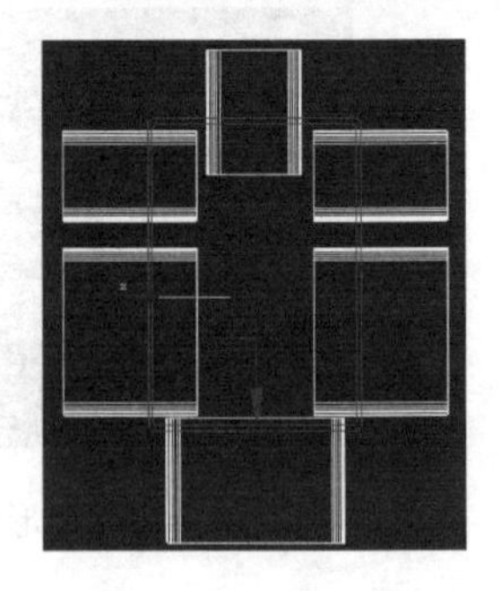

图 9-44　模型整体附加

选择岗亭的壳体后，选择菜单“创建→几何体”，在几何体层级下选择“复合对象”，使用布尔工具中的差集操作，单击“拾取操作对象 B”（拾取操作对象 B）按钮来拾取其交叉的图形，即可得到镂空的岗亭壳体（见图 9-45）。复制之前作为参考线的二维矩形窗体线框，在修改面板的“修改器列表”下拉栏中为其添加挤出修改器，设置挤出量为 0.01 m，移动窗体至相应的位置，并使用透明命令（组合键 Alt+X）使之透明，即可得到岗亭的初步模型（见图 9-46）。

图 9-45　镂空的岗亭壳体

图 9-46　岗亭的初步模型

9.3.2　岗亭模型的细节处理

大型收费站的岗亭数量较多，当模型精度要求较低时，简易的岗亭模型足以满足项目需求，但对模型精度有要求时，就需要给模型增加一些细节，如岗亭门框、窗体包胶、窗体隔断、推拉窗等都是可以添加的细节。

（1）岗亭门框的创建。将视图切换到后视图，按F3键开启线框模式，选择菜单“创建→样条线”，在样条线层级下选择“样条线”。根据岗亭门框的位置，使用样条线层级下的矩形工具绘制一个矩形框（见图9-47）。在修改面板的“修改器列表”下拉栏中为其添加挤出修改器，设置挤出量为1 m，移动挤出体，使之与岗亭的壳体交叉（见图9-48）。选择菜单“创建→几何体”，在几何体层级下选择“复合对象”，使用超级布尔工具，勾选“盖印”（盖印）并点选“差集”（差集），单击“开始拾取”（开始拾取）按钮即可拾取挤出后的门框实体，在岗亭壳体上得到门框刻印（见图9-49）。

图9-47　绘制的矩形框

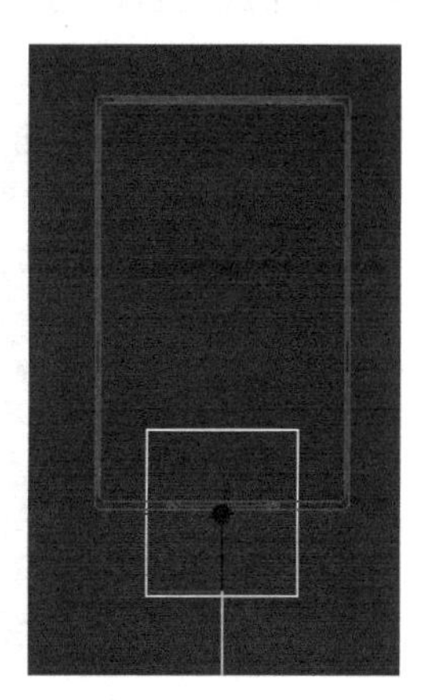

图9-48　移动挤出体并与岗亭的壳体交叉

单击鼠标右键，在弹出的右键菜单中选择“转换为：→转换为可编辑多边形”，在修改面板的面层级下选择新生成的外立面（见图9-50），使用挤出工具将其向下压，生成门的形状（见图9-51）。

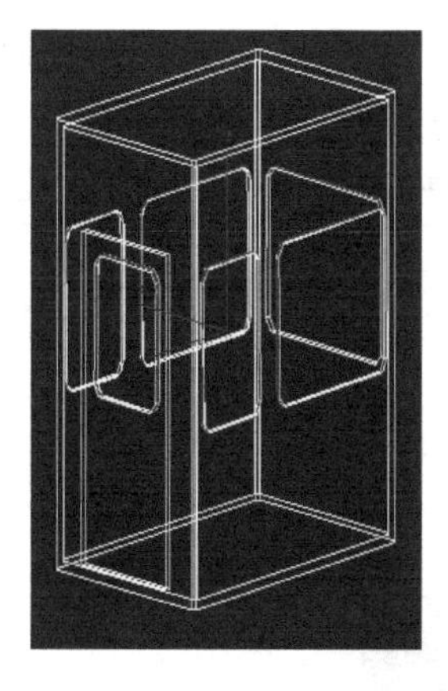

图9-49　岗亭壳体上的门框刻印

图9-50　选择新生成的外立面

图9-51　门的形状

（2）窗体包胶的创建。窗体包胶的创建需要使用倒角剖面修改器。复制之前作为参考线的二维矩形窗体线框，选择菜单“创建→样条线”，在样条线层级下选择“样条线”，使用样条线层级下的线工具在顶视图中绘制一个窗体包胶截面图形（见图9-52）。

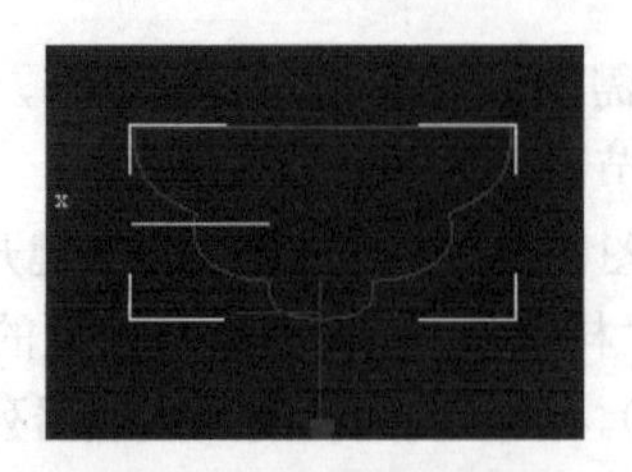

图 9-52　窗体包胶截面图形

选择二维矩形窗体线框，在修改面板的“修改器列表”下拉栏中为其添加倒角剖面修改器，拾取刚创建的窗体包胶截面图形，即可得到创建的窗体包胶圈（见图 9-53），将创建好的窗体包胶圈放置在相应位置即可得到窗体包胶（见图 9-54）。

图 9-53　创建的窗体包胶圈

图 9-54　窗体包胶示例

（3）窗体隔断的创建。窗体隔断有多种形式，但一般情况下采用长方体的隔断。选择菜单“创建→几何体”，在几何体层级下选择“标准基本体”，使用长方体工具在顶视图中绘制一个长约 1.35 m、宽约 0.045 m、高约 0.02m 的长方体，放置在相应的位置即可。窗体隔断如图 9-55 所示。

（4）推拉窗的创建。有时还需要对窗体进行细节处理，将窗体改为推拉窗。选择需要修改的窗体，单击鼠标右键，在弹出的右键菜单中选择“转换为：→转换为可编辑多边形”，在修改面板的边层级下，开启切片平面功能，在视口中出现切片工具栏（见图 9-56），勾选切片工具栏中的“分割”。

图 9-55　窗体隔断示例

图 9-56　切片工具栏

使用旋转工具（）将切片平面调整至水平位置，使用选择并移动工具（）将切片平面移动到窗体隔断处（见图 9-57）；单击切片工具栏中的“切片”按钮即可完成切片，将窗体分割为上下两部分（见图 9-58）。

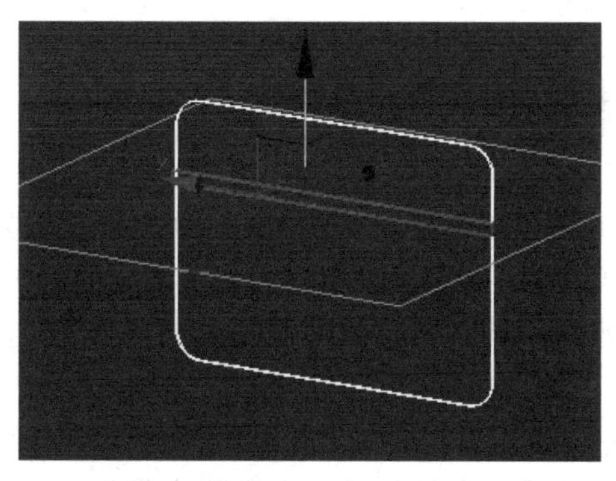

图 9-57 将切片平面移动到窗体隔断处

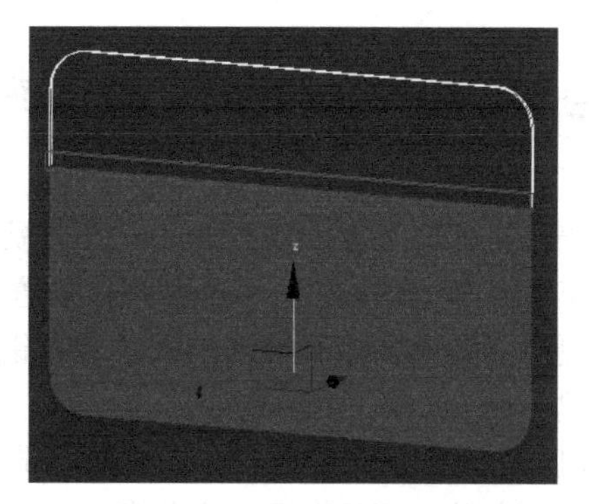

图 9-58 将窗体分割为上下两部分

在修改面板的元素层级下选择下半部分，继续使用切片平面功能，旋转切片平面至竖直位置（见图 9-59），使用捕捉工具将切片平面移动到中间位置，单击“切片”按钮可将下半部分分割为两半（见图 9-60）。

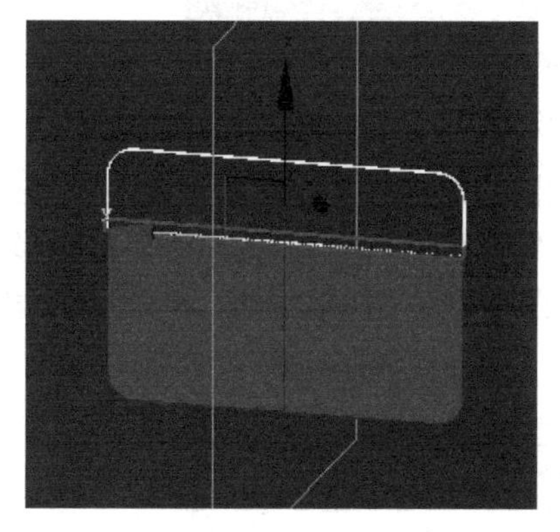

图 9-59 旋转切片平面至竖直位置

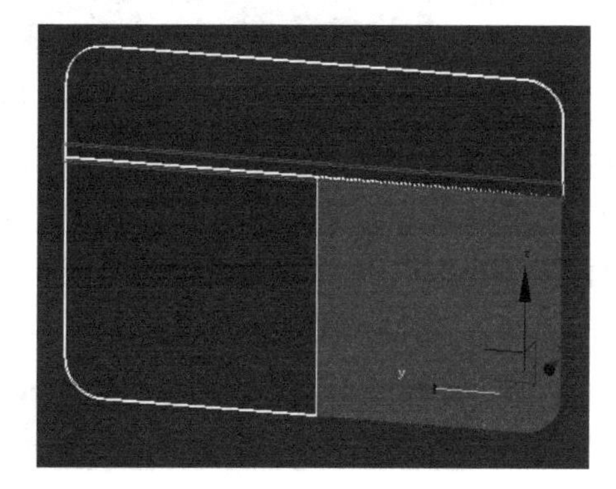

图 9-60 将下半部分分割为两半

在元素层级下选择其中的一扇“窗”，使用移动工具将其向前移动，使窗体产生前后错位（见图 9-61）；在顶点层级下选择窗的内侧点，使用移动工具将其延伸，使之与后扇窗产生重叠（见图 9-62）。推拉窗的效果如图 9-63 所示。

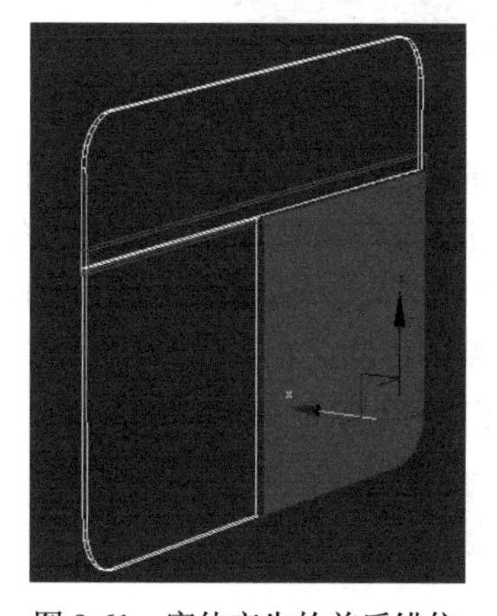

图 9-61 窗体产生的前后错位

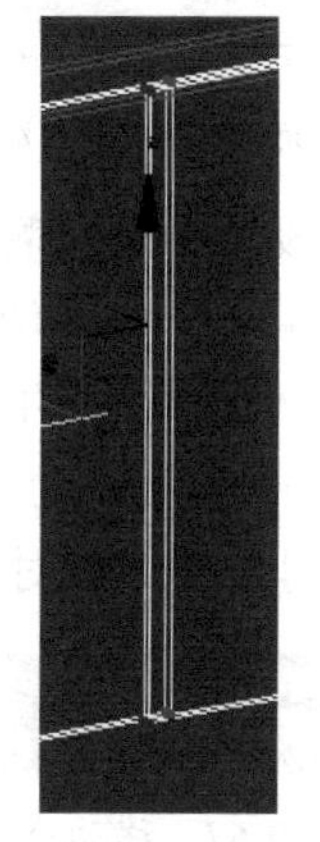

图 9-62 窗体产生的重叠

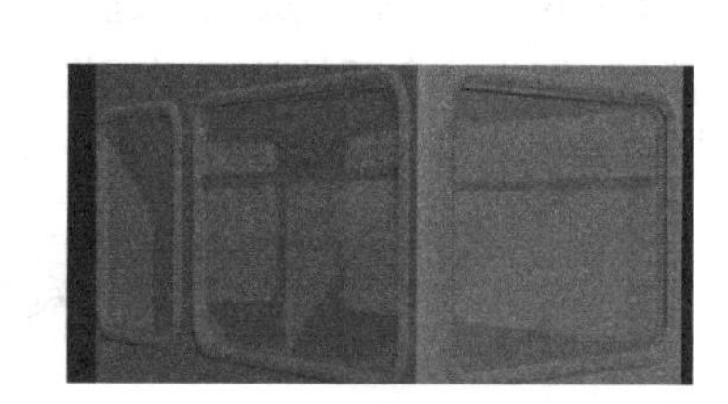

图 9-63 推拉窗的效果

还可以通过多边形工具创建窗体的把手等细节，还请读者自行探索。

9.4 隔离设备的建模及细节处理

隔离是非常重要的安全设备，在收费站中主要存在两种隔离设备，一种是用于区别与防护各车道的车道隔离带，另一种则是设置在岗亭周围，用于保护岗亭内人员安全的防护隔离。

隔离设备大多使用钢结构或者含有钢筋的水泥结构，在建模时可先进行几何近似，使模型创建更加方便。

（1）车道隔离带的创建。车道隔离带的宽度一般为 2.2 m，车道隔离带的长度不仅和收费站的大小有关，而且在同一个收费站中，由于用途或走向的差异，车道隔离带的长度也有差异，应当根据实际的情况来选择车道隔离带的长度。

选择菜单“创建→样条线”，在样条线层级下选择“样条线”，使用样条线层级下的长方体工具创建一个长约 45 m、宽约 2.2 m 的矩形，并设置角半径为 0.9 m，如图 9-64 所示。

图 9-64　创建的圆角矩形

在修改面板的“修改器列表”下拉栏中为创建的圆角矩形添加挤出修改器，设置挤出量为 0.1 m。单击鼠标右键，在弹出的右键菜单中选择“转换为：→转换为可编辑多边形”，在修改面板的边层级下选取顶视图中的中间 4 条边（见图 9-65），使用连接工具，设置分段数为 3（见图 9-66），将圆角矩形分为 4 段。

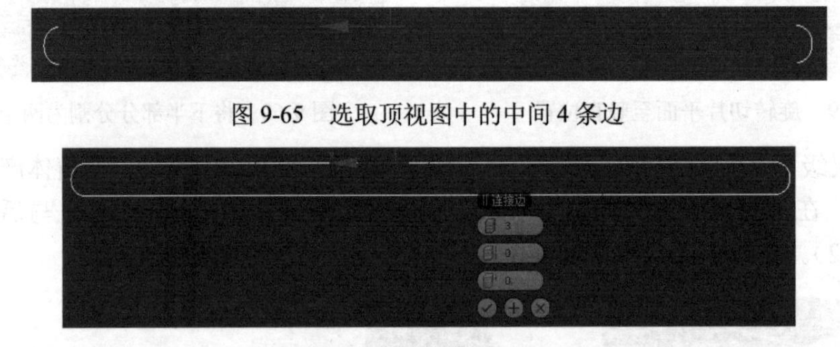

图 9-65　选取顶视图中的中间 4 条边

图 9-66　设置分段数为 3

开启窗口/交叉（■）功能，框选分段后将最左侧的分段移动到左侧相应位置，将中间与右侧的分段移动到右侧相应位置（见图 9-67）；在多边形层级下选择并删除最右侧新生成的顶面（见图 9-68）；在边界层级下选择由于删除顶面而生成的边界，按住 Shift 键，使用缩放工具向内缩小，生成一个新的边界（见图 9-69）；使用移动工具将新的边界向左侧移动（见图 9-70），使边界厚度大致相同；在边界层级下使用封口工具对边界进行封口（见图 9-71）。

图 9-67　移动分段

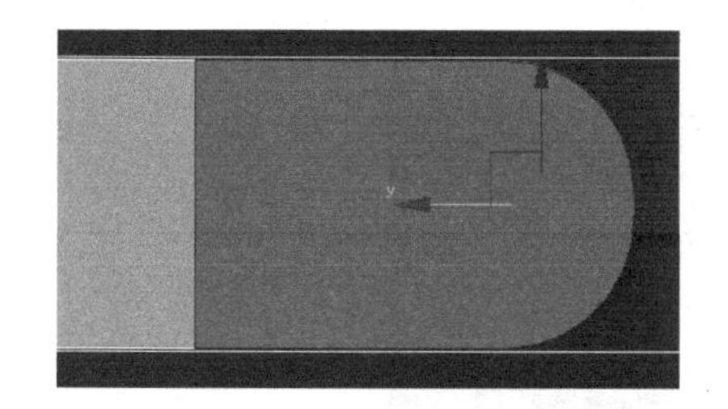

图 9-68　选择并删除最右侧新生成的顶面

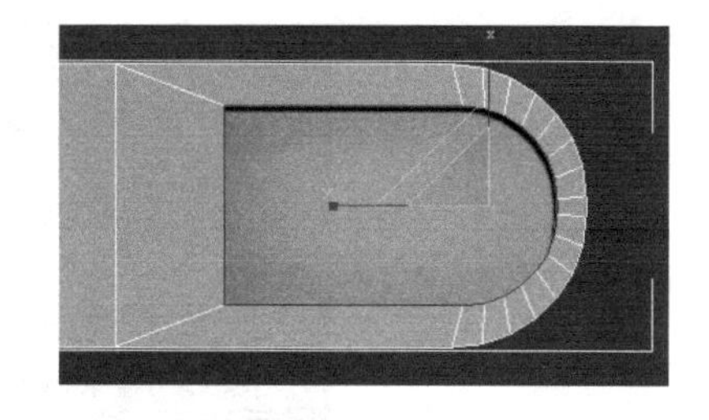

图 9-69　使用缩放工具向内缩小生成一个新的边界

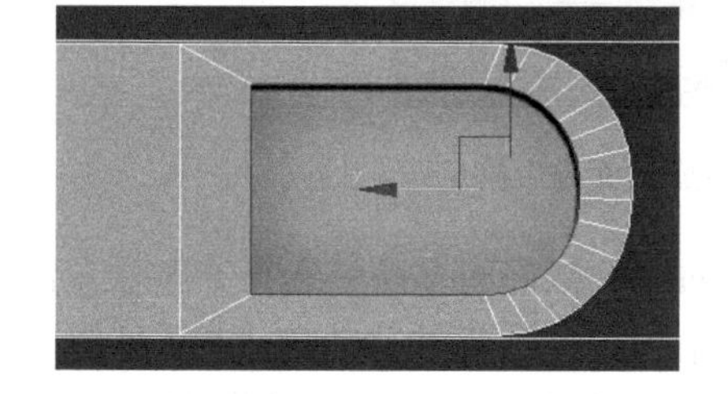

图 9-70　向左侧移动新的边界

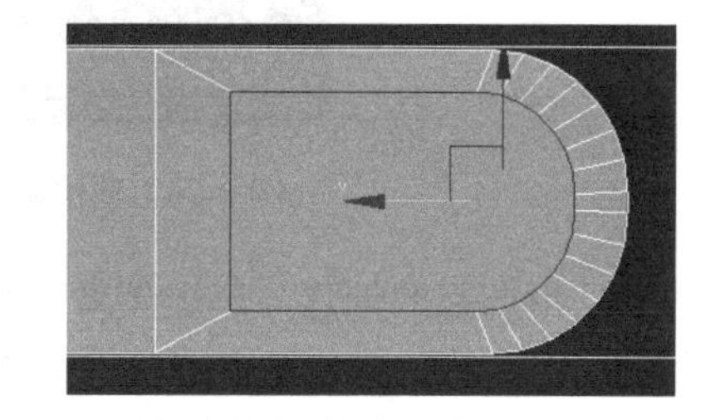

图 9-71　使用封口工具对边界进行封口

在修改面板的多边形层级下选择新生成的 U 形面（见图 9-72），使用编辑多边形中的挤出工具将 U 形面向上挤出。选择 U 形面后使用旋转工具将其向内旋转（见图 9-73）。

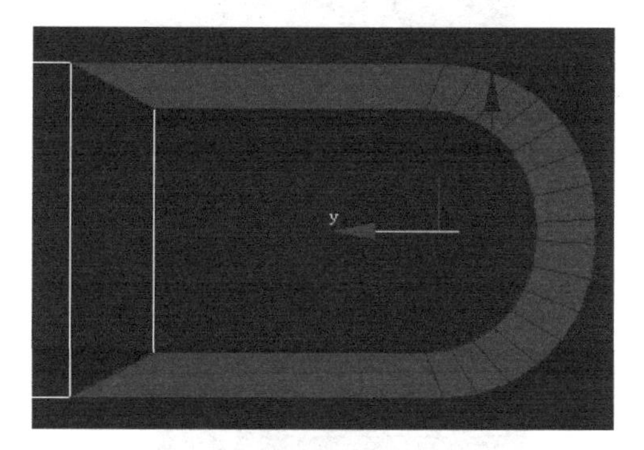

图 9-72　选择新生成的 U 形面

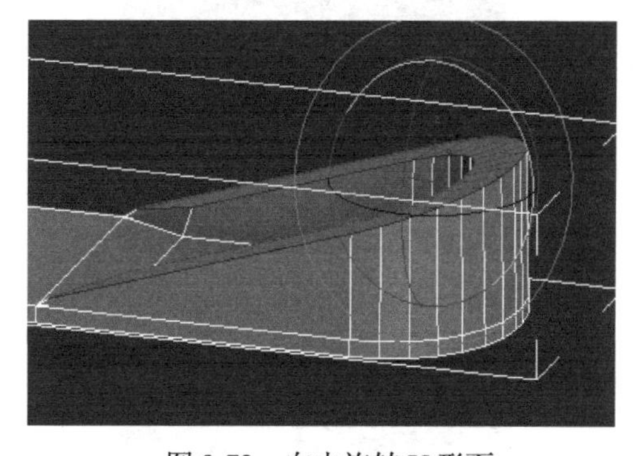

图 9-73　向内旋转 U 形面

选择右侧中部的线段（见图 9-74），使用连接工具为其添加两个分段（见图 9-75）。将两个分段移动至相应的位置，在多边形层级选择新生成的面，使用编辑多边形中的挤出工具将其向上挤出（见图 9-76），即可完成车道隔离带的右侧部分。

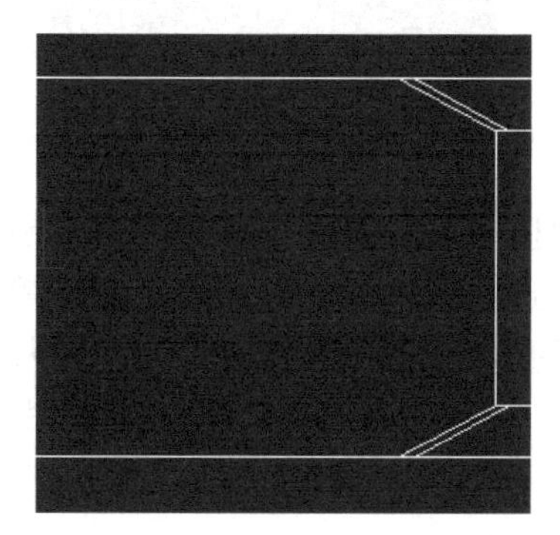

图 9-74　选择右侧中部的线段

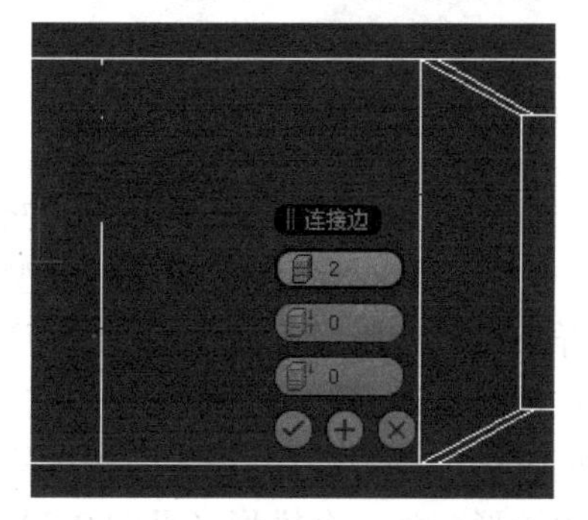

图 9-75　使用连接工具添加两个分段

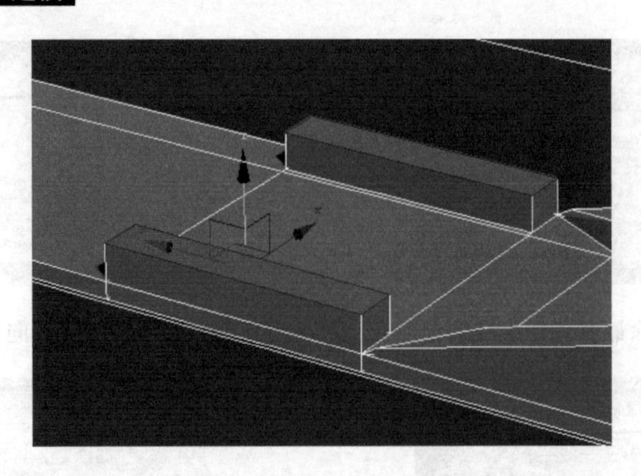

图 9-76　使用挤出工具将新生成的面向上挤出

左侧 U 形凸起的创建与车道隔离带右侧部分的创建类似，同样是先选择并删除左侧的顶面（见图 9-77）；然后按住 Shift 键，使用缩放的方法来创建新边界并移动该边界（见图 9-78）；接着使用封口工具对左侧的边界进行封口（见图 9-79）；最后使用挤出工具将 U 形面挤出即可（见图 9-80）。至此就完成了车道隔离带的创建。

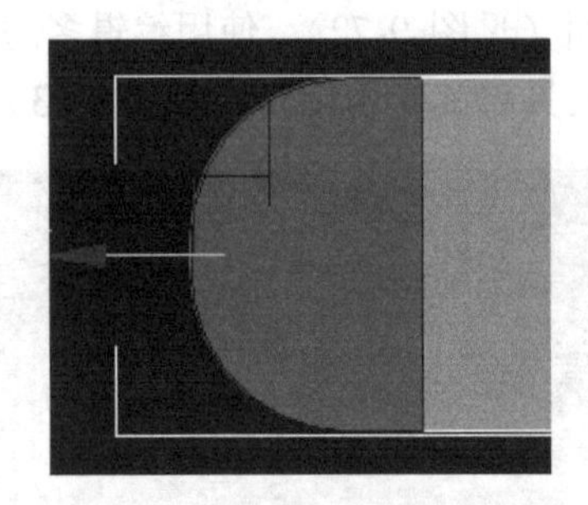

图 9-77　选择并删除左侧的顶面

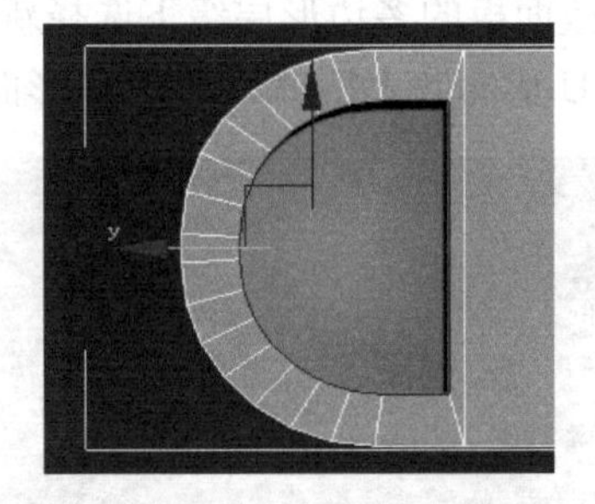

图 9-78　创建新边界并移动该边界

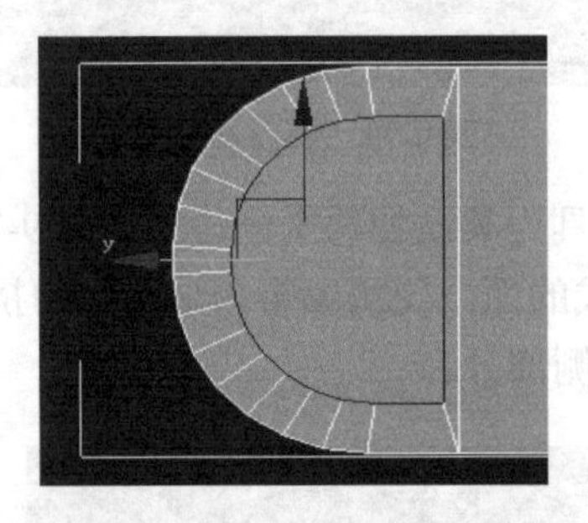

图 9-79　对左侧的边界进行封口

图 9-80　使用挤出工具将 U 形面挤出

（2）防护隔离的创建。先创建岗亭的全包防护柱，再通过视口渲染转换来创建岗亭防护栏（侧面护栏），即可得到防护隔离的模型。首先，选择菜单“创建→样条线”，在样条线层级下选择样条线，使用样条线层级下的矩形工具来创建一个 3 m×3.5 m、角半径为 0.25 m 的圆角矩形；然后，选择该圆角矩形，单击鼠标右键，在弹出的右键菜单中选择“转换为：→转换为可编辑样条线”；最后，在修改面板的线段层级下选择并删除下方多余的边（见图 9-81），即可将圆角矩形变为一个拱形（见图 9-82）。

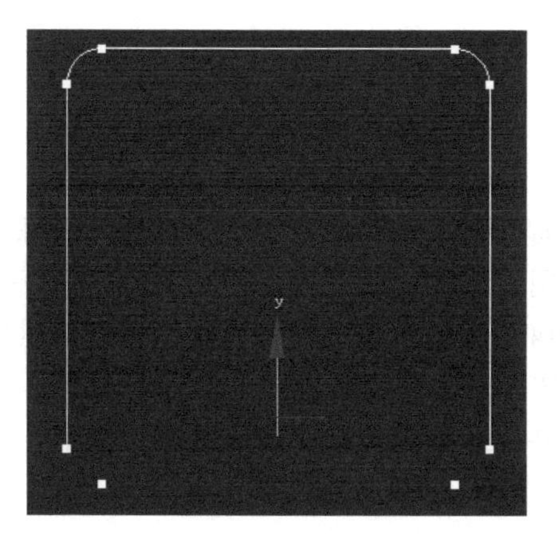

图 9-81　选择并删除下方多余的边

图 9-82　创建的拱形

在修改面板的渲染选项中勾选“在视口中启用”（☑ 在视口中启用），点选“径向”（◉ 径向）后，设置其厚度为 0.2 m、边数为 12，全包防护柱样条线渲染效果如图 9-83 所示。将渲染后的样条线放置在岗亭的两侧（见图 9-84），接着创建侧面护栏，侧面护栏的样式大多较矮，且高度低于窗体下沿，可使用渲染的方法来创建。

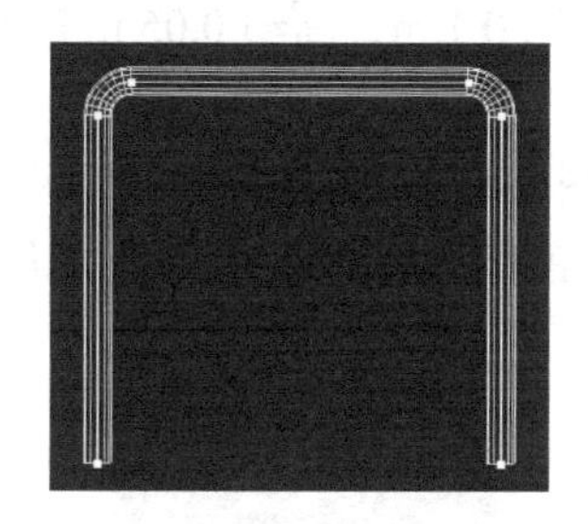

图 9-83　全包防护柱样条线渲染效果

图 9-84　将渲染后的样条线放置在岗亭的两侧

在侧视图中选择菜单“创建→样条线”，在样条线层级下选择“样条线”，使用样条线层级下的矩形工具创建一个 0.5 m×3 m、角半径为 0.1 m 的圆角矩形，单击鼠标右键，在弹出的右键菜单中选择“转换为：→转换为可编辑样条线”，在修改面板的“渲染”选项中勾选“在视口中启用”，点选“径向”，设置其厚度为 0.15 m、边数设置为 12。侧面护栏样条线的渲染效果如图 9-85 所示。使用样条线层级下的线工具绘制竖向柱体，采用和全包防护柱相同的渲染方法可创建竖向柱体，将创建好的竖向柱体放置在相应的位置，即可得到侧面护栏模型（见图 9-86）。

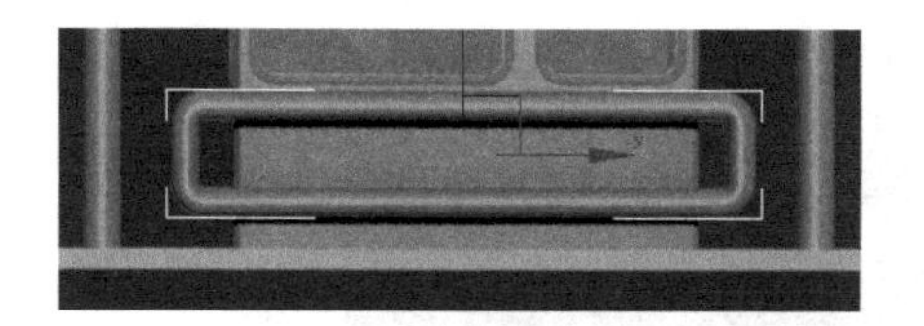

图 9-85　侧面护栏样条线的渲染效果

图 9-86　侧面护栏模型

9.5 其他功能部件的建模

其他功能部件包括抬杆、通道提示灯、ETC 提示牌、车道隔离桩、塑料桶和闪烁灯等。这些功能部件虽小，但在收费站中起着重要的作用。例如，抬杆用于控制车辆的通行；通道提示灯用于提醒驾驶员可通行的车道；ETC 提示牌用于提示该通道拥有快速抬杆传感器，驾驶员可从该通道快速通行；车道隔离桩用于提醒驾驶员区分通道走向。

从功能的角度来看，上述的部件属于功能部件；从模型美观角度来看，这些部件属于模型的细节。一个模型的细节越多，该模型的质量就越高。

1. 抬杆

抬杆是高速公路收费站中的重要功能部件，用于控制车辆的通行。从模型的角度来看，抬杆的结构较为简单，由一个侧方底座与一个可抬起的杆组成。对抬杆进行几何近似后，可将其近似看成 2 个长方体的变形。选择菜单“创建→几何体”，在几何体层级下选择“标准基本体”，使用长方体工具在顶视图中绘制一个长约 0.8 m、宽约 0.4 m、高约 0.4 m 的长方体；继续使用长方体工具在侧视图创建一个长约 3.3 m、宽约 0.1 m、高约 0.05 m 的长方体，并将这两个长方体全部转换为可编辑多边形。

在修改面板的边层级下选择顶边线与侧边线（见图 9-87），使用切角工具对所选的侧边线进行切角（见图 9-88），完成侧方底座的创建。将侧方底座与抬杆打组，即可得到抬杆的模型（见图 9-89）。

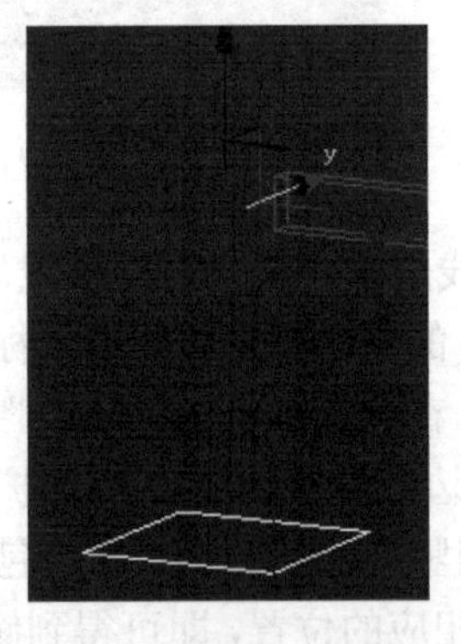

图 9-87　选择顶边线和侧边线

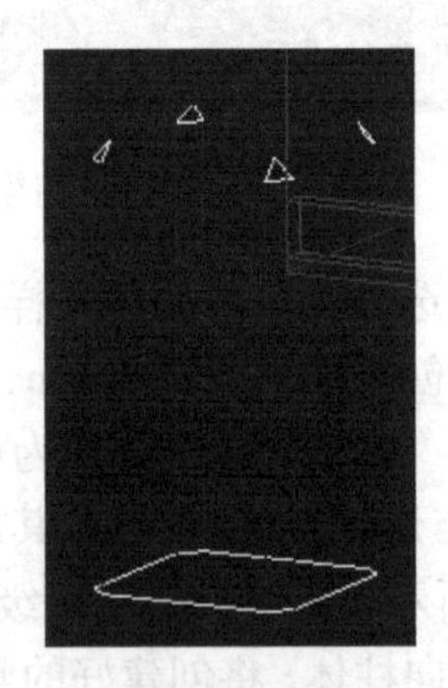

图 9-88　对所选侧边线进行切角

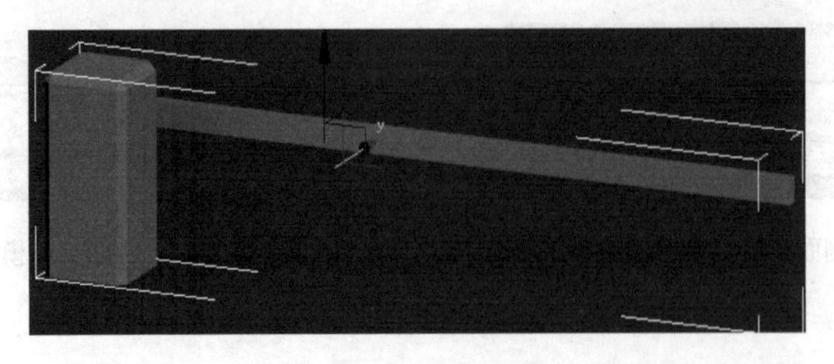

图 9-89　抬杆的模型

2．道路提示灯

收费站的道路提示灯与隧道的提示灯的创建方法是相同的，可使用矩形工具与圆柱体工具创建。道路提示灯模型如图 9-90 所示，具体操作请参考 8.3.2 节。

收费站的顶棚属于异形屋顶，其顶檐呈拱形，若将道路提示灯安装在拱形边缘，则不仅无法准确辨认其所指示的道路，也不利于电线的排布。因此，在收费站中一般都会使用置于岗亭上方的矩形框架作为道路提示灯的支架。矩形框架可使用渲染法创建，选择菜单“创建→样条线”，在样条线层级下选择“样条线”，使用样条线层级下的矩形工具创建一个 3 m×45 m 的矩形；在修改面板设置相应的渲染参数，并将其转换为可编辑多边形，可得到一个矩形框架，将道路提示灯按照实际情况安装在矩形框架上即可（见图 9-91）。

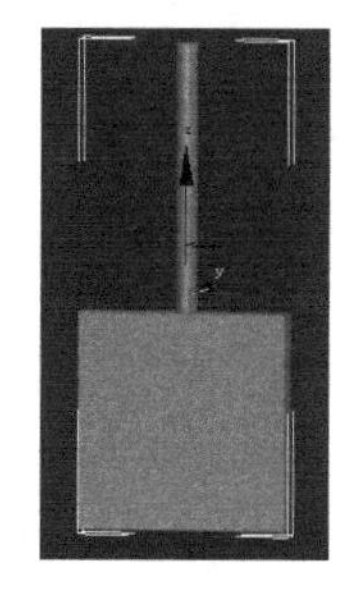

图 9-90　道路提示灯模型

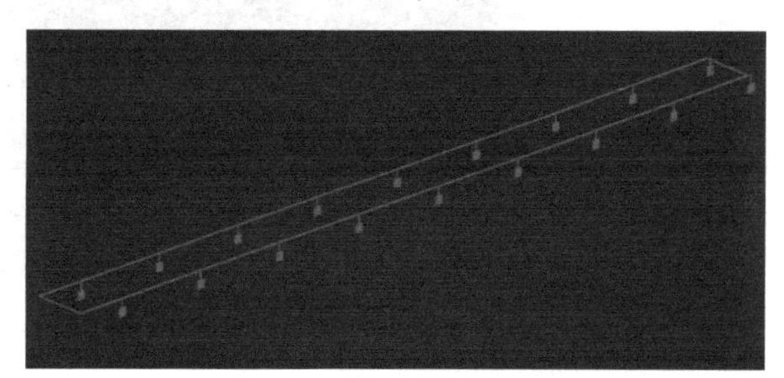

图 9-91　将道路提示灯安装在矩形框架上

3．ETC 提示牌

在新建成的收费站中，ETC 提示牌大多安装在收费站的顶部，与道路提示灯平齐，但老旧收费站的道路提示灯改造成本较高，一般将 ETC 提示牌安装在相应的岗亭前。

选择菜单“创建→几何体”，在几何体层级下选择“标准基本体”，使用长方体工具在顶视图中绘制一个长约 1.5 m、宽约 0.2 m、高约 1.5 m 的长方体。单击鼠标右键，在弹出的右键菜单中选择“转换为：→转换为可编辑多边形”，在修改面板的边层级下选择边线，使用切角工具对其进行切角（见图 9-92）；在多边形层级下选择由于切角而产生的新面，使用移动工具将其向内移动一定距离（见图 9-93），即可完成显示屏的创建。使用圆柱工具为显示屏创建一个支柱，选择菜单“创建→几何体”，在几何体层级下选择“标准基本体”，使用圆柱体工具创建 2 个底面半径为 0.05 m、高度为 1.5 m 的圆柱体，放置在显示屏背后并将其与显示屏打组，即可完成 ETC 提示牌的创建（见图 9-94）。

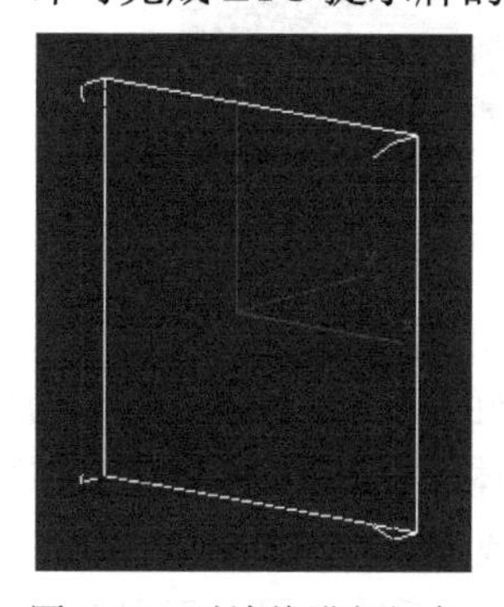

图 9-92　对边线进行切角

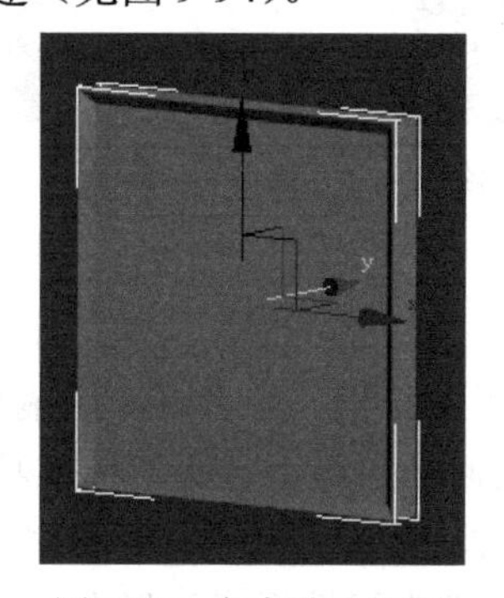

图 9-93　向内移动新面

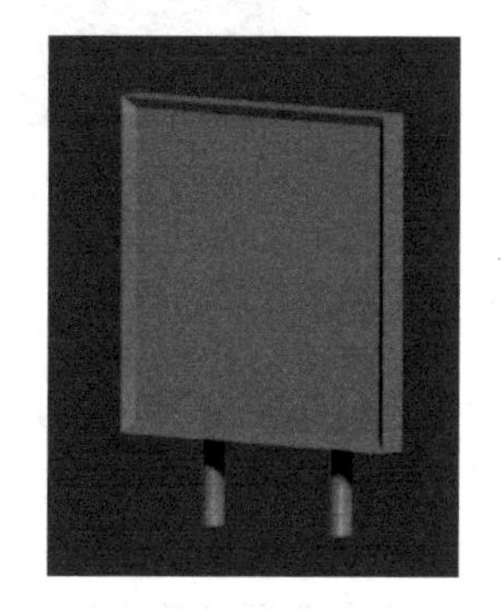

图 9-94　ETC 提示牌模型

4．车道隔离桩

车道隔离桩一般采用石膏材质，可由长方体几何变形得到。选择菜单“创建→几何体”，在几何体层级下选择“标准基本体”，使用长方体工具在顶视图中绘制一个长约 1 m、宽约 0.6 m、高约 0.8 m 的长方体，设置其高度分段数为 3。单击鼠标右键，在弹出的右键菜单中选择“转换为：→转换为可编辑多边形”，在修改面板的边层级下选择相应的分段，使用移动工具与缩放工具修改模型，可得到车道隔离桩模型（见图 9-95）。

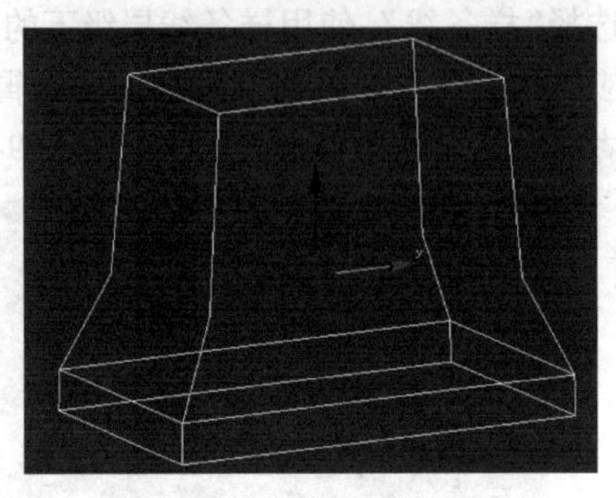

图 9-95　车道隔离桩模型

5．塑料桶

在部分车道隔离带的两端，为了使其在夜间更加明显，会放置一个贴有反光条的塑料桶，用以提醒驾驶员小心驾驶。选择菜单“创建→几何体”，在几何体层级下选择“标准基本体”，使用圆柱体工具创建一个底面半径为 0.6 m、高度为 1.2 m 的圆柱体，设置其高度分段数为 5。单击鼠标右键，在弹出的右键菜单中选择“转换为：→转换为可编辑多边形”，在修改面板的边层级下选择中部分段（见图 9-96），使用挤出工具将其向内挤出一定距离（见图 9-97），即可得到塑料桶模型。

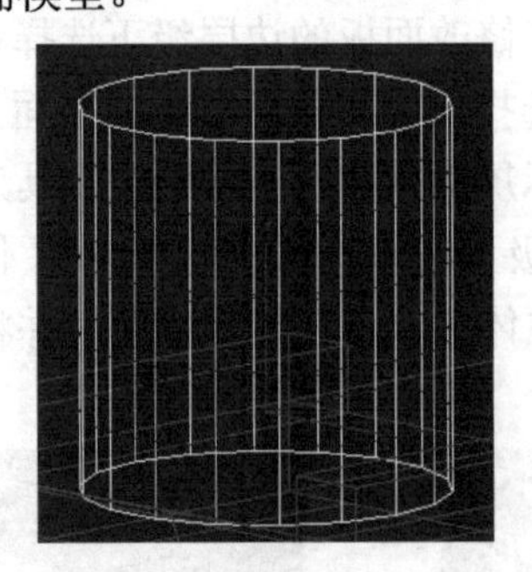

图 9-96　选择中部分段

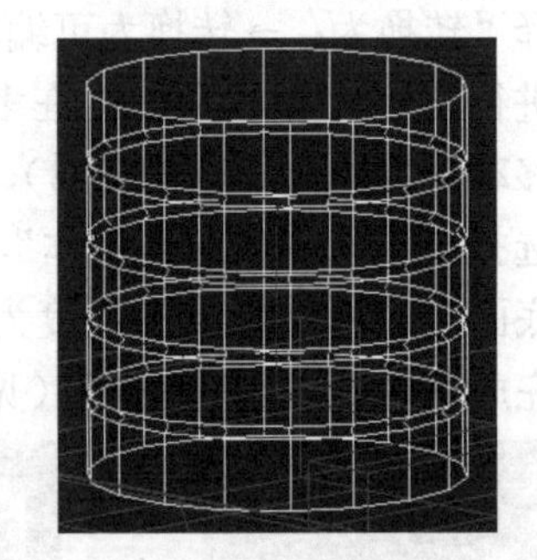

图 9-97　将圆柱体向内挤出一定的距离

6．闪烁灯

为了更好地提醒驾驶员，除了塑料桶，还会在车道隔离带的两端设置闪烁灯作为提示。选择菜单“创建→几何体”，在几何体层级下选择“标准基本体”，使用长方体工具在顶视图中绘制一个 0.5 m×0.1 m×0.2 m 的长方体，并设置其宽度分段数为 2。单击鼠标右键，在弹出的右键菜单中选择“转换为：→转换为可编辑多边形”，在修改面板的边层级下选择所有的边线，使用挤出工具将其向外挤出一定的距离（见图 9-98），即可完成闪烁灯灯头的创建。使用圆柱体工具创建一个支柱，并将灯头放置在相应的位置即可得到闪烁灯模型（见图 9-99）。

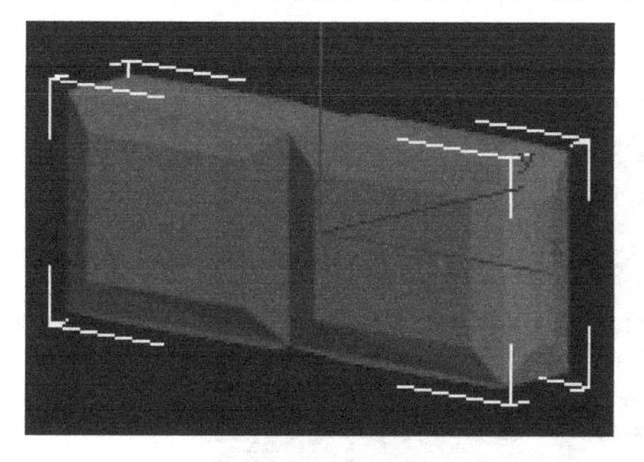

图 9-98　将边线向外挤出一定的距离

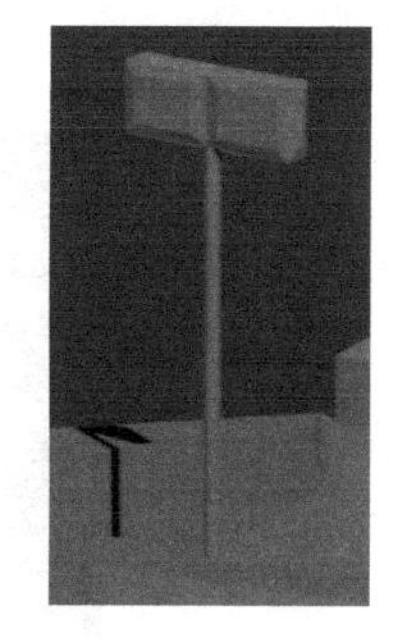

图 9-99　闪烁灯模型

9.6　收费站的整理与组合

当所有的基础模型都创建完成后，还需要将它们合并到一个 3ds Max 文档中来进行模型整合。模型整合类似搭积木，将创建好的岗亭、隔离设备、抬杆、ETC 提示牌等基础模型放置在相应位置，调整模型的大小即可。

首先，将收费站的岗亭、隔离设备等基础模型进行打组，放置在顶棚的内侧（见图 9-100）。选择所有的基础模型（组合体），使用阵列工具将其侧向移动 5.3 m，并将它们复制 5 份（见图 9-101）；选择最右侧的组合体，点选“X”（）后使用镜像工具将组合体沿镜像轴进行镜像变形；使用旋转工具将组合体旋转 180°（见图 9-102）；选择镜像并旋转后的组合体，使用阵列工具将其向右实例复制 3 份（见图 9-103）。

图 9-100　将基础模型打组后放置在顶棚内侧

图 9-101　将组合体复制 5 份

图 9-102　将组合体旋转 180°

图 9-103　将镜像和旋转后的组合体复制 3 份

其次，选择镜像并旋转的组合体后打开组合体，选择其中的车道隔离带，在修改面板的顶点层级下选择顶侧的点位，将整体缩短（见图 9-104）；关闭组合体后将其移动到相应的位置（见图 9-105）。

图 9-104　将车道隔离带缩短

图 9-105　将组合体移动到相应的位置

接着，选择 9 个组合体中间的那个，打开组合体，选择其中的车道隔离带，在修改面板的顶点层级下选择顶侧的点位，将整体延长，完成中岛的创建（见图 9-106）。

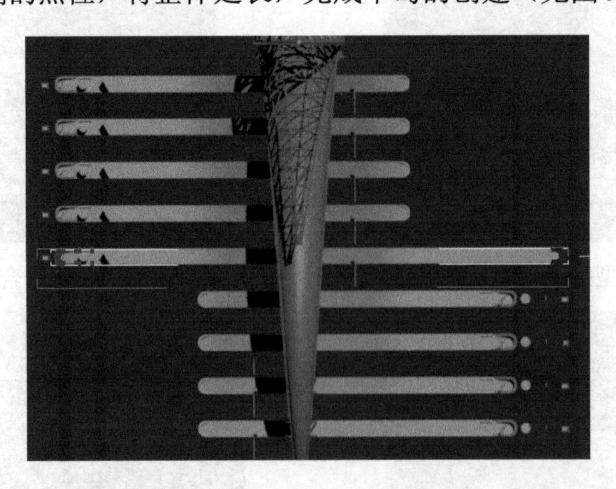

图 9-106　完成中岛的创建

最后，选择道路提示灯与 ETC 提示牌等，将其放置在合适位置（见图 9-107）；打开各个组合体，删除部分组合体中的塑料桶与 ETC 提示牌，调整各个基础模型的角度与位置，让组合后的整体模型变得更加真实。收费站整体模型实例如图 9-108 和图 9-109 所示。

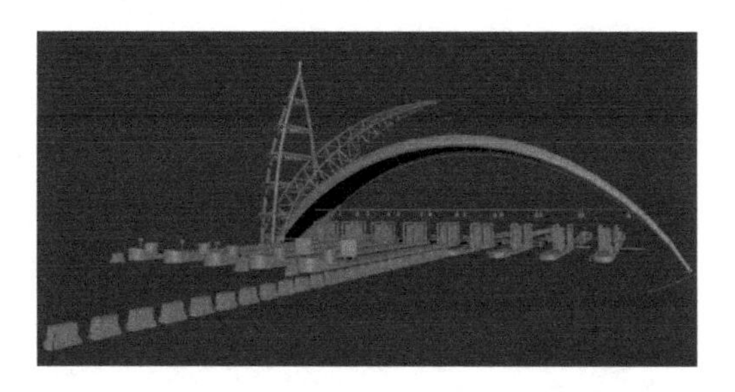

图 9-107　将道路提示灯与 ETC 提示牌等放置到合适的位置

图 9-108　收费站整体模型示例（1）

图 9-109　收费站整体模型示例（2）

合后的整体效果更加真实，收费站整体模型效果如图9-108和图9-109所示。

图9-107 [illegible]

图9-108 收费站整体模型效果（1）

图9-109 收费站整体模型效果（2）

第10章 加油站的三维建模

加油站是每辆燃油车都要到的地方，特别是在高速公路上行驶时，汽油的补给更加重要。现在的加油站，不仅提供加油的服务，也提供便利店等服务。

随着我国高速公路网与基础道路网的建设，全国有10万多座加油站。加油站大多属于中石油、中石化、中海油等国有企业，外形较为规整。近些年，我国石油市场不断开放，其他企业的加油站在外观设计上表现得越来越抢眼。

在智慧城市地上实体建模，加油站属于关键部分，因此在建模时应当注意模型的精确性，有条件的情况下可向有关部门索取设计图纸或进行现场测量。

本章涉及基本操作、多边形建模、放样、圆锥体、间隔工具、布尔、扭曲、FFD、倒角剖面等内容。

10.1 加油站的建模逻辑

1. 分析化简

大多数加油站的结构是十分规整的，主要包括标志牌、顶棚与支柱、加油机、便利店与办公区等。其中，标志牌用于引导车主，顶棚与支柱是整个加油站的框架与基础，加油机负责为机动车加油，便利店可提供快捷餐饮与基础物资补给等服务，办公区是员工的工作场所。加油站如图10-1所示。

图10-1 加油站

相比于普通的加油站，虽然高速公路中的加油站在功能上并没有太多不同，但加油机间的距离更宽，出入口的长度更长、角度更小，有利于车辆的减速与起步。

2. 几何近似

从建模的角度来看，加油站可分为标志牌、顶棚与支柱、加油机、便利店与办公区四个部分。标志牌大多矗立在加油站的侧边线，可将其近似成长方体，使用可编辑多边形工具以及 FFD（长方体）修改器将长方体修改成所需的形状。顶棚与支柱都是长方体，可将其近似为长方体，使用可编辑多边形工具或其他修改器将长方体修改成所需的形状。加油机的细节较多，但主体形状是长方体。便利店与办公区也可近似成长方体，采用布尔等复合对象和修改器可完成便利店与办公区的建模。

在加油站的建模中，最复杂、最重要的是加油机的建模。在进行加油机的建模时，应仔细对照实物，确保加油机主体模型的比例正确。在加油站的建模中，还有其他一些细节，在建模时应根据模型的精度进行取舍。

3. 模型精修与整理

在对加油站的各个组成部分进行几何近似后，应尽量结合加油站的原型对模型进行完善。如果无法采用几何近似的方法进行建模，则应当采用新的创建方法，如二维线建模或使用其他修改器建模。

需要注意的是，加油站不同于收费站，加油站具有特殊的防护设备，如避雷针、接地设备、油罐等。当这些防护设备存在交互需求时，可根据实际的情况增加交互模型，但应注意控制交互模型的精度，在保证交互质量的同时，尽量减少不必要的分段与截面。

本章以常用的高速公路加油站为例来介绍加油站的建模，不考虑避雷针、油罐等特殊的防护设备，读者可自行探索这些防护设备的建模。

10.2 标志牌的建模及细节处理

10.2.1 标志牌的建模

标志牌是加油站的重要组成部分，一块标志牌有助于表明加油站的身份，便于车主的查找。

选择菜单“创建→几何体”，在几何体层级下选择“标准基本体”，使用长方体工具在顶视图中绘制一个高约 7.5 m、宽约 1.5 m、厚约 0.25 m 的长方体，并设置高度分段数为 13。单击鼠标右键，在弹出的右键菜单中选择“转换为：→转换为可编辑多边形”，在修改面板的边层级下选择中间的全部分段（见图 10-2），使用缩放工具将分段间距沿纵向收缩（见图 10-3），将除最上端分段外的全部分段整体下移到合适位置，将最上端的分段向上移动，使分段的排布与现实中的标志牌外形一致（见图 10-4）；使用编辑边中的挤出工具将所有分段向内挤出一定的距离（见图 10-5）。此时可完成标志牌主体的模型。

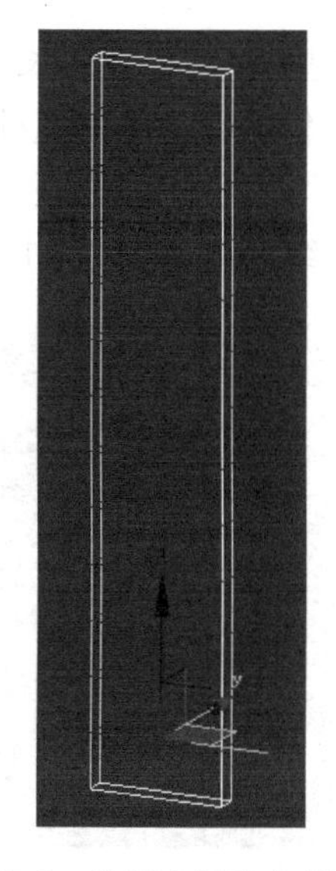

图 10-2 选择中间的全部分段

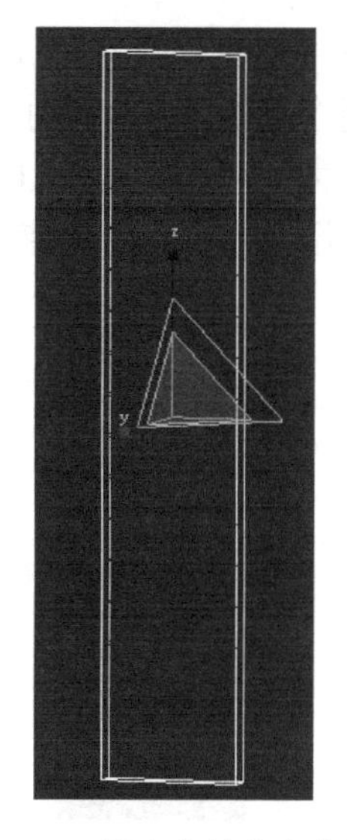

图 10-3 纵向收缩分段的间距

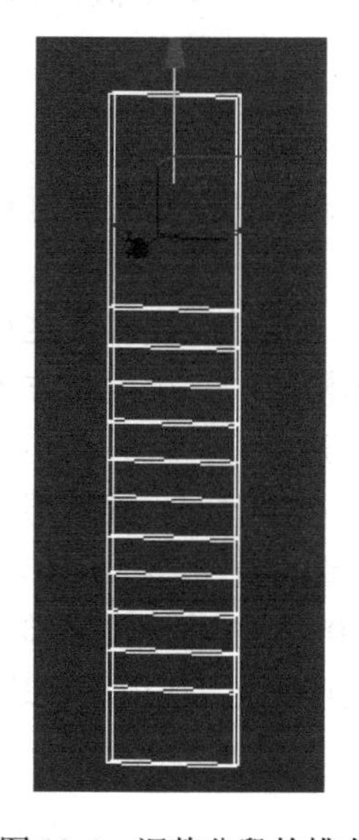

图 10-4 调整分段的排布

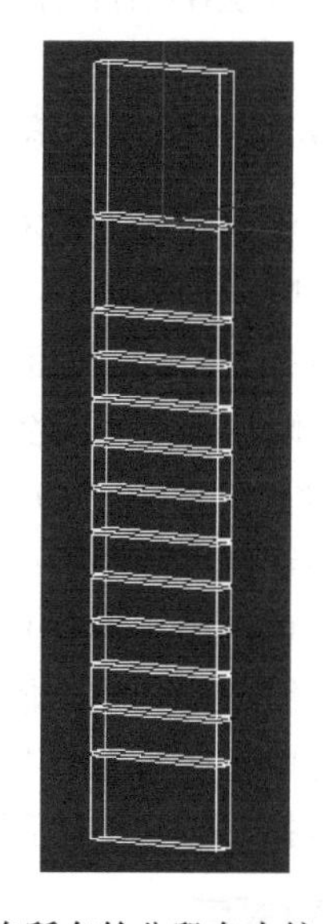

图 10-5 将所有的分段向内挤出一定的距离

选择标志牌上部侧边线（见图 10-6），使用编辑边中的切角工具对上部侧边线进行二次切角（见图 10-7），使之平滑；使用缩放与移动工具调整新侧边线位置（见图 10-8），使之与真实标志牌的形状保持一致。

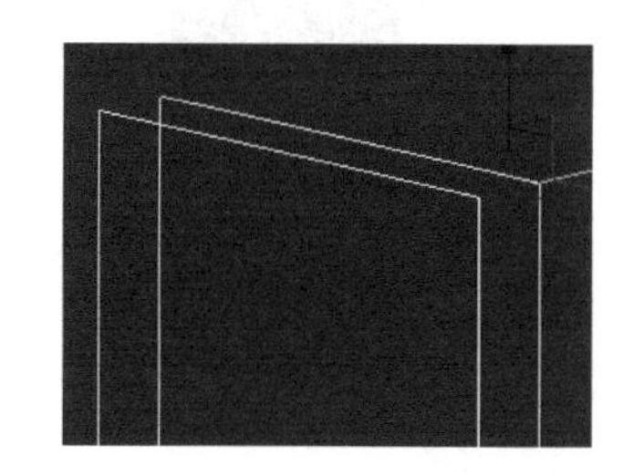

图 10-6 选择标志牌上部侧边线

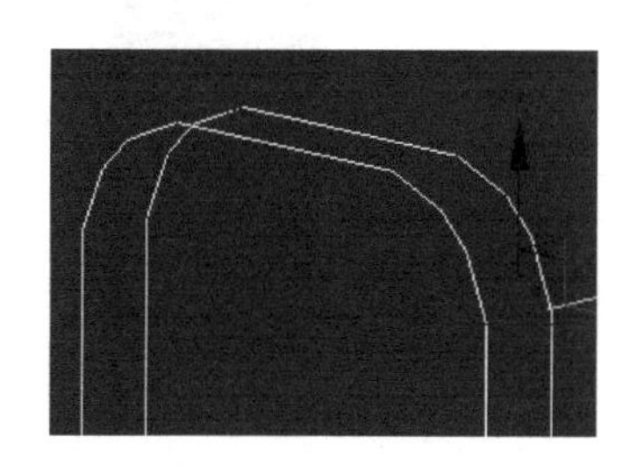

图 10-7 对上部侧边线进行二次切角

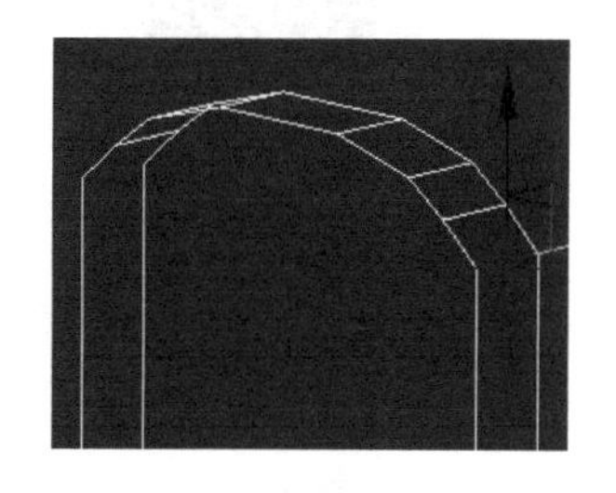

图 10-8 调整新侧边线位置

选择菜单“创建→几何体”，在几何体层级下选择“标准基本体”，使用长方体工具在前视图中绘制两个高约 9 m、宽约 0.2 m、厚约 0.1 m 的长方体（作为标志牌的支柱），并将其放置在标志牌主体的两侧（见图 10-9）。使用长方体工具绘制 4 个两两交叉的小长方体，放置在标志牌下部，作为标志牌的底座（见图 10-10），将所有模块打组后可得到标志牌的初步模型。

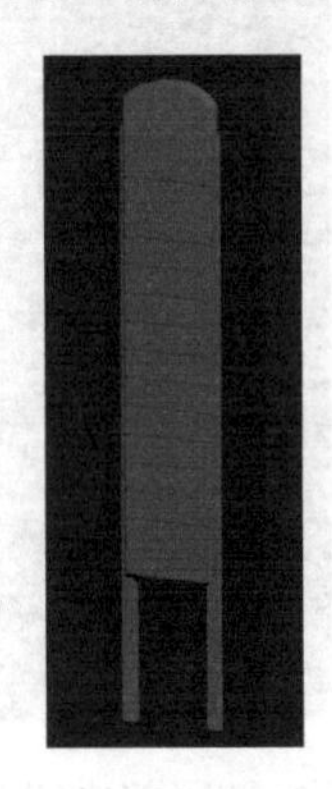

图 10-9　将 2 个支柱放置在标志牌主体的两侧

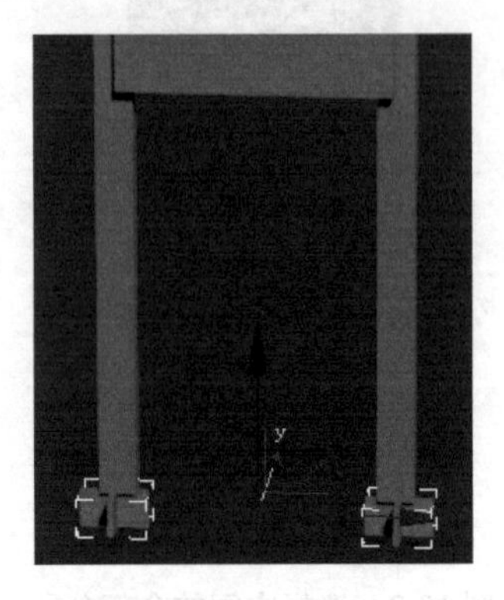

图 10-10　安放标志牌的底座

10.2.2　标志牌模型的细节处理

如果对标志牌的模型精度有较高的要求，则可以对标志牌的初步模型进行细节处理，使之与实际的标志牌更加相似。

通过观察可知，标志牌不仅存在一定的厚度，也存在一定的弧度，而这种弧度可以通过 FFD（长方体）修改器变形得到，故在创建标志牌的主体模型时，可为长方体在宽度上添加数值为 6 的分段（见图 10-11），用以曲面变形。在对宽度进行分段后，单击鼠标右键，在弹出的右键菜单中选择“转换为：→转换为可编辑多边形”，在修改面板的边层级下选择中间的全部分段，这里可使用环形工具与循环工具辅助进行分段选择（见图 10-12）。与简易模型的创建相同，使用缩放工具将分段间距沿纵向收缩（见图 10-13），将分段下移至合适位置，并移动最上端的分段（见图 10-14），使之与实际标志牌的外形一致。使用编辑边中的挤出工具，将所有分段向内挤出一定的距离（见图 10-15）。

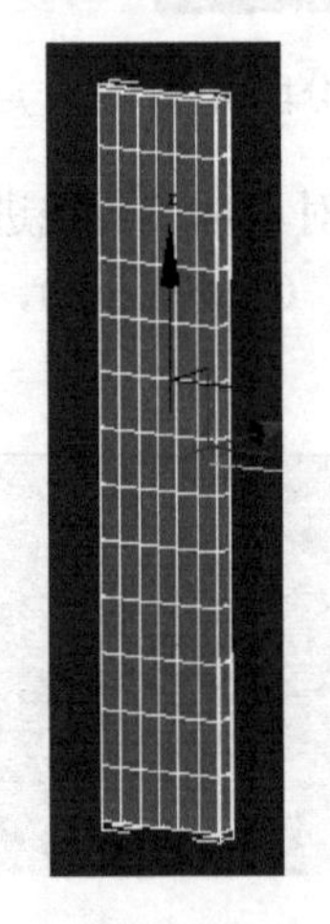

图 10-11　设置长方体的宽度分段数为 6

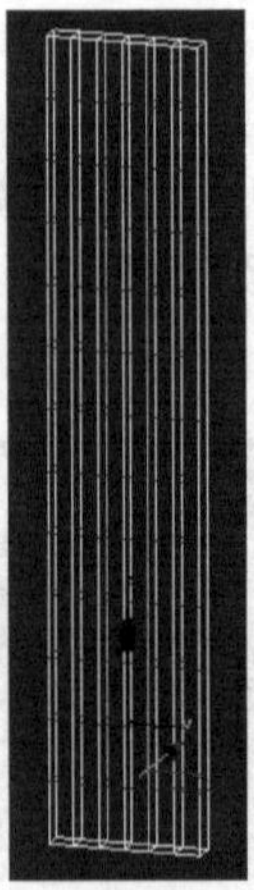

图 10-12　选择中间的全部分段

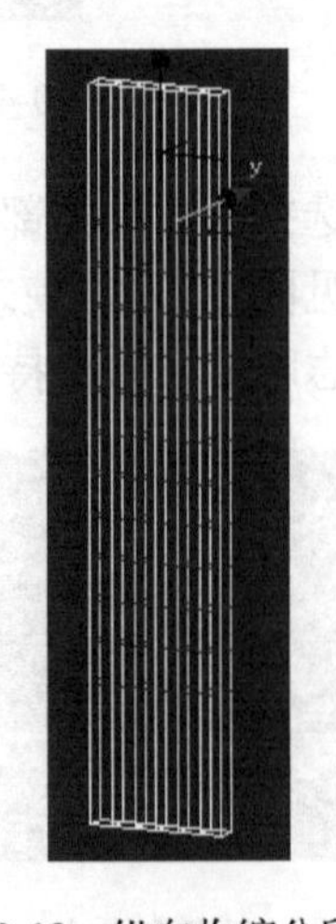

图 10-13　纵向收缩分段距离

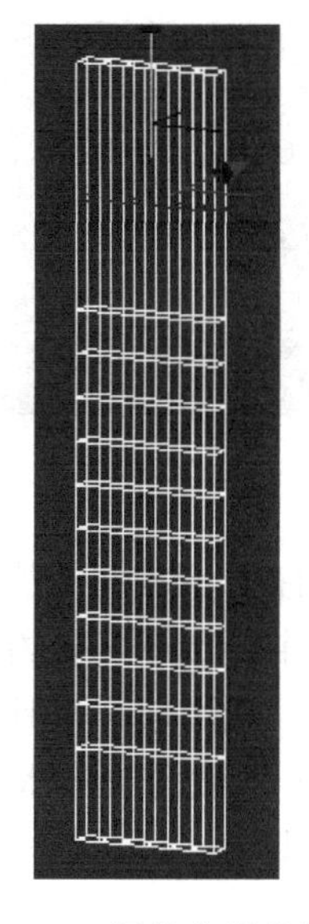

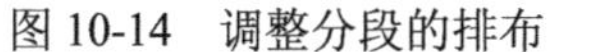

图 10-14　调整分段的排布

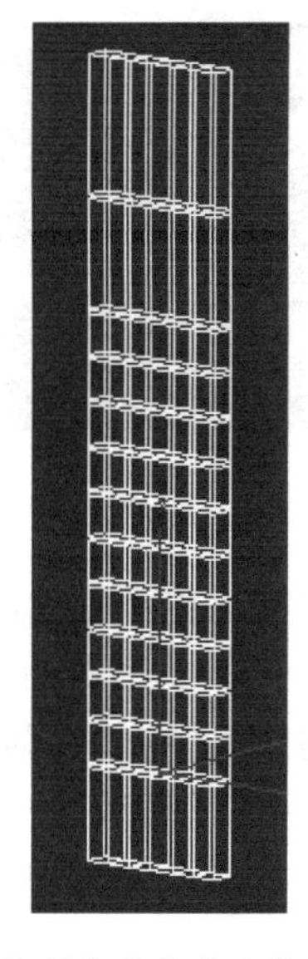

图 10-15　将所有分段向内挤出一定的距离

由于在创建标志牌的主体时对长方体的宽度进行了分段，因此无须进行切角就已经形成了隔断（见图 10-16），在修改面板的顶点层级下选择顶点，将其移动到相应的位置（见图 10-17）。

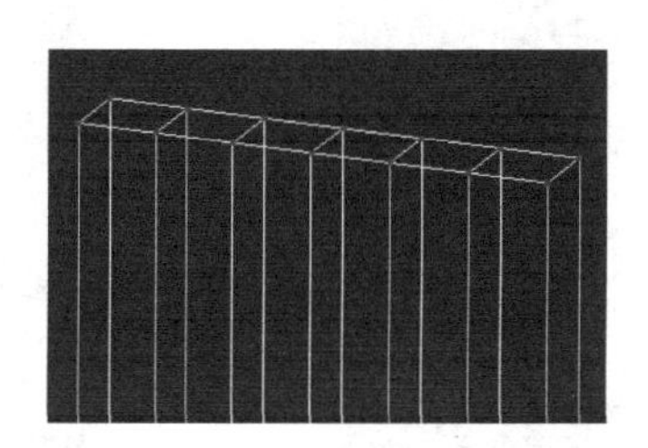

图 10-16　标志牌主体的隔断

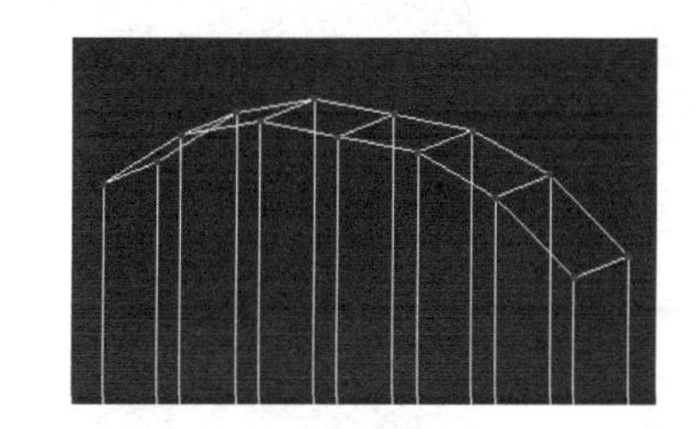

图 10-17　将顶点移动到相应的位置

此时可得到与标志牌初步模型一致的标志牌主体。选择创建好的多边形（切勿选择多边形中的某些点或边，这样无法为多边形整体添加修改器），在修改面板的“修改器列表”下拉栏中为其添加 FFD（长方体）修改器，设置 FFD 参数中的点数为 4×4×6（高度为 6）；将视图切换至顶视图，打开 FFD（长方体）修改器，选择“控制点”，选择上部中间的 4 个控制点，并按住 Ctrl 键加选下方的 4 个控制点（见图 10-18），使用缩放工具纵向放大控制点的间距（见图 10-19），此时标志牌在顶视图中呈纺锤状。标志牌主体如图 10-20 所示。

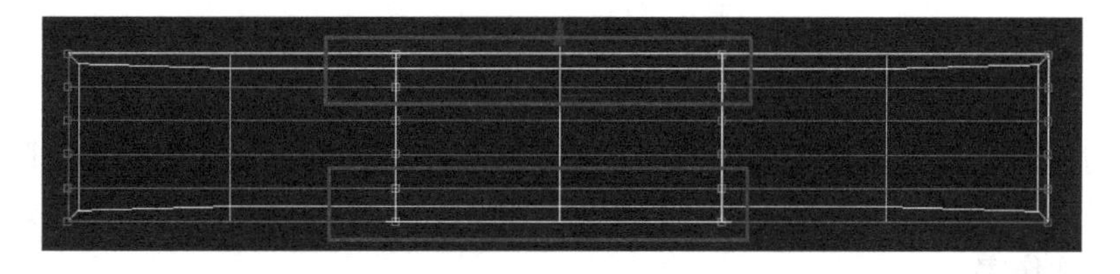

图 10-18　选择控制点

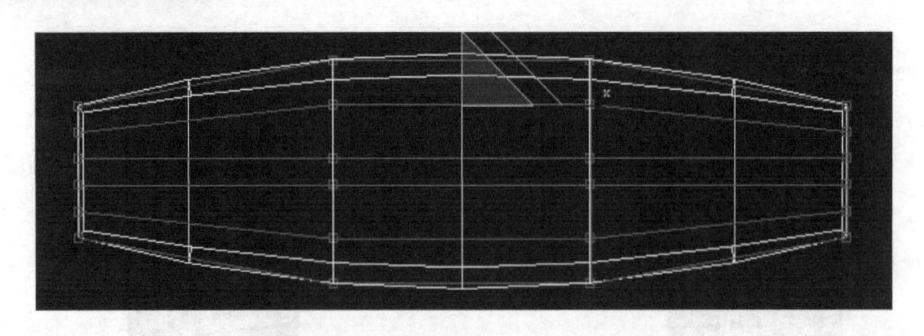

图 10-19　纵向放大控制点的间距

同样，标志牌的支柱也不是单纯的长方体，而是一个拥有 T 形截面的放样体，可在顶视图中使用线工具创建一个 T 形截面（见图 10-21）；在前视图中绘制一条长约 9 m 的直线，选择菜单“创建→几何体”，在几何体层级下选择“复合对象”，使用放样工具开启创建方法中的获取图形功能，并单击创建好的 T 形截面即可放样完成，T 形截面放样体如图 10-22 所示；使用镜像工具镜像复制一个 T 形截面放样体，放置在另一侧即可。标志牌模型（无底座）如图 10-23 所示。

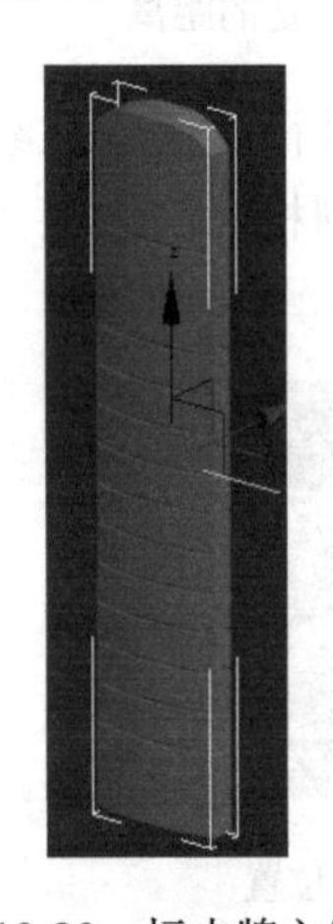

图 10-20　标志牌主体

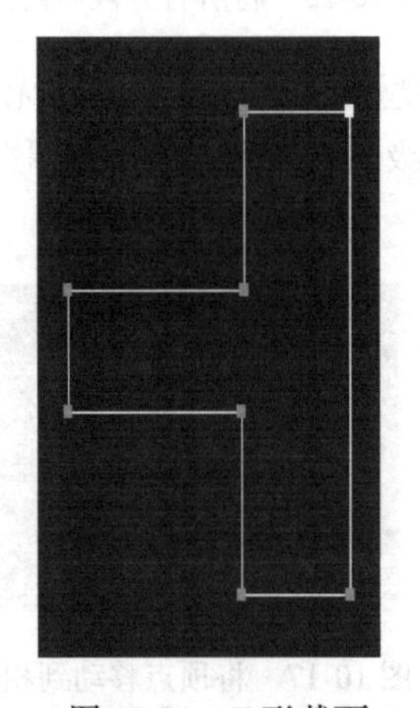

图 10-21　T 形截面

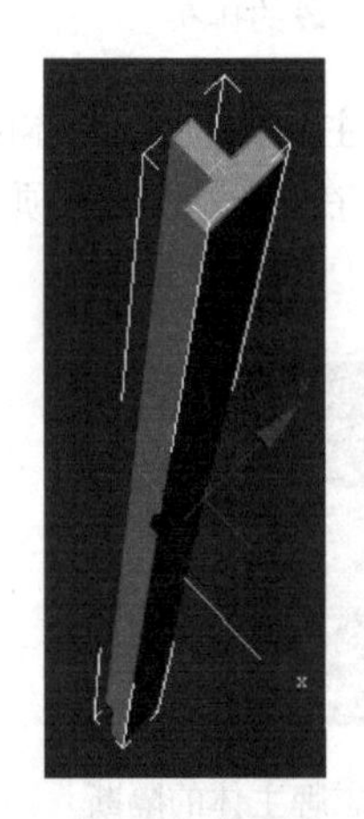

图 10-22　T 形截面放样体

图 10-23　标志牌模型

在模型精度与机器性能允许的情况下，可进一步进行细节处理，如标志牌主体平滑、支撑底座等，请读者自行探索。

10.3　顶棚与支柱的建模及细节处理

10.3.1　顶棚与支柱的建模

加油站的顶棚又称为罩棚。顶棚内部多采用网钢结构，网钢结构中存在空隙，在保证结构安全的同时也更加轻便；外部多采用轻型铁皮和阻燃布作为包裹材料，不易燃，在发生危险时可减少二次伤害。

通常，高速公路加油站顶棚到地面的垂直距离约为 7 m，顶棚悬挑部分距离支柱中心的长度不宜超过 6 m，支柱与支柱之间的跨度不应超过 15 m，最佳跨度为 12 m，最佳前后距离为 11.5 m，中小型加油站顶棚厚度通常为 1.05 m 或 1.2 m，大型的加油站顶棚厚度通常为 1.35 m。每个加油站的具体数据又不尽相同，查明这些基础数据，不仅有利于模型的快速创建，也不会造成模型比例的失衡。

选择菜单“创建→几何体”，在几何体层级下选择“标准基本体”，使用长方体工具在前视图中绘制一个 29.0 m×20.0 m×1.05 m 的长方体。单击鼠标右键，在弹出的右键菜单中选择“转换为：→转换为可编辑多边形”，在修改面板的多边形层级下选择并删除长方体的底面（见图 10-24），形成一个壳状体，可作为顶棚外部包裹（见图 10-25）。

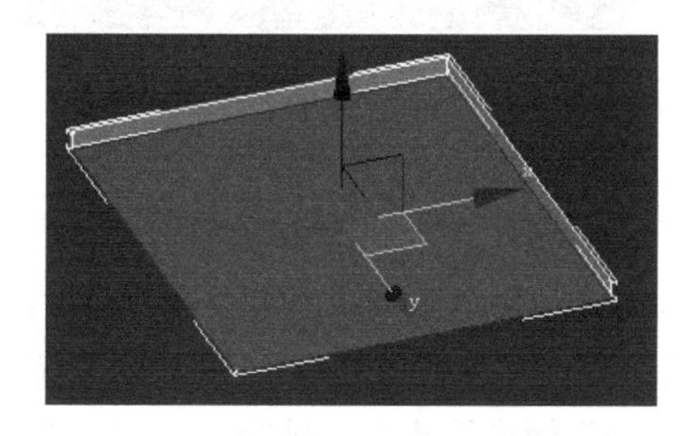

图 10-24　选择并删除长方体的底面

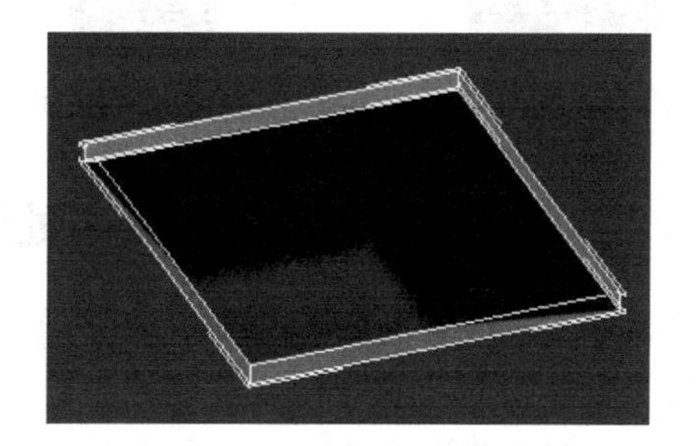

图 10-25　顶棚外部包裹

顶棚多采用网钢结构，可通过晶格修改器来制作简易的网钢结构模型。在前视图中创建一个稍小于外部包裹的长方体（见图 10-26）；选择新创建的长方体，在修改面板的“修改器列表”下拉栏中为其添加晶格修改器，勾选“应用于整个对象”并点选“二者”；设置支柱底面半径为 0.1 m 并取消勾选“忽略隐藏边”；设置节点的基本点面类型为“二十面体”，设置节点的半径为 0.2 m。完成晶格修改器的设置后，即可得到简易的网钢结构模型（见图 10-27）。

图 10-26　略小于外部包裹的长方体

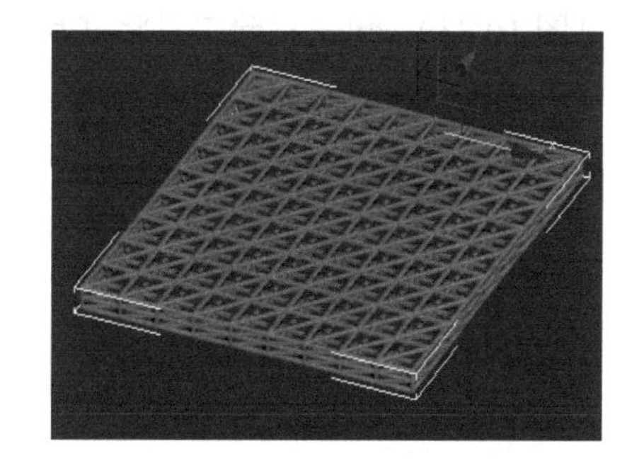

图 10-27　简易的网钢结构模型

顶棚支柱的创建较为简单，仅需使用长方体工具创建长方体并将其放置到相应的位置即可。选择菜单“创建→几何体”，在几何体层级下选择“标准基本体”，使用长方体工具在前视图中绘制一个高约 7 m、宽约 0.6 m、厚约 0.6 m 的长方体。单击鼠标右键，在弹出的右键菜单中选择“转换为：→转换为可编辑多边形”，在修改面板的边层级下选择 4 条竖边（见图 10-28）；使用编辑边中的切角工具，对 4 条竖边进行切角（见图 10-29），复制并摆放至相应位置即可（见图 10-30）。

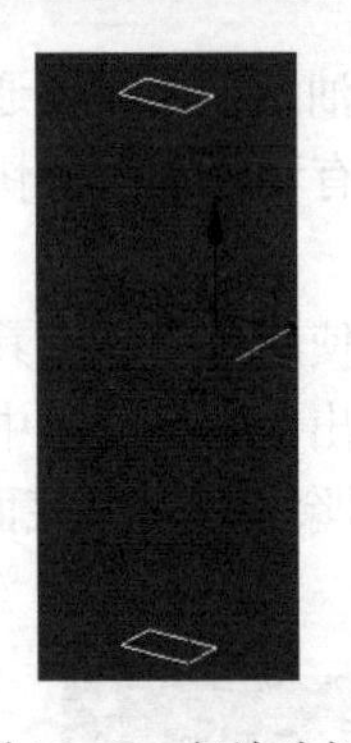

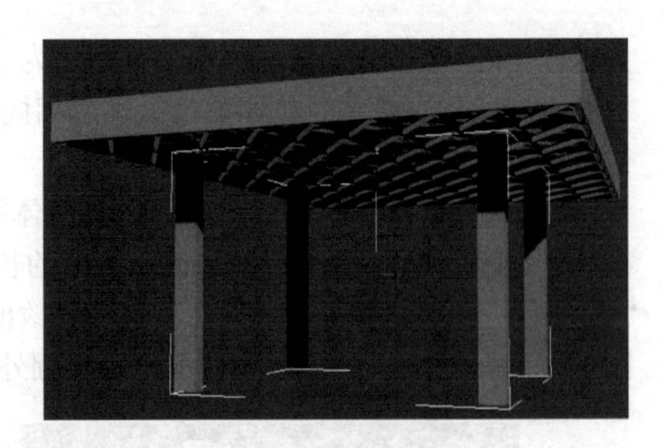

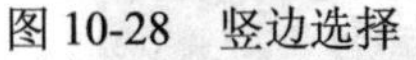

图 10-28　竖边选择　　图 10-29　竖边切角　　图 10-30　简易模型示例

10.3.2　顶棚与支柱模型的细节处理

顶棚与支柱模型的创建并不复杂，最复杂的网钢结构也仅仅使用了一个修改器而已。但当网钢结构存在交互或对精度有要求时，其建模过程就会变得比较复杂，需要依照图纸使用二维线渲染的方法进行创建。接下来以常规网钢结构为例进行建模（见图 10-31），异形网钢结构请读者自行探索。

从图 10-31 中不难看出，常规网钢结构的内部由一个一个倒置的四面体排列而成，网钢的端点处由线性钢结构相连。只要掌握了规律，就可通过阵列方法来快速创建网钢模型。选择菜单“创建→几何体”，在几何体层级下选择“标准基本体”，使用四棱锥工具创建一个宽度约为 2.5 m、深度为 2.9 m、高度约为 1 m 的四棱锥（见图 10-32）；单击鼠标右键，在弹出的右键菜单中选择“转换为：→转换为可编辑多边形”；在修改面板的边层级下选择底面的 X 形边（见图 10-33），单击移除工具将其移除（见图 10-34）。

图 10-31　常规网钢结构

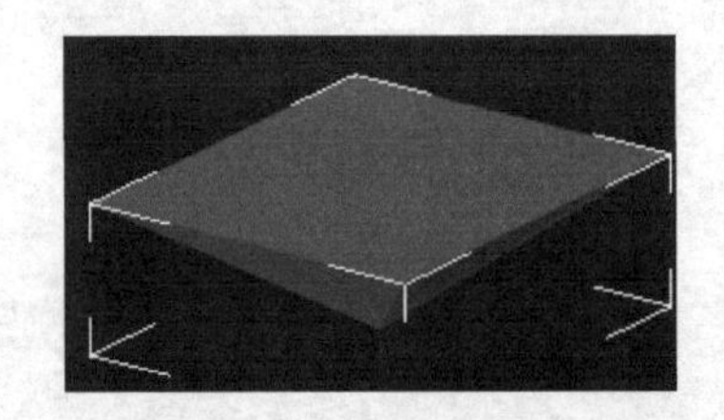

图 10-32　创建的四棱锥

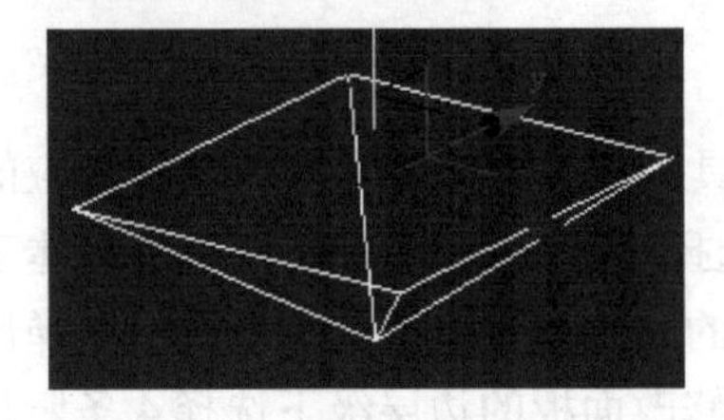

图 10-33　选择底面的 X 形边

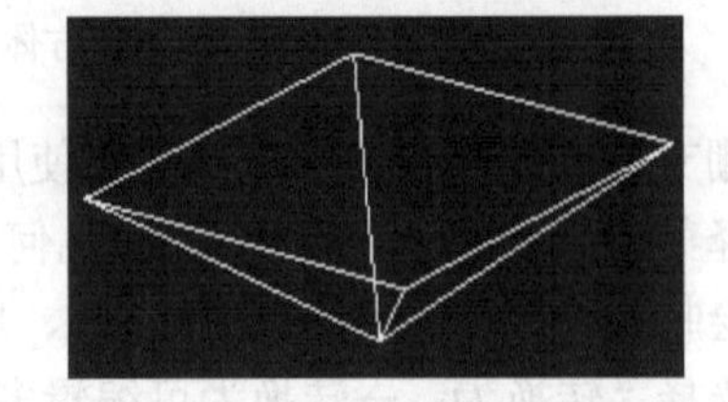

图 10-34　删除底面的 X 形边

在多边形层级下选择四棱锥底面（见图 10-35），使用编辑几何体中的分离工具将其分离为新对象（见图 10-36）；选择去除了底面的四棱锥，在修改面板的“修改器列表”下拉栏中为其添加晶格修改器，勾选“应用于整个对象”并点选“二者”；设置支柱底面半径为 0.1 m，并取消勾选“忽略隐藏边”；设置节点的基本点面类型为“二十面体”、节点的半径为 0.2 m。

选择分离生成的新对象，在修改面板的“修改器列表”下拉栏中为其添加晶格修改器，勾选“应用于整个对象”并仅将变化适用于边（点选“仅来自边的支柱”），设置支柱底面半径为 0.1 m。经过晶格修改器处理后的方形框如图 10-37 所示。

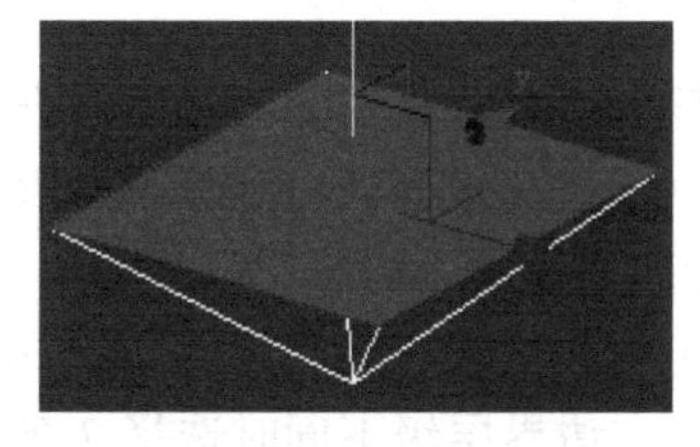

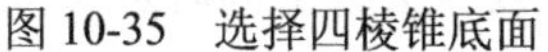

图 10-35 选择四棱锥底面

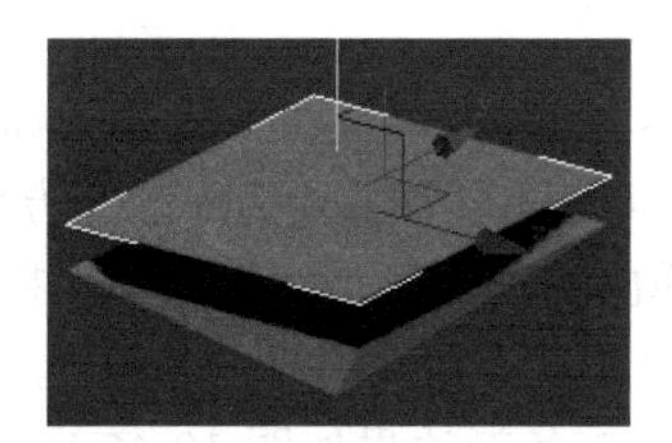

图 10-36 分离出的新对象

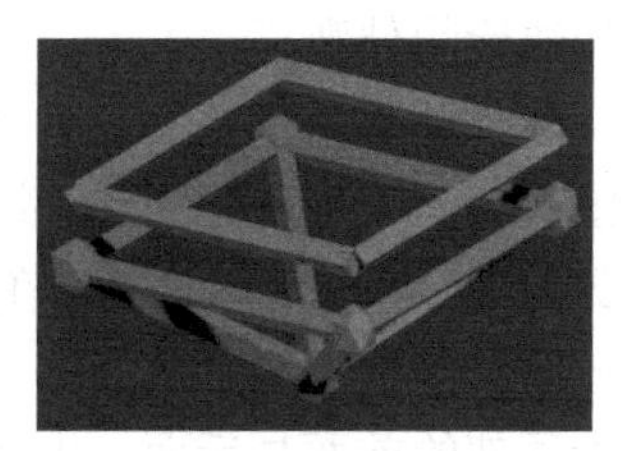

图 10-37 方形框

将晶格修改器生成的方形框移动到四棱锥的底部，令方形框的左下角与四棱锥顶点重合，位置摆放的顶视图和透视图分别如图 10-38 和图 10-39 所示。在顶视图中选择四棱锥，选择工具栏中的阵列工具，在对象类型中点选“实例”和“2D”，设置 1D 数量为 10，并设置“Y 向”的移动增量为 2.9 m，设置“X 向”的移动增量为－2.5 m、数量为 8，单击“确定”按钮即可完成阵列变换，得到网钢结构的初步模型（见图 10-40）。

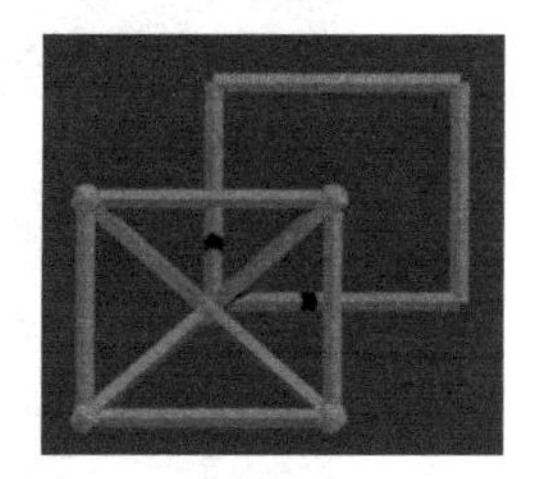

图 10-38 位置摆放的顶视图

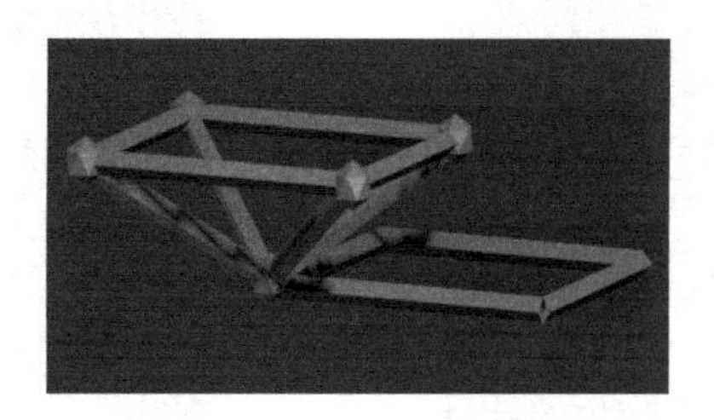

图 10-39 位置摆放的透视图

选择放置在四棱锥底部的矩形框，使用阵列工具对其进行阵列变换，将“X 向”和“Y 向”的移动增量都减少 1 m，即可得到完整的网钢结构（见图 10-41）。

为了让支柱更好地起到支撑作用，支柱与顶棚并不是直接相连的，通常使用异形三角锥或异形四面体结构进行连接。在建模时既可使用二维线渲染的方法，也可通过常规实体变形并使用晶格修改器来实现建模，请读者自行探索。

顶棚与支柱的整体模型如图 10-42 所示。

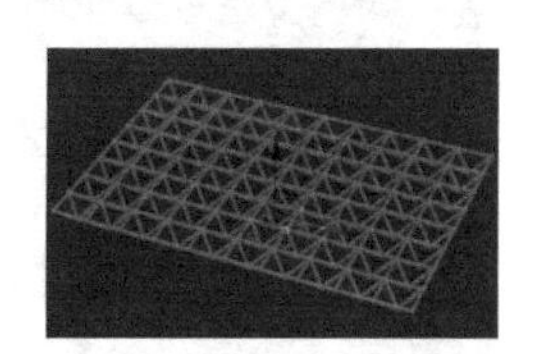

图 10-40 网钢结构的初步模型

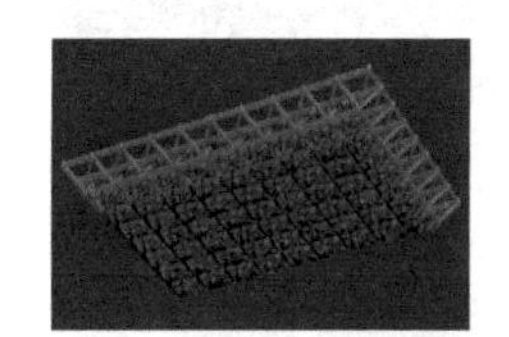

图 10-41 完整的网钢结构

图 10-42 顶棚与支柱的整体模型

10.4 加油机的建模及细节处理

10.4.1 加油机的建模

加油机是一个加油站中最重要的部件，加油机与地下油罐相连，加压、计量、计费、输送油罐中的汽油。

加油机身有很多的功能按钮，用于控制加油机工作。而加油机旁的加油枪则是最重要的功能部件，亦是标志性部件，在创建简易模型时，可以弱化机身的细节处理，但也要尽量还原加油枪的外观。

选择菜单“创建→几何体”，在几何体层级下选择“标准基本体”，使用长方体工具在前视图中绘制一个高约 2 m、宽约 0.96 m、厚约 0.5 m 的长方体（见图 10-43），并设置其高度分段数为 2；单击鼠标右键，在弹出的右键菜单中选择“转换为：→转换为可编辑多边形”，在修改面板的边层级下选择并向上移动分段至合适位置（见图 10-44）；在多边形层级下选择并删除顶部的前面与后面，生成的 2 条新边界如图 10-45 所示；在边界层级下同时选择 2 条新边界，切换至前视图后按住 Shift 键，使用缩放工具向内缩小出一个相框状的新边界（见图 10-46）；再使用桥工具连接 2 条新边界（见图 10-47），生成的实体框形结构如图 10-48 所示。

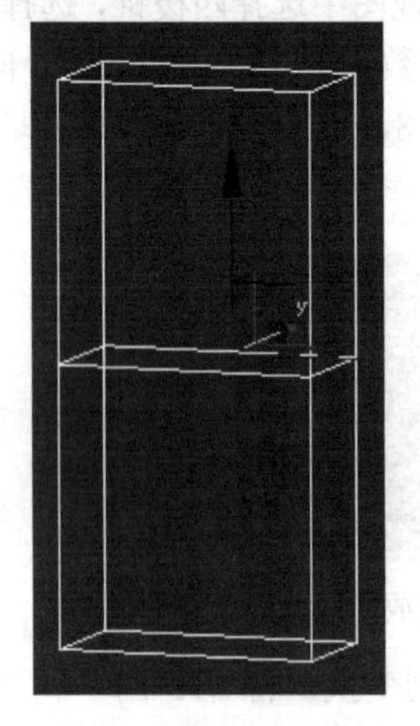

图 10-43　创建长方体并分段

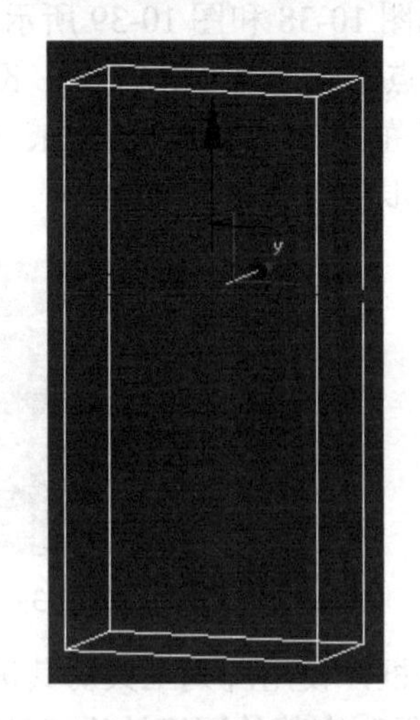

图 10-44　将分段移动到合适位置

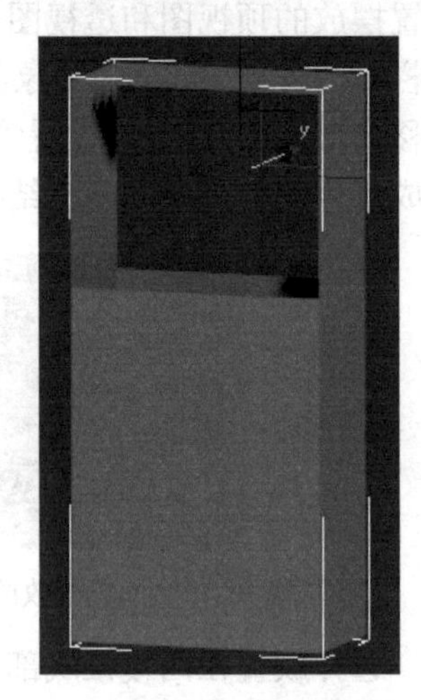

图 10-45　生成的 2 条新边界

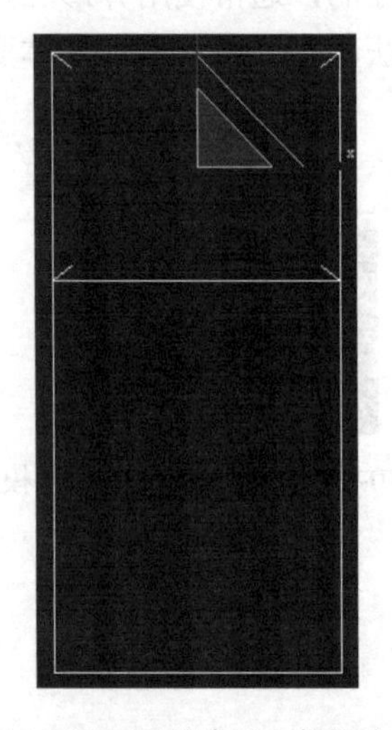

图 10-46　同时选择 2 条新边界

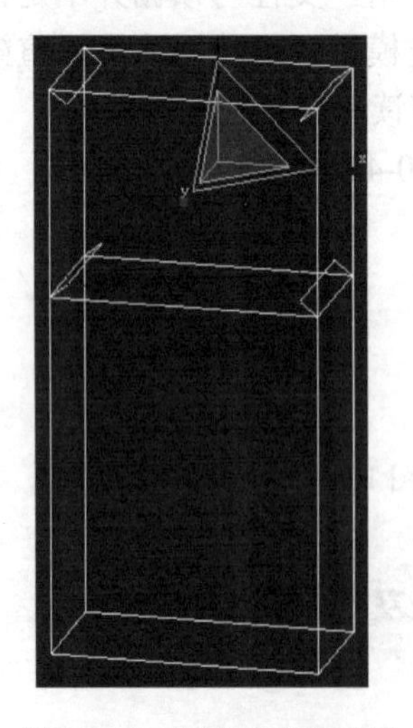

图 10-47　连接 2 条新边界

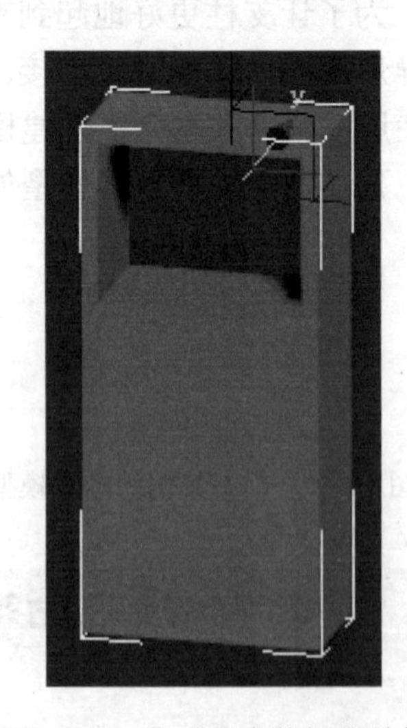

图 10-48　生成的实体框形结构

加油机的功能按键区域大多是与加油枪的数量匹配的，这样的设计可以简化加油机的操作逻辑，便于操作。接下来创建加油机的功能按键区域。

在修改面板的边层级下选择底部的 4 条竖边（见图 10-49）；使用连接工具将 4 条竖边连接起来形成一个闭环，使用移动工具将其上移到适当的位置（见图 10-50）；选择中部等长的 4 条横边，单击“连接”右侧的矩形按钮（连接），在视图中弹出的设置项中设置连接工具分段数为 2，将 4 条横边连接起来形成 2 个分段（见图 10-51）；在多边形层级下选择新生成的 6 个面（见图 10-52）；单击“倒角”右侧的矩形按钮（倒角），在视图中弹出的设置项中设置倒角方式为按多边形倒角、高度为−0.01 m、轮廓为−0.02 m（见图 10-53）；适当调整模型点位，即可得到加油机的功能按键区域（见图 10-54）。

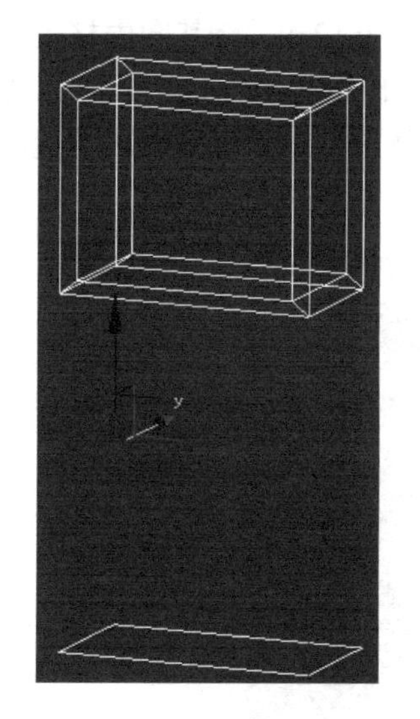

图 10-49　选择底部的 4 条竖边

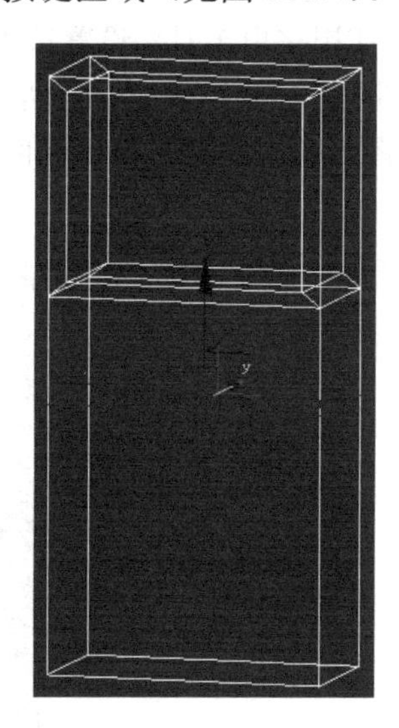

图 10-50　将闭环上移到适当的位置

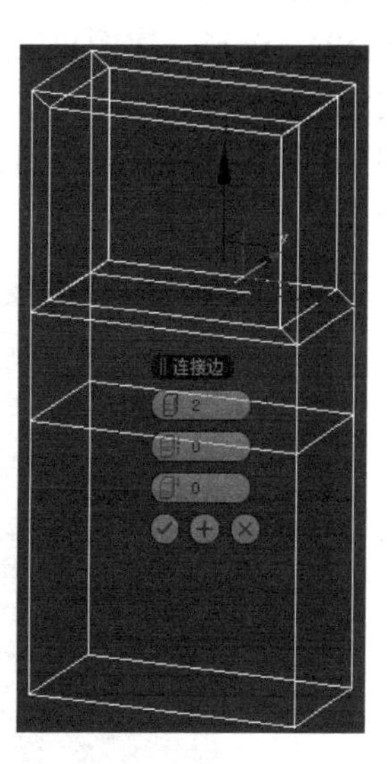

图 10-51　形成的 2 个分段

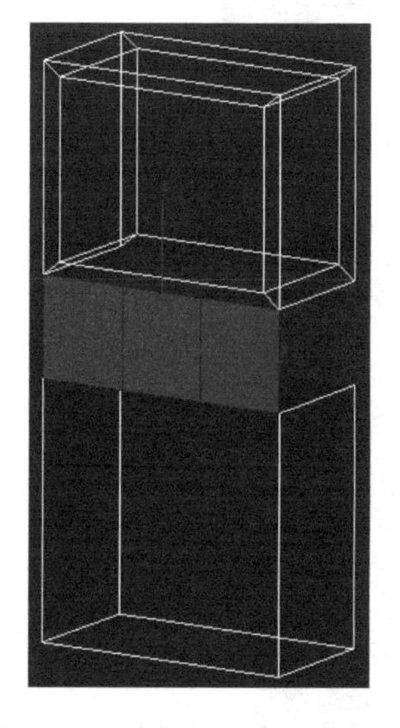

图 10-52　选择新生成的 6 个面

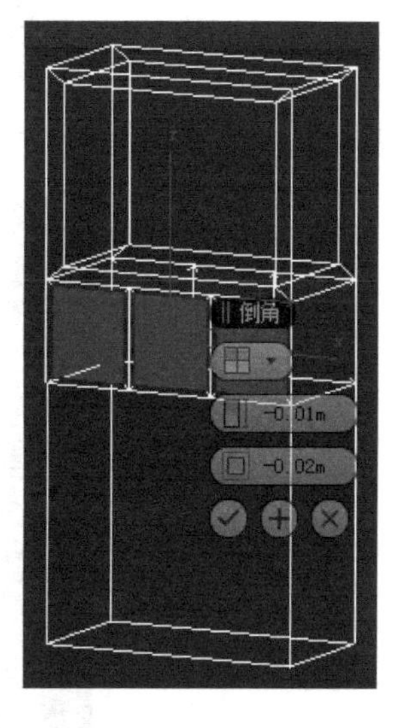

图 10-53　设置倒角参数

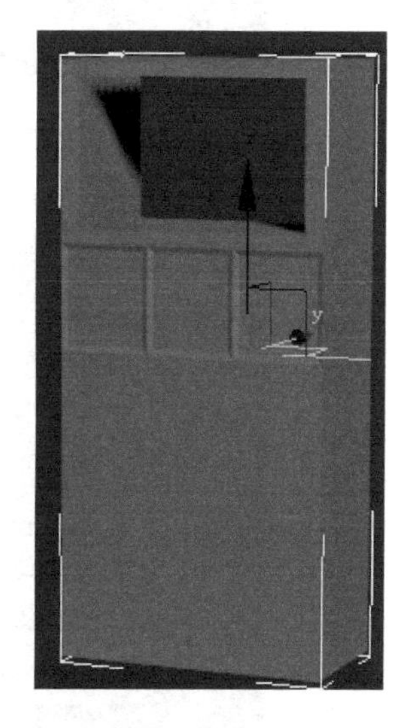

图 10-54　加油机的功能按键区域

创建好加油枪的功能按键区域后，接下来创建加油枪区域和加油枪。加油枪区域和加油枪是加油机的主要部分之一，也是最具有外形特征的部分。加油机区域是个凹槽区域，用于安置加油枪，其创建方法类似功能按键区域的创建方法。

在修改面板的边层级下选择底部的 4 条竖边（见图 10-55）；设置连接工具中的分段数为 2，将 4 条竖边连接起来生成 2 个闭环，使用移动工具将 2 个闭环上移至适当位置（见图 10-56）；选择新生成的 4 条横边，单击“连接”右侧的矩形按钮，在视图中弹出的设置项中设置分段数为 2，将 4 条横边连接起来生成 2 个分段（见图 10-57）；在多边形层级下选择新生成的 6 个面，单击“倒角”右侧的矩形按钮，在视图中弹出的设置项中设置倒角方式为按多边形倒角、倒角高度为 0 m、倒角轮廓为－0.05 m（见图 10-58）；选择倒角后产生的新面，再次使用倒角工具，设置倒角方式为按多边形倒角、倒角高度为－0.02 m、倒角轮廓为－0.02 m（见图 10-59）；选择二次倒角生成的面，使用挤出工具，设置挤出高度为－0.12 m，将其向内挤出一定的高度（见图 10-60）；在侧视图中开启角度锁定，将两侧的挤出平面分别向外旋转 15°（见图 10-61）；使用缩放工具在侧视图与前视图调整挤出面间距与整体厚度，即可完成加油枪区域的创建（见图 10-62）。

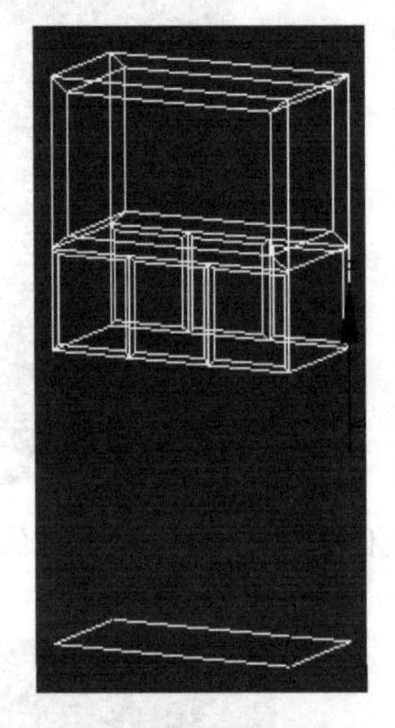

图 10-55　选择底部的 4 条竖边

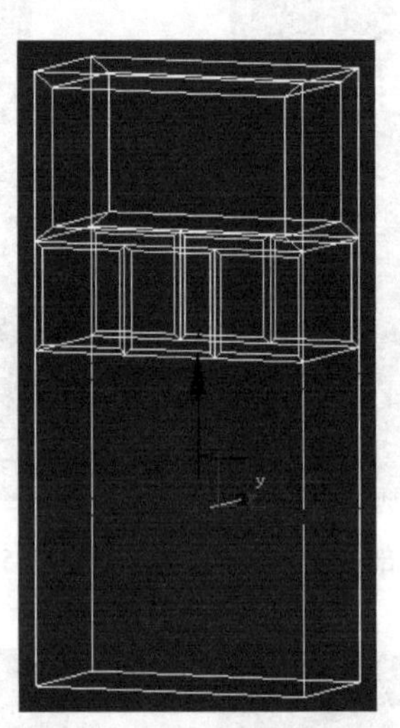

图 10-56　将 2 个闭环上移到适当的位置

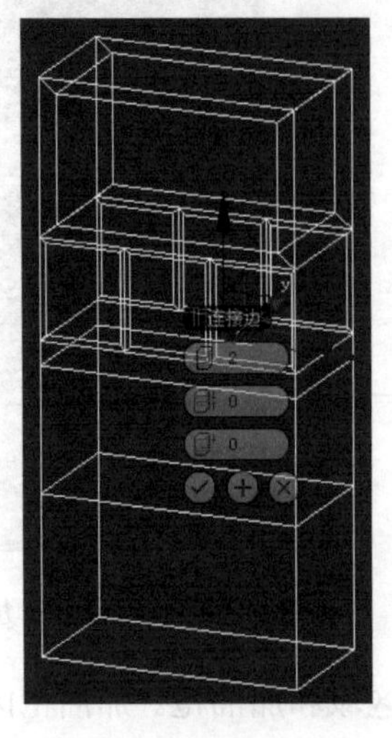

图 10-57　将 4 条横边连接起来生成 2 个分段

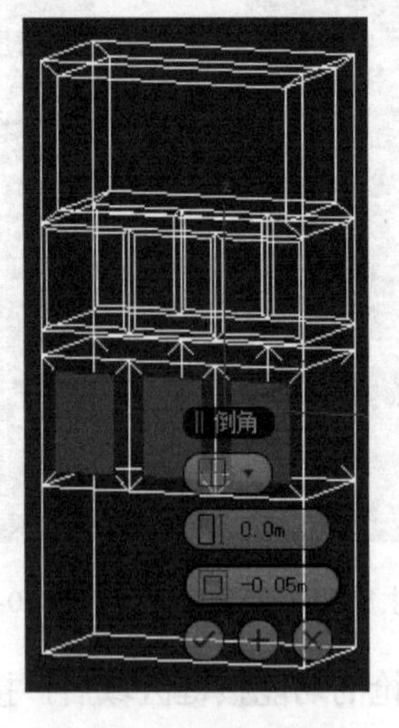

图 10-58　设置倒角参数

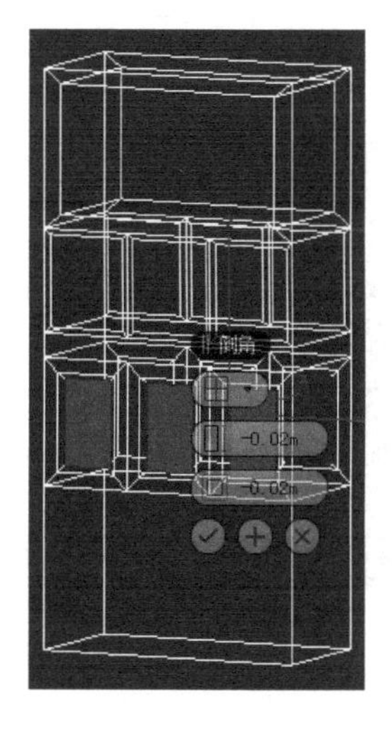

图 10-59　设置二次倒角的参数

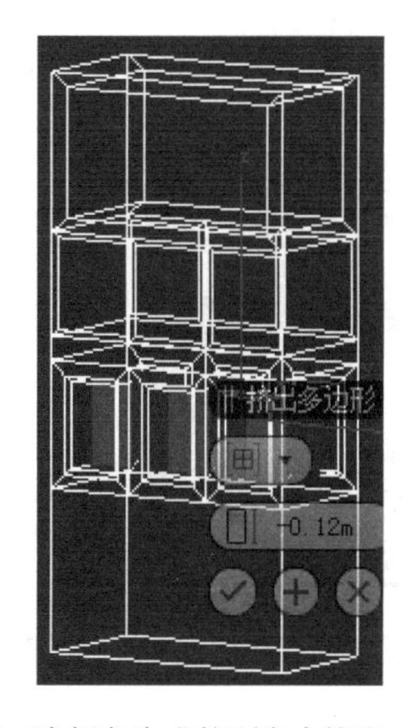

图 10-60　将二次倒角生成的面向内挤出一定的高度

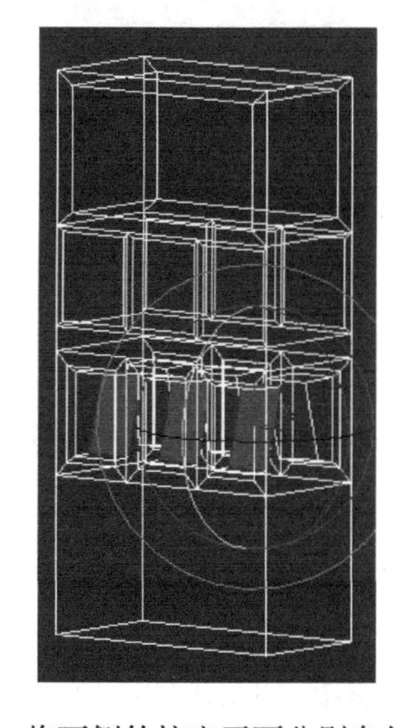

图 10-61　将两侧的挤出平面分别向外旋转 15°

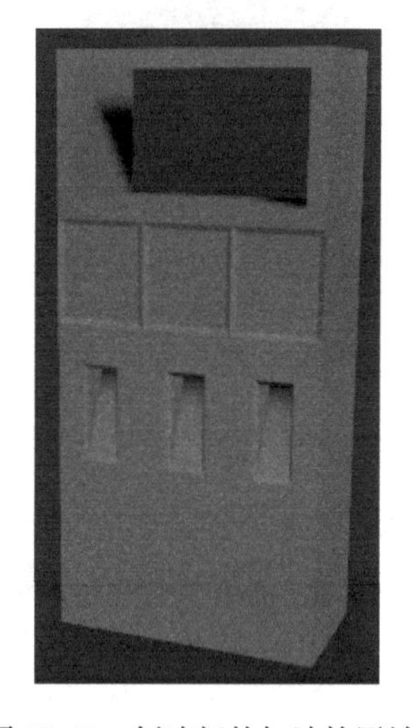

图 10-62　创建好的加油枪区域

加油枪如图 10-63 所示，由输油管与枪头两部分组成。输油管一端与加油机的顶部相连，另一端与加油枪的枪头相连，输油管的弯曲样式随意，可采用放样的方法创建。加油枪的枪头可分为两部分，一部分是圆柱状枪嘴，另一部分是异形枪身。在进行枪头的建模时，可分开创建，圆柱形的枪嘴与输油管一样，都可以采用放样的方法来创建，枪身可通过多边形变形的方法来创建。

图 10-63　加油枪示意图

选择菜单“创建→几何体”，在几何体层级下选择“标准基本体”，使用长方体工具在前视图中绘制一个长约 0.25 m、宽约 0.17 m、高约 0.1 m 的长方体（见图 10-64）；单击鼠标右键，在弹出的右键菜单中选择“转换为：→转换为可编辑多边形”；在修改面板的边层级下选择纵向的 4 条边，使用连接工具将其分为 3 段（见图 10-65）；选择新生成的 4 条横向边以及底部的 2 条横向边，使用连接工具在横向上生成 2 个分段（见图 10-66）。至此，长方体被分成了 7 个部分，在顶点层级下将新创建的线向右上方移动到合适的位置（见图 10-67）。

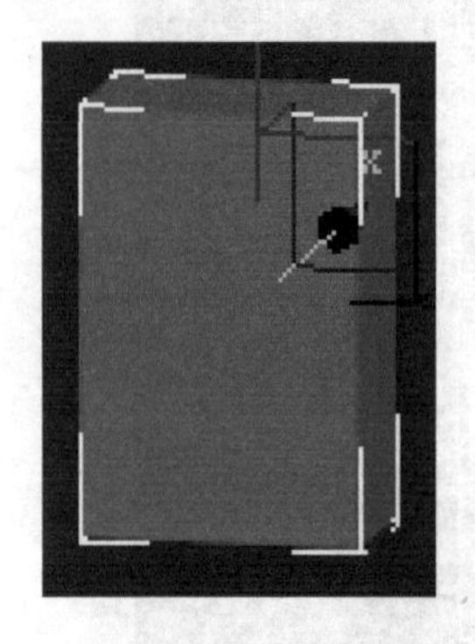
图 10-64　0.25 m×0.17 m×0.1 m 的长方体

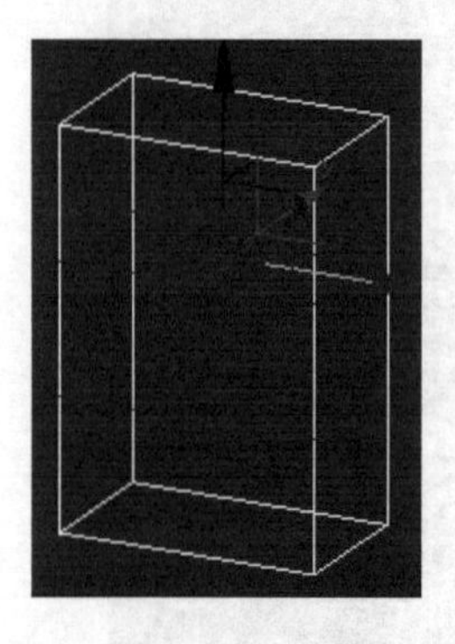
图 10-65　将纵向 4 条边分为 3 段

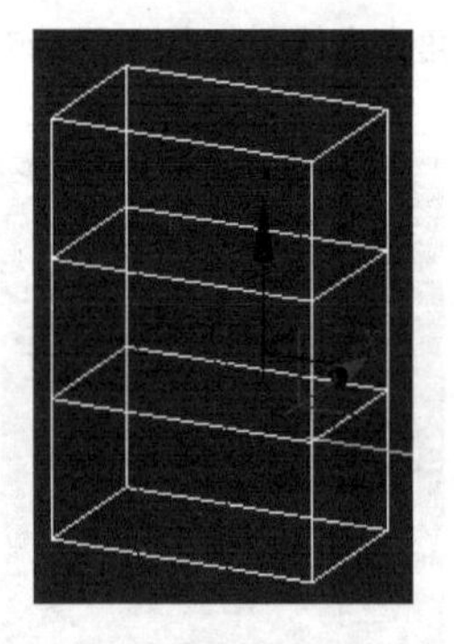
图 10-66　在横向上生成的 2 个分段

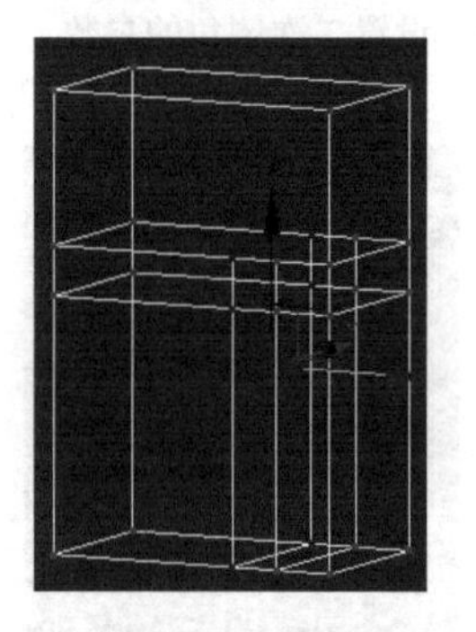
图 10-67　将新创建的线向右上方移动到合适的位置

在多边形层级下选择并删除前后两面中左下的多边形（见图 10-68），在边界层级下选择新生成的 2 个边界（见图 10-69）；按住 Shift 键，使用缩放工具将新生成的 2 个边界向内缩小（见图 10-70），生成新的边界；使用桥工具连接 2 个新边界（见图 10-71）；选择把手部分（见图 10-72），切换至侧视图，使用缩放工具将把手部分向内压缩（见图 10-73），可得到把手的初步模型（见图 10-74）。

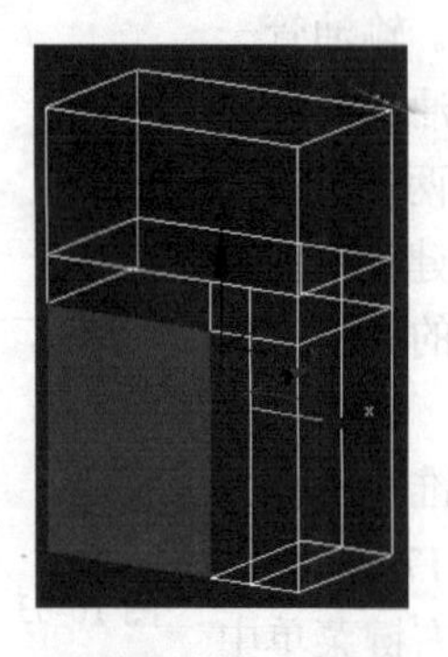
图 10-68　选中并删除前后两面中左下的多边形

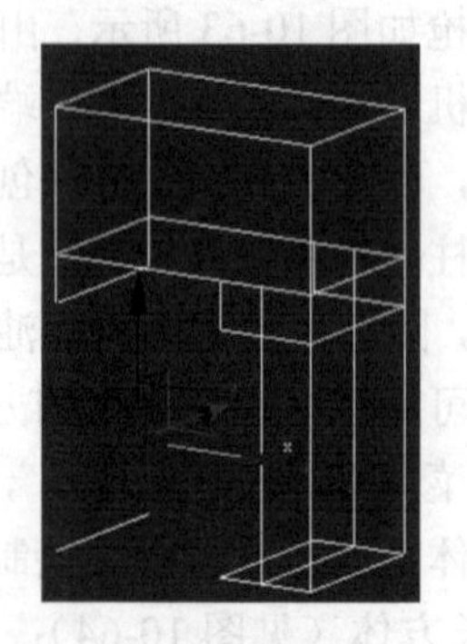
图 10-69　选择新生成的 2 个边界

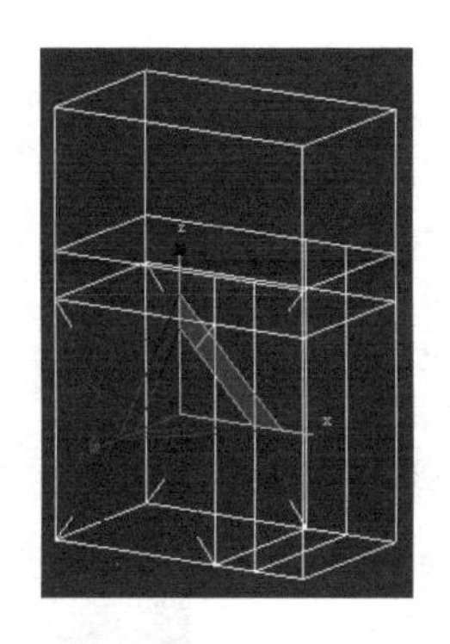

图 10-70　将新生成的 2 个边界向内缩小

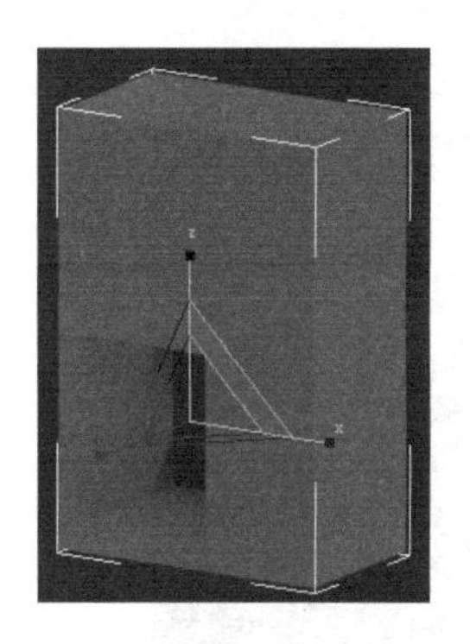

图 10-71　使用桥工具连接 2 个新边界

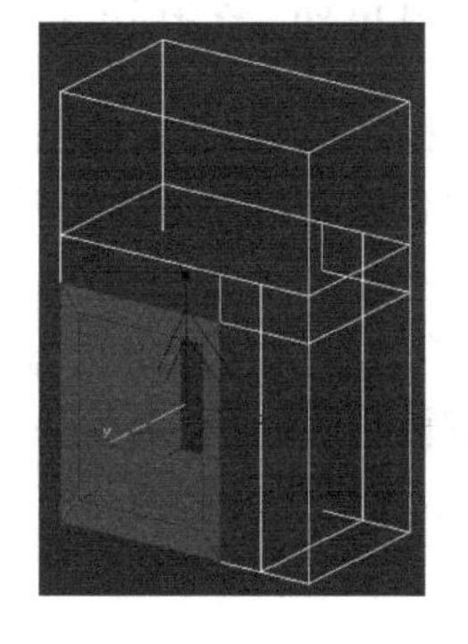

图 10-72　选择把手部分

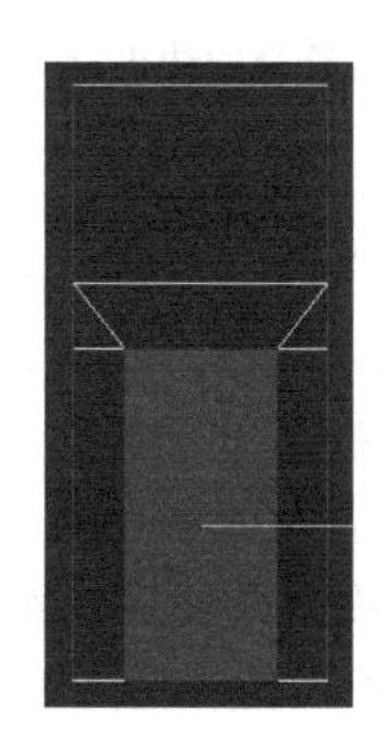

图 10-73　将把手部分向内压缩

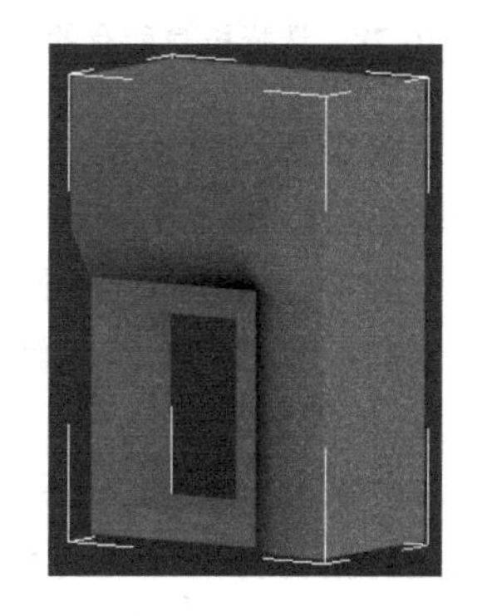

图 10-74　把手的初步模型

在边层级下选择枪身顶部的 2 条横向边，使用连接工具将其分为 2 段（见图 10-75），可在顶部生成 2 个新的多边形；选择右侧的多边形，使用挤出工具将其向上挤出 2 次（见图 10-76）；在顶点层级下选择新生成的顶部凸起，使用缩放工具将其向内缩小（见图 10-77），即可完成加油枪枪身与油嘴的连接。

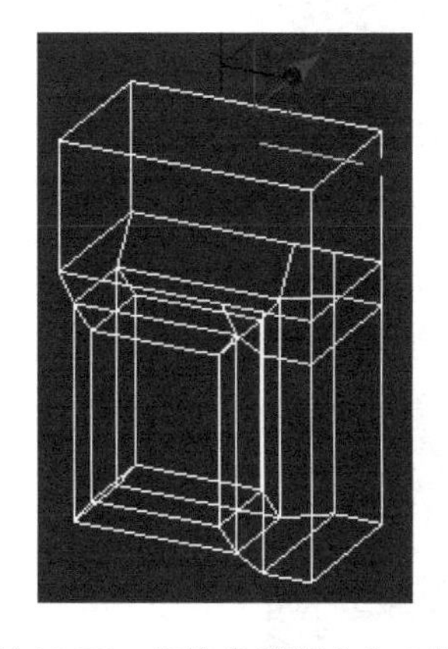

图 10-75　将枪身顶部分为 2 段

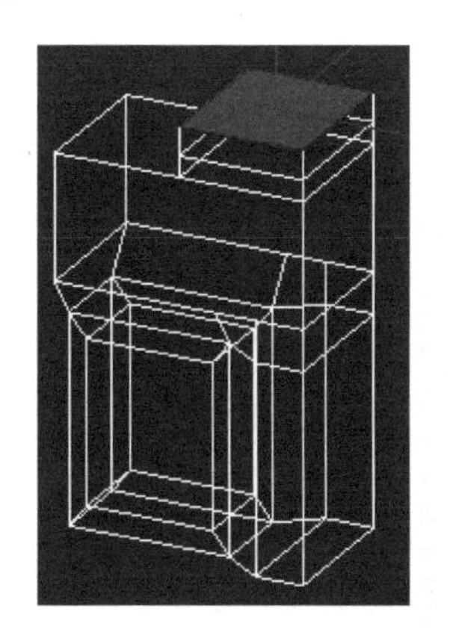

图 10-76　向上挤出右边的多边形

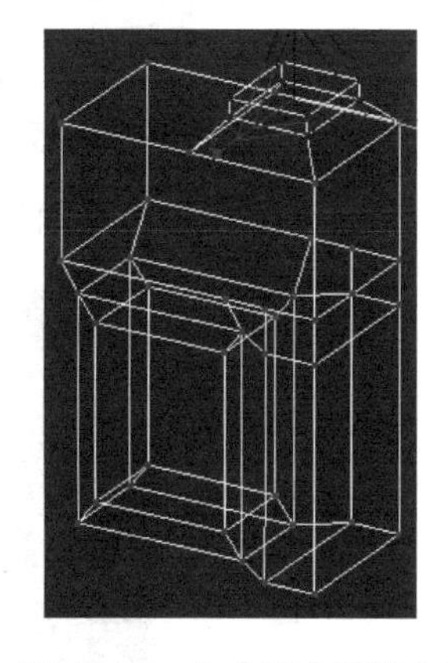

图 10-77　向内缩小顶部凸起

在边层级下选择枪身所有的边（见图 10-78），使用切角工具对其进行平滑处理（见图 10-79），可得到枪身的初步模型（见图 10-80）。

图 10-78 选择枪身所有的边

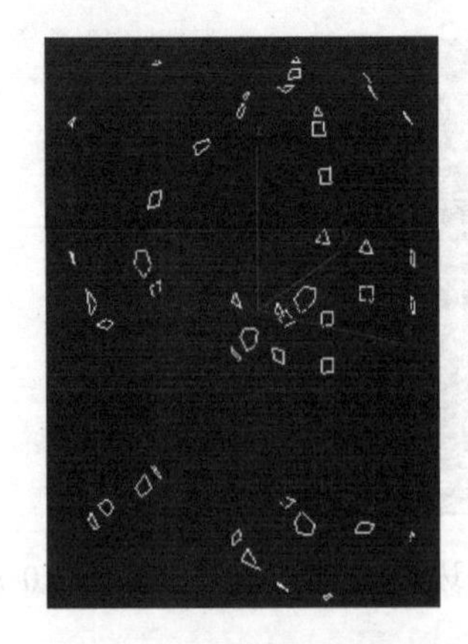

图 10-79 对枪身的边进行平滑处理

图 10-80 枪身的初步模型

在前视图中选择菜单“创建→样条线”，在样条线层级下选择“样条线”，使用样条线层级下的线工具绘制一小段折线（见图 10-81）；在侧视图中选择菜单“创建→样条线”，在样条线层级下选择“样条线”，使用样条线层级下的圆形工具绘制一个半径为 0.01 m 的圆（作为枪嘴的截面，见图 10-82）；选择折线后，选择菜单“创建→几何体”，在几何体层级下选择“复合对象”，使用放样工具开启创建方法中的获取图形功能，并单击创建好的枪嘴截面，即可得到放样后的结果（见图 10-83）；在修改面板修改相应的参数，使模型更加接近实物，将调整后的枪头与枪身打组，可得到加油枪的初步模型（见图 10-84）。

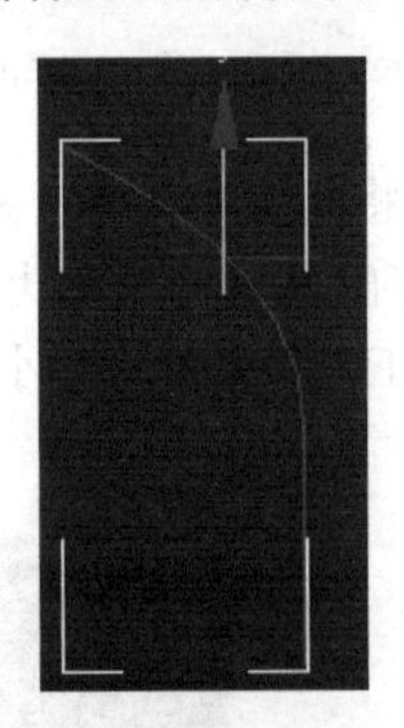

图 10-81 绘制的一小段折线

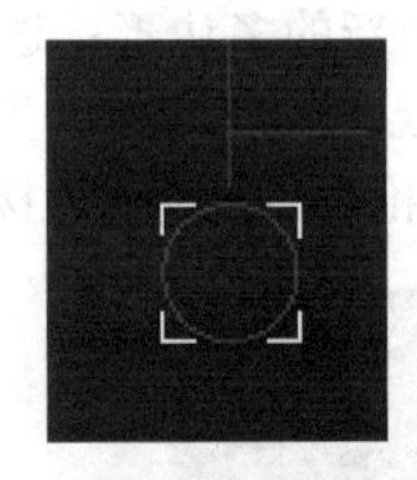

图 10-82 绘制的一个半径为 0.01 m 的圆

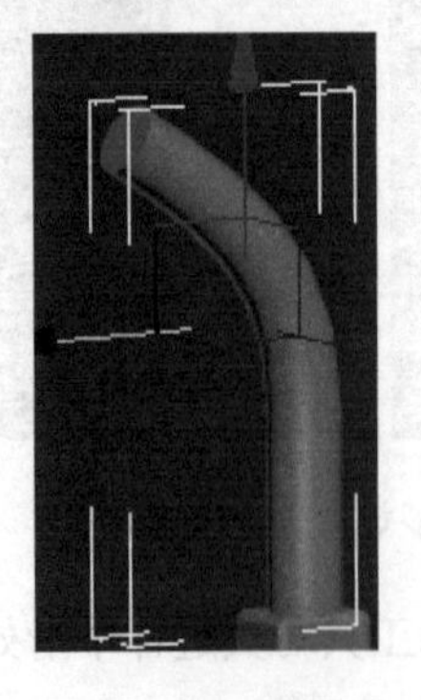

图 10-83 放样后的结果

图 10-84 加油枪的初步模型

将创建好的加油枪放置在加油机的相应位置后，再创建输油管。首先选择菜单“创建→

样条线”，在样条线层级下选择“样条线”，使用样条线层级下的线工具在侧视图中绘制一条由加油机顶部至加油枪底部的曲线（见图 10-85）；在前视图中绘制一个半径略小于加油枪嘴截面的圆，选择菜单“创建→几何体”，在几何体层级下选择“复合对象”，使用放样工具开启创建方法中的获取图形功能，并单击创建好的截面，即可得到放样后的结果（见图 10-86）。将加油枪与输油管打组，移动至相应位置，可得到加油机的初步模型（见图 10-87）。

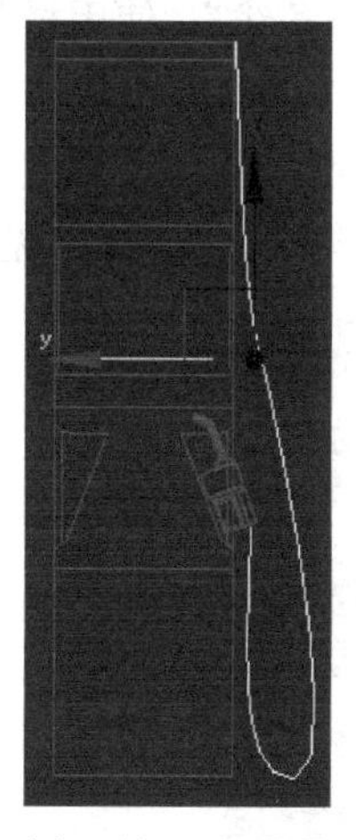

图 10-85　加油机顶部至加油枪底部的曲线

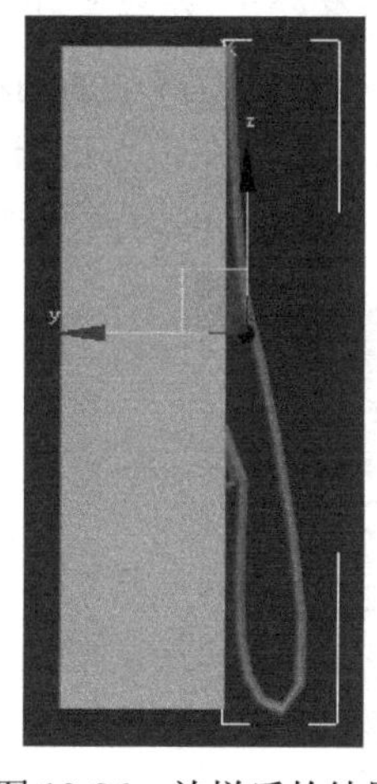

图 10-86　放样后的结果

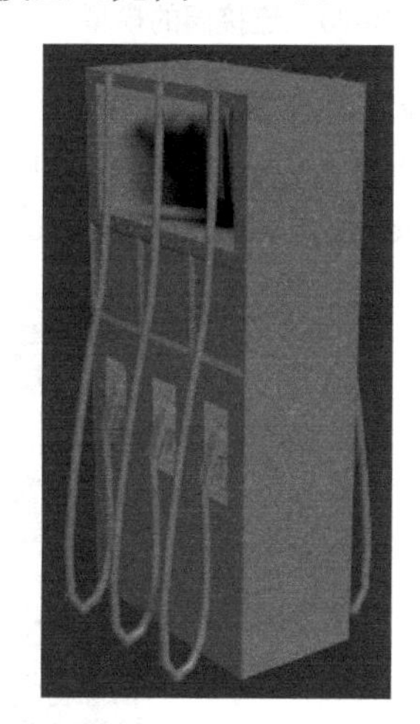

图 10-87　加油机的初步模型

10.4.2　加油机模型的细节处理

加油机模型的细节处理主要分为两部分，一部分是加油机机身的细节处理，另一部分是加油机附属设施的细节处理。

1. 加油机机身的细节处理

大部分加油机的侧边线都存在一定的弧度，需要进行细节处理。选择加油机机身，在修改面板的边层级下，选择加油机机身的 4 条侧边线（见图 10-88），使用切角工具，设置边切角量为 0.02 m，连接边分段数为 3（见图 10-89）。

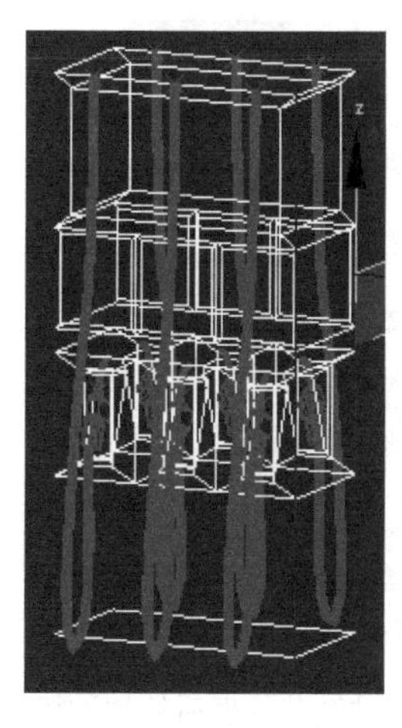

图 10-88　选择加油机机身的 4 条侧边线

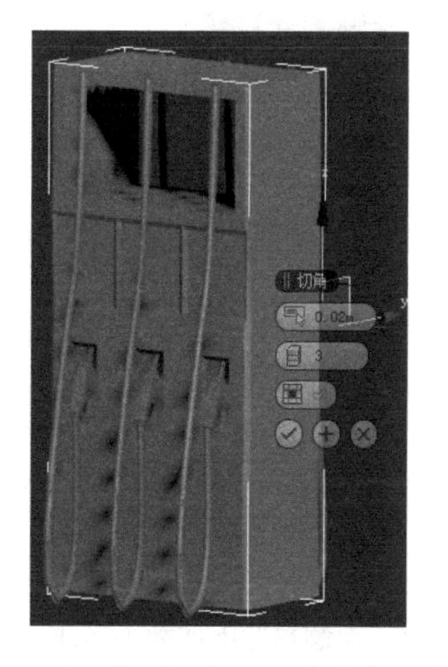

图 10-89　设置边切角量和连接边分段

图 10-90 连接阀的模型

输油管的连接阀位于加油机的顶部，外形类似一个小圆柱。选择菜单“创建→几何体”，在几何体层级下选择“标准基本体”，使用圆柱体工具绘制一个半径略大于输油管的圆柱体，并将其放置在相应位置即可。连接阀的模型如图 10-90 所示。

输油管的细节处理可以使用放样的方法来进行。选择菜单“创建→样条线”，在样条线层级下选择“样条线”，使用样条线层级下的线工具在侧视图中绘制一条由加油机顶部至加油枪底部的曲线，该曲线可以作为输油管的走向线（见图 10-91）；切换至前视图，在顶点层级下选择中间的点，移动并修改点的位置与 Bezier 角点，使之产生偏移（见图 10-92）；再切换至侧视图，调整走向线位置即可（见图 10-93）。

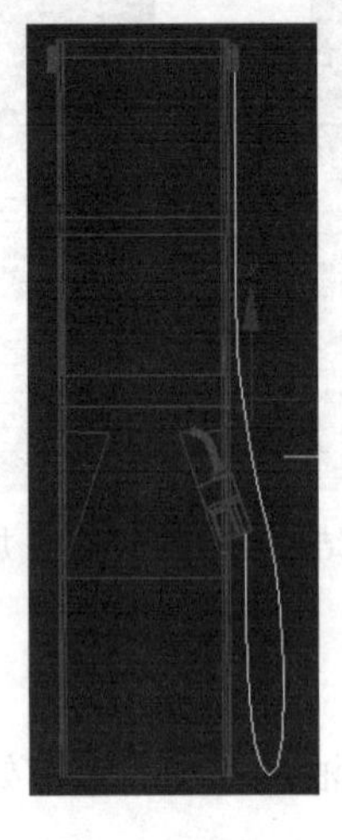

图 10-91 输油管的走向线

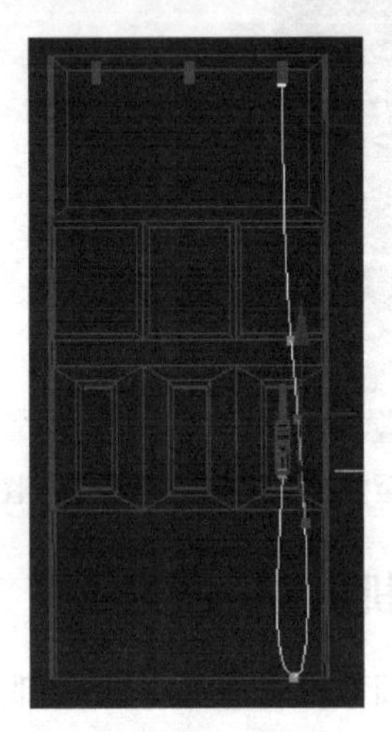

图 10-92 在前视图中调整点位

在前视图中绘制一个半径略小于加油枪枪嘴截面的圆，选择菜单“创建→几何体”，在几何体层级下选择“复合对象”，使用放样工具开启创建方法中的获取图形，并单击创建好的截面，即可完成放样。将加油枪与输油管打组后，移动至相应位置，即可得到经过细节处理后的加油机模型（见图 10-94）。

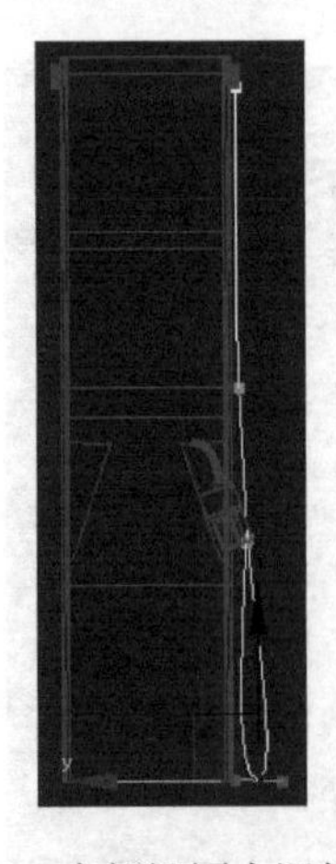

图 10-93 在侧视图中调整走向线

图 10-94 经过细节处理后的加油机模型

2．加油机附属设施的细节处理

加油机有很多的附属设施（见图 10-95），如灭火器、广告牌等。加油机顶视图如图 10-96 所示，附属设施的模型精度应当与加油机尺寸相匹配，在对加油机的附属设施进行细节处理时，应当注意加油机顶视图的尺寸。

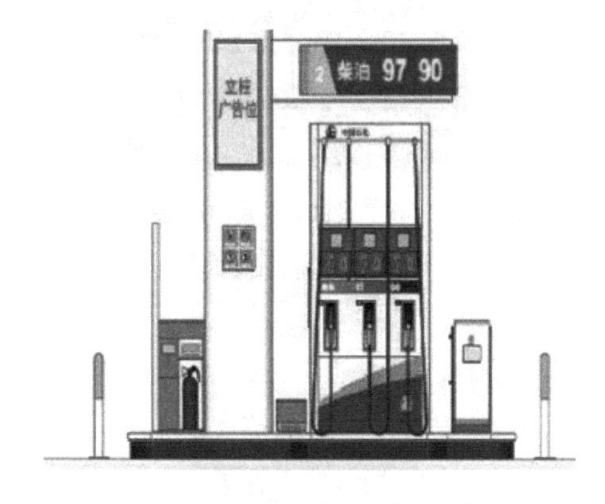

图 10-95　加油机附属设施示意图

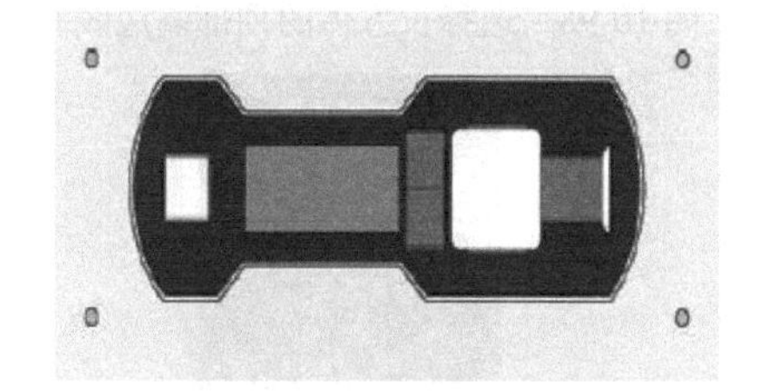

图 10-96　加油机顶视图

从图 10-95 中不难看出，加油机的附属设施都可近似为长方体。选择菜单“创建→几何体”，在几何体层级下选择“标准基本体”，使用长方体工具在视图中根据顶视图绘制不同尺寸的长方体，并放置在相应位置。加油机附属设施的几何近似如图 10-97 所示。

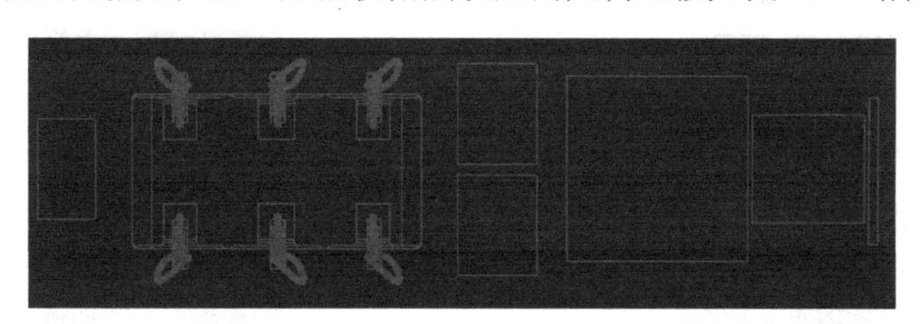

图 10-97　加油机附属设施的几何近似

（1）左侧控制箱的创建。通过观察可知，控制箱的外侧有一层圆角矩形的包裹。选择左侧的长方体，单击鼠标右键，在弹出的右键菜单中选择“转换为：→转换为可编辑多边形”，在修改面板的边层级下，选择长方体的顶部侧边线（见图 10-98）；使用切角工具为顶部侧边线添加切角，设置边切角量为 0.06 m、连接边分段数为 3（见图 10-99）；在多边形层级下选择并删除前后两个面（见图 10-100）；在边界层级选择新生成的 2 个边界，按住 Shift 键，使用缩放工具将其向内缩小，生成新的边界（见图 10-101）；在顶点层级下调整新边界下部边缘的位置（见图 10-102）；在边界层级下使用封口工具将其密闭，形成新的多边形；在多边形层级下选择新生成的 2 个多边形（见图 10-103）；使用挤出工具将多边形向外挤出，设置挤出高度为 0.02 m（见图 10-104），得到的控制箱模型如图 10-105 所示。

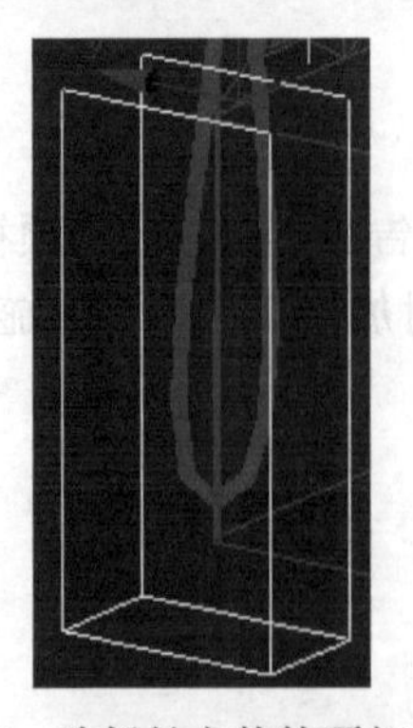

图 10-98　选择长方体的顶部侧边线

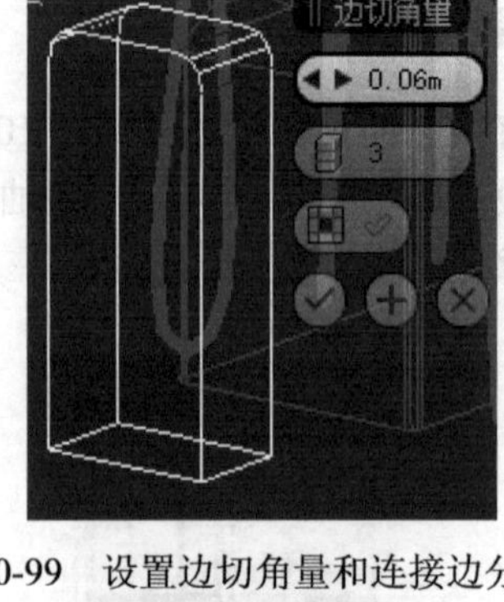

图 10-99　设置边切角量和连接边分段数

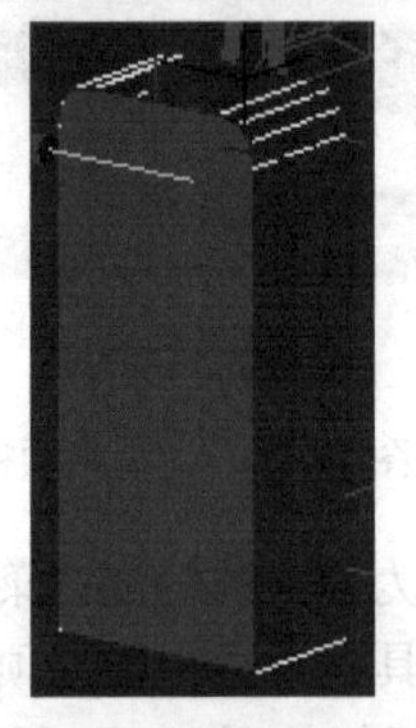

图 10-100　选择并删除前后 2 个面

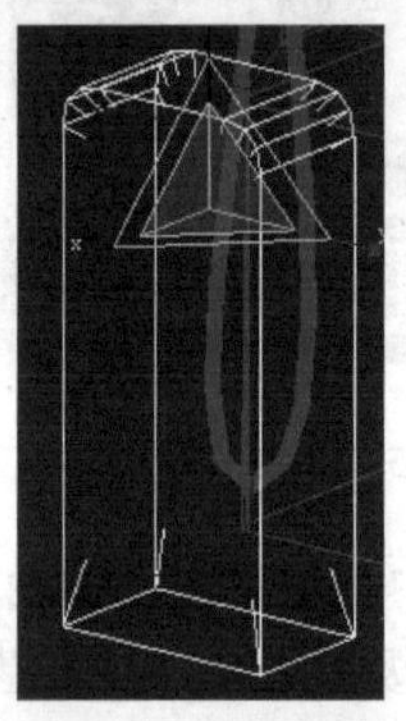

图 10-101　生成新的边界

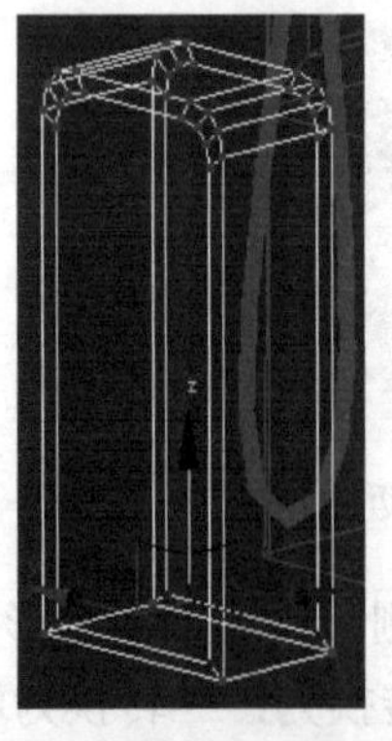

图 10-102　调整下部边缘线的位置

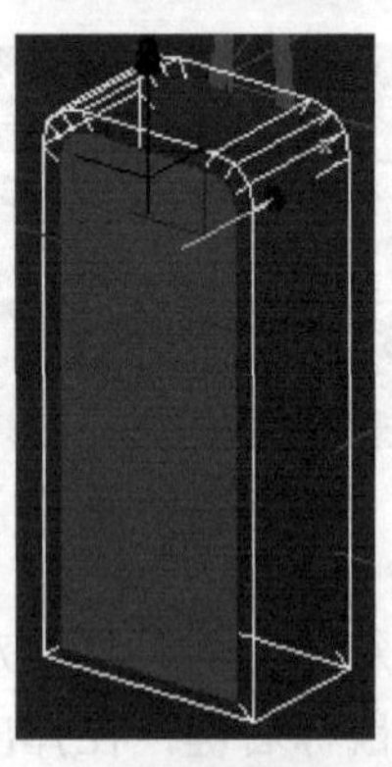

图 10-103　选择新生成的 2 个多边形

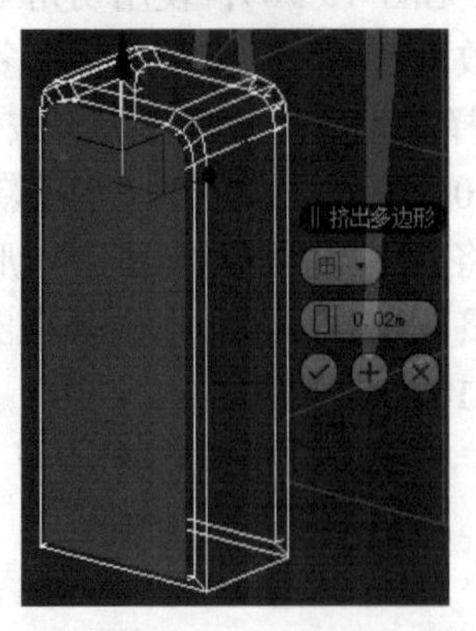

图 10-104　将多边形向外挤出（挤出高度为 0.02 m）

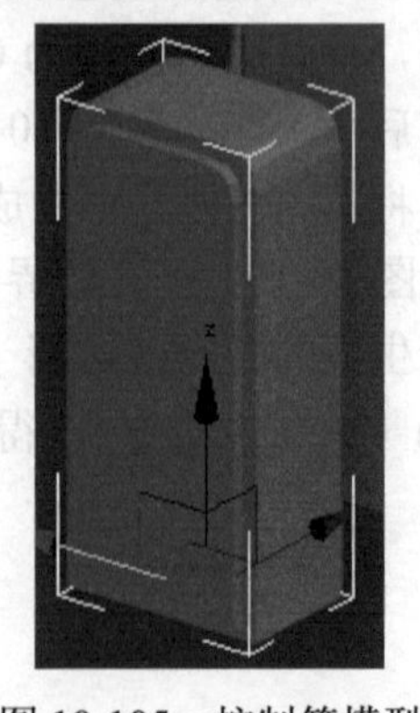

图 10-105　控制箱模型

（2）灭火器放置架的创建。灭火器的放置架呈倒 L 形，选择创建好的长方体，设置其宽度分段数为 2（见图 10-106）；单击鼠标右键，在弹出的右键菜单中选择“转换为：→转换为可编辑多边形”；在修改面板的多边形层级下选择下部右侧的底面（见图 10-107）；使用挤出工具将其向下挤出一定高度（见图 10-108）；在顶点层级下使用移动工具调整各点位即可（见图 10-109）；在边层级下选择所有的边线，使用挤出工具，设置挤出高度为−0.01 m、挤出宽度为 0.01 m，可得到灭火器放置架模型（见图 10-110）。

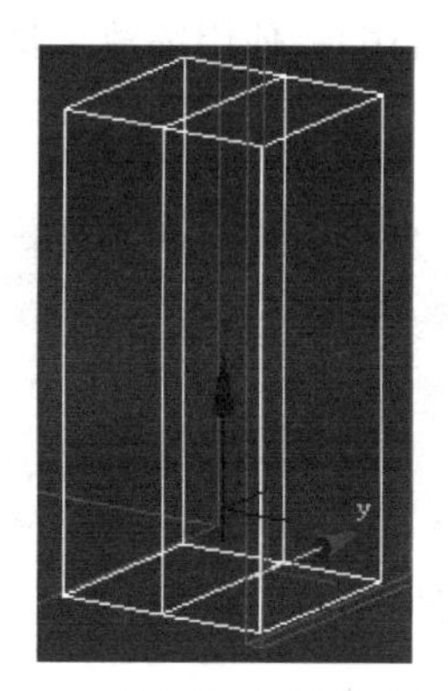

图 10-106　设置长方体的分段数为 2

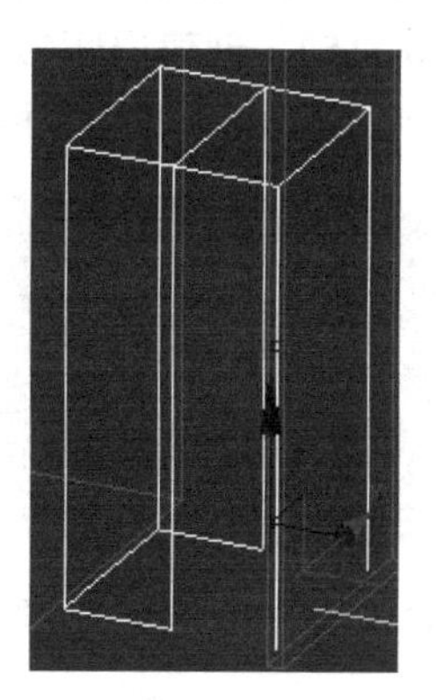

图 10-107　选择下部右侧的底面

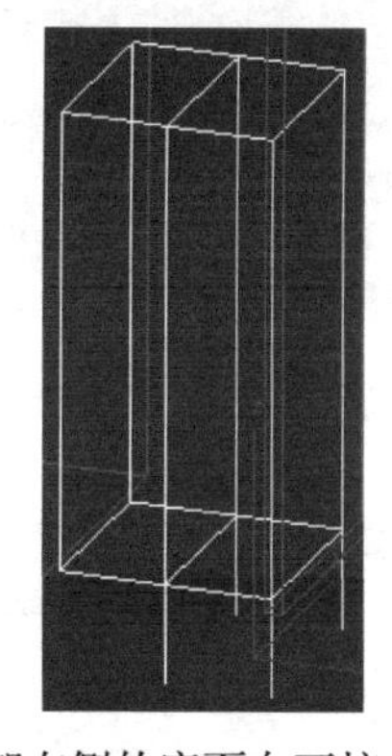

图 10-108　将下部右侧的底面向下挤出一定的高度

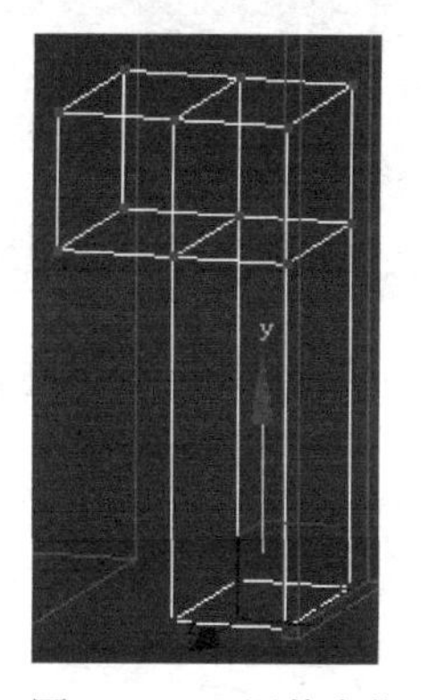

图 10-109　调整点位

（3）侧方挡板和加油机旁的功能盒子创建。侧方挡板和功能盒子的模型结构较为简单，只需将其转化为可编辑多边形并为其边添加一定的切角即可，侧方挡板的模型如图 10-111 所示，功能盒子的模型如图 10-112 所示。

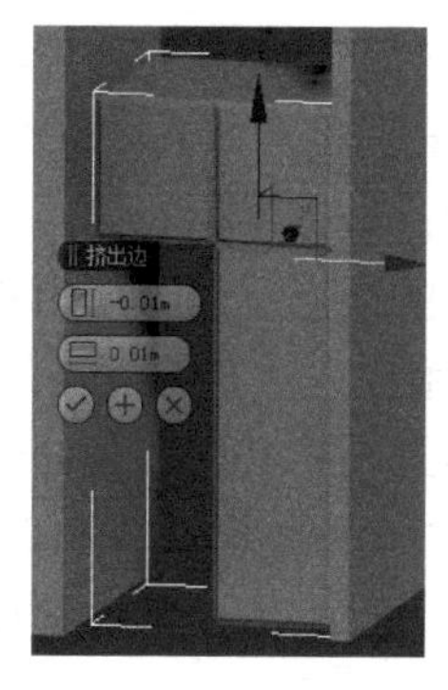

图 10-110　灭火器放置架模型

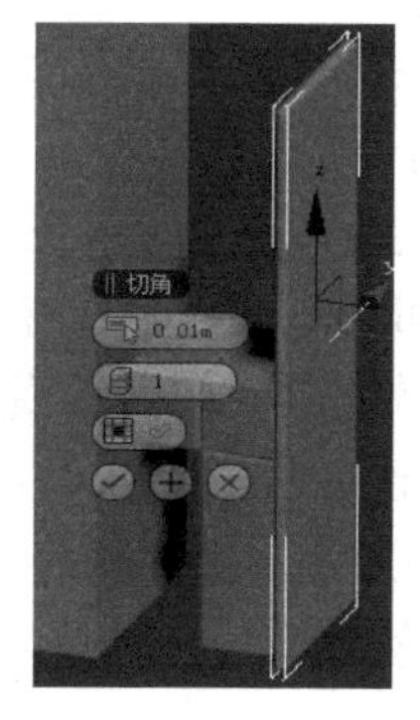

图 10-111　侧方挡板模型

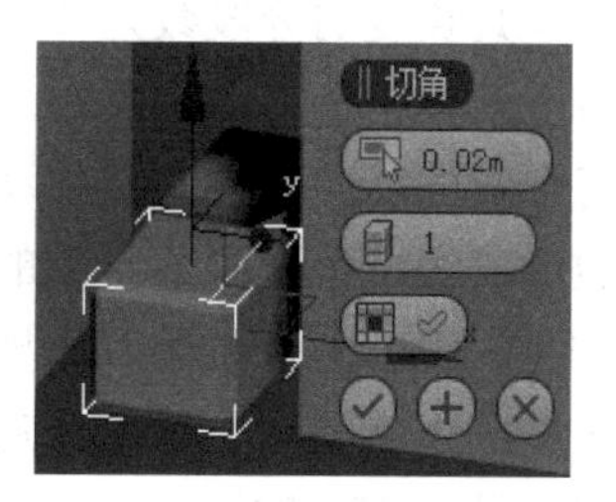

图 10-112　功能盒子模型

（4）加油机底座的创建。在顶视图中，加油机底座呈现不规则的哑铃形，中间留有一定的空隙，便于工作人员站立操作加油机。在顶视图中选择菜单“创建→几何体”，在几何体层级下选择“标准基本体”，使用长方体工具绘制一个长约 3.2 m、宽约 1.1 m、高约 0.1 m 的长方体，设置宽度的分段数为 4、长度的分段数为 7（见图 10-113）。单击鼠标右键，在弹出的右键菜单中选择“转换为：→转换为可编辑多边形”；在修改面板的顶点层级下，选择并按图 10-114 所示重新排布分段至相应位置；选择加油机底座外侧的点位，使用缩放工具将其向中间缩小（见图 10-115），创建出哑铃状的模型（见图 10-116）；使用缩放工具，调整哑铃状模型的侧边线，即可得到加油机底座模型（见图 10-117）。

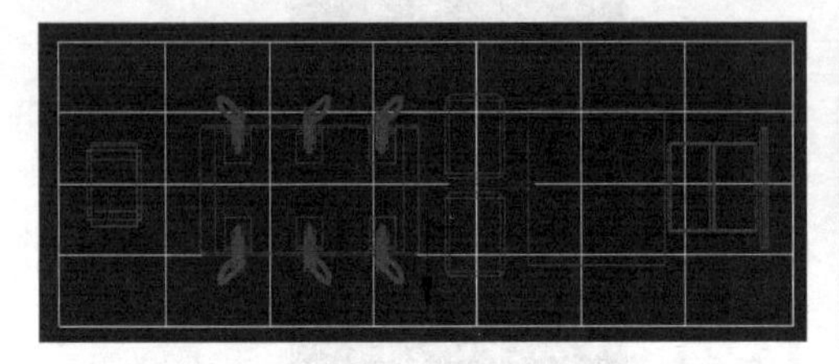

图 10-113　设置长方体的长度和宽度分段数

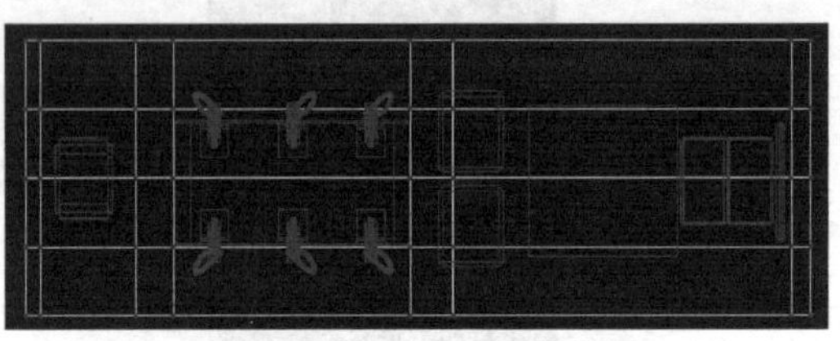

图 10-114　重新排布分段的位置

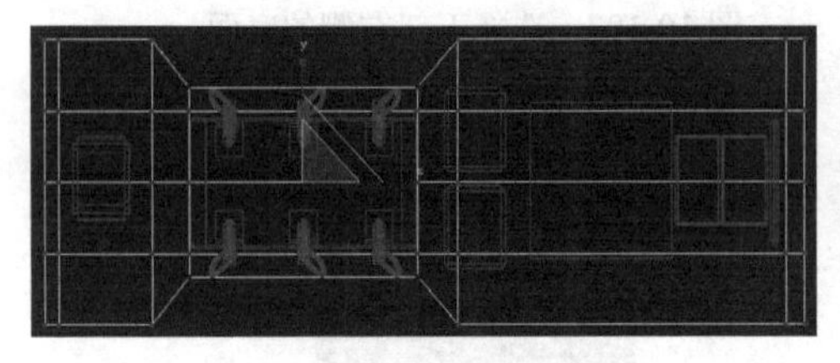

图 10-115　向内收缩加油机底座外侧的点位

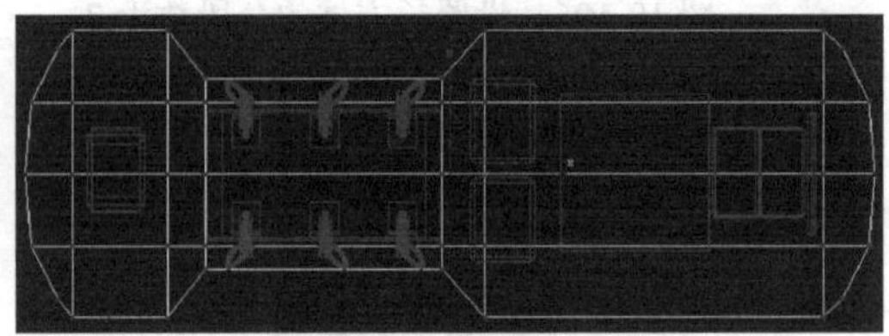

图 10-116　哑铃状的模型

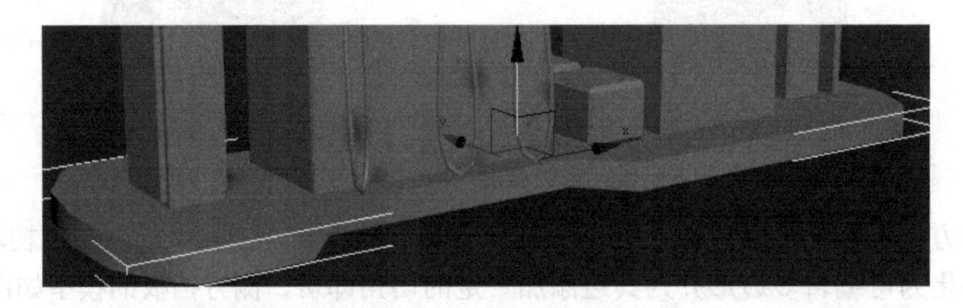

图 10-117　加油机底座模型

（5）加油机顶部灯牌的创建。在顶视图中选择菜单“创建→几何体”，在几何体层级下选择“标准基本体”，使用长方体工具绘制一个长约 1.5 m、宽约 0.25 m、高约 0.5 m 的长方体，并设置其长度的分段数为 2、设置高度的分段数为 3（见图 10-118）；单击鼠标右键，在弹出的右键菜单中选择“转换为：→转换为可编辑多边形”；在修改面板的顶点层级下使用移动工具将中间的纵向分段向右移动，使用缩放工具将中间的横向分段间距放大（见图 10-119）；在多边形层级下选择中部左侧的 3 个多边形（见图 10-120）；使用挤出工具将其向外延伸一定距离（见图 10-121）；选择 2 个侧面，使用缩放工具沿 x 轴将其向外放大一定距离（见图 10-122）；在边层级下选择新生成的凸起侧边线，使用切角工具使之平滑，即可得到加油机顶部灯牌的模型（见图 10-123）。

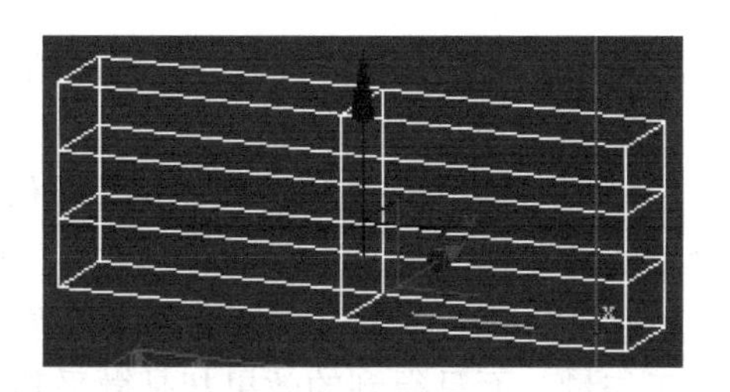

图 10-118　设置长方体的长度和高度分段数

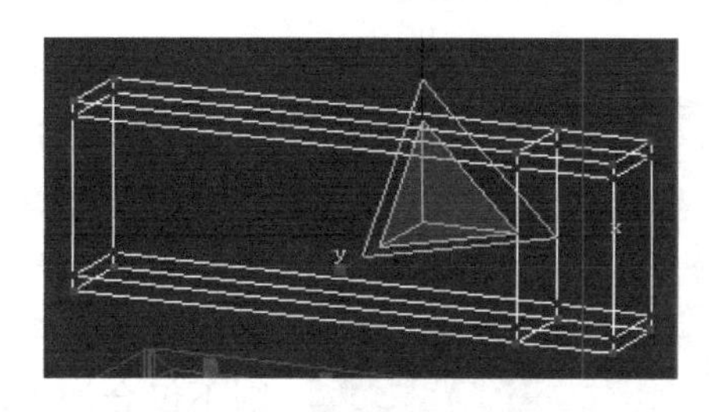

图 10-119　放大横向分段间距

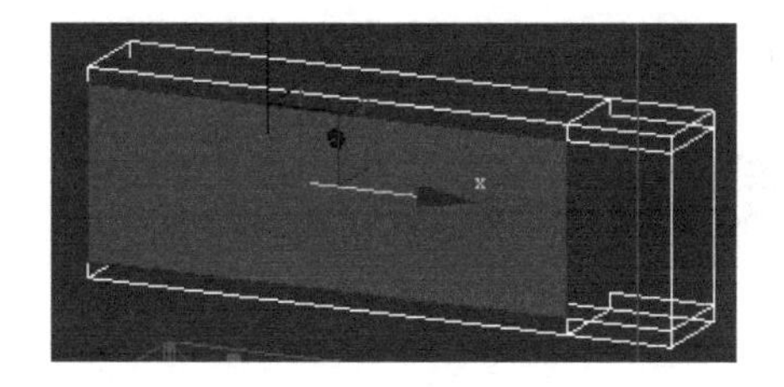

图 10-120　选择中部左侧的 3 个多边形

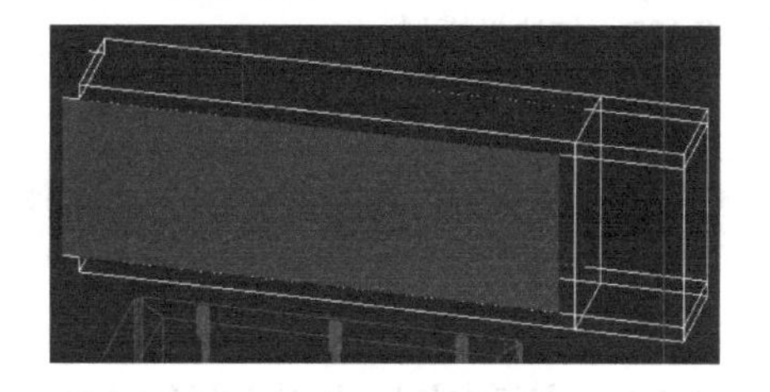

图 10-121　将 3 个多边形向外延伸一定的距离

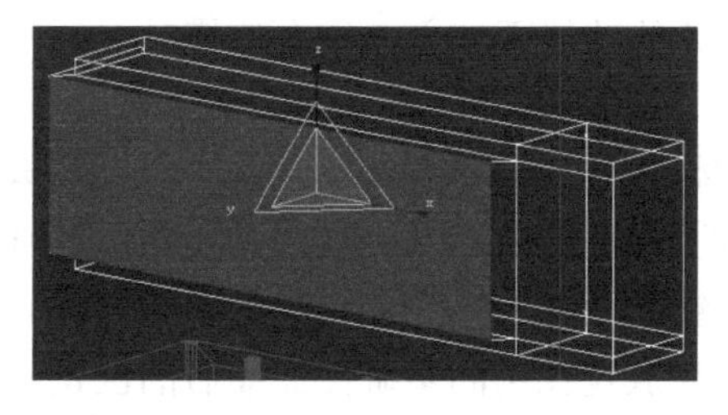

图 10-122　沿 x 轴向外放大 2 个侧面

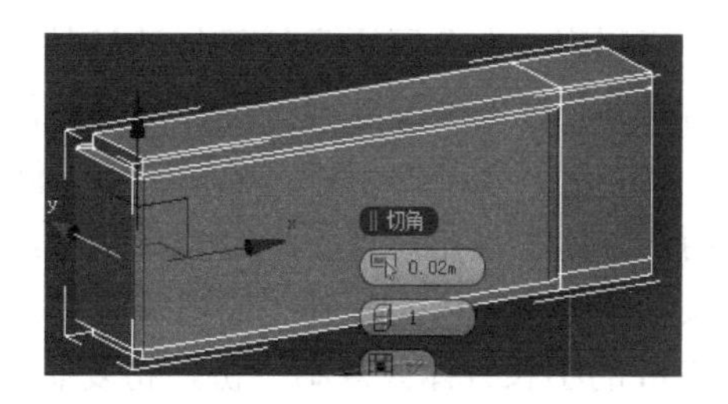

图 10-123　加油机顶部灯牌模型

（6）安全柱的创建。安全柱从模型角度看就是一个简单的圆柱体，分布在底座旁。选择菜单“创建→几何体”，在几何体层级下选择“标准基本体”，使用圆柱体工具绘制一个底面半径为 0.02 m、高度为 0.7 m 的圆柱体，并将高度的分段数设置为 2（见图 10-124）；单击鼠标右键，在弹出的右键菜单中选择“转换为：→转换为可编辑多边形”，在修改面板的边层级下开启窗口/交叉工具（■），选择分段将其向上移动到适当的位置（见图 10-125）；使用挤出工具将其向内挤出一定距离，即可得到安全柱模型（见图 10-126），将安全柱模型复制 3 份并移动到相应的位置即可。

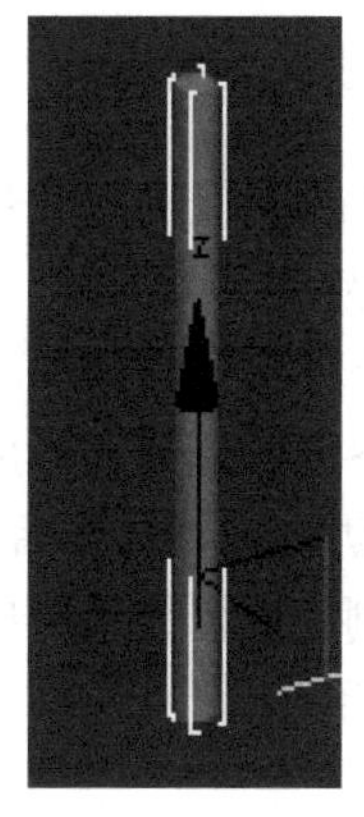

图 10-124　绘制圆柱体

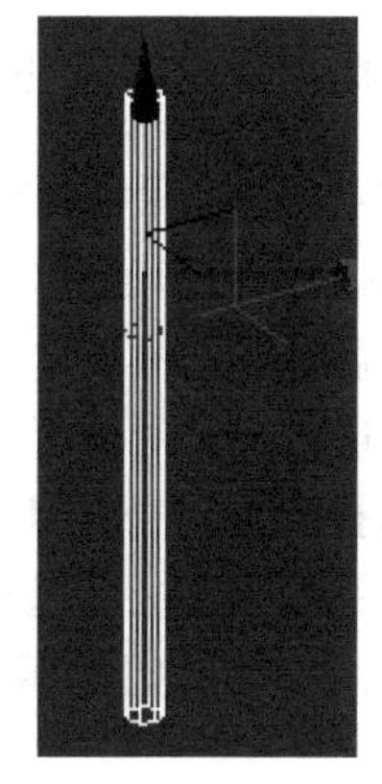

图 10-125　将分段移动到适当的位置

图 10-126　安全柱模型

图 10-127　加油机模型

将全部模型打组、复制并移动至相应位置即可得到加油机模型（见图 10-127）。

需要注意的是，关于加油机的功能按键区域，在这里不做细化，其原因是在智慧城市地上实体建模时，加油站是基础单位。无论简易模型还是精细模型，加油机的功能按键区域都无须太过精细，否则不仅会加大建模师的工作量，而且得到的效果却是微乎其微的。在此再次提醒读者，在建模中，当计算机的性能有限，对精度要求不高时，对精度的要求无须过分苛刻，把握好主体即可。

10.5　便利店与办公区的建模及细节处理

10.5.1　便利店与办公区的建模

便利店与办公区通常位于加油站的后面，是重要的功能区域之一，在建模时无须考虑便利店与办公区的内部陈列与设计，仅关注外形即可。

（1）房间基础的创建。选择菜单“创建→几何体”，在几何体层级下选择“标准基本体”，使用长方体工具在顶视图中绘制一个长约 15 m、宽约 6 m、高约 4.4 m 的长方体（见图 10-128），该长方体将作为房间基础；使用长方体工具在顶视图中绘制一个长约 12 m、宽约 0.75 m、高约 4 m 的小长方体并复制一份，将复制后的小长方体放置在房间基础前面靠右的位置，并与房间基础交叉（见图 10-129）；选择房间基础，选择菜单“创建→几何体”，在几何体层级下选择“复合对象”，选择布尔工具，设置操作模式为“切割”和“移除内部”，选择“拾取操作对象 B”并拾取小长方体，可得到一个被打开的房间基础（见图 10-130）。

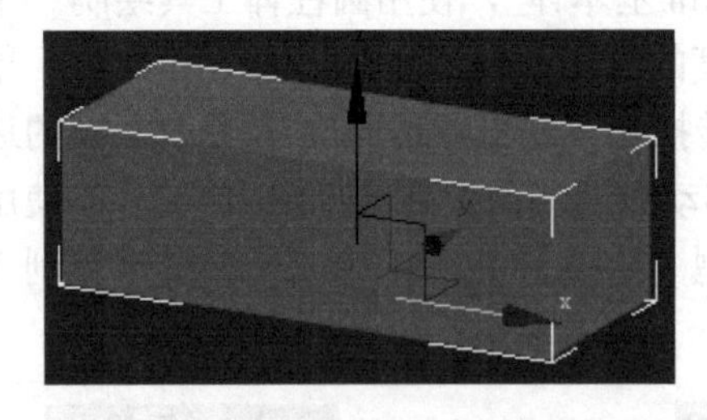

图 10-128　创建作为房间基础的长方体

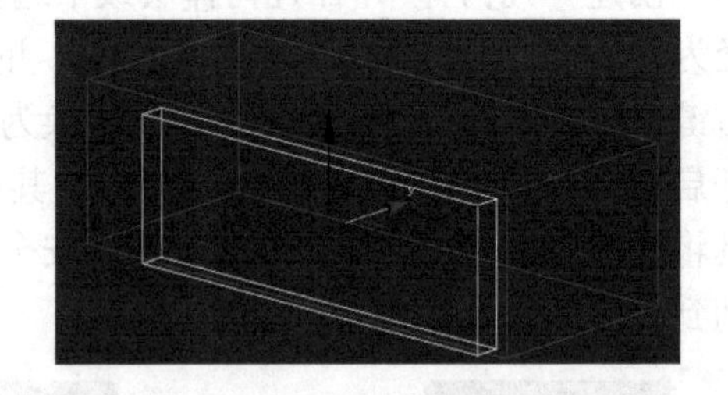

图 10-129　小长方体的放置位置

（2）门框的创建。将创建好的小长方体转换为可编辑多边形，在修改面板的多边形层级下选择并删除小长方体的前后两个面（见图 10-131），可生成 2 个新边界；在边界层级下选择生成的 2 个新边界，按住 Shift 键，使用缩放工具将 2 个新边界向内缩小，再使用移动工具将新边界向下移动到适当的位置（见图 10-132）；使用桥工具将两个新边界连接起来，形成一个方形环（见图 10-133）；在顶点层级下选择内环前部的 4 个点，使用移动工具将其向后移动，此时方形环呈漏斗状（见图 10-134）；在多边形层级下选择环形内部两侧的面，使用挤出工具将其向内挤出 0.4 m，可完成内边的创建，得到的门框模型如图 10-135 所示。

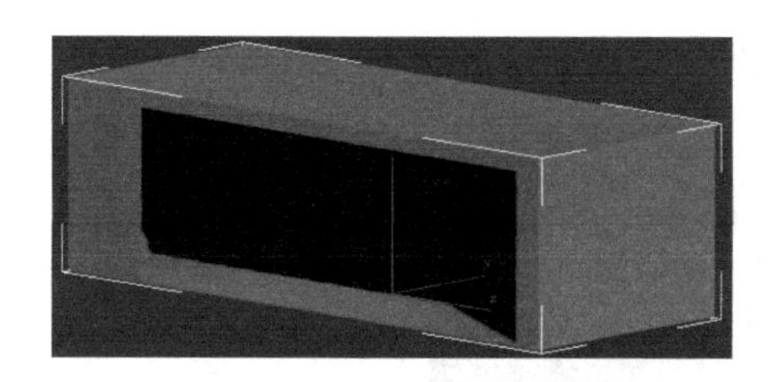

图 10-130　被打开的房间基础

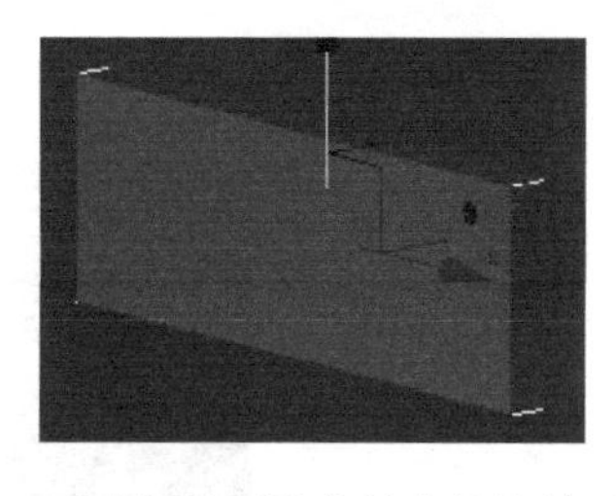

图 10-131　选择并删除小长方体的前后两个面

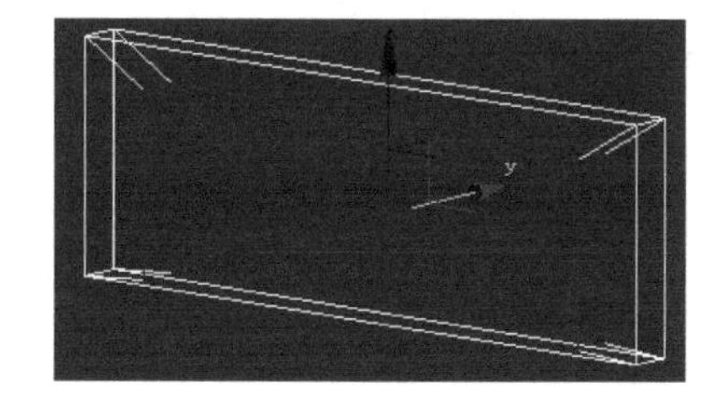

图 10-132　将 2 个新边界移动到适当的位置

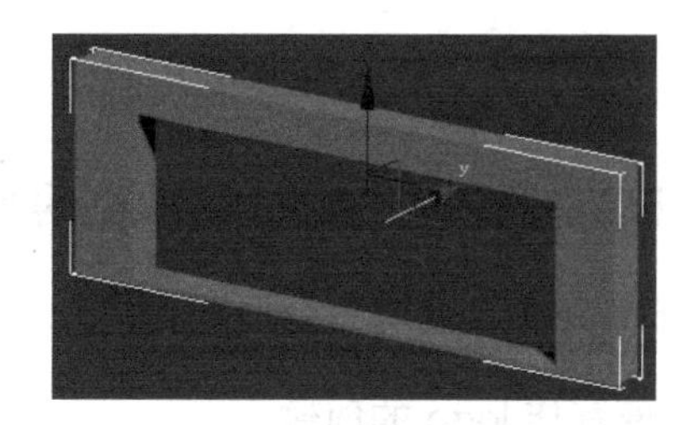

图 10-133　形成的方形环

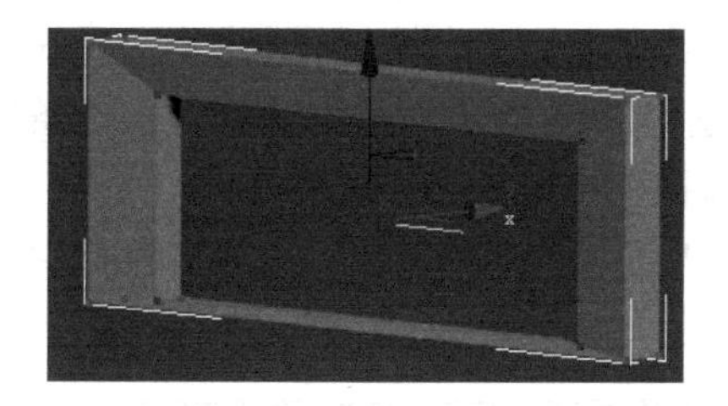

图 10-134　漏斗状的方形环

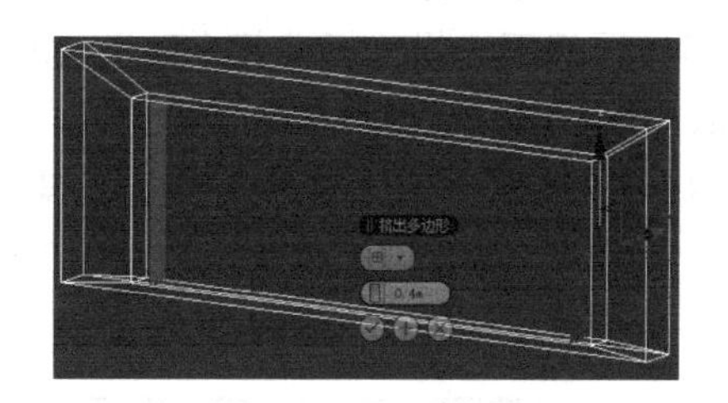

图 10-135　门框的模型

（3）门框支柱的创建。选择菜单“创建→几何体”，在几何体层级下选择“标准基本体”，使用长方体工具在顶视图中绘制一个长约 0.16 m、宽约 0.08 m、高约 3.17 m 的长方体，使用阵列工具将其横向复制 2 份，设置间距为 2.8 m，将得到的图形打组并放置在门框相应位置，即可形成门框支柱（见图 10-136）。

（4）玻璃门的创建。简易的玻璃门可直接使用一整块透明面来近似。选择菜单“创建→几何体”，在几何体层级下选择“标准基本体”，使用平面工具在前视图绘制一个适合门框大小的平面，使用 Alt+X 组合键使平面呈现半透明状，使用移动工具将其移动到相应的位置，即可完成玻璃门的创建（见图 10-137）。

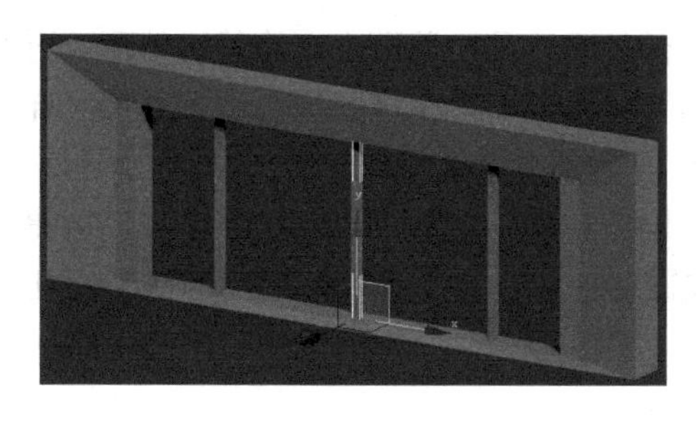

图 10-136　门框支柱

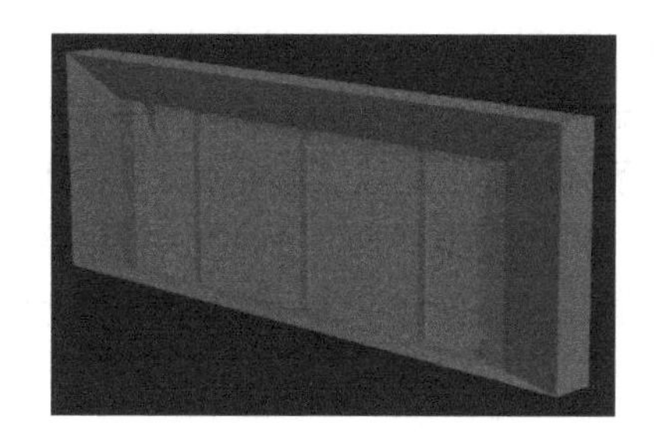

图 10-137　玻璃门模型

拼合门与房间基础，可得到便利店与办公区的初步模型（见图 10-138）。

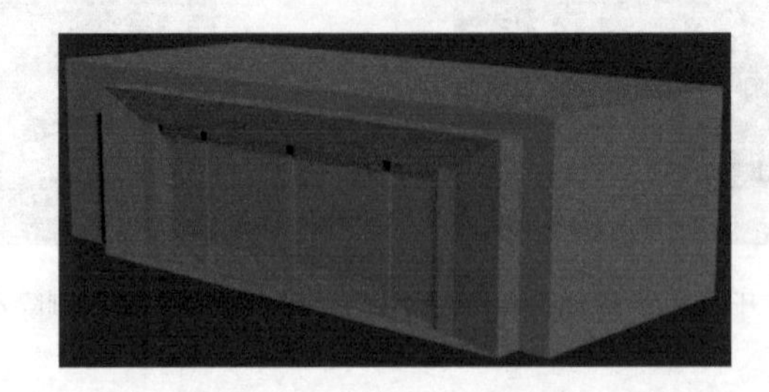

图 10-138　便利店与办公区的初步模型

10.5.2　便利店与办公区模型的细节处理

本节介绍便利店与办公区模型的细节处理。

1．便利店 logo 的创建

便利店 logo 呈长条状，右侧有凸起花纹，位于门框上沿下。选择菜单“创建→几何体”，在几何体层级下选择“标准基本体”，使用长方体工具在前视图中绘制一个长约 9.5 m、宽约 0.5 m、厚约 0.35 m 的长方体（见图 10-139）；接着选择菜单“创建→样条线”，在样条线层级下选择“样条线”，使用样条线层级下的矩形工具在前视图中绘制一个长约 1.8 m、宽约 0.75 m、角半径约为 0.35m 的圆角矩形（见图 10-140），在修改面板的“修改器列表”下拉栏中为其添加挤出修改器，设置挤出量为 0.15 m（见图 10-141）。

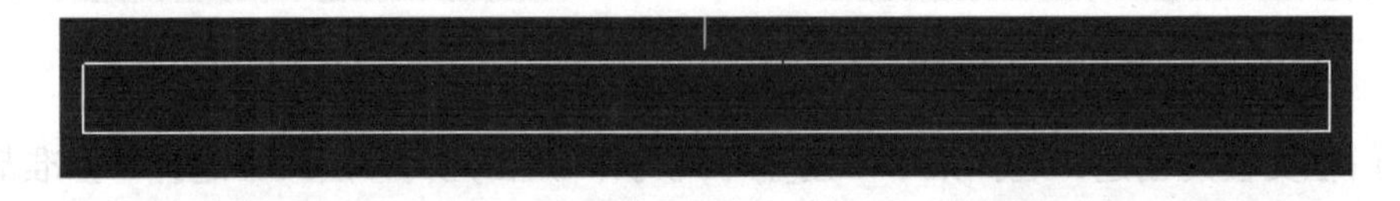

图 10-139　长方体

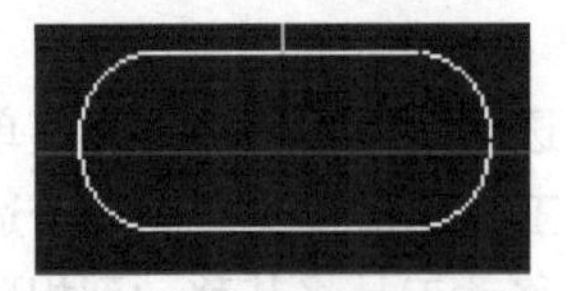

图 10-140　圆角矩形

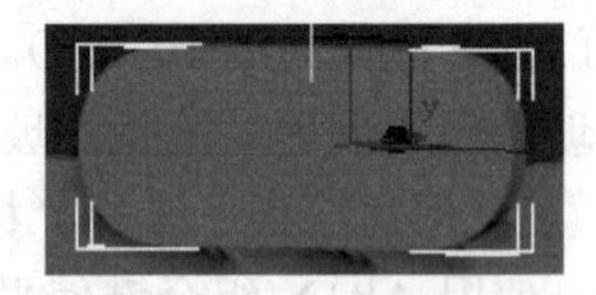

图 10-141　设置挤出量为 0.15 m

对于便利店 logo 中的抽象小人，可以先用样条线工具勾勒出小人的基本外形，再通过挤出修改器获得抽象小人的模型。选择菜单“创建→样条线”，在样条线层级下选择“样条线”，使用样条线层级下的线工具绘制出便利店 logo 中抽象小人的正视轮廓（见图 10-142）；在修改面板的“修改器列表”下拉栏中为其添加挤出修改器，设置挤出量为 0.05 m，可得到抽象小人模型（见图 10-143）。将 logo 所用元素放置在相应位置后进行打组，可得到便利店 logo 的模型（见图 10-144）。

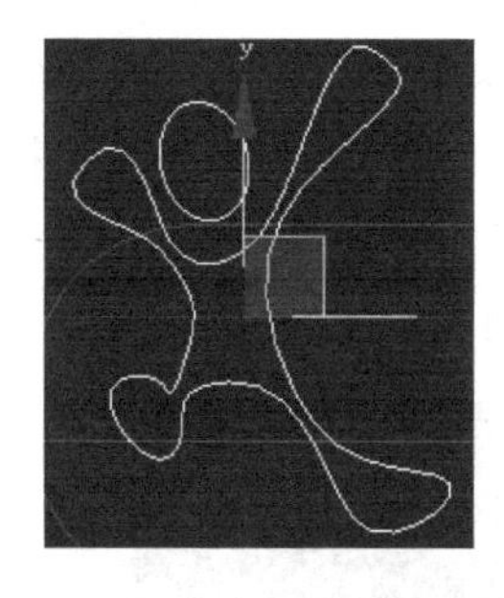

图 10-142　抽象小人的正视轮廓

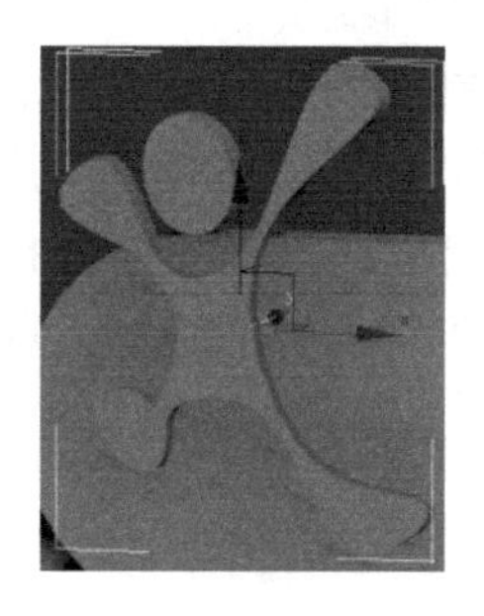
图 10-143　抽象小人的模型

图 10-144　便利店 logo 的模型

2．移门与隔断的创建

便利店与办公区的移门高约 2.2 m、宽约 1.5 m、厚约 0.02 m，移门的边部由金属包裹并隔断。选择菜单“创建→几何体”，在几何体层级下选择“标准基本体”，使用长方体工具在前视图中绘制 2 个高约 2.2 m、宽约 0.75 m、厚约 0.02 m 的长方体，并使用 Alt+X 组合键将其透明化（见图 10-145）；使用长方体工具绘制包裹与隔断（见图 10-146）；将移门和隔断放置在相应位置即可，便利店与办公区模型如图 10-147 所示。

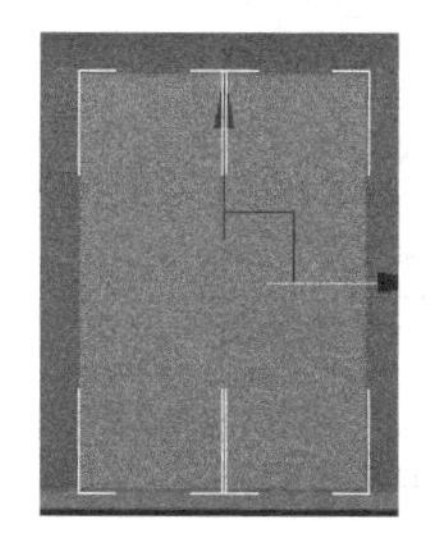
图 10-145　透明化移门

图 10-146　包裹与隔断

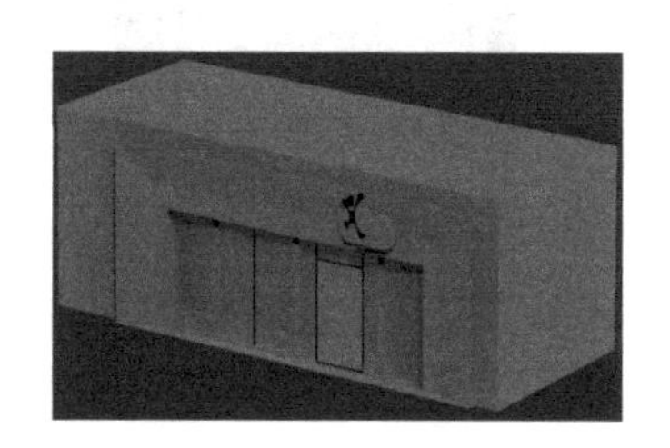
图 10-147　便利店与办公区模型

10.6　其他部件的建模

加油站除了有必要的功能部件，还有大量的辅助部件，如广告牌、垃圾桶、引导牌等。

10.6.1　广告牌

加油站的广告牌通常位于加油机旁的支柱上，以及便利店与办公区的墙上，其大小根据张贴位置的不同而不同，通常呈相框状。

选择菜单“创建→样条线”，在样条线层级下选择“样条线”，使用样条线层级下的线工具在顶视图中绘制如图 10-148 所示的开口截面；在前视图中使用矩形工具绘制适应柱体大小的矩形（见图 10-149）；选择创建的矩形，在修改面板的“修改器列表”下拉栏中为其添加倒角剖面修改器，拾取在顶视图创建的开口截面，可得到广告牌模型（见图 10-150）。为了减少面数，只创建广告牌的外部边框，省略了广告牌的内部材料。

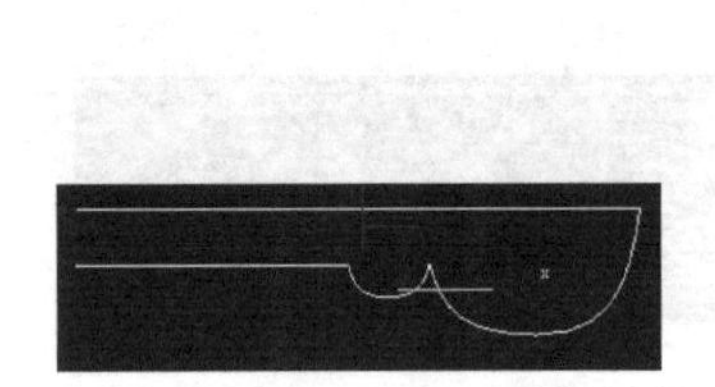

图 10-148　开口截面

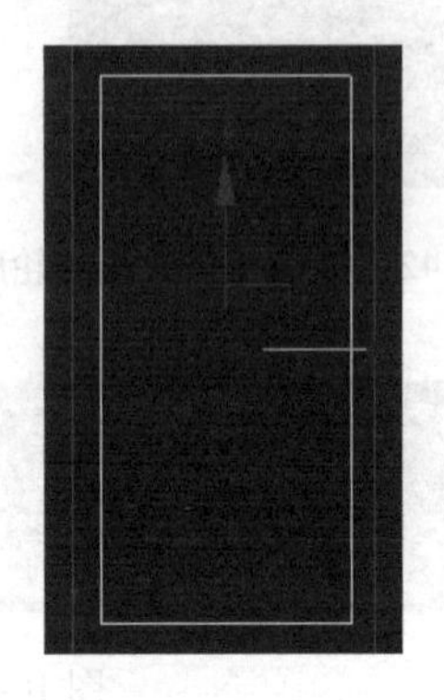

图 10-149　适应柱体大小的矩形

若经过倒角剖面修改器处理后的广告牌模型过大，则选择开口截面，在修改面板的样条线层级下选择全部线条，使用缩放工具将其缩小，生成的广告牌也会随之缩小。将广告牌放置在相应位置即可（见图 10-151）。

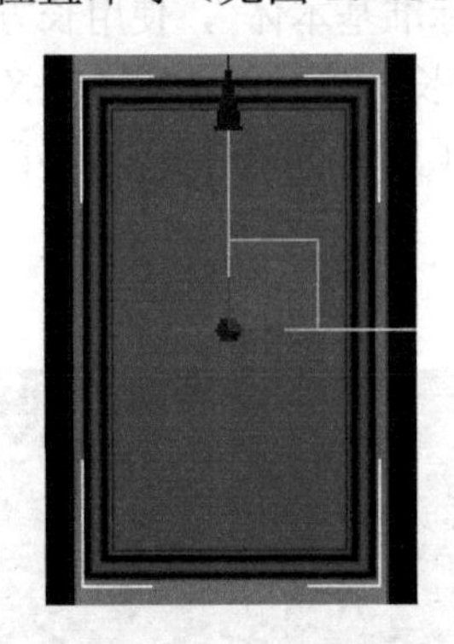

图 10-150　广告牌模型

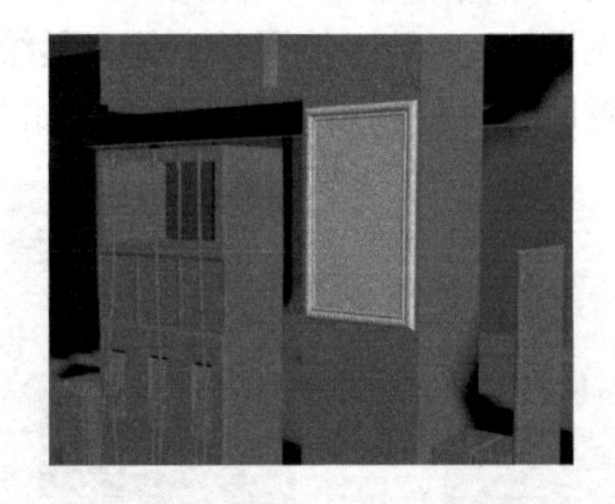

图 10-151　将广告牌放置在适当的位置

10.6.2　垃圾桶

垃圾桶通常放置在便利店与办公区前，可将其看成一个长方体状的桶。选择菜单“创建→几何体”，在几何体层级下选择“标准基本体”，使用长方体工具在顶视图中绘制一个长约 0.5 m、宽约 0.5 m、高约 1m 的长方体，设置其高度分段数为 2（见图 10-152）；单击鼠标右键，在弹出的右键菜单中选择“转换为：→转换为可编辑多边形”，在修改面板的边层级下选择中间的分段（见图 10-153），使用挤出工具将其向内挤出一定的距离（见图 10-154）；在多边形层级下选择并删除长方体的顶面（见图 10-155），可生成新的边界；在边界层级下选择新边界，按住 Shift 键，使用缩放工具将其向内复制出新边界（见图 10-156）；使用封口工具对新边界进行封口（见图 10-157），可得到新的多边形；在多边形层级下使用挤出工具将新的多边形向下挤出一定的高度（见图 10-158），即可得到垃圾桶模型（见图 10-159）。

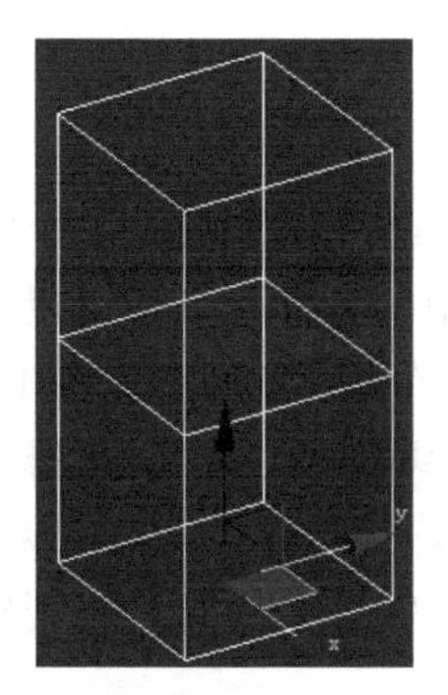

图 10-152　绘制 0.5 m×0.5 m×1m 的长方体并进行分段

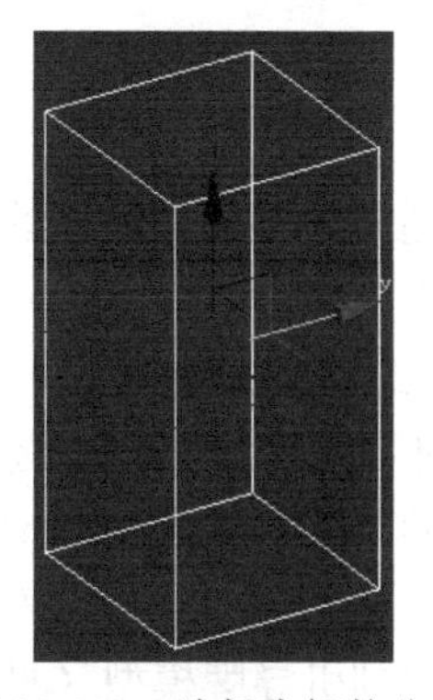

图 10-153　选择中间的分段

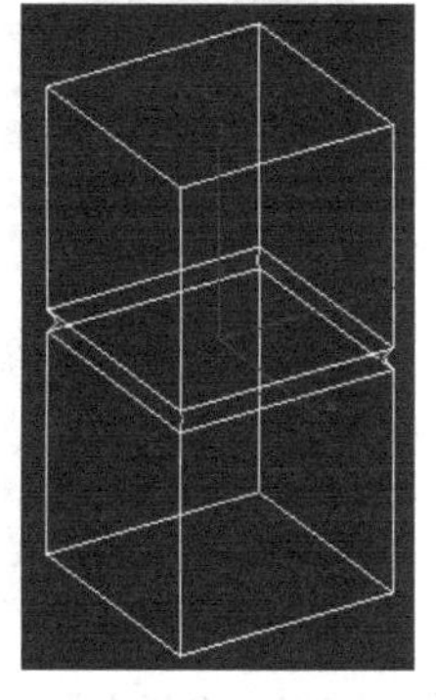

图 10-154　将中间的分段向内挤出一定的距离

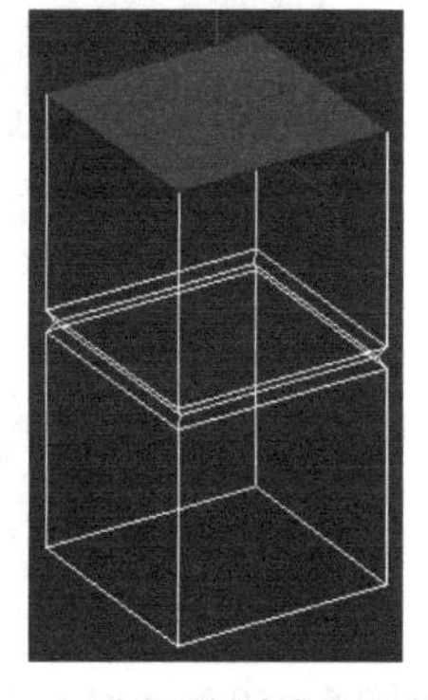

图 10-155　选择并删除长方体的顶面

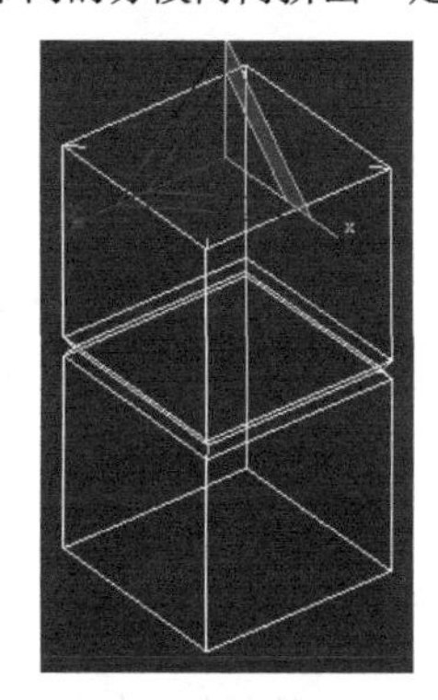

图 10-156　将中间的分段向内挤出一定的距离

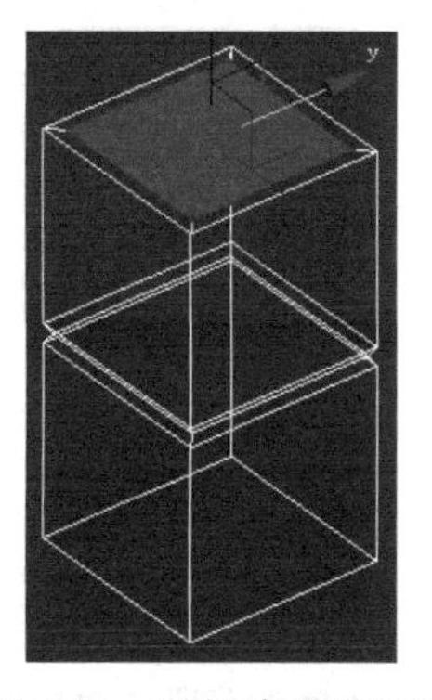

图 10-157　对新边界进行封口

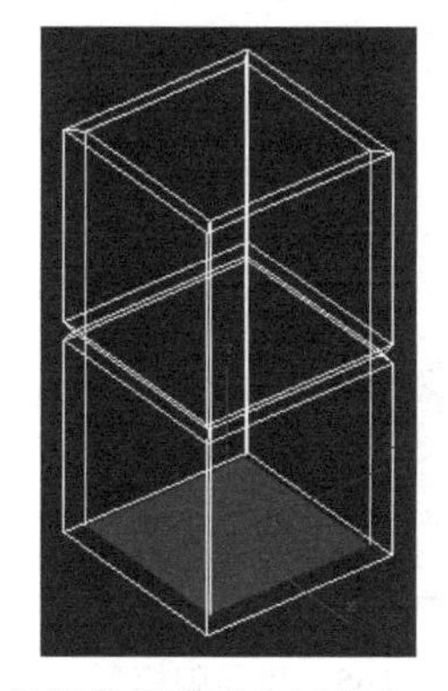

图 10-158　将新的多边形向下挤出一定的高度

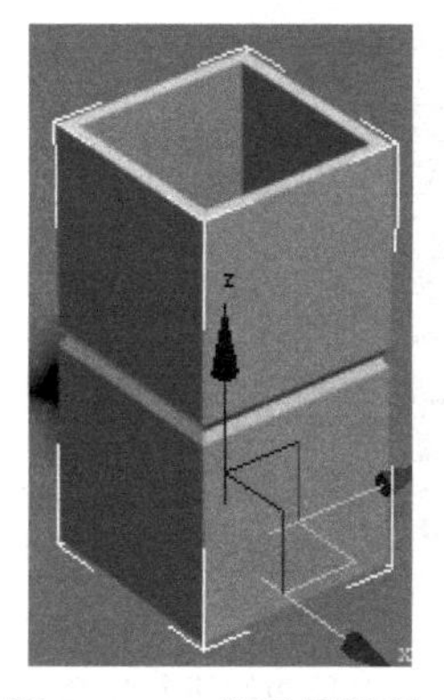

图 10-159　垃圾桶模型

11.6.3 引导牌

引导牌通常放置在加油站的出入口旁，可将其近似看成一个较扁的长方体。选择菜单“创建→几何体”，在几何体层级下选择“标准基本体”，使用长方体工具在顶视图中绘制一个长约 0.5 m、宽约 0.25 m、高约 1 m 的长方体，设置其高度分段数为 2（见图 10-160）；单击鼠标右键，在弹出的右键菜单中选择“转换为：→转换为可编辑多边形”，在修改面板的边层级下选择中间的分段（见图 10-161）；使用挤出工具将其向内挤出一定距离（见图 10-162）；选择顶部的边（见图 10-163），使用切角工具对其进行切角（见图 10-164），创建出一定的平滑效果，即可得到引导牌模型（见图 10-165）。

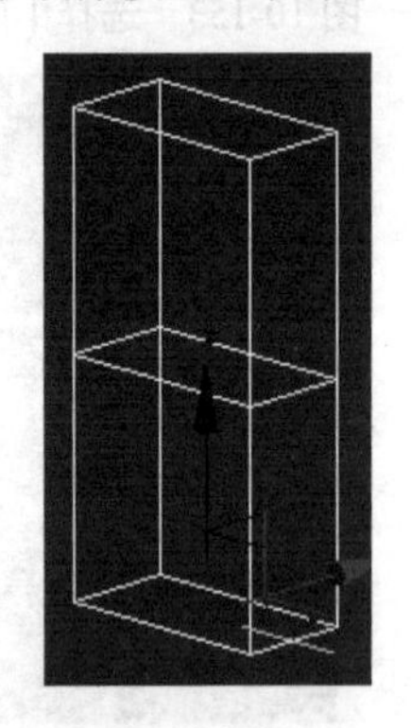

图 10-160　绘制 0.5 m×0.25 m×1 m 的长方体并进行分段

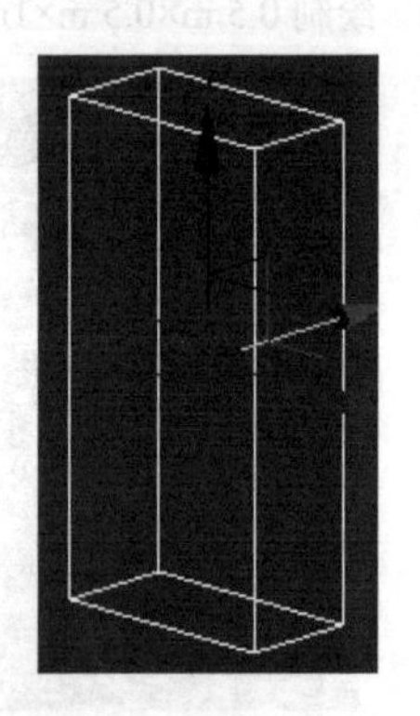

图 10-161　选择中间的分段

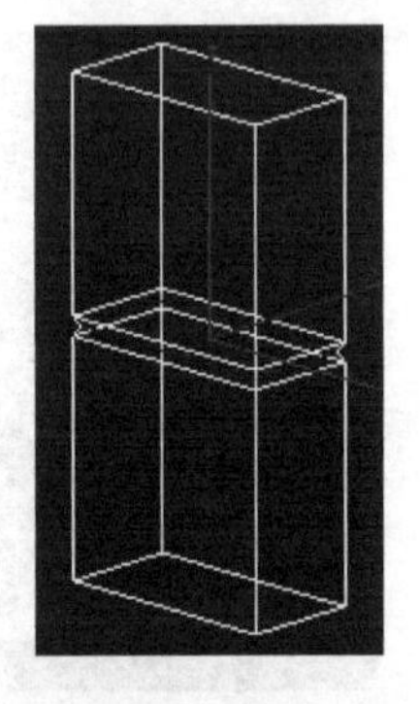

图 10-162　将中间的分段向内挤出一定的距离

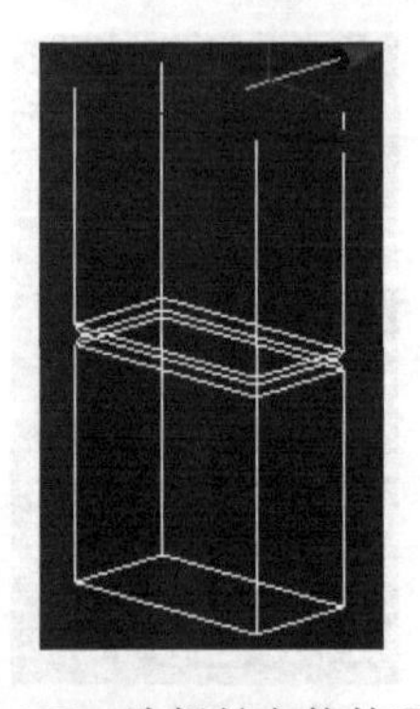

图 10-163　选择长方体的顶边线

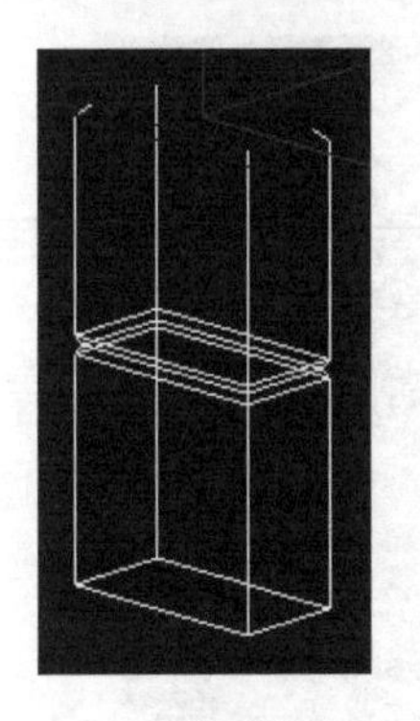

图 10-164　对顶边线进行切角

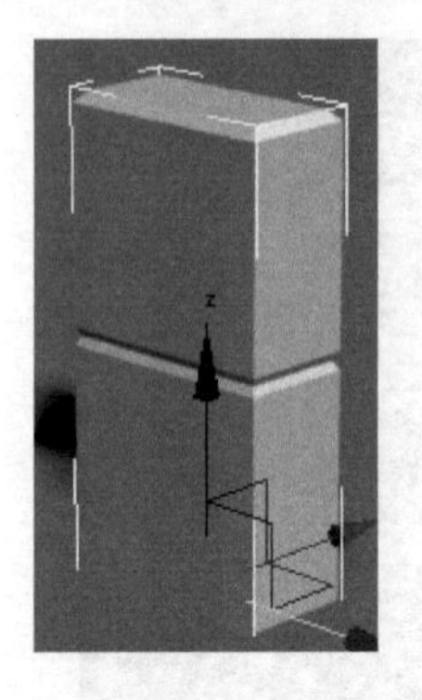

图 10-165　引导牌模型

10.7　加油站模型的整理与组合

将所有模型与部件放置在相应的位置，使用缩放工具调整模型间的比例，可得到加油站模型（见图 10-166 和图 10-167）。

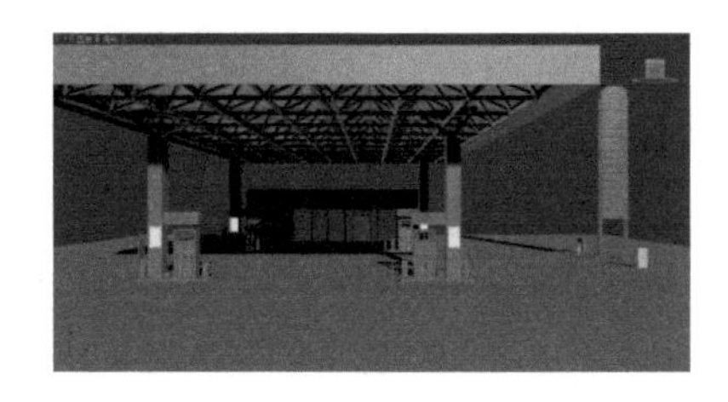

图 10-166　加油站模型（1）

图 10-167　加油站模型（2）

第 11 章 服务区的三维建模

服务区是高速公路中的重要建筑群，可提供停车场、加油站、汽修、餐饮住宿等服务。我国国土辽阔，高速公路网辐射全国，服务区的设立为舟车劳顿的驾驶员与旅客朋友们提供了一个便利的休憩场所。

根据位置分布的不同，服务区可分为单侧服务区与双侧服务区两类。单侧服务区位于高速公路的一侧，对侧车道的车辆可通过地下通道或边桥进入服务区；双侧服务区则位于高速公路的两侧，更利于车辆的进出。

除了位置分布的不同，我国的服务区还被划分为三个等级，分别为一类服务区、二类服务区与三类服务区。不同等级的服务区所提供的服务也不尽相同。为了平衡高速公路的经济收入与成本投入，在建设服务区时，有关部门会依据当前车流量等客观条件确定服务区的等级。当车流量较小时，一般建设三类服务区，只在服务区中提供最基础的服务，如公厕、餐厅、加油站、便利店等；当车流量较大且当地经济发展较好时，一般建设一类服务区，提供更全面的服务。对服务区进行分级可以避免资源浪费，使服务更加精准，有利于不同地区的发展。

在高速公路服务区建设初期，为了节省设计成本、统一服务区视觉，各省市服务区的外观设计通常都十分相近。随着地方经济水平的提升，越来越多的地方政府倾向于将服务区打造成当地的“名片”，对服务区进行专门的设计，越来越多独具风格的服务区出现在人们的视野中。本章以北方地区常见的统一视觉服务区，即“红顶黄墙”服务区为例进行建模的演示。

本章涉及基本操作、多边形建模、放样、间隔工具、布尔、扭曲、FFD 等内容。

11.1 服务区的建模逻辑

1. 分析化简

为了更好地服务旅客和驾驶员，高速公路的服务区大多是按功能分布的。例如，公共卫生区域，其体量较大、使用频率最高，常常作为独立建筑被安置在主体建筑旁；再如，加油站，出于安全考虑，加油站常常被安置在远离主体建筑的地方。

服务区建筑的规划与设计依赖于相关的统计数据，如餐厅规模的确定，按统计数据可知，每人用餐的平均时间为25 min，每人每席面积为1.5 m^2，用餐的总人数通常是停车位、载客人数、周转率以及餐厅使用率的乘积。通过统计数据，可大致确定餐厅的面积，达到精准设计的目的。因此在创建服务区的模型时，应向有关部门索要相关数据或者到现场进行测量，确保模型的精确。

服务区除了主体建筑，还有其他的附属设施，在建模时可根据需要来创建附属设施的模型，当精度要求不高时，可省略附属设施的模型，仅创建主体建筑的模型即可。

2．几何近似

从建模的角度来看，服务区建筑可分为屋顶、墙体、台阶以及其他附属设施四个部分。屋顶通常采用坡屋顶形式，这样的设计不仅美观，还可以减轻排水与清扫的负担，建模时可使用放样的方法得到规则的屋顶。墙体是相对规整的立面，对其进行几何近似后，可以将其看成长方体的堆叠。大多数服务区，尤其是非平原地区的服务区，建筑间存在一定的高差，台阶可以较好地解决高差问题，建模时可直接使用3ds Max中的楼梯工具来创建台阶。附属设施的目的是丰富服务区的功能，在建模时可根据具体的附属设施的外形来进行建模。服务区建筑的几何近似如图11-1所示。

图11-1　服务区建筑的几何近似

3．模型精修与整理

与加油站、收费站的建模相比，在进行服务区建模时，整体模型的面数相对较少，故可添加一定程度的细节。例如在进行细节处理时，可在墙体添加空调外机或在屋顶添加太阳能板。服务区属于砖体建筑，应注意砖体连接处的细节，可以适当创建纹理但无须过分细致。

11.2　墙体及其附属设施的建模及细节处理

11.2.1　墙体及其附属设施的建模

出于防水防潮与找平等方面的考虑，在设计服务区建筑时一般会适当抬高主体建筑，也就是增加一个底台。由于底台与墙体的材质不同，可分开创建二者。

底台的外包材料一般是石砖或易于擦洗的瓷砖，在建模时可使用多边形建模创建出一定的纹理。选择菜单“创建→几何体”，在几何体层级下选择“标准基本体”，使用长方体工具在顶视图中绘制一个长约 82 m、宽约 20 m、高约 1.5m 的长方体，并设置长度分段数为 50，宽度分段数为 14，高度分段数为 3（见图 11-2）；单击鼠标右键，在弹出的右键菜单中选择“转换为：→转换为可编辑多边形”，在修改面板的边层级下选择所有的边线，使用挤出工具。设置挤出高度为－0.02 m、挤出宽度为 0.03 m（见图 11-3），创建出瓷砖纹理后，即可得到底台的模型。

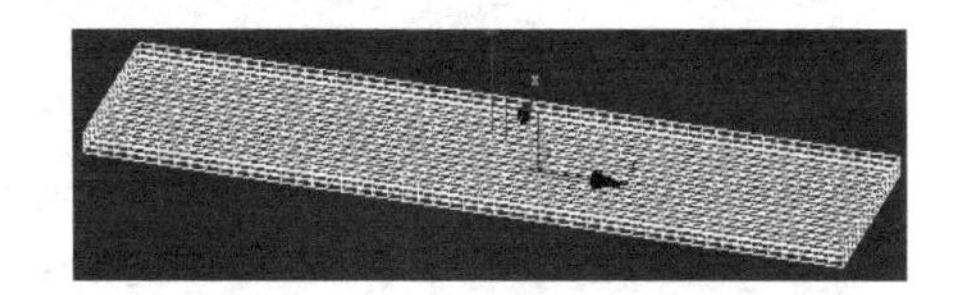

图 11-2　对创建的长方体进行分段

图 11-3　挤出量的设置

服务区建筑的墙体可以近似为长方体，因此只需要根据服务区建筑的具体尺寸绘制长方体即可。

选择菜单“创建→几何体”，在几何体层级下选择“标准基本体”，使用长方体工具在顶视图中绘制一个长约 35 m、宽约 20 m、高约 10 m 的长方体，并设置长度分段数为 5，宽度分段数为 2；单击鼠标右键，在弹出的右键菜单中选择“转换为：→转换为可编辑多边形”。餐厅与住宿区域的长方体如图 11-4 所示。

选择菜单“创建→几何体”，在几何体层级下选择“标准基本体”，使用长方体工具在顶视图中绘制一个长约 25 m、宽约 16 m、高约 4 m 的长方体，并设置宽度分段数为 2；单击鼠标右键，在弹出的右键菜单中选择“转换为：→转换为可编辑多边形”。超市区域的长方体如图 11-5 所示。

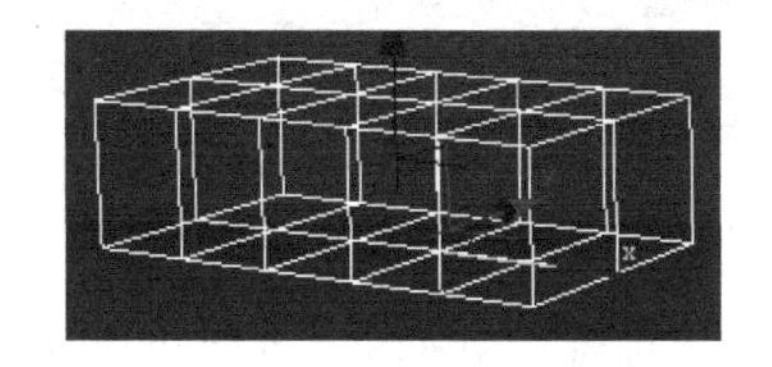

图 11-4　餐厅与住宿区域的长方体

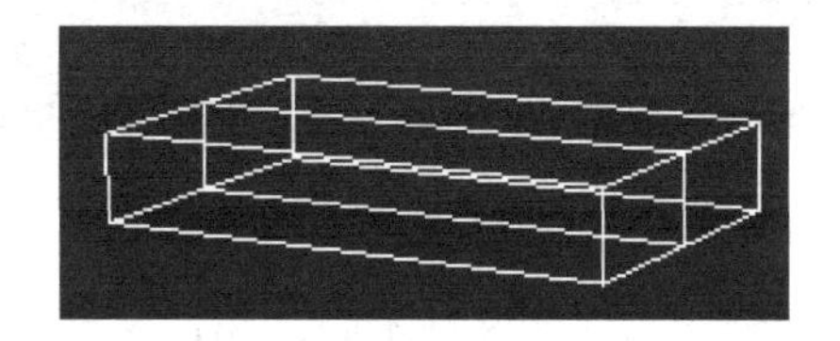

图 11-5　超市区域的长方体

选择菜单“创建→几何体”，在几何体层级下选择“标准基本体”，使用长方体工具在顶视图中绘制一个长约 20 m、宽约 12m、高约 3 m 的长方体，并设置宽度分段数为 2；单击鼠标右键，在弹出的右键菜单中选择“转换为：→转换为可编辑多边形”。公共卫生区域的长方体如图 11-6 所示。

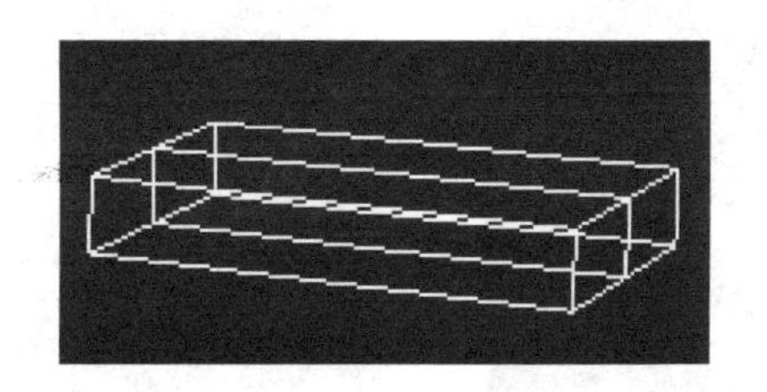

图 11-6　公共卫生区域的长方体

选择餐厅与住宿区域的长方体，在修改面板的边层级下使用循环工具选择宽度分段线，将其移动至两侧相应位置（见图 11-7）；选择顶部左右两侧的 4 条分段边以及正中间的边，使用移动工具将其向上移动一定距离，创建出屋顶的形状（见图 11-8）；在修改面板的顶点层级下将图 11-9 中所示的点使用连接工具连接，使之成为新的三角形，即可完成餐厅与住宿区域的近似模型（见图 11-10）。

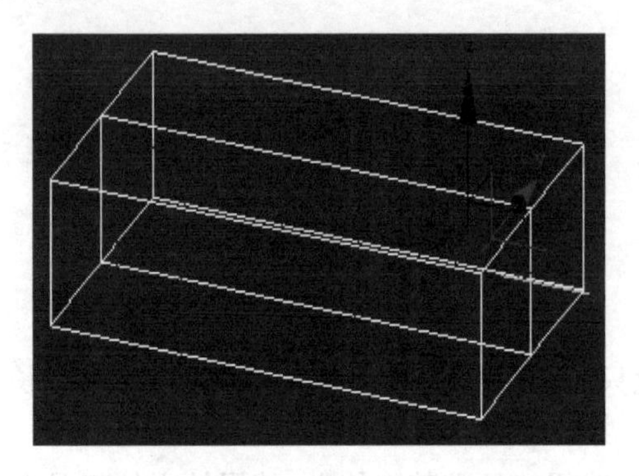

图 11-7　将宽度分段线移动到两侧相应位置

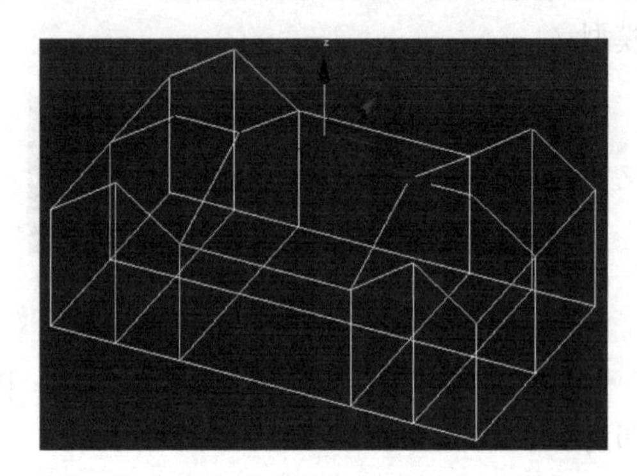

图 11-8　屋顶的形状

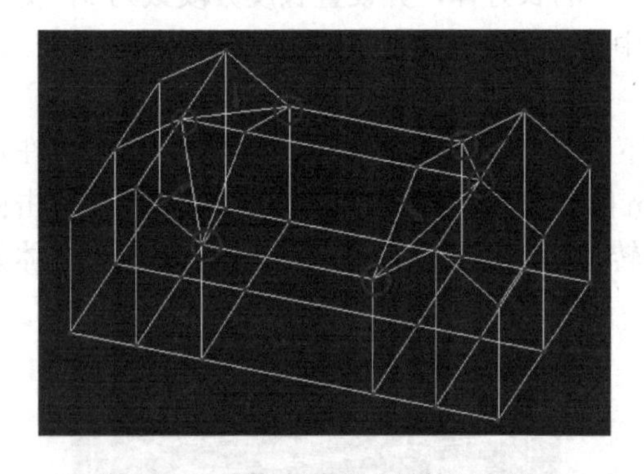

图 11-9　连接点并形成新的三角形

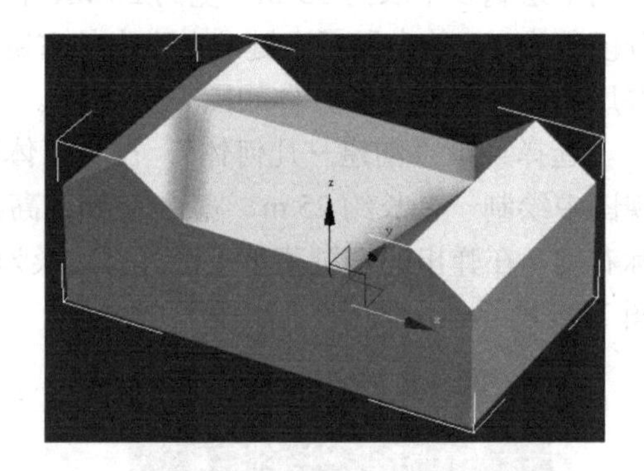

图 11-10　餐厅与住宿区域的近似模型

和餐厅与住宿区域不同，超市区域与公共卫生区域的屋顶都向外伸展，它们的屋顶中轴相对靠前。选择超市区域长方体，在修改面板的边层级下，使用循环工具选择中间的分段，将其向前移动一定距离（见图 11-11）；再选择顶面的分段边，使用移动工具将其向上移动一定的距离（见图 11-12），即可得到超市区域的近似模型（见图 11-13）。使用同样的方法可得到公共卫生区域的近似模型，如图 11-14 所示。

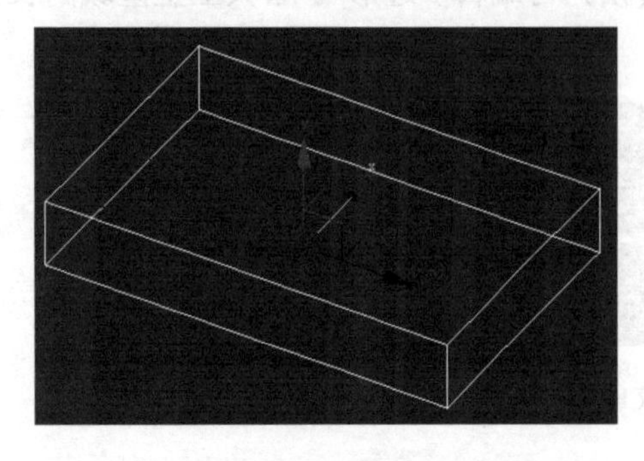

图 11-11　选择中间分段线并向前移动

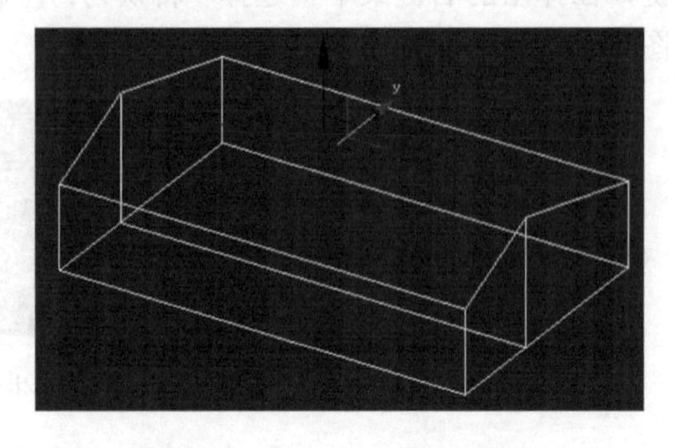

图 11-12　向上移动顶部的分段边

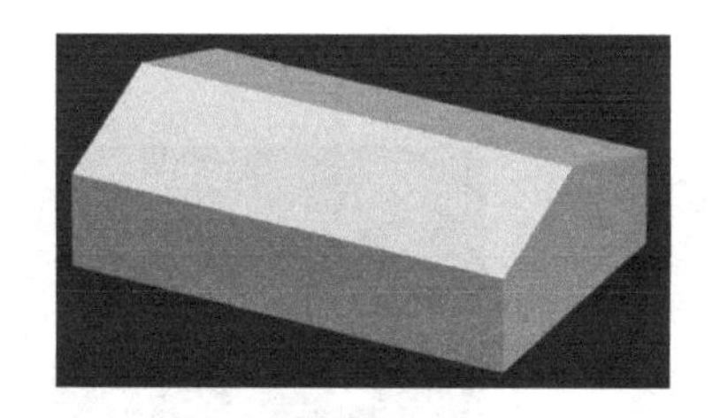

图 11-13　超市区域的近似模型

图 11-14　公共卫生区域的近似模型

在得到各个区域的近似模型后，还需要在墙体上创建窗体与门。窗体与门可按照实际的数据来创建，如果没有实际的数据，则可以按照常规的窗体和门来创建。

服务区建筑中的窗体有大小之分，这里先创建小窗体再创建大窗体。选择菜单“创建→几何体”，在几何体层级下选择“标准基本体”，使用长方体工具在前视图中绘制一个长约 1.5 m、宽约 0.9 m、高约 1 m 的小窗体长方体（见图 11-15）；将创建好的小窗体长方体放置在餐厅与住宿区域近似多边形的前部（见图 11-16）；选择小窗体长方体，使用工具栏中的阵列工具，在“对象类型”中点选“实例”和“1D”，设置 1D 数量为 12，并设置 x 轴方向的移动增量为 2.0 m，将其沿 x 轴方向（横向）复制 11 份。选择复制后的 12 个小窗体并向下复制，得到小窗体的组合（见图 11-17）。

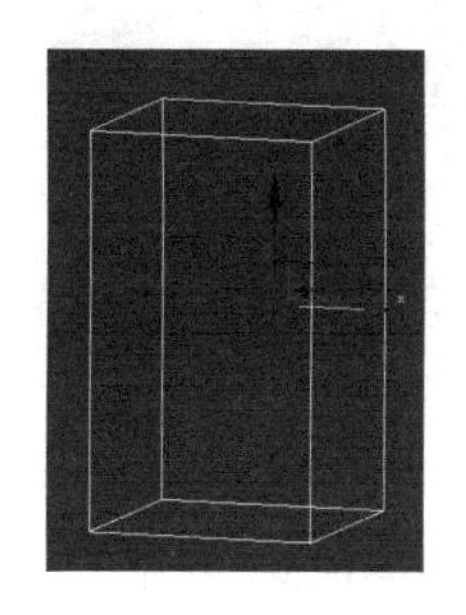

图 11-15　小窗体长方体

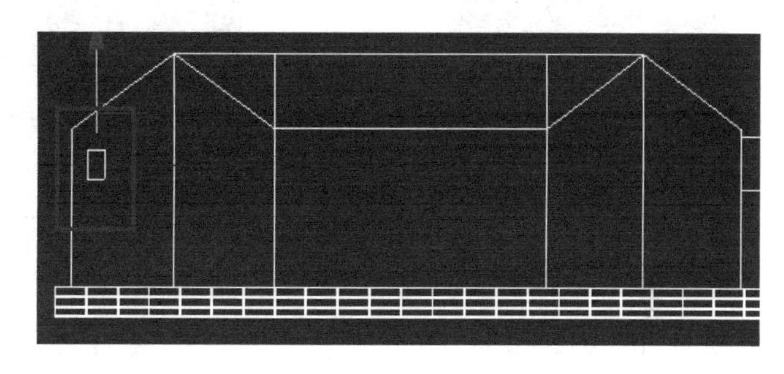

图 11-16　将小窗体长方体放在餐厅与住宿区域近似多边形的前部

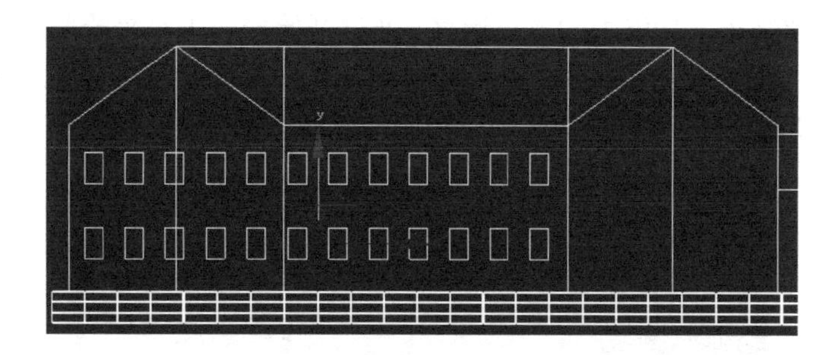

图 11-17　小窗体的组合

大窗体的创建方法和小窗体类似。选择菜单“创建→几何体”，在几何体层级下选择“标准基本体”，使用长方体工具在前视图中绘制一个长约 2 m、宽约 1.5 m、高约 1 m 的大窗体长方体，将大窗体长方体放置在墙体的右侧（见图 11-18）；选择大窗体长方体，使用工具栏中的阵列工具，在“对象类型”中点选“实例”和“1D”，设置 1D 数量为 3，并设置 x 轴方向的移动增量为 3.5 m，将其沿 x 轴方向（横向）复制 2 份。选择复制后的 3 个大窗体并向下复制，可得到大窗体的组合（见图 11-19）。

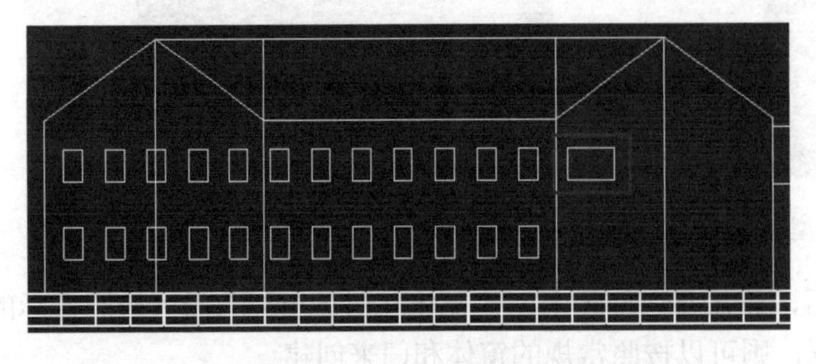

图 11-18　将大窗体长方体放置在墙体的右侧

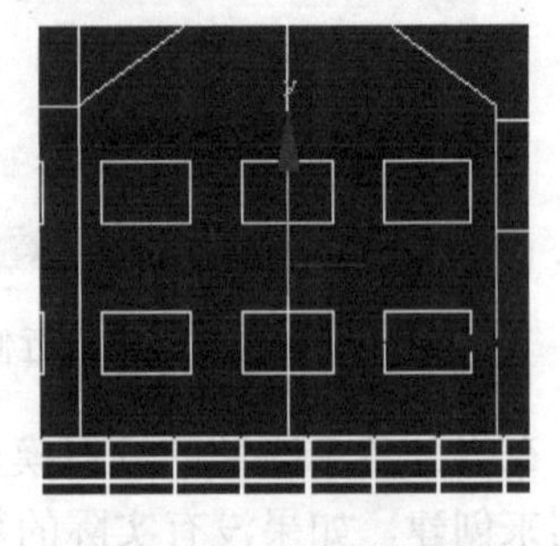

图 11-19　大窗体的组合

选择全部的窗体，将它们复制到多边形背面。将正面上部中间窗体的高度修改为原来的一半，并和旁边窗体的上端对齐；将下部中间窗体高度修改为 3.5 m、宽度修改为 3.0 m，将其向下移动，对齐多边形下端。窗体的调整如图 11-20 所示。

复制两个大窗体，使用旋转工具旋转 90°，将其放在餐厅与住宿区域近似多边形的左侧，至此可完成餐厅与住宿区域的窗体排布（见图 11-21）。

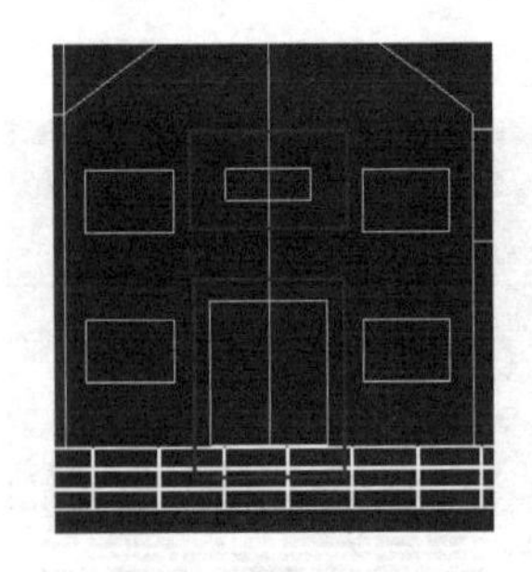

图 11-20　窗体的调整

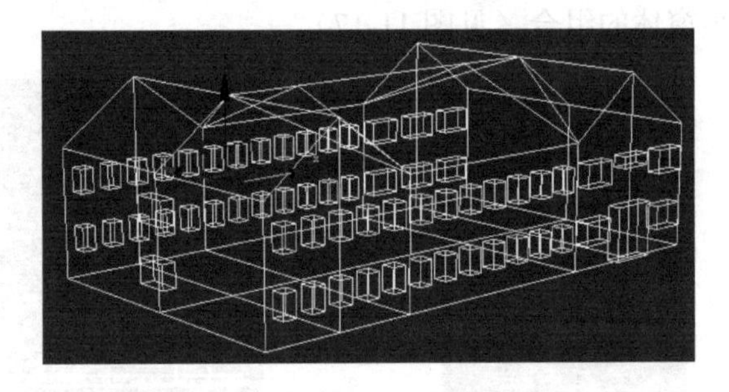

图 11-21　餐厅与住宿区域的窗体排布

将全部窗体复制一份，放在一旁备用。选择菜单“创建→几何体”，在几何体层级下选择“复合对象”，使用超级布尔功能中的差集运算，通过开始拾取工具来拾取刚刚创建好的窗体，可得到被掏去窗体的模型（见图 11-22）；将刚才备用的窗体厚度调整至 0.03 m 并移动至对应的位置，使用 Alt+X 组合键将其透明化，可得到墙体模型（见图 11-23）。

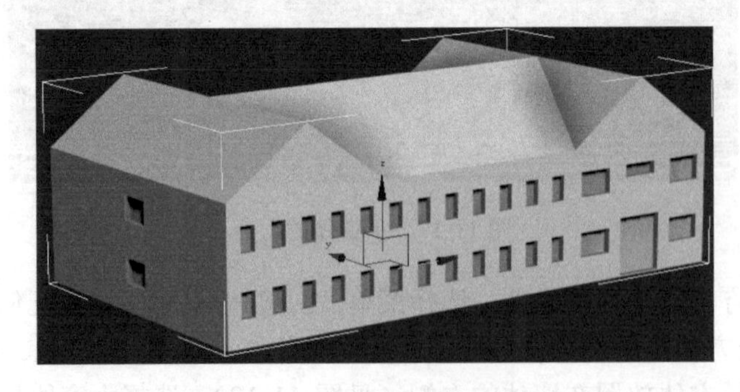

图 11-22　被掏去窗体的模型

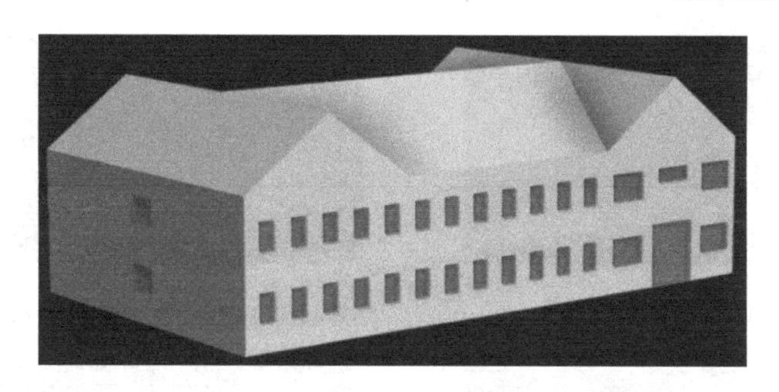

图 11-23 墙体模型

参照建筑数据或现场图片，通过同样的方法来处理超市与公共卫生区域的多边形，可得到服务区墙体的初步模型（见图 11-24）。

图 11-24 服务区墙体的初步模型

11.2.2 墙体及其附属设施模型的细节处理

墙体及其附属设施模型的细节处理主要包括踢脚线、窗体细节、空调外机、排水管等的细节处理。在进行细节处理时，一个重要的问题就是墙体不够精细，如果能获得建筑的 CAD 图纸，就可开启捕捉工具，使用样条线工具沿 CAD 图纸边线绘制闭合的二维图形，再使用挤出工具将平面挤出为立体墙体。

1. 踢脚线

踢脚线是墙体的一处细节，其功能是让墙体下部更易清洁，而在视觉上感觉底台与上方建筑更好地拼接在一起。

首先选择菜单“创建→样条线”，在样条线层级下选择“样条线”，使用样条线层级下的线工具，开启捕捉工具，在顶视图中沿着超市与公共卫生区域外墙的一半（忽略背面和其中一个侧面）绘制一条样条线，该样条线作为踢脚线的走向线（见图 11-25）；踢脚线要避门的区域，在修改面板的顶点层级下，在门的两侧，使用右键菜单中的细化工具在样条线上添加 4 个点（见图 11-26）；关闭捕捉工具，在线段层级下，选择并删除由 4 个点分割出的 2 条线段（见图 11-27）；在样条线层级下，选择全部样条线，为其添加－0.04 m 的轮廓（见图 11-28）；在修改面板的“修改器列表”下拉栏中为其添加挤出修改器，设置挤出量为 0.2 m，即可得到创建好的踢脚线模型（见图 11-29）。

除了墙体本身需要进行细节处理，还可进一步细化附属设施，如添加窗体细节、空调外机、排水管道等。

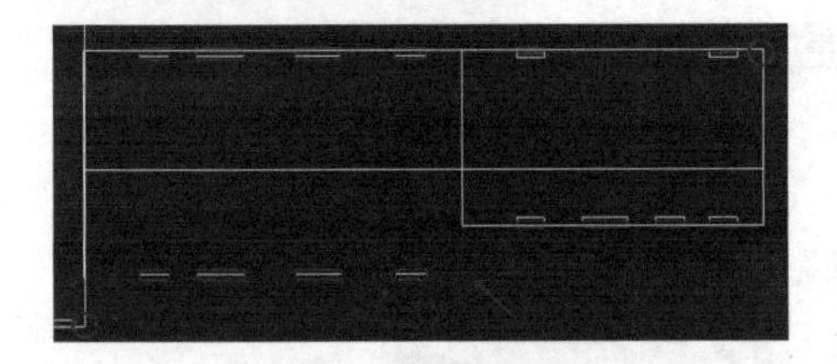

图 11-25　踢脚线的走向线

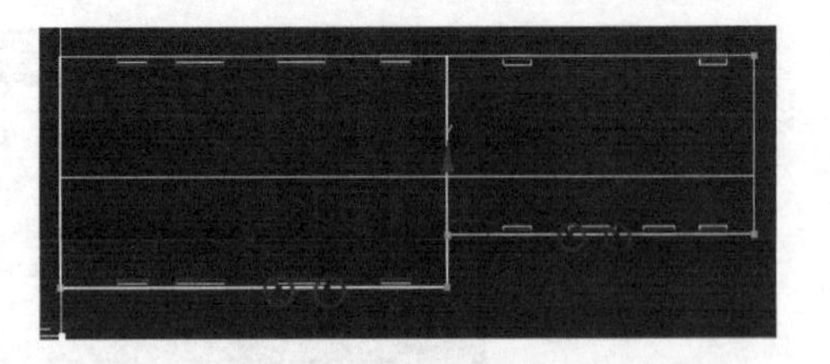

图 11-26　在门两侧的样条线上添加 4 个点

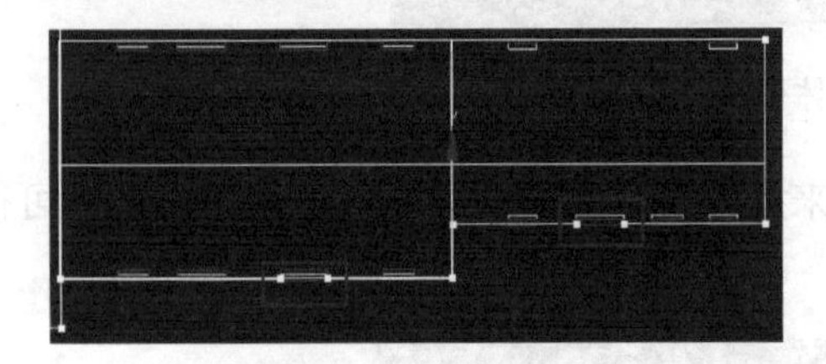

图 11-27　选择并删除由 4 个点分割出的 2 条线段

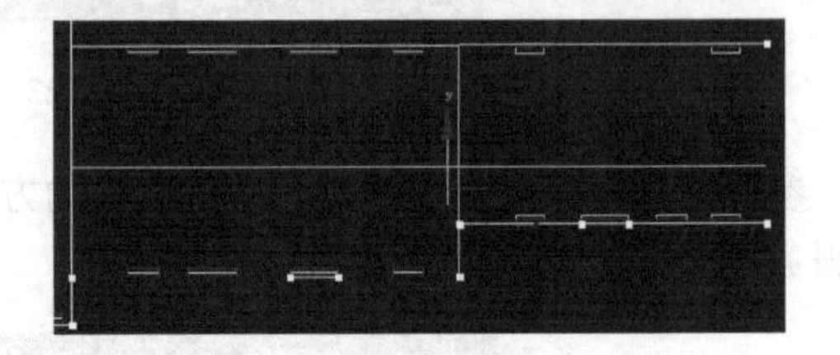

图 11-28　添加轮廓

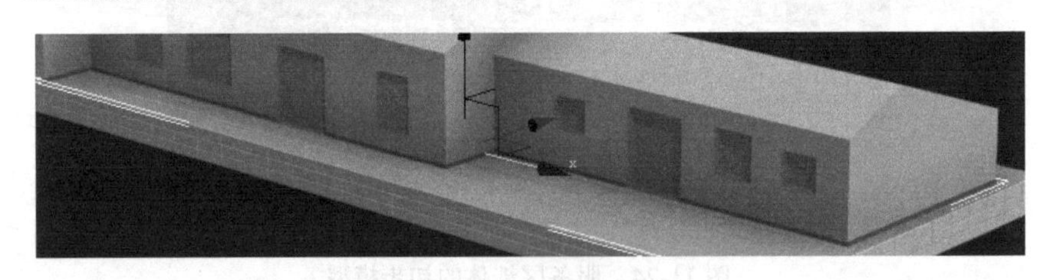

图 11-29　踢脚线模型

2. 窗体细节

通过倒角剖面修改器可以创建窗体的外边框。选择菜单“创建→样条线”，在样条线层级下选择“样条线”，使用样条线层级下的矩形工具绘制与窗体大小一致的窗体二维线框，备用；选择菜单“创建→样条线”，在样条线层级下选择“样条线”，使用样条线层级下的线工具，在顶视图中绘制一个窗体外边框截面图形（见图 11-30）；选择刚创建的窗体二维线框，在修改面板的“修改器列表”下拉栏中为其添加倒角剖面修改器，拾取刚创建的窗体外边框截面图形，即可得到窗体外边框模型（见图 11-31）；将创建好的窗体外边框模型放置在相应位置即可得到窗体的初步模型（见图 11-32）。

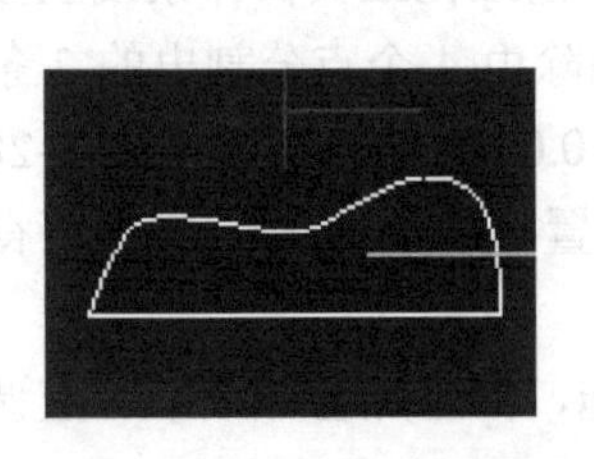

图 11-30　窗体外边框截面图形

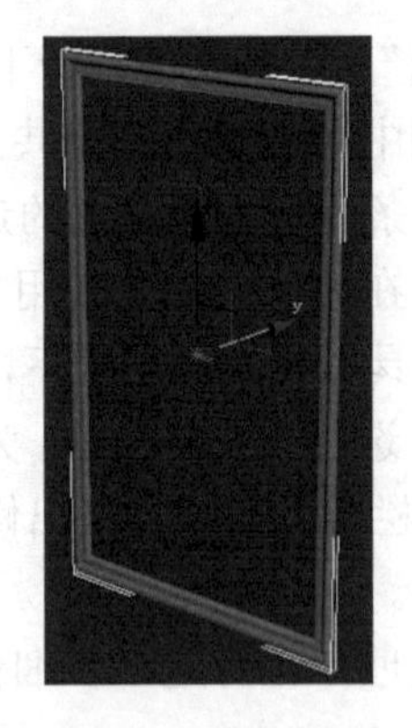

图 11-31　窗体外边框模型示例

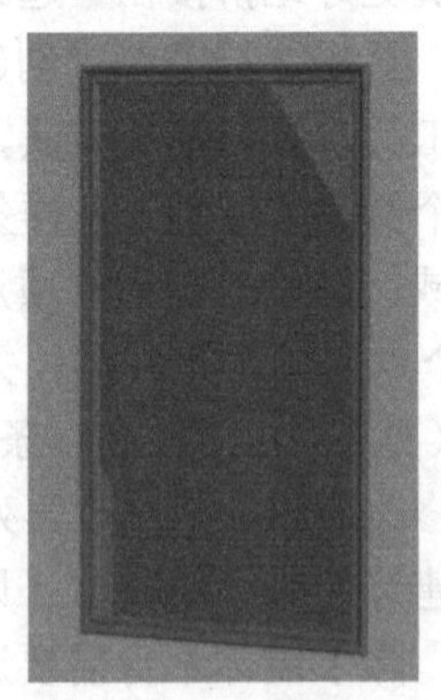

图 11-32　窗体的初步模型

创建好窗体的初步模型后，还需要进行细节处理，如将窗体修改为推拉窗。选择窗体，单击鼠标右键，在弹出的右键菜单中选择“转换为：→转换为可编辑多边形”，在修改面板下的元素层级中开启切片平面功能，在视口的切片工具栏（见图 11-33）中勾选“分割”。

图 11-33　切边工具栏

使用旋转工具将切片平面调整至竖直位置，使用选择并移动工具开启捕捉工具，将切面移动至窗体中间（见图 11-34）；单击切片工具栏中的“”（切片）按钮，即可将切片平面分割为左右两个部分（见图 11-35）。

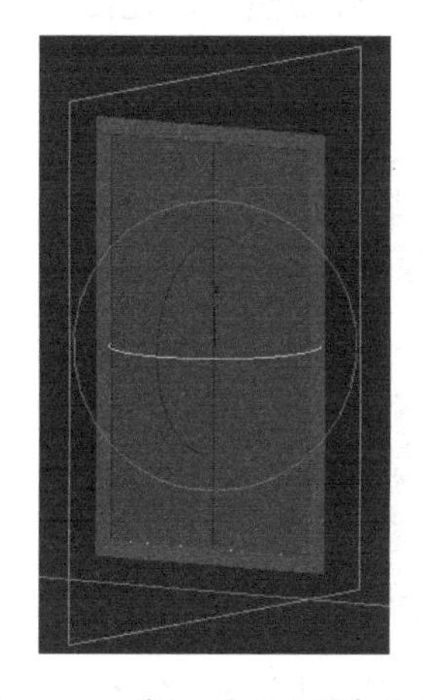

图 11-34　将切面移动到窗体中间

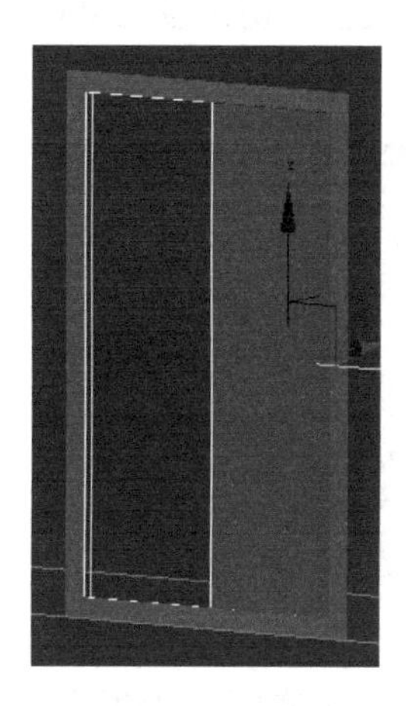

图 11-35　将切片平面切割成左右两个部分

在元素层级下选择其中的一扇窗，使用移动工具将其向前移动，使窗体产生前后错位；在顶点层级下，选择窗的内侧点，使用移动工具将其稍加延伸，使之与后扇窗产生重叠（见图 11-36）。经过细节处理后的窗体模型如图 11-37 所示。

图 11-36　移动窗的内侧点，与后窗产生重叠效果

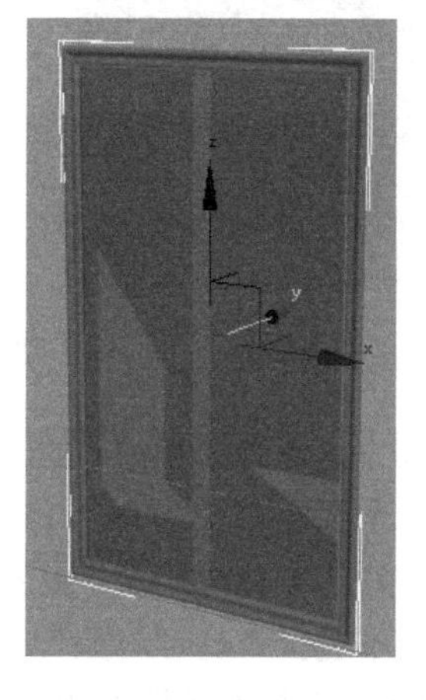

图 11-37　经过细节处理后的窗体模型

3．空调外机

空调外机可以说是最具效果的细节，因为空调外机的存在，可以使原本单调的墙体产生层次感，使创建的模型变得更加真实。

空调外机主要由五大部分组成，分别为机箱、支架、扇叶、防护网和导管。由于空调外机并不是主体，其内部的扇叶不在本书的讨论范围内。

（1）机箱的创建。选择菜单“创建→几何体”，在几何体层级下选择“标准基本体”，使用长方体工具在前视图中绘制一个长约 0.7 m、宽约 0.7 m、高约 0.4 m 的长方体，并设置高度的分段数为 3（见图 11-38）；单击鼠标右键，在弹出的右键菜单中选择“转换为：→转换为可编辑多边形”，在修改面板下的边层级中，利用循环工具选择中间的 2 个分段（见图 11-39）；使用挤出工具将其向下挤出一定高度，形成 2 圈凹槽（见图 11-40）；选择所有的边，使用切角工具，设置边切角量为 0.008 m、连接边的分段数为 1，可为模型创建出平滑效果（见图 11-41）。

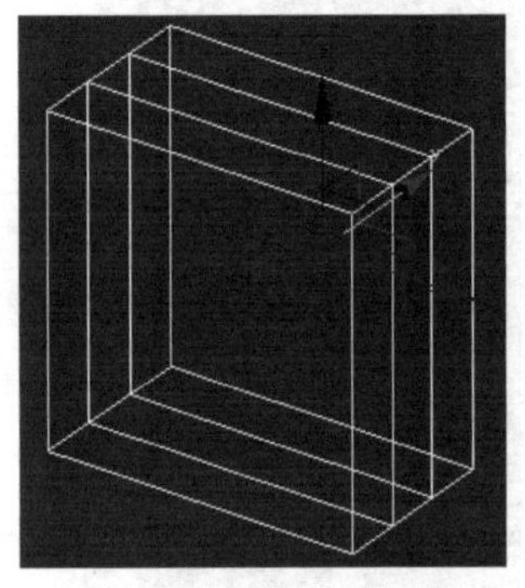

图 11-38　绘制长方体并设置高度的分段为 3

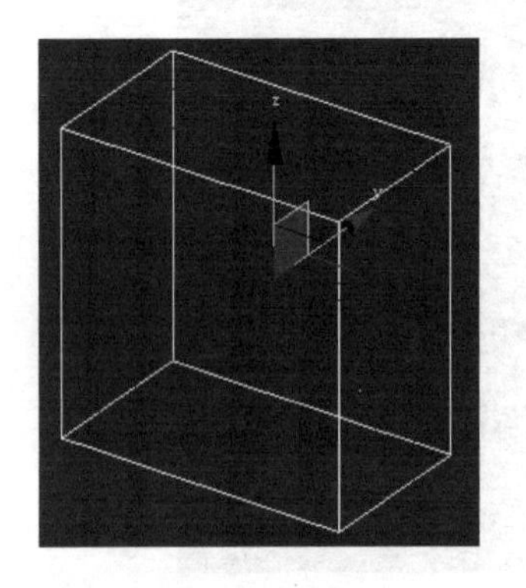

图 11-39　选择中间的 2 个分段

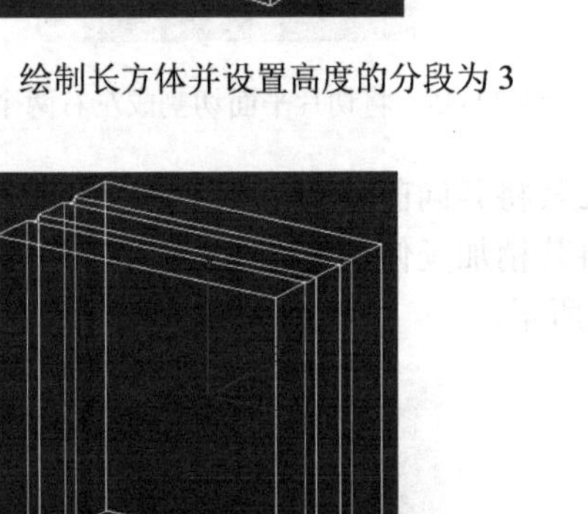

图 11-40　向下挤出中间的分段形成 2 圈凹槽

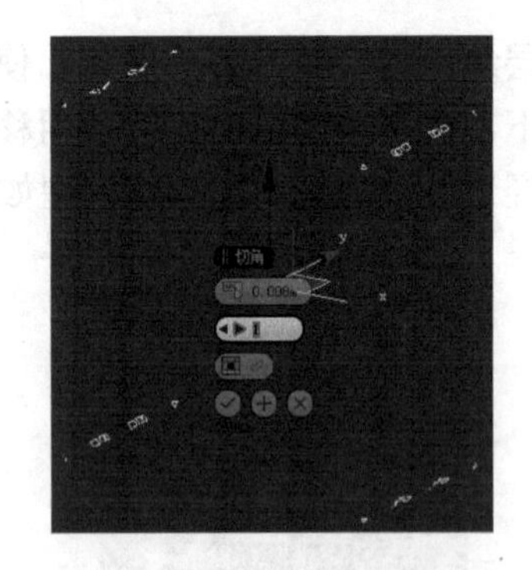

图 11-41　模型的平滑效果

在前视图中，选择菜单“创建→几何体”，在几何体层级下选择“标准基本体”，使用圆柱体工具绘制一个底面半径为 0.25 m、高度为 0.5 m 的圆柱体（见图 11-42）；使用对齐工具将其放置在刚创建好的多边形中（不要穿透长方体背面）；选择长方体，选择菜单“创建→几何体”，在几何体层级下选择“复合对象”，使用布尔工具，设置操作模式为“切割”“移除内部”，通过“拾取操作对象 B”拾取放置在内部的圆柱体，可得到镂空的空调外机机箱（见图 11-43）。

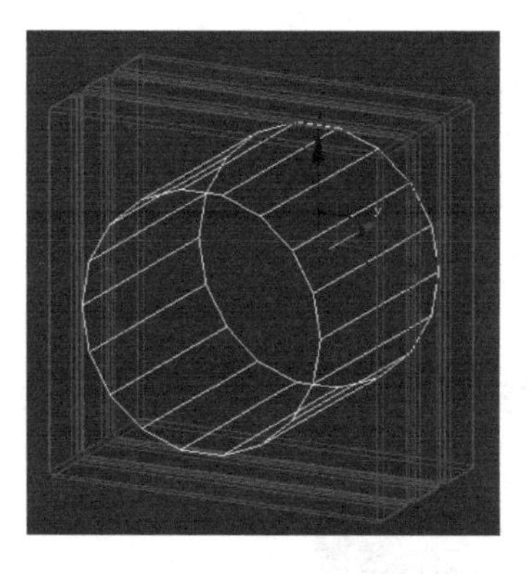

图 11-42　绘制的圆柱体

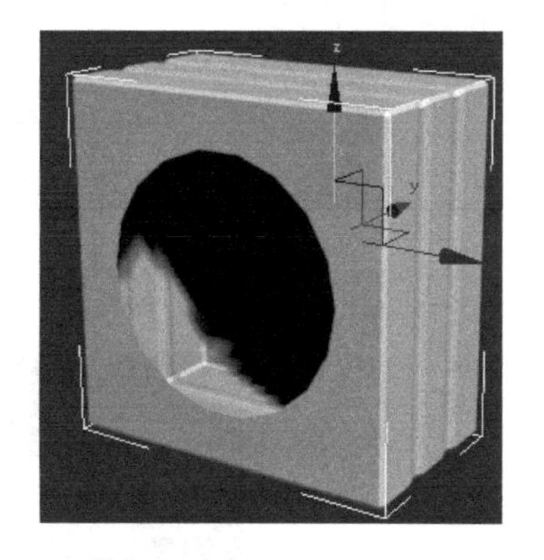

图 11-43　镂空的空调外机机箱

（2）支架的创建。支架可以使用放样的方法来创建，利用的是放样中的变形功能。选择菜单“创建→样条线”，在样条线层级下选择“样条线”，使用样条线层级下的线工具在顶视图中绘制一条略长于机箱的直线，作为支架的走向线（见图 11-44）；在前视图中，使用样条线工具绘制一个 T 形截面（见图 11-45）；在层次面板中，使用仅影响轴工具，将图形的轴心移动至顶部线段的中点（见图 11-46）；选择直线，选择菜单“创建→几何体”，在几何体层级下选择“复合对象”，使用放样工具开启创建方法中的获取图形功能，并单击创建好的截面，即可得到放样后的结果（见图 11-47）；在修改面板中开启变形中的缩放，使用加点工具在曲线中间增加一个 Bezier 点，设置曲线为弧段状（见图 11-48），可得到支架的模型（见图 11-49）。实例复制一份放置在一旁相应位置，得到空调外机底部支架。

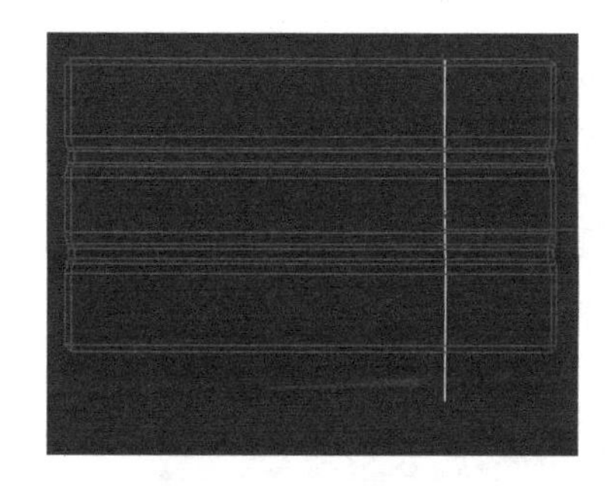

图 11-44　支架的走向线

图 11-45　T 形截面

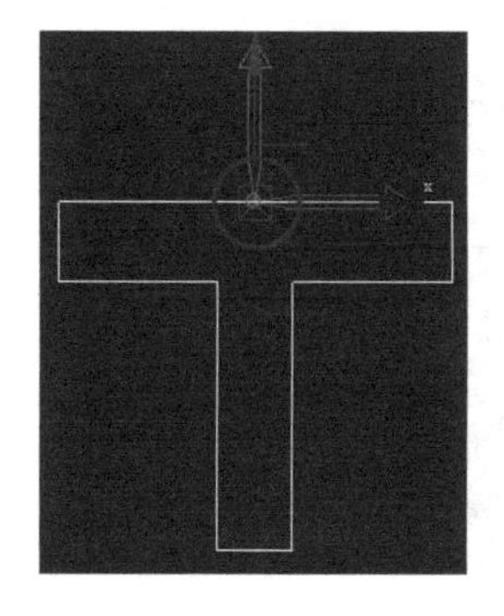

图 11-46　将图形的轴心移动到顶部线段的中点

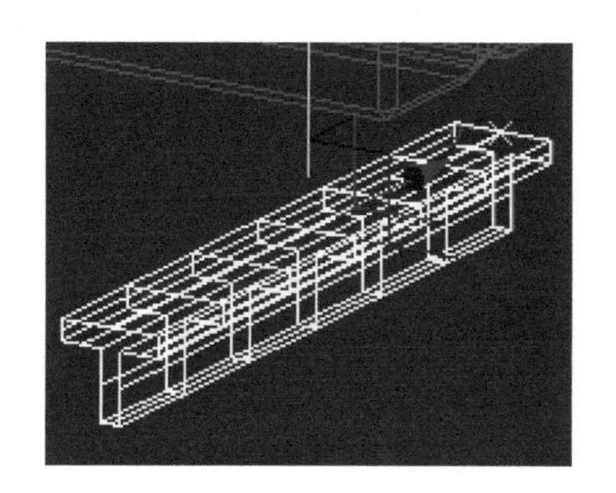

图 11-47　放样后的结果

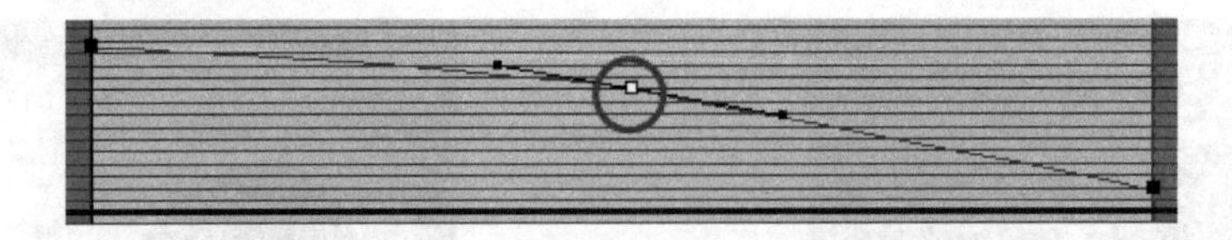

图 11-48　增加一个 Bezier 点并设置曲线为弧段状

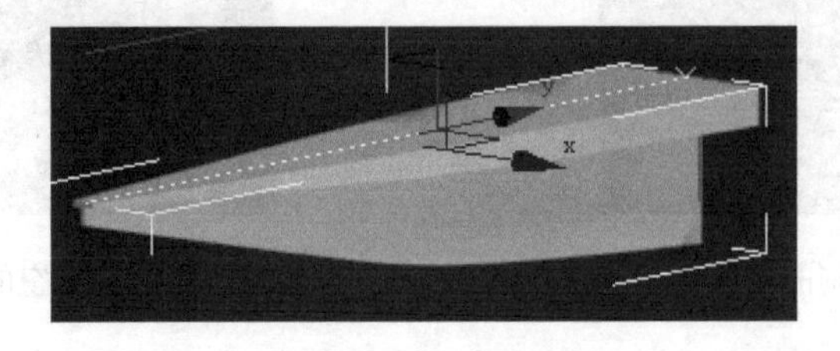

图 11-49　支架的模型

（3）防护网的创建。在前视图中，选择菜单“创建→几何体”，在几何体层级下选择“标准基本体”，使用圆柱体工具绘制一个底面半径为 0.25 m、高度为 0.5 m 的圆柱体，设置端面的分段数为 3（见图 11-50）；单击鼠标右键，在弹出的右键菜单中选择“转换为：→转换为可编辑多边形”，在修改面板的边层级下，选择端面中所有的边（见图 11-51）；单击“利用所选内容创建图形”按钮（利用所选内容创建图形），在“图形类型”中点选“线性”，可创建一个新图形（见图 11-52）；为新创建的图形开启渲染功能，设置径向厚度为 0.01 m、边数为 3，单击鼠标右键，在弹出的右键菜单中选择“转换为：→转换为可编辑多边形”，即可得到防护网模型（见图 11-53）。

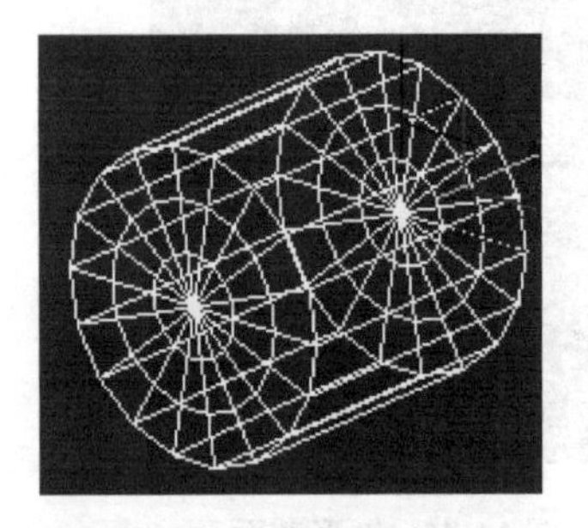

图 11-50　绘制的圆柱体

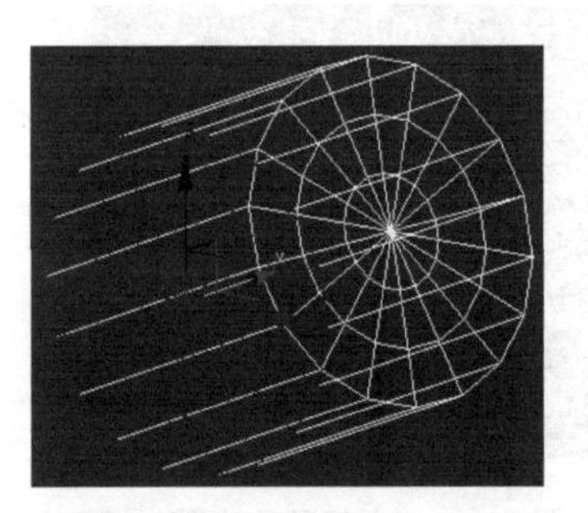

图 11-51　选择端面中所有的边

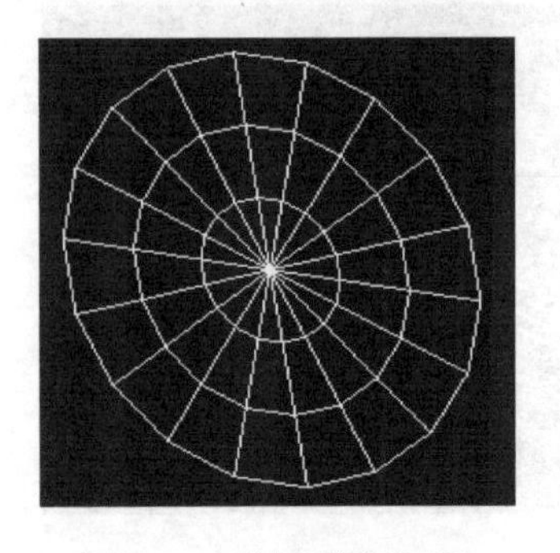

图 11-52　创建的新图形

图 11-53　防护网模型

（4）导管的创建。选择菜单“创建→样条线”，在样条线层级下选择“样条线”，使用样条线层级下的线工具在前视图中绘制一条导管走向线（见图 11-54）；在顶视图中，使用圆形工具绘制一个半径为 0.025 m 的导管截面（见图 11-55）；选择走向线，选择菜单“创建→几何体”，在几何体层级下选择“复合对象”，使用放样工具开启创建方法中的获取图形功能，并单击创建好的截面，放样完成后即可得到导管模型（见图 11-56）。

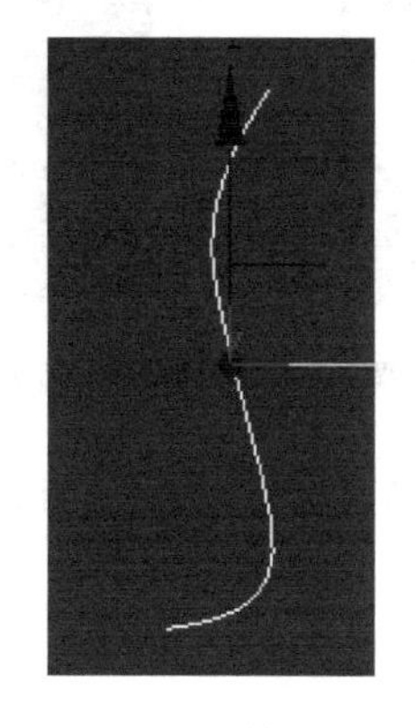

图 11-54 导管走向线

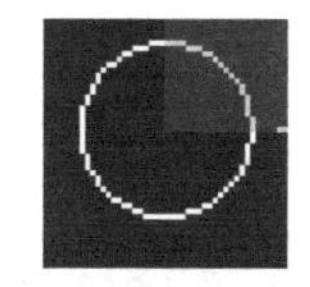

图 11-55 导管截面

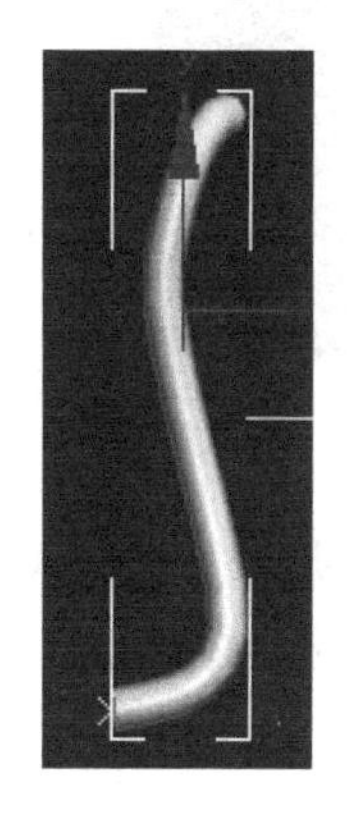

图 11-56 管道模型

将全部模型打组后，可得到空调外机模型（见图 11-57）。

图 11-57 空调外机模型

4. 排水管

创建排水管模型，选择菜单“创建→几何体”，在几何体层级下选择“标准基本体”，使用圆柱体工具绘制一个底面半径为 0.1 m，高度和墙体高度匹配的圆柱体，可得到排水管主体（见图 11-58）。选择菜单“创建→样条线”，在样条线层级下选择“样条线”，使用样条线层级下的圆环工具绘制一个大半径为 0.12 m 和小半径为 0.11 m 的圆环（见图 11-59）；选择创建的圆环，在修改面板的“修改器列表”下拉栏中为其添加挤出修改器，设置挤出量为 0.05 m，可得到排水管的固定器（见图 11-60）；在排水管上每隔一定距离安置一个固定器；选择菜单“创建→几何体”，在几何体层级下选择“标准基本体”，使用长方体工具绘制一个长约 0.25 m、宽约 0.25 m、高约 0.06 m 的长方体，将其放置在排水管顶部即可得到排水管模型（见图 11-61）。

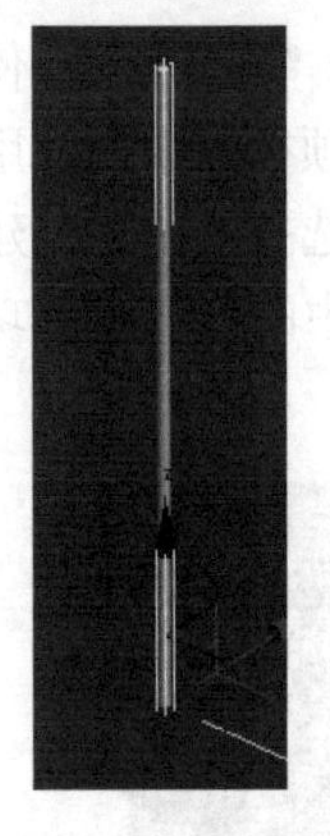

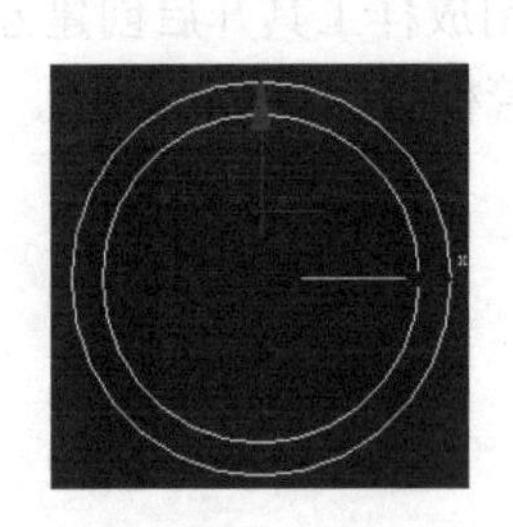

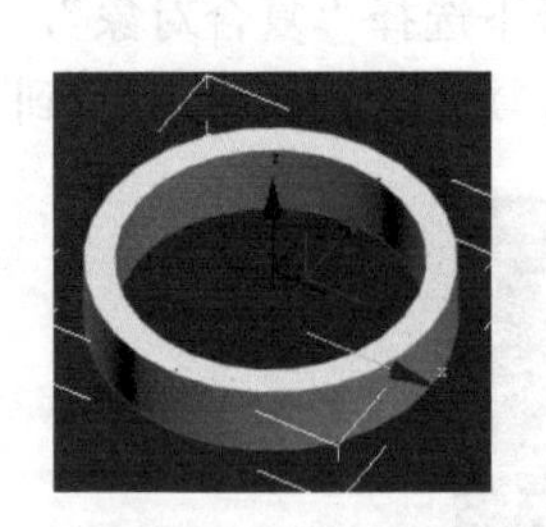

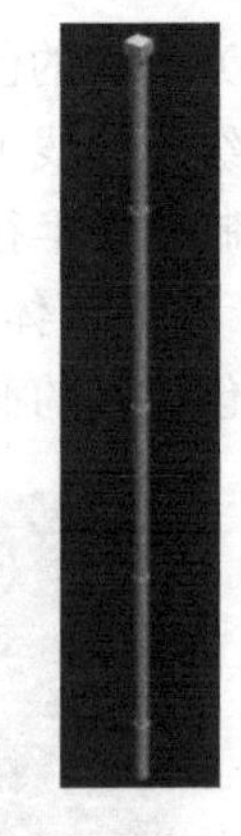

图 11-58　排水管主体　　图 11-59　圆环　　图 11-60　固定器　　图 11-61　排水管模型

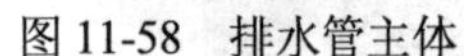

至此就完成了墙体的细节处理，将其他附属设施的模型在墙体上排好之后，可得到经过细节处理的墙体模型（见图 11-62）。

图 11-62　经过细节处理的墙体模型

11.3　屋顶的建模

服务区建筑的屋顶大多是坡屋顶，在墙体创建阶段已经使用多边形变形将屋顶坡度走向创建出来了，可在此基础上创建屋顶。

选择创建完成的墙体多边形，在修改面板的多边形层级下选择屋顶全部的面（见图 11-63）；使用编辑几何体下的分离功能，勾选“以克隆对象分离”（☑ 以克隆对象分离），将屋顶面提取出来，生成新的多边形（见图 11-64）。

图 11-63　选择屋顶全部的面

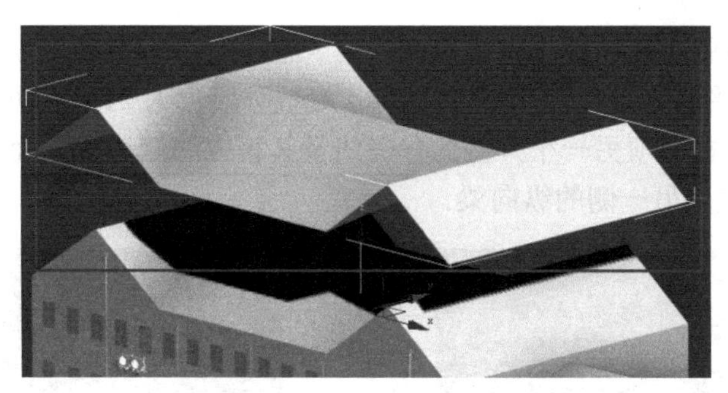

图 11-64 生成新的多边形

为了能够更好地创建屋顶瓦片，可先对屋顶进行分段，再添加辅助线。选择分离出来的屋顶，在修改面板的边层级下开启切片平面功能，使用旋转工具将其旋转至垂直状态，单击“ ”（切片）按钮，在房屋顶左右的转角处绘制 2 个分段（见图 11-65）；在顶点层级下对 4 个点位进行焊接（见图 11-66）；在边层级下选择 4 条外部侧边线（见图 11-67），使用连接工具绘制 2 条分段线（见图 11-68），使用移动工具将 2 条分段线移动到屋顶最高处（见图 11-69）。至此可完成辅助线的添加。

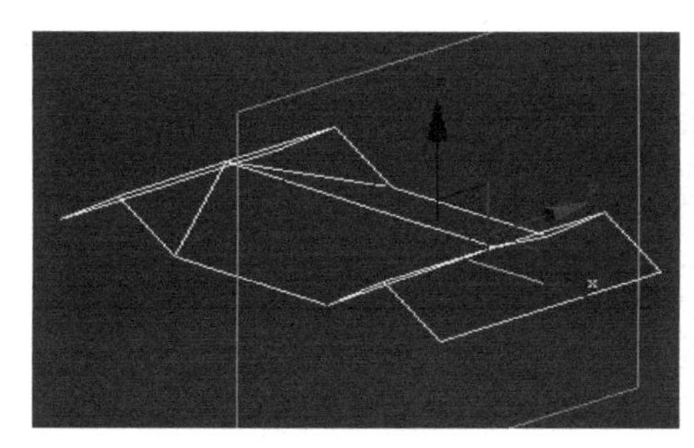

图 11-65 绘制 2 个分段

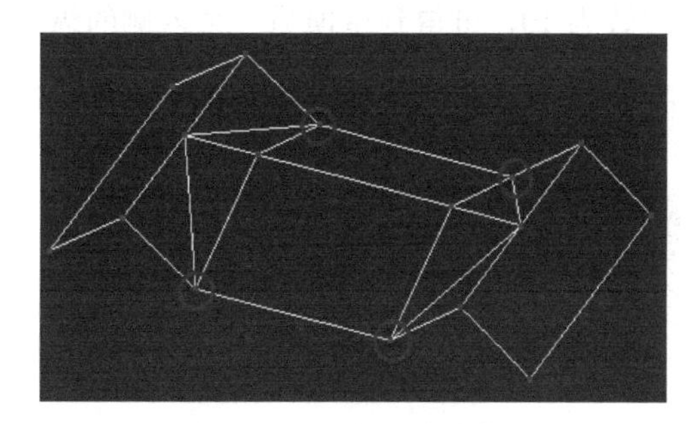

图 11-66 焊接 4 个点位

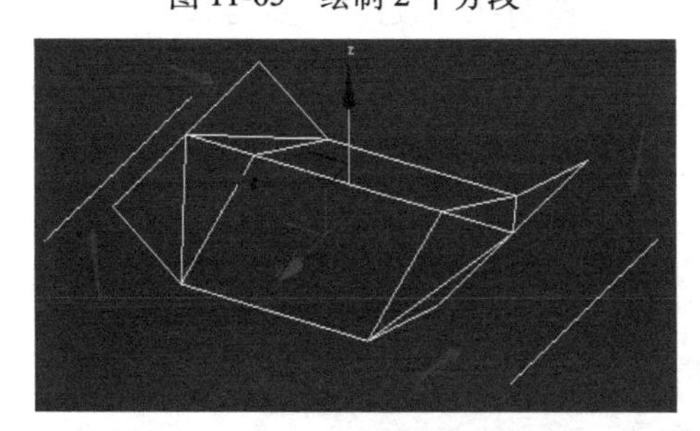

图 11-67 选择 4 条外部侧边线

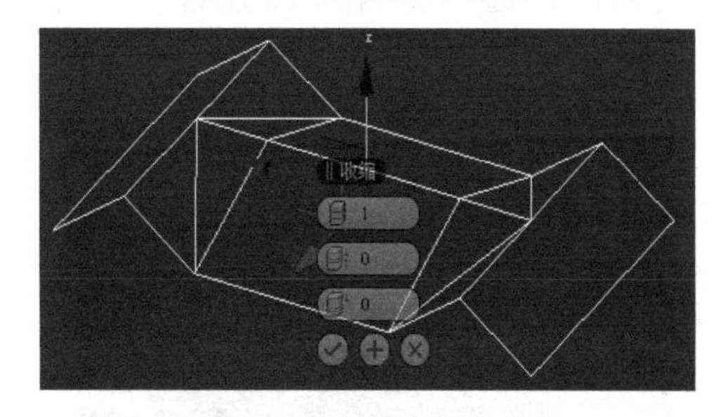

图 11-68 绘制的 2 条分段线

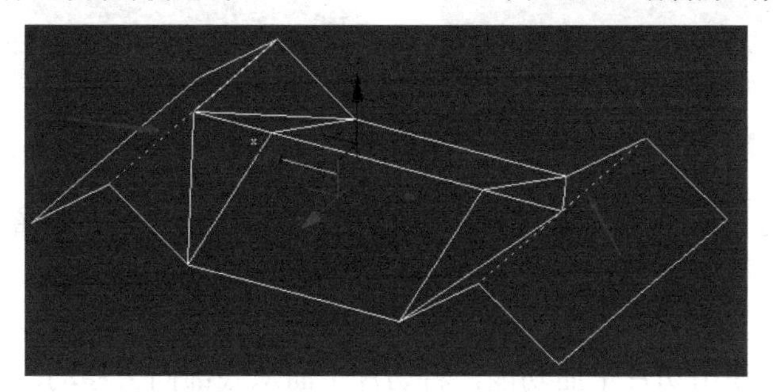

图 11-69 将 2 条分段线移动到屋顶最高处

添加辅助线之后就可以创建屋顶的纵向梁了。在边层级下选择屋顶一个外侧的参考线及其相应的侧边线（见图 11-70）；使用连接工具，设置分段数为 21（见图 11-71），即可得到屋顶该侧的纵向梁；选择屋顶另一个外侧的参考线及其相应的侧边线，使用连接工具，设置分段数为 21，可得到屋顶另一侧的纵向梁。

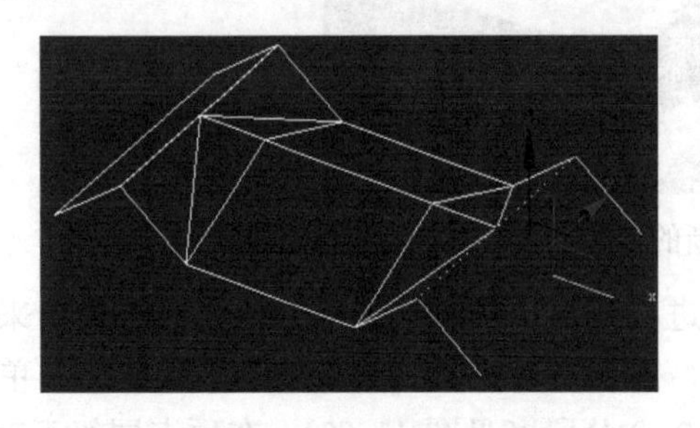

图 11-70 选择外侧屋顶的参考线及其对应的侧边线

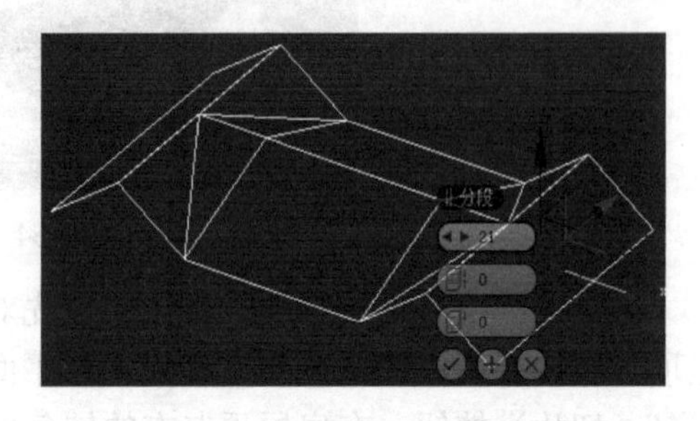

图 11-71 设置分段数为 21

选择屋顶一个内侧的 5 条线段（见图 11-72），使用连接工具，设置分段数为 10（见图 11-73），可得到屋顶该侧的纵向梁；选择屋顶另一个内侧的 5 条线段，使用连接工具，设置分段数为 10，可得到屋顶另一个内侧的纵向梁。

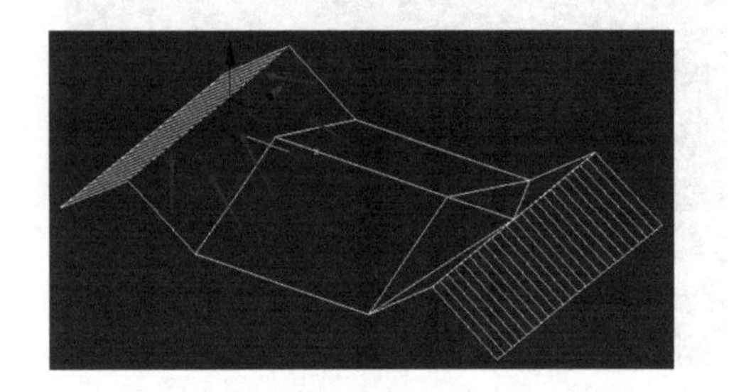

图 11-72 选择屋顶内侧的 5 条线段

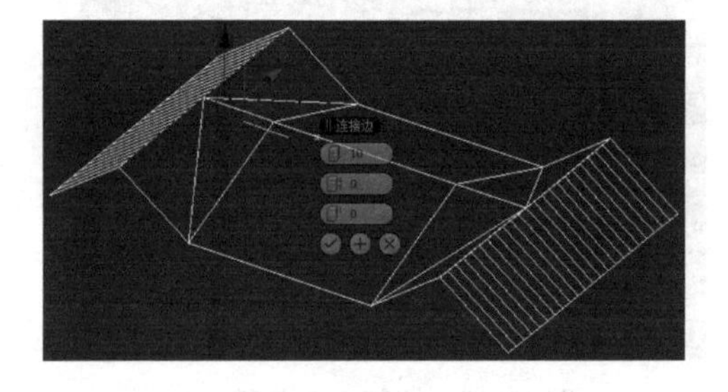

图 11-73 设置分段数为 10

选择屋顶中部的 3 条边（见图 11-74），使用连接工具，设置分段数为 20，可得到屋顶中部的纵向梁。至此可得到屋顶所有的纵向梁（见图 11-75）。

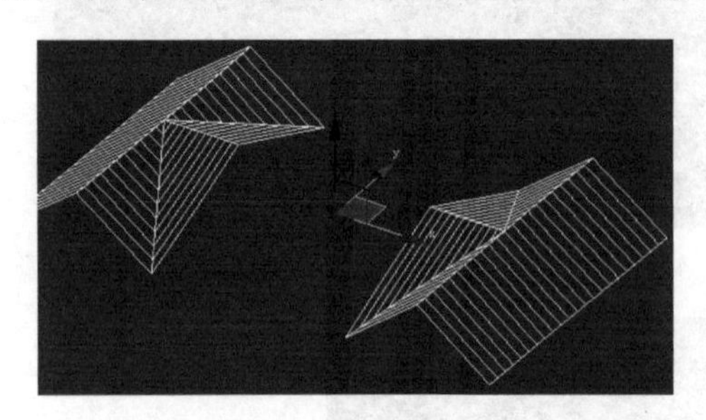

图 11-74 选择屋顶中部的 3 条边

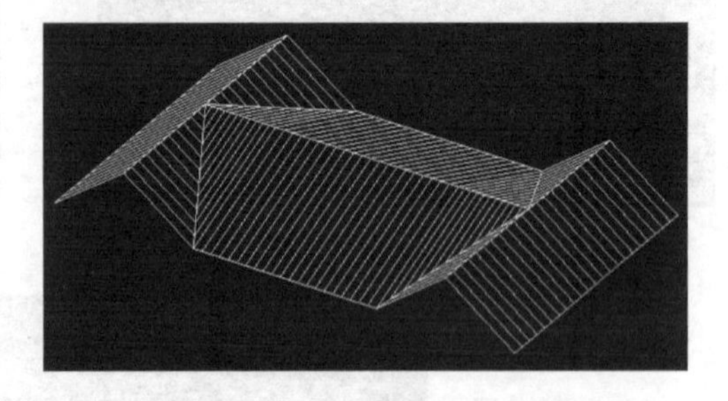

图 11-75 屋顶所有的纵向梁

在边层级下使用 Ctrl+A 组合键选择所有的边，使用挤出工具，设置挤出高度为 0.05 m、挤出宽度为 0.1 m，将所有的边向上挤出一定的高度（见图 11-76），可得到屋顶基础（见图 11-77）。

选择屋顶基础，使用切片平面功能，将切片平面从底部向上移动，每移动一定的距离就单击一次“”（切片）按钮，直到分割完整个屋顶基础为止（见图 11-78），屋顶基础分割后的侧视图如图 11-79 所示；在元素层级下，在前视图中将分割后的屋顶逐层向上提高一定的距离，可产生瓦片质感（见图 11-80）；在多边形层级下选择所有的面，使用挤出工具（挤出方式选择“组”），设置挤出高度为 0.06 m（见图 11-81），将所有面向上挤出，可创建出一定的高度。

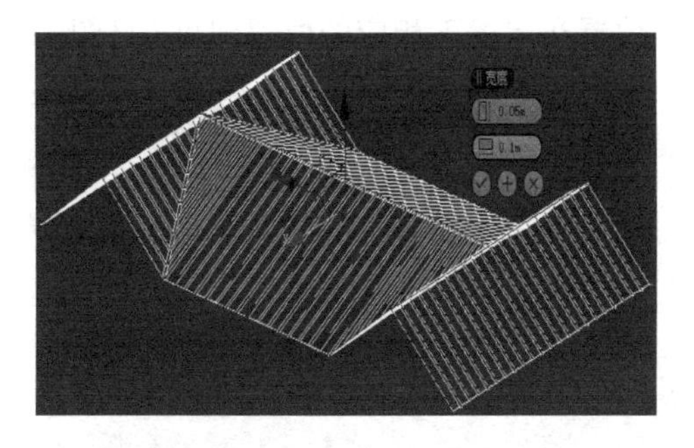

图 11-76 将所有的边向上挤出

图 11-77 屋顶基础

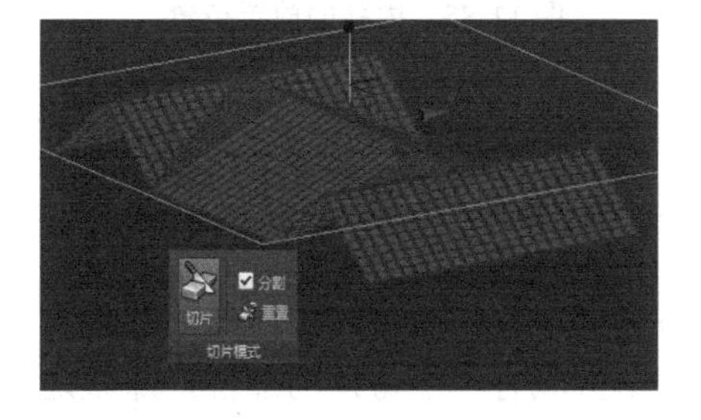

图 11-78 分割全部的屋顶基础

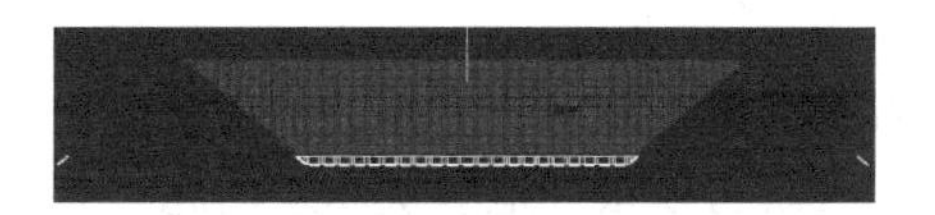

图 11-79 分割切片侧视图

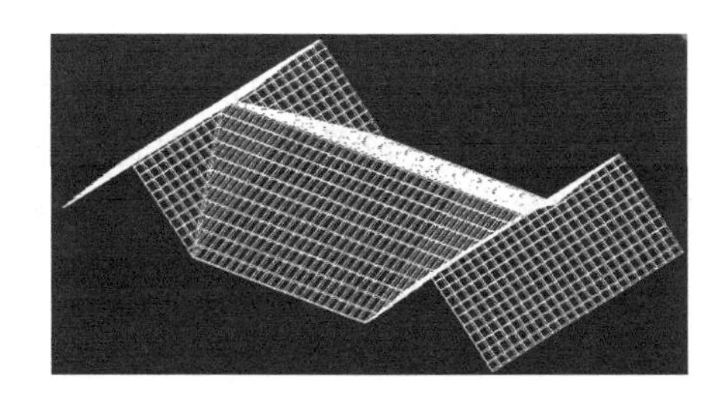

图 11-80 瓦片质感

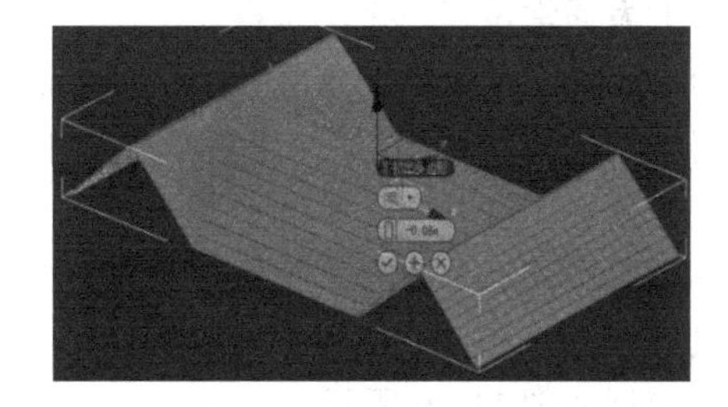

图 11-81 设置挤出高度为 0.06 m

使用缩放工具将屋顶沿着前后走向放大一定距离，创建出屋檐，将屋顶放置在墙体之上，使用缩放工具调整屋顶形状，可得到餐厅与住宿区域屋顶模型（见图 11-82）。采用同样的方法创建超市与公共卫生区域的屋顶后，可得到服务区建筑的屋顶模型（见图 11-83）。

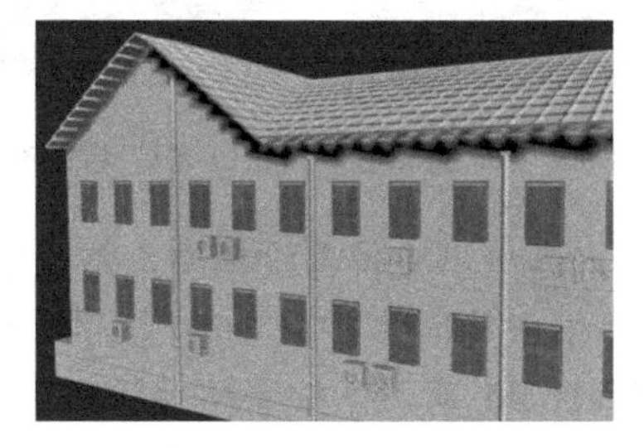

图 11-82 餐厅与住宿区域屋顶模型

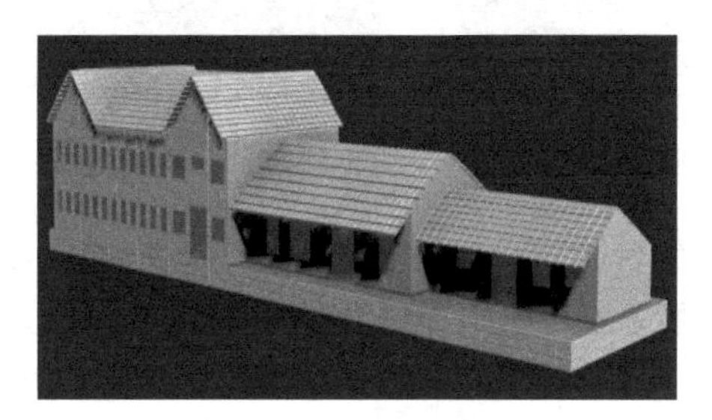

图 11-83 服务区建筑的屋顶模型

创建服务区建筑的屋顶后，还需要创建支撑屋顶的柱体（柱体可分为边柱和内柱）。选择菜单“创建→几何体”，在几何体层级下选择“标准基本体”，使用长方体工具在顶视图中绘制一个长约 0.6 m、宽约 0.6 m、高度和屋檐高度匹配的长方体（作为边柱），将其放置在屋檐下相应的位置即可（见图 11-84）；使用长方体工具在顶视图中绘制一个长约 0.6 m、宽约 0.3 m、高度和屋檐高度匹配的长方体（作为内柱），将其放置在屋檐下相应的位置即可（见图 11-85）。

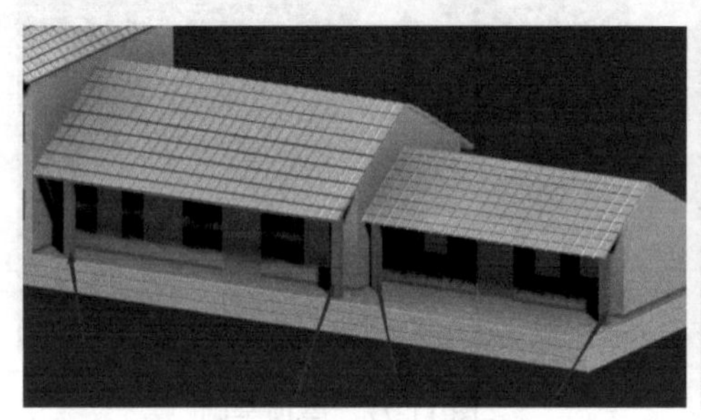

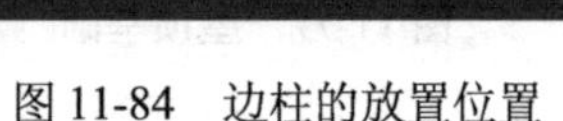

图 11-84　边柱的放置位置

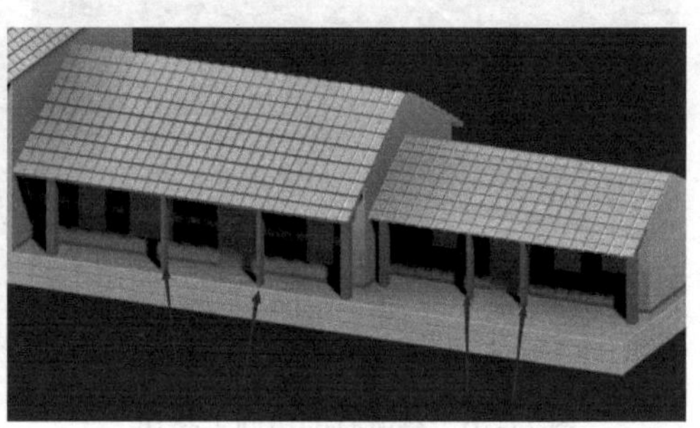

图 11-85　内柱的放置位置

11.4　台阶的建模

台阶是服务区建筑中重要的一部分，由于服务区建筑存在底台，因此地面与建筑之间存在高差，台阶可以很好地解决高差问题。餐厅与住宿区域有一个特别的部位，那就是其入口处，因为底台与楼层的高差，餐厅与住宿区域的屋檐无法为一层提供有效挡雨的功能，故其入口台阶上方通常设置一个小顶棚。

采用 3ds Max 中的楼梯工具，可以创建满足要求的台阶。选择菜单“创建→几何体”，在几何体层级下选择“楼梯”，使用直线楼梯工具，将“楼梯类型”设置为“落地式”；在顶视图中，按住鼠标左键并向上移动鼠标光标，可生成台阶的宽度（见图 11-86）；松开鼠标左键并向右移动鼠标光标，在合适位置单击鼠标左键，可生成台阶的长度（见图 11-87）；接着向上移动鼠标光标，在合适位置单击鼠标左键，可生成台阶的高度（见图 11-88）。最终得到的台阶初步模型如图 11-89 所示。

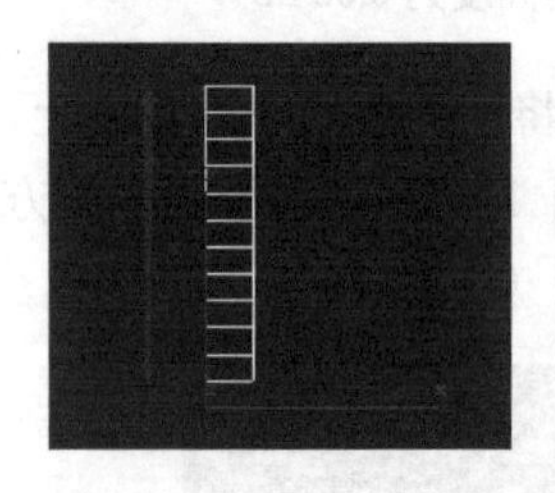

图 11-86　台阶的宽度

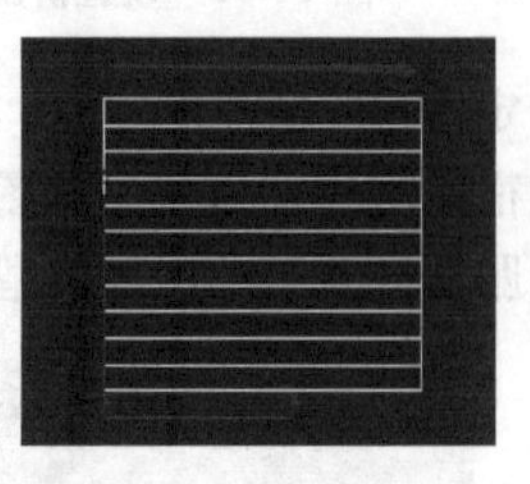

图 11-87　台阶的长度

图 11-88　台阶的高度

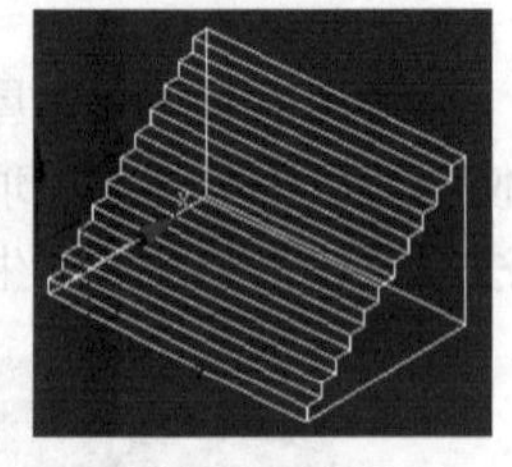

图 11-89　台阶初步模型

得到台阶初步模型后，可通过设置楼梯工具的参数来进一步完善台阶模型，如调整长宽、设置梯度、添加扶手等。在修改面板的参数选项下，在“生成几何体”中勾选“扶手”的“左”“右”，以及“扶手路径”的“左”“右”，扶手设置如图 11-90 所示。扶手路径可用于排布竖向护栏；选择生成的扶手路径，将其向外平移一段距离（见图 11-91），以便后期使用；将“布局”中的“长度”设为 7.0 m，将“宽度”设为 3.0 m（见图 11-92）；固定梯级中的竖板数为 8，修改台阶的总高度为 1.7 m，3ds Max 将生成“竖板高”的值，“梯级”的设置如图 11-93 所示；在“栏杆”中，将“高度”设为 1.2 m，将“偏移”设为 0.05 m，将“分段”设为 6，将“半径”设为 0.06 m，“栏杆”的设置如图 11-94 所示；得到的扶手初步模型如图 11-95 所示。

图 11-90　扶手设置

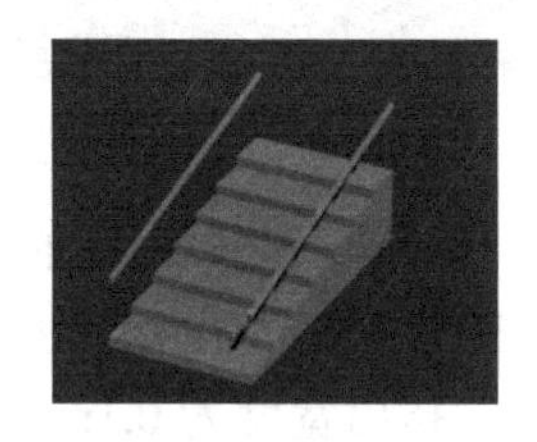

图 11-91　向外平移扶手路径

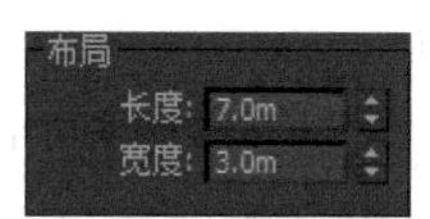

图 11-92　“布局”的设置

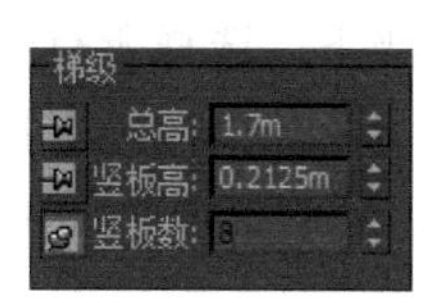

图 11-93　“梯级”的设置

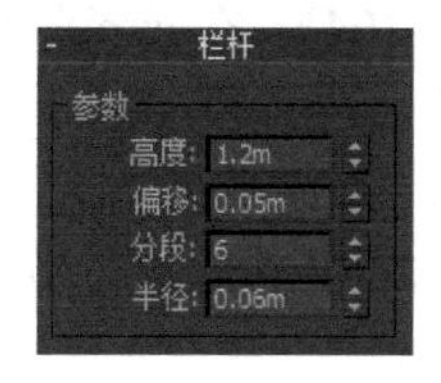

图 11-94　“栏杆”的设置

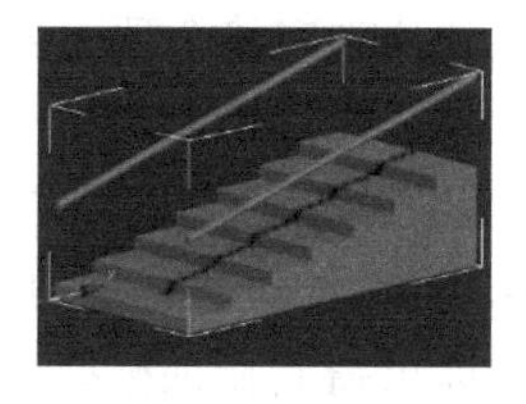

图 11-95　扶手初步模型

设置好上述参数后，选择菜单“创建→几何体”，在几何体层级下选择“标准基本体”，使用圆柱体工具在顶视图中绘制一个底面半径为 0.04 m、高度为 1.4 m 的圆柱体（见图 11-96）；选择圆柱体后，选择菜单“工具→对齐→间隔工具→拾取路径”，即可开始进行路径的拾取；拾取一侧的扶手路径，设置计数为 8，可得到竖向护栏（见图 11-97）；将竖向护栏移动到相应的位置即可。采用同样的方法创建另一侧扶手的竖向护栏后，可得到完整的台阶模型（见图 11-98）。超市区域与公共卫生区域的台阶也可以用相同的方法来创建。

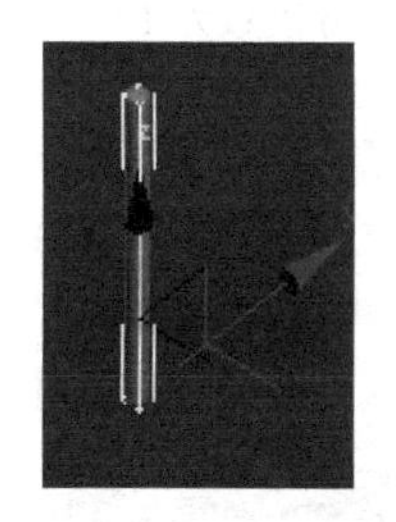

图 11-96　绘制的圆柱体

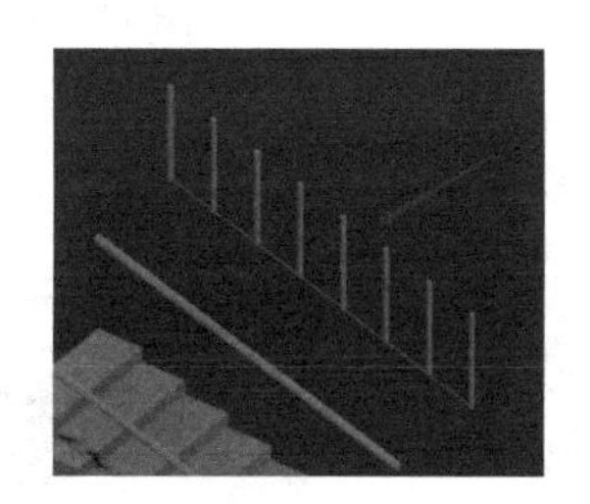

图 11-97　竖向护栏

图 11-98　完整的台阶模型

餐厅与住宿区域入口处台阶的上方通常有小顶棚，小顶棚由支柱与瓦顶组成，瓦顶从二楼窗底伸出，长度与宽度都略长于台阶长宽，支柱起支撑作用。

选择菜单“创建→几何体”，在几何体层级下选择“标准基本体”，使用长方体工具在顶视图中绘制一个长约 7 m、宽约 3.5 m、高约 0.3 m 的长方体，并设置宽度分段数为 2（见图 11-99）；单击鼠标右键，在弹出的右键菜单中选择“转换为：→转换为可编辑多边形”；在修改面板的边层级下，使用移动工具将分段线向上移动一定的距离（见图 11-100）；在多边形层级下选择顶部两个面，使用编辑几何体下的分离功能，勾选“以克隆对象分离”（以克隆对象分离），将顶面提取出来（见图 11-101），生成新的多边形。

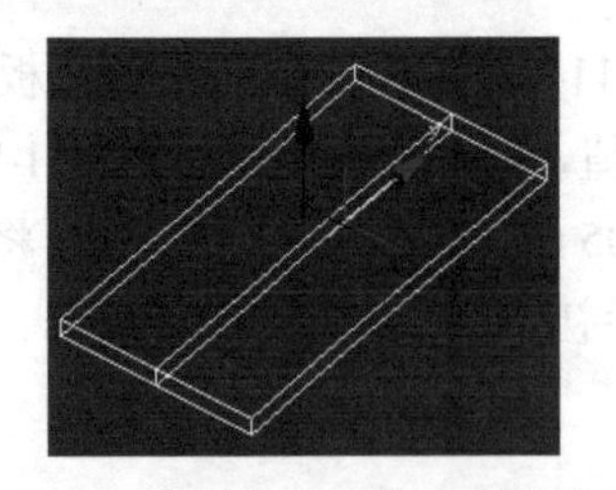
图 11-99　设置长方体的宽度分段为 2

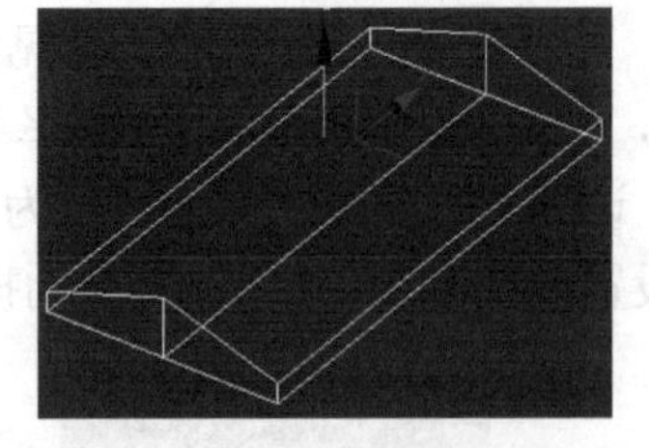
图 11-100　向上移动分段线

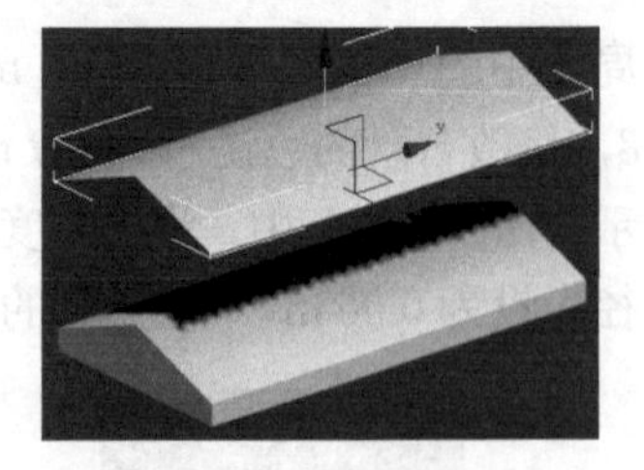
图 11-101　提取顶面

瓦顶的创建过程与屋顶的创建过程相似，选择中间的 3 条边（见图 11-102）；使用连接工具，设置长度分段数为 10（见图 11-103）；在边层级下使用 Ctrl+A 组合键选择全部的边，使用挤出工具，设置挤出高度为 0.05 m、挤出宽度为 0.1m，将所有边向上挤出一定的高度；开启切片平面功能，将切片平面从底部向上移动，每移动一定的距离单击一次"▣"（切片）按钮，直到分割完整个顶面为止（见图 11-104）；在元素层级下，在前视图中将分割后的顶面逐层向上提升一定距离，可产生瓦片质感（见图 11-105）；在多边形层级下，选择所有的顶面，使用挤出工具（挤出方式选择"组"），设置挤出高度为 0.1 m，将所有顶面向上挤出（见图 11-106），创建出一定的高度；使用缩放工具调整顶的高度，将创建好的瓦顶放置在相应的位置，即可得到瓦顶模型（见图 11-107）。

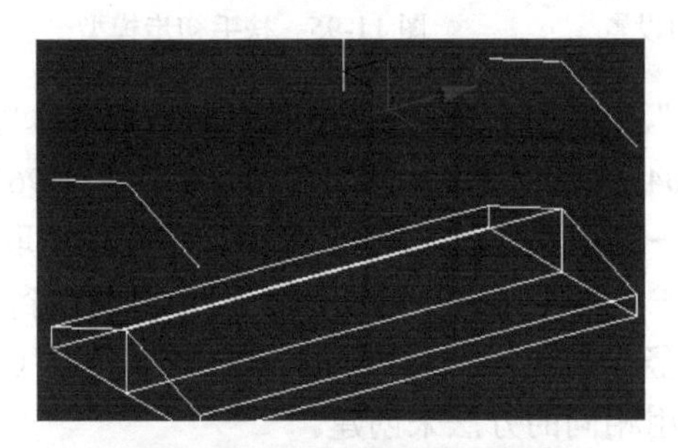
图 11-102　选择中间的 3 条边

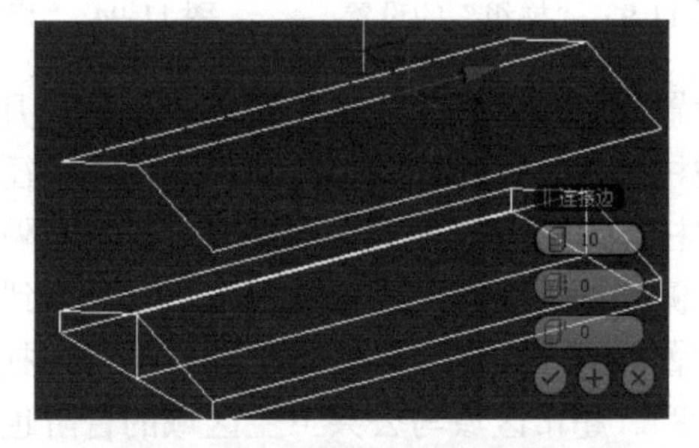

图 11-103　设置长度分段数为 10

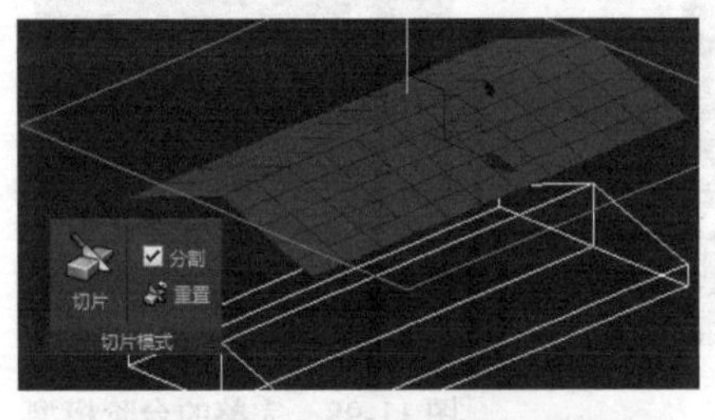

图 11-104　分割完整个顶面

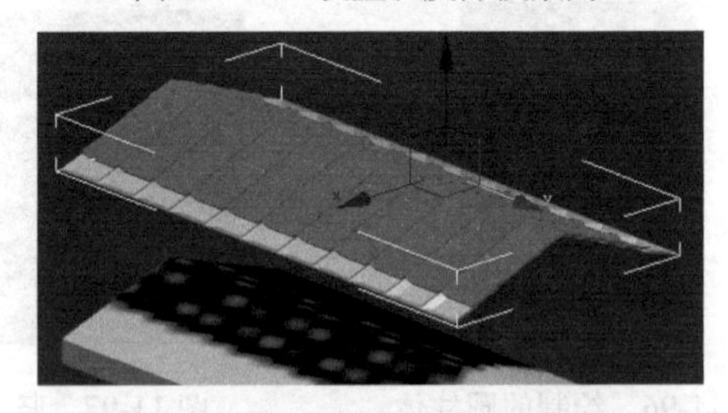
图 11-105　瓦片质感

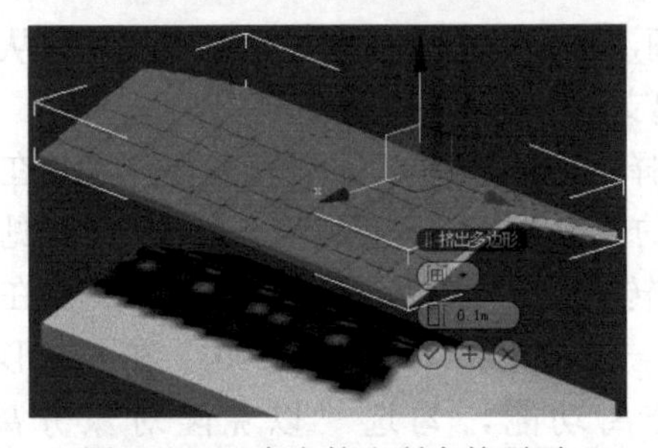

图 11-106　向上挤出所有的顶面

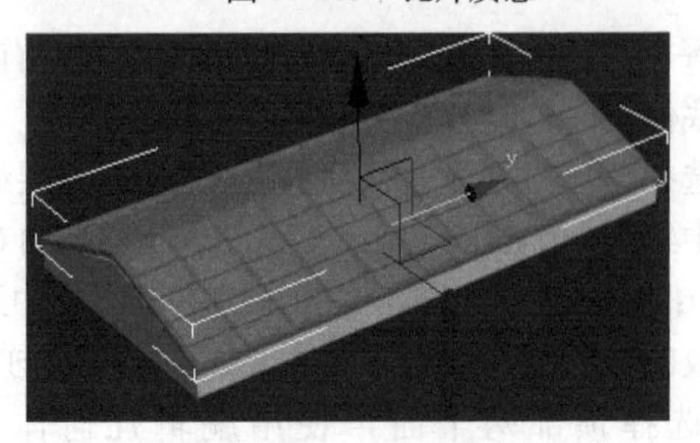
图 11-107　瓦顶模型

选择菜单“创建→几何体”，在几何体层级下选择“标准基本体”，使用长方体工具在顶视图中绘制 2 个长约 0.5 m、宽约 0.3 m、高约 5.5 m 的长方体（作为支柱），将其放置在小顶棚前部的相应位置，即可得到小顶棚模型（见图 11-108）。

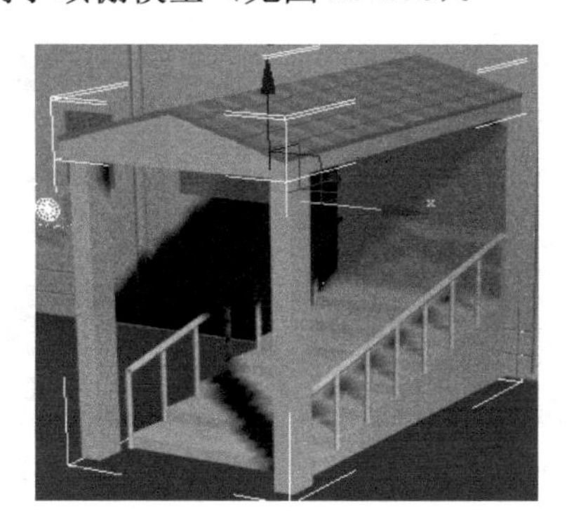

图 11-108　小顶棚模型

11.5　其他附属设施的建模

其他附属设施是服务区中的重要部分。从功能的角度来说，附属设施是服务区功能的延伸；从模型的角度来说，附属设施是服务区模型的细节，是模型出彩的地方。服务区中常见的附属设施有布告牌、指示牌、照明设备和护栏等。由于是附属设施，因此无须过于强调细节，只需要形似即可。

1. 布告牌

布告牌常位于服务区建筑前，用于张贴告示或广告。选择菜单“创建→几何体”，在几何体层级下选择“标准基本体”，使用圆柱体工具在顶视图中绘制 2 个底面半径为 0.04 m、高度为 2 m 的圆柱体（见图 11-109）；选择菜单“创建→样条线”，在样条线层级下选择“样条线”，使用样条线层级下的矩形工具绘制一个长约 2.5 m、宽约 1.2 m 的二维线框备用；选择菜单“创建→样条线”，在样条线层级下选择“样条线”，使用样条线层级下的线工具在顶视图中绘制一个外边框截面（见图 11-110）。

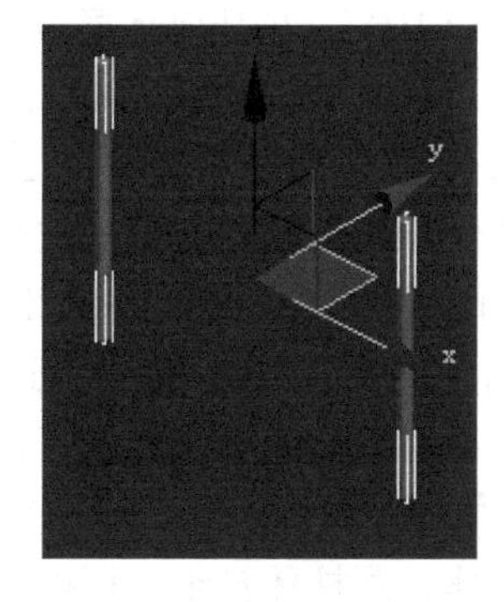

图 11-109　绘制的 2 个圆柱体

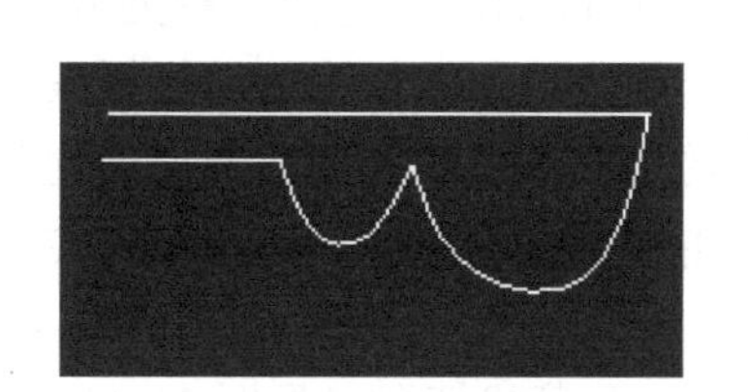

图 11-110　外边框截面

选择创建的二维线框，在修改面板的“修改器列表”下拉栏中为其添加倒角剖面修改器，拾取创建的外边框截面，即可得到布告牌的牌面模型（见图 11-111）；将创建的 2 个圆柱体放置在布告牌面的两侧，即可得到布告牌模型（见图 11-112）。

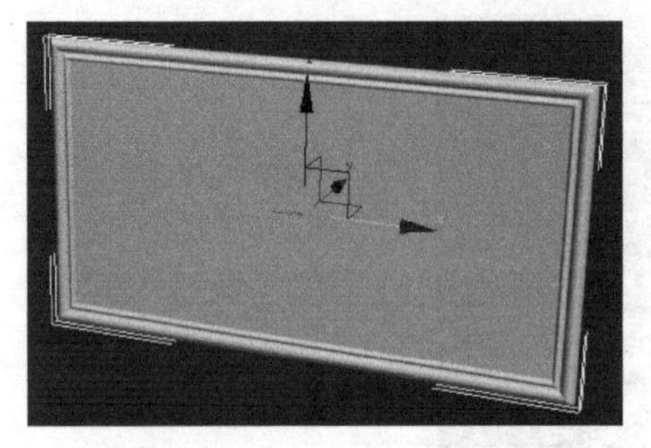

图 11-111　布告牌的牌面模型

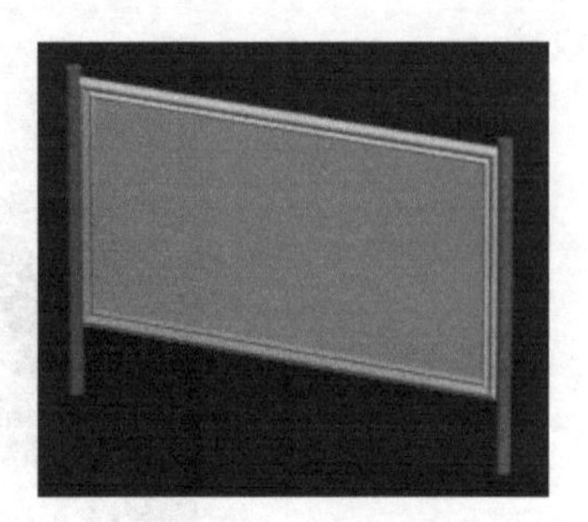

图 11-112　布告牌模型

2. 指示牌

指示牌常位于道路转角处，用于告知旅客和驾驶员服务区的分布状况。选择菜单“创建→几何体”，在几何体层级下选择“标准基本体”，使用圆柱体工具在顶视图中绘制一个底面半径为 0.04 m、高度为 2 m 的圆柱体；使用长方体工具在顶视图中绘制多个长约 0.8 m、宽约 0.02 m、高约 0.2 m 的长方体（见图 11-113）；以圆柱体为轴，将长方体环绕排列，即可得到指示牌模型（见图 11-114）。

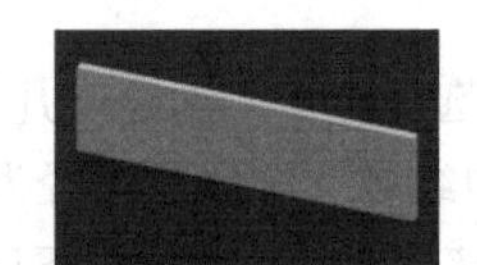

图 11-113　绘制的多个长方体之一

图 11-114　指示牌模型

3. 照明设备

照明设备分布在服务区各个位置。选择菜单“创建→几何体”，在几何体层级下选择“标准基本体”，使用圆柱体工具在顶视图中绘制 3 个底面半径为 0.04 m，高度分别为 3 m、2.8 m、2.5 m 的圆柱体（见图 11-115）；使用几何球体工具绘制 3 个半径分别为 0.25 m、0.2 m、0.15 m 的几何球体（见图 11-116）；选择半径为 0.25 m 的几何球体，单击鼠标右键，在弹出的右键菜单中选择“转换为：→转换为可编辑样条线”；在修改面板的线段层级下，使用 Ctrl+A 组合键选择所有的边，单击“利用所选内容创建图形”按钮，在弹出的提示框中点选“平滑”，可得到一个平滑的藤蔓状球体（见图 11-117）；选择藤蔓状球体，在修改面板的“渲染”选项中勾选“在视口中启用”（☑ 在视口中启用），点选“径向”（● 径向），设置其厚度为 0.01 m、边数为 3，可得到藤蔓状灯罩（见图 11-118）；将灯罩、球体、圆柱体打组，可得到艺术照明灯模型（见图 11-119）。

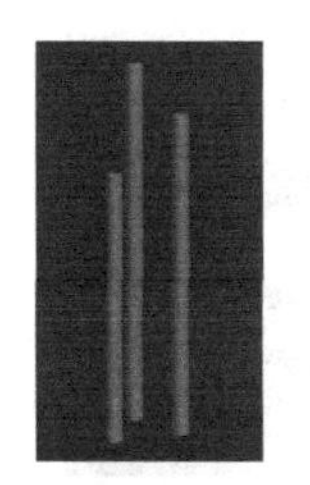
图 11-115　绘制的 3 个圆柱体

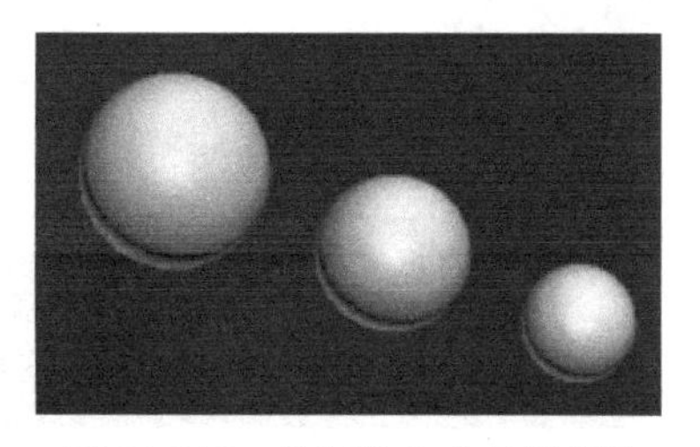
图 11-116　绘制的 3 个几何球体

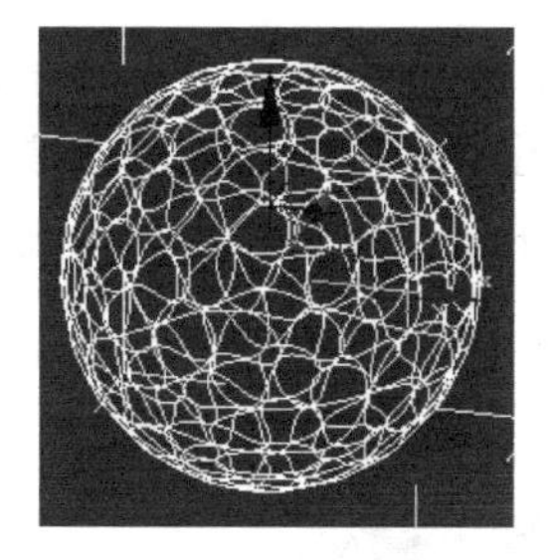
图 11-117　藤蔓状球体

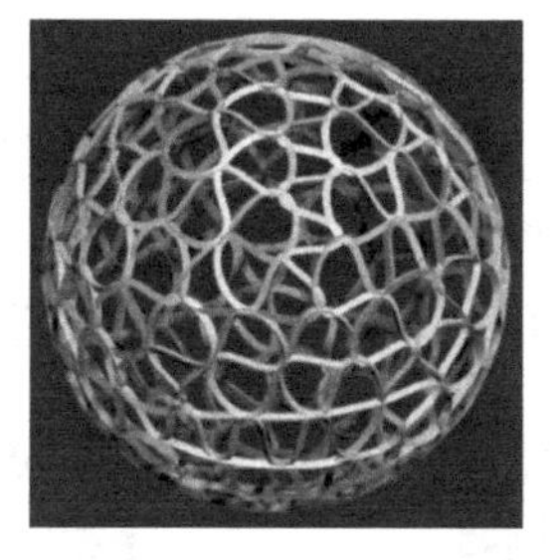
图 11-118　藤蔓状灯罩

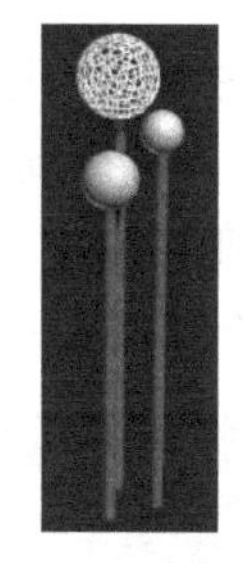
图 11-119　艺术照明灯模型

4．护栏

护栏位于底台的边界，用于保护旅客，防止摔伤跌落。选择菜单“创建→几何体”，在几何体层级下选择“标准基本体”，使用圆柱体工具在顶视图中绘制一个底面半径为 0.04 m、高度为 1.4 m 的圆柱体（见图 11-120）；选择菜单“创建→样条线”，在样条线层级下选择“样条线”，使用样条线层级下的线工具，开启捕捉工具后沿底台边界绘制样条线（见图 11-121）；在修改面板的顶点层级下，选择台阶的两侧后单击鼠标右键，在弹出的右键菜单中选择“细化”，在样条线上添加 4 个点（见图 11-122）；关闭捕捉工具，在线段层级下选择并删除由 4 个点分割出的 2 条线段，可得到路径样条线（见图 11-123）。

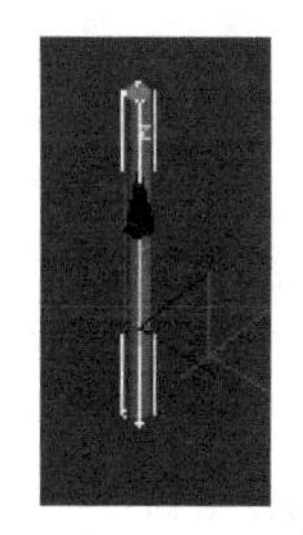
图 11-120　绘制的圆柱体

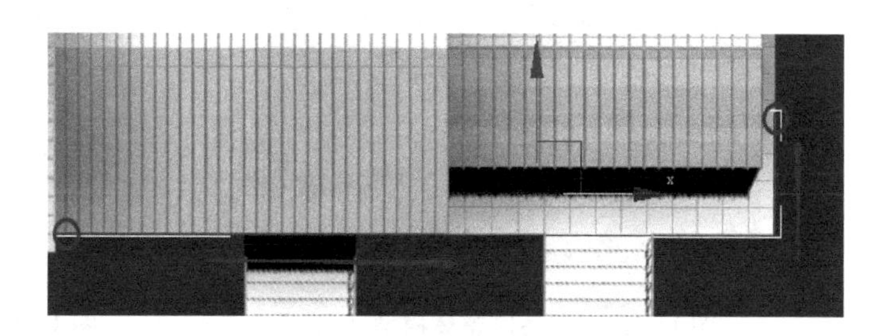
图 11-121　沿底台边界绘制的样条线

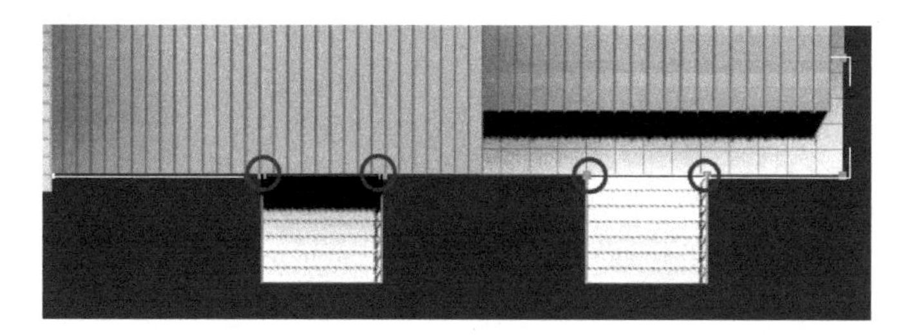
图 11-122　在样条线上添加 4 个点

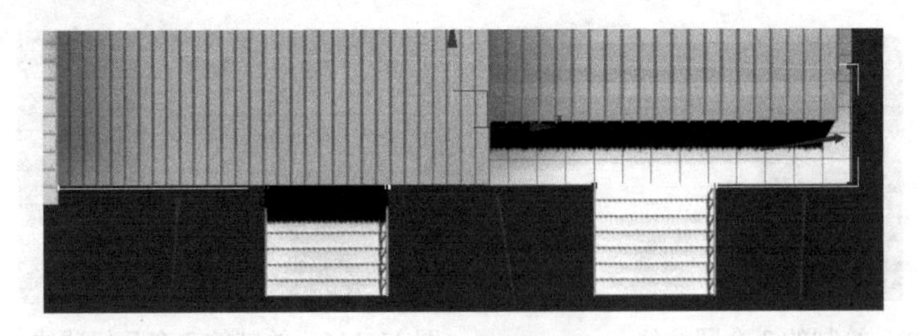

图 11-123　路径样条线

选择圆柱体后，选择菜单“工具→对齐→间隔工具→拾取路径”，开始进行路径拾取，设置计数为 45，可得到竖向护栏（见图 11-124）；选择路径样条线，在修改面板的“渲染”选项中勾选“在视口中启用”、点选“径向”，设置其厚度为 0.12 m、边数为 6，可得到护栏扶手，将竖向护栏与扶手放置在相应的位置，即可得到护栏模型（见图 11-125）。

图 11-124　竖向护栏

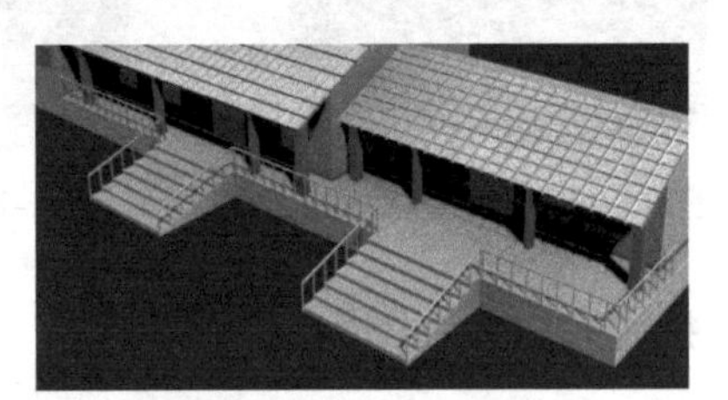

图 11-125　护栏模型

11.6　服务区模型的整理与组合

将所有附属设施放置在相应的位置，可得到服务区整体模型（见图 11-126 和图 11-127）。

图 11-126　服务区整体模型（1）

图 11-127　服务区整体模型（2）

第12章 标志牌的三维建模

标志是人们在生活中用于表明某一事物特征的记号，通过图形、物像等直观形式，人们能够快速理解特定的事物或行为。

在道路系统中，标志牌常用于辅助行人或驾驶员，为他们提供导航测距、危险警告、传递指示等服务。标志牌是道路建模中必不可少的一部分，但由于道路较多，并且不同路段的标志牌往往各有不同，模型的基数大，因此在建模时应适当降低面数，避免由于面数过大而造成系统卡顿。

本章涉及基本操作、多边形建模、FFD 等内容。

12.1 标志牌的建模逻辑

1. 分析化简

标志牌是一种静物，在建模时要从多个方位进行观察，确保标志牌的信息不被遗漏，特别是对于立体标志牌，要一一确认其方向、夹角、颜色等。

当对精度的要求较低或模型数量较大时，可以忽略标志的背面或者减少细节，以便减少面数。图 12-1 所示为某高速公路中用于车道分流的标志牌，圈内所示的连接结构过于复杂并且不承载信息，因此在建模时可用标准基本体来代替类似的结构，从而可得到标志牌的简化模型（见图 12-2）。

图 12-1　用于车道分流的标志牌

图 12-2　标志牌的简化模型

标志牌的结构相对简单，但细节较多，建模前应从模型的角度进行分析，对模型进行必要的化简，在满足精度的前提下减少面数。

2．几何近似

标志牌的结构不像建筑物结构那么复杂，大多采用规则的几何体，在进行几何近似时采用标准基本体即可。例如，图 12-3 所示为某景区的导航标志牌，导航标志牌分为左、中、右三部分，左侧有 6 个指示标志条，在每个指示标志条的右侧又都分割出了小正方形区域，用于放置图标；中间为水泥材质的支柱，支柱同样被方形环分割为上、中、下三部分；右侧是整个景区的地图，是一个半切角的整体。

依据多边形建模中的几何近似原理，可以很容易地从图中提取出长方体这个标准基本体结构，提取后的模型如图 12-4 所示。

图 12-3　某景区的导航标志牌

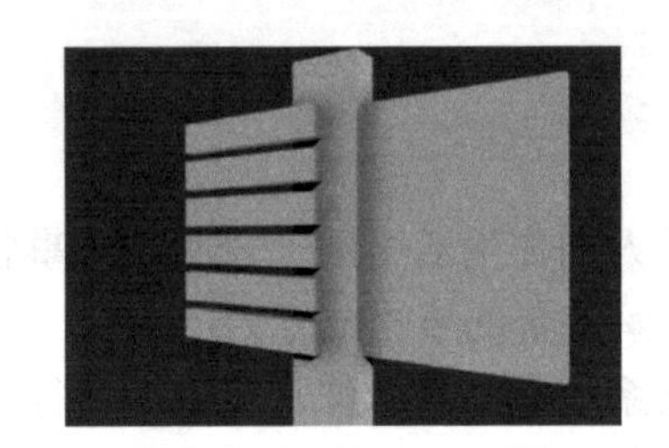

图 12-4　提取后的模型

3．模型精修与整理

完成几何近似后，可将各个实体转换为可编辑多边形（需提前分段的可先分段再进行转换），在顶点、边、边界、多边形、元素等层级下，使用切角、挤出等工具进行模型的精修与整理。

12.2　景区导航标志牌的建模

本节以图 12-3 所示的景区导航标志牌为实体来进行建模。选择菜单“创建→几何体”，在几何体层级下选择“标准基本体”，使用长方体工具在顶视图中绘制一个长约 0.4 m、宽约 0.15 m、高约 2.8 m 的长方体（见图 12-5）；单击鼠标右键，在弹出的右键菜单中选择“转换为：→转换为可编辑多边形”，在修改面板的边层级下选择竖向的 4 条边线（见图 12-6）；使用连接工具绘制 2 圈分段线（见图 12-7）；选择新生成的 2 圈分段线，使用挤出工具将其向内挤出一定的距离，生成支柱分段（见图 12-8）；再使用移动工具，将 2 个分段的间距扩大，即可得到支柱模型（见图 12-9）。

创建导航标志牌的支柱后，还需要绘制 6 个指示标志条。选择菜单“创建→几何体”，在几何体层级下选择“标准基本体”，使用长方体工具在顶视图中绘制一个长约 1.0 m、宽约 0.07 m、高约 0.16 m 的长方体（见图 12-10）；单击鼠标右键，在弹出的右键菜单中选择“转换为：→转换为可编辑多边形”，在修改面板的边层级下选择 4 条横向边线（见图 12-11）；使用连接工具绘制一圈分段线（见图 12-12）；选择新生成的分段线，使用挤出工具将其向内挤出一定的距离，生成分段（见图 12-13）；使用移动工具，将分段向右移动到合适的位置（见图 12-14），即可得到指示标志条模型（见图 12-15）。

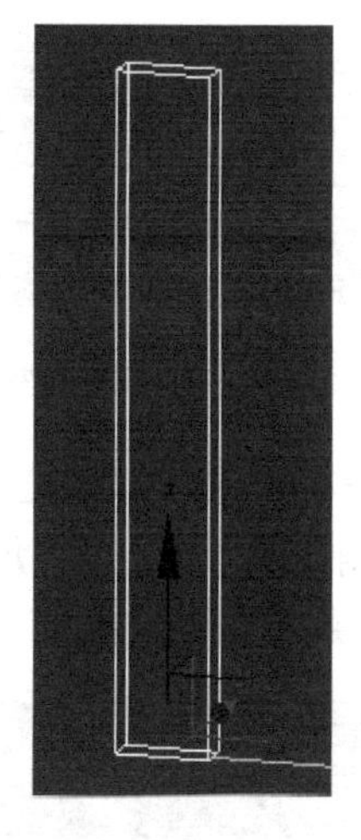

图 12-5　绘制的长方体

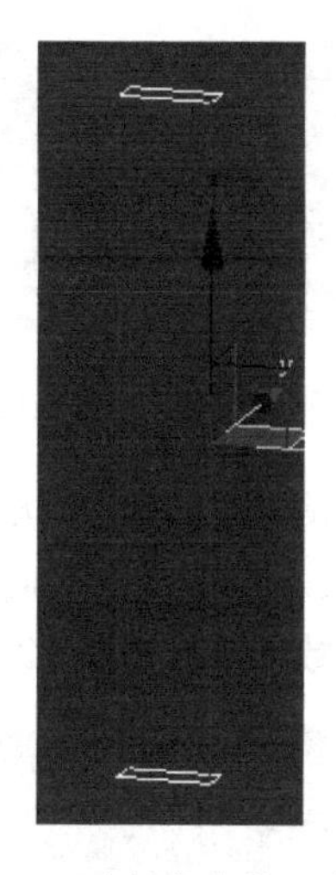

图 12-6　选择竖向的 4 条边线

图 12-7　绘制的 2 圈分段线

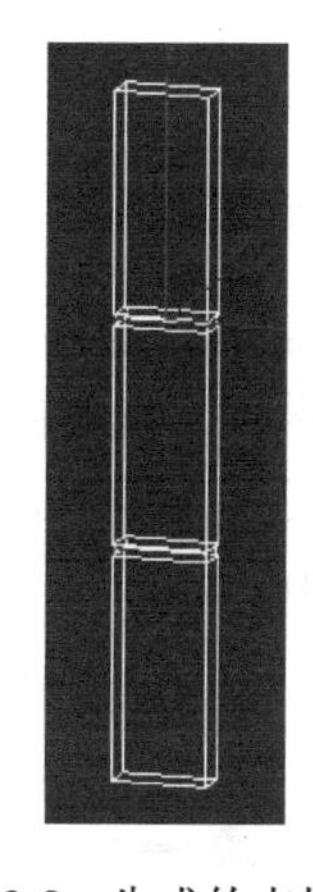

图 12-8　生成的支柱分段

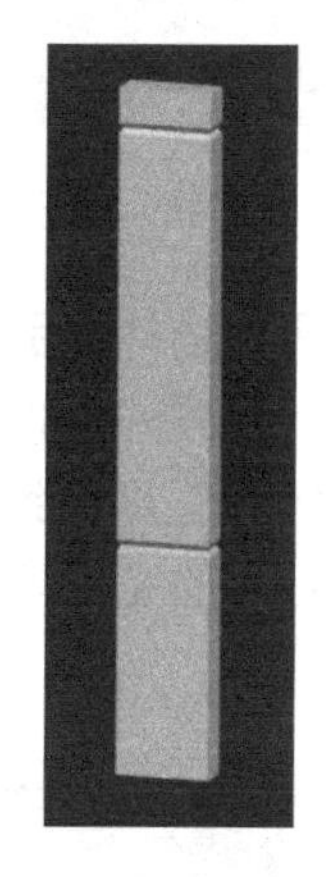

图 12-9　支柱模型

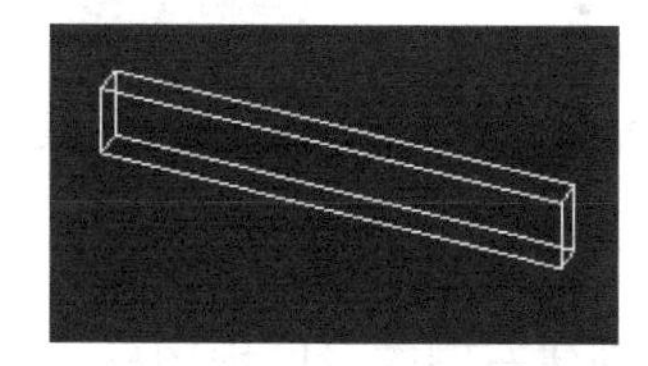

图 12-10　绘制的长方体

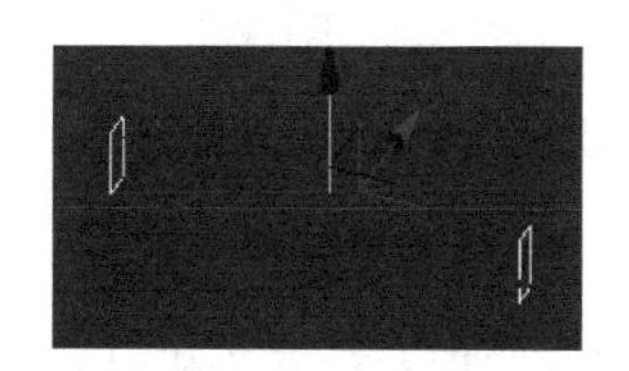

图 12-11　选择 4 条横向边线

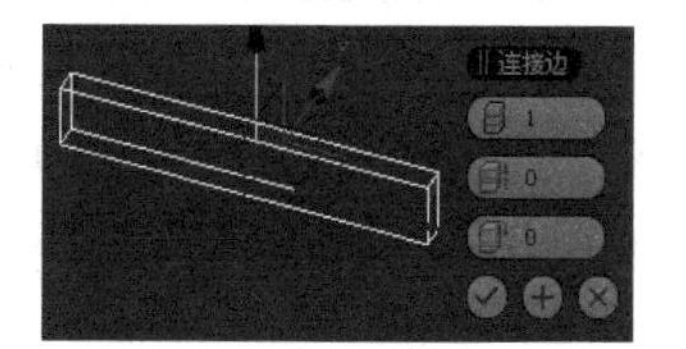

图 12-12　绘制一圈分段线

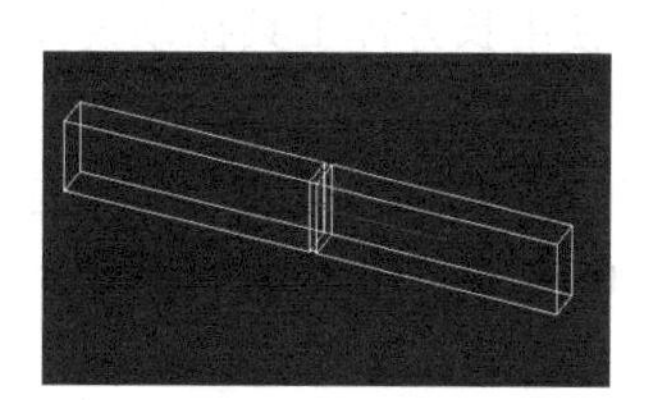

图 12-13　生成分段

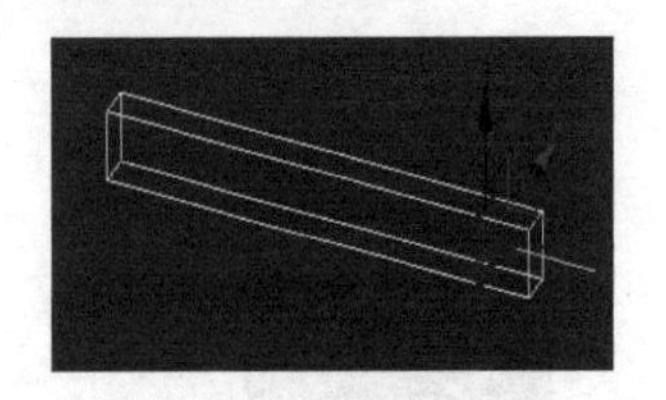

图 12-14　将分段移动到合适的位置

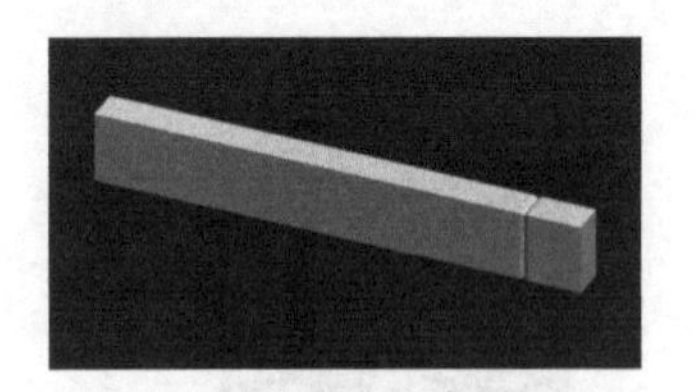

图 12-15　指示标志条模型

指示标志条左侧通常是圆弧状的，因此需要对指示标志条模型进行细节处理。在边层级下，选择指示标志条左侧的2条横向边线（见图12-16）；使用切角工具，设置边切角量为0.05 m，设置连接边的分段数为3（见图 12-17），即可在指示标志条左侧产生切角效果（见图 12-18）。

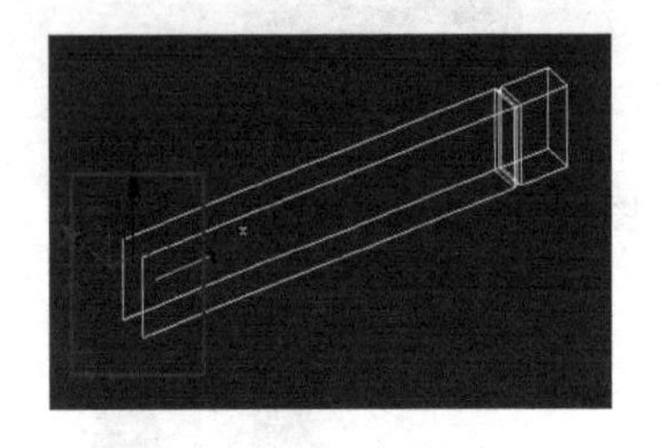

图 12-16　选择指示标志条左侧的 2 条横向边线

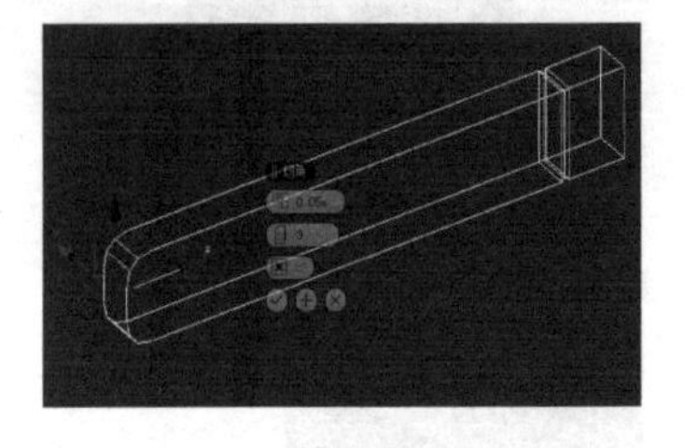

图 12-17　设置边切角量和连接边的分段

在前视图中选择指示标志条，选择菜单“工具→阵列工具”，在“对象类型”中点选“实例”和“1D”，设置 1D 的数量为 6，并设置 y 轴方向上的移动增量为 0.2 m，将其沿 y 轴方向（纵向）复制 5 份，可得到指示标志组（见图 12-19）。将指示标志组放置在支柱前侧合适位置，可得到指示标志的完整模型（如图 12-20 所示）。

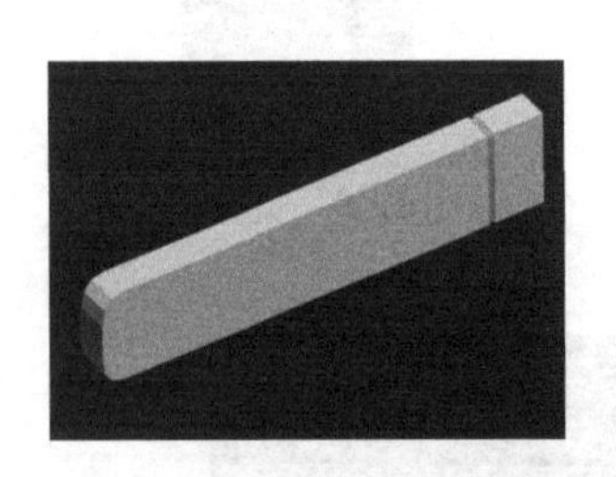

图 12-18　指示标志条左侧切角的效果

图 12-19　指示标志组

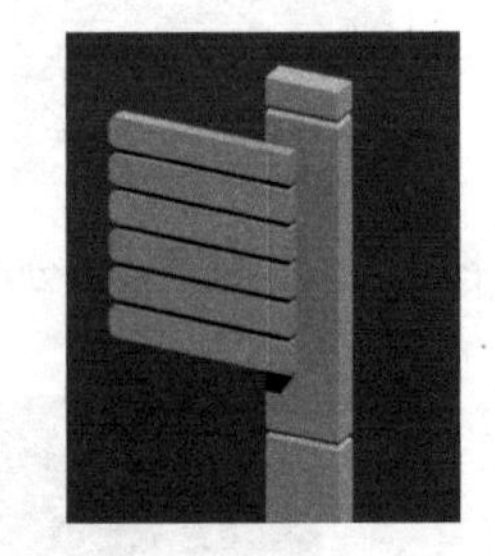

图 12-20　指示标志的完整模型

创建了左侧的指示标志条和中间的支柱后，接下来创建右侧的景区地图标志。景区地图标志的大小与指示标志组的大小相近。选择菜单“创建→几何体”，在几何体层级下选择“标准基本体”，使用长方体工具在顶视图中绘制一个长约 1.0 m、宽约 0.07 m、高约 1.16 m 的长方体（见图 12-21）；单击鼠标右键，在弹出的右键菜单中选择“转换为：→转换为可编辑多边形”，在修改面板的边层级下选择右侧的 2 条横向边线（见图 12-22）；使用切角工具，设置边切角量为 0.15 m，设置连接边的分段数为 6（见图 12-23），可得到景区地图标志模型（见图 12-24）。

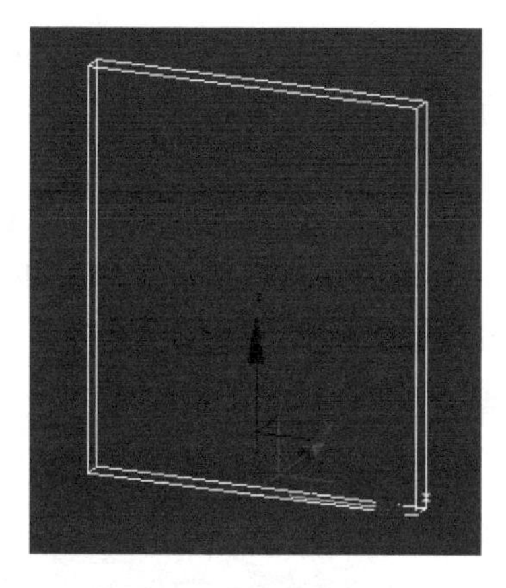

图 12-21　绘制的长方体

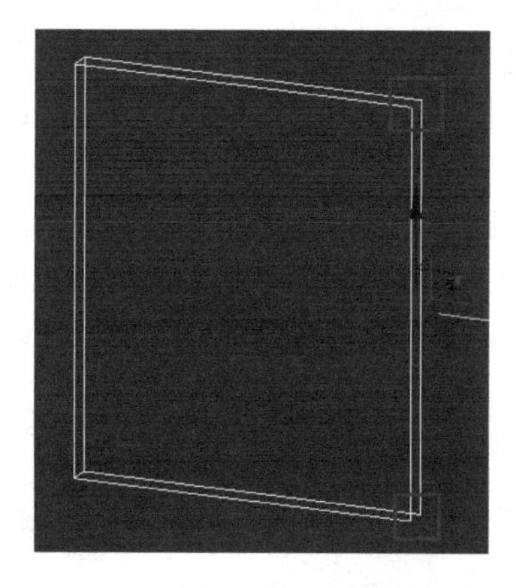

图 12-22　选择右侧的 2 条横向边线

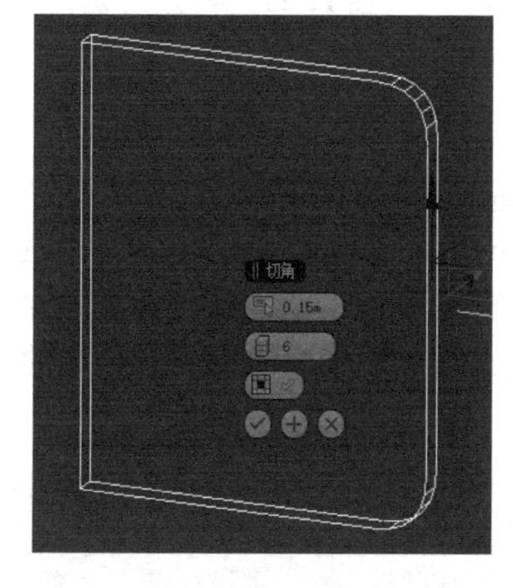

图 12-23　设置边切角量和连接边的分段

图 12-24　景区地图标志模型

将景区地图标志放置在支柱后侧合适的位置，即可得到景区导航标志牌模型（见图 12-25）。

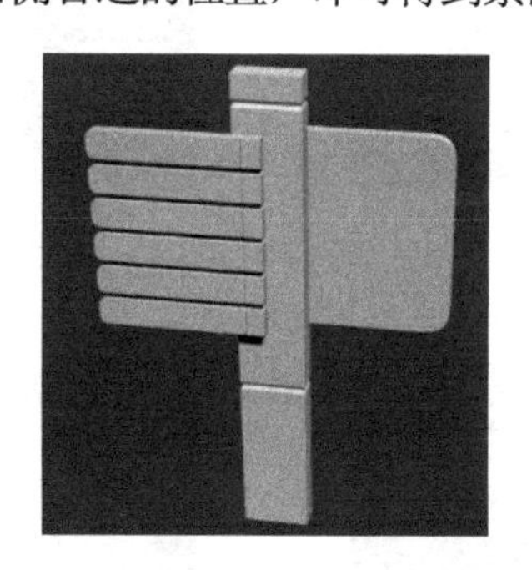

图 12-25　景区导航标志牌模型

12.3　高速公路功能提示标志牌的建模

车辆在高速公路中的行驶速度很快，在突发状况时，车主的反应与车辆的制动需要一定的时间，这就要求高速公路功能提示标志牌的安置与排布具有一定的提前性与连续性，为驾驶员的预判提供反应时间。同样，高速公路功能提示标志牌通常比其他的标志牌大，方便驾驶员观察。

高速公路功能提示标志牌的种类繁多，常见的有 T 形标志牌（见图 12-26）、F 形标志牌（见图 12-27）以及龙门架车道标志牌（见图 12-28）。高速公路功能提示标志牌的模型通常采用中等精度，既可以减少面数，又可以保证模型的外形质量。

图 12-26　T 形标志牌

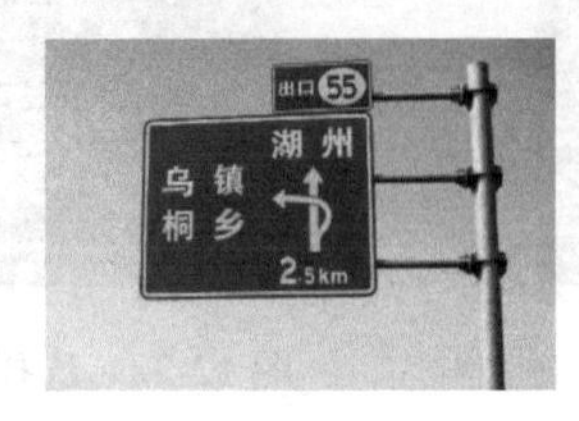

图 12-27　F 形标志牌

图 12-28　龙门架车道标志牌

12.3.1　T 形标志牌的建模

选择菜单“创建→几何体”，在几何体层级下选择“标准基本体”，使用长方体工具在顶视图中绘制一个长约 2.5 m、宽约 0.01 m、高约 1.0 m 的长方体（见图 12-29）；单击鼠标右键，在弹出的右键菜单中选择“转换为：→转换为可编辑多边形”，在修改面板的边层级下选择 4 条短边线（见图 12-30）；使用切角工具，设置边切角量为 0.02 m，设置连接边的分段数为 1（见图 12-31），即可得到标志板模型（见图 12-32）。

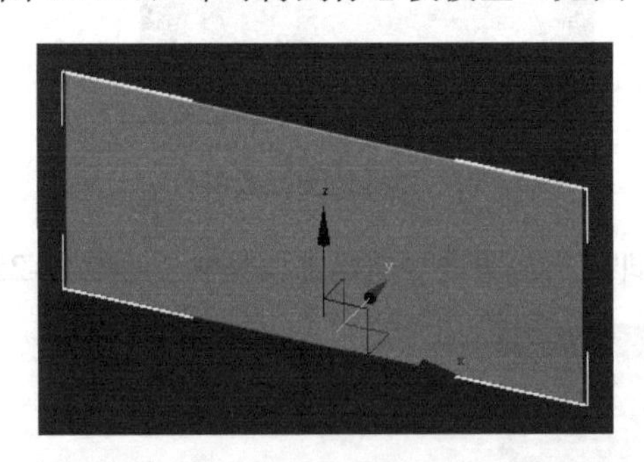

图 12-29　绘制的长方体

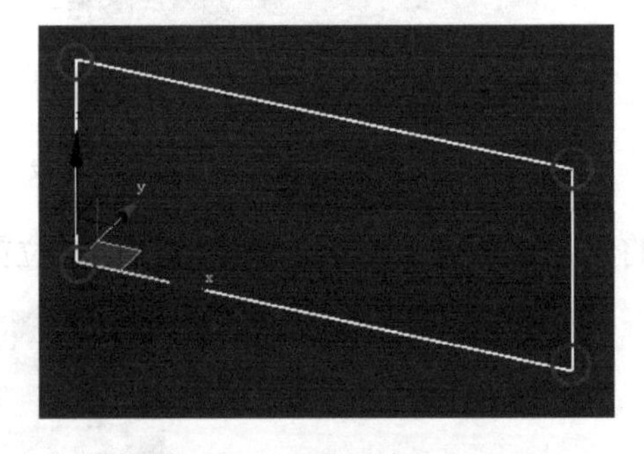

图 12-30　选择 4 条短边线

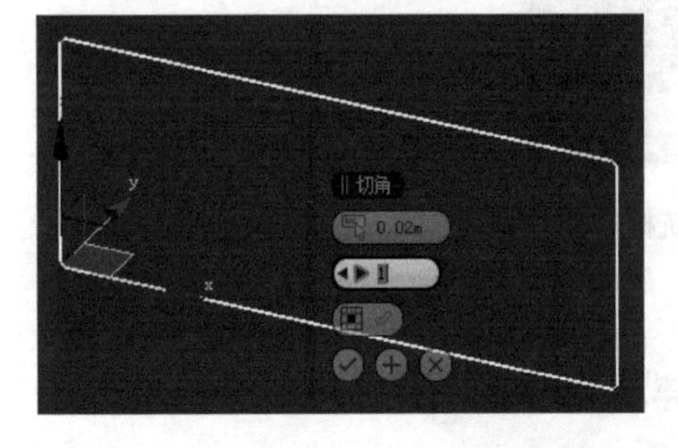

图 12-31　设置边切角量和连接边的分段

图 12-32　标志板模型

按住 Shift 键，使用移动工具将标志板向下复制 2 份，可得到标志板组（见图 12-33）；选择菜单“创建→几何体”，在几何体层级下选择“标准基本体”，使用圆柱体工具绘制一个底面半径为 0.08 m、高度为 5 m 的圆柱体（见图 12-34）；按住 Shift 键，使用移动工具将圆柱体实例复制 1 份，得到 2 根标志牌支柱（见图 12-35）；将支柱与标志板组打组后，可得到 T 形标志牌初步模型（见图 12-36）。

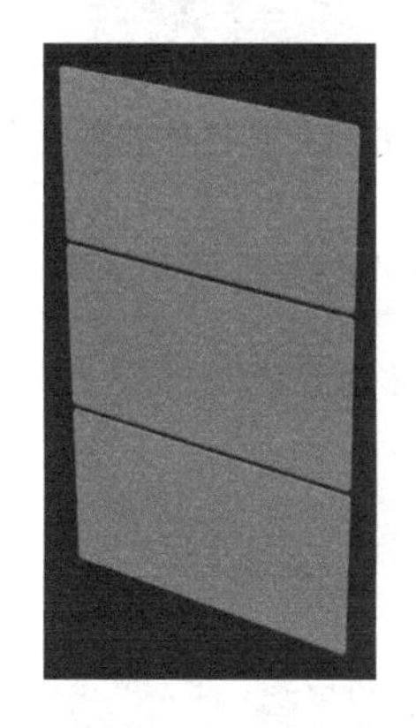

图 12-33　标志板组

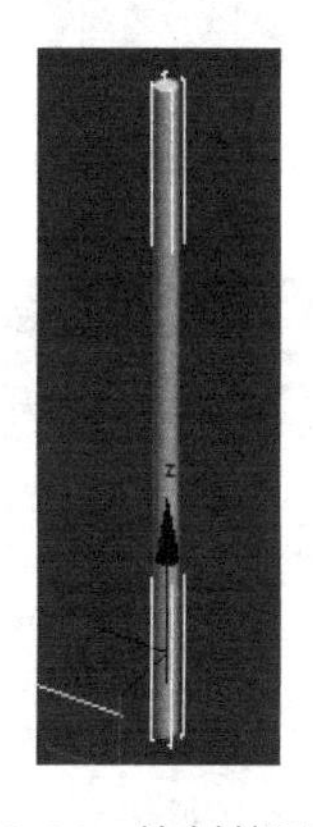

图 12-34　绘制的圆柱体

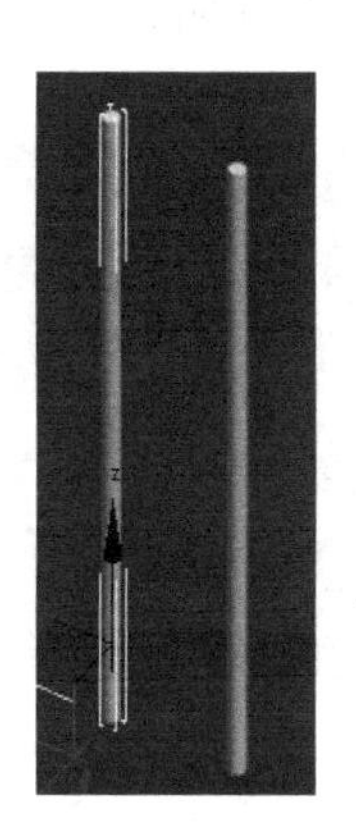

图 12-35　两根标志牌支柱

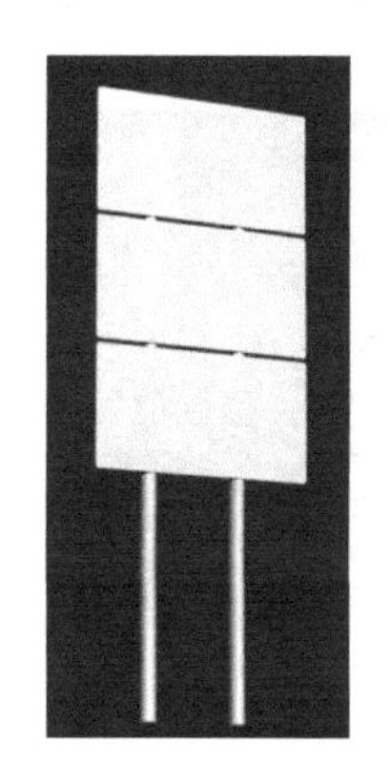

图 12-36　T 形标志牌初步模型

当对模型精度有要求时，可能还需构建板与支柱的固定连接装置。选择菜单“创建→几何体”，在几何体层级下选择“标准基本体”，使用圆柱体工具绘制一个底面半径为 0.08 m、高度为 0.1 m 的圆柱体（见图 12-37）；单击鼠标右键，在弹出的右键菜单中选择“转换为：→转换为可编辑多边形”，在修改面板的多边形层级下，选择并删除圆柱体顶面与底面（见图 12-38）；选择并删除与正上方相连的 3 个侧面（见图 12-39），可得到一个开口的圆环（见图 12-40）；在顶点层级下，选择开口处的 4 个顶点（见图 12-41）；使用缩放工具将 4 个顶点横向延伸（见图 12-42）；在顶视图下，使用移动工具将 4 个顶点向下移动至水平状态（见图 12-43）；在修改面板的“修改器列表”下拉栏中为其添加壳修改器，设置外部量为 0.01 m，勾选“将角拉直”（☑ 将角拉直），可得到固定连接装置初步模型（见图 12-44）。

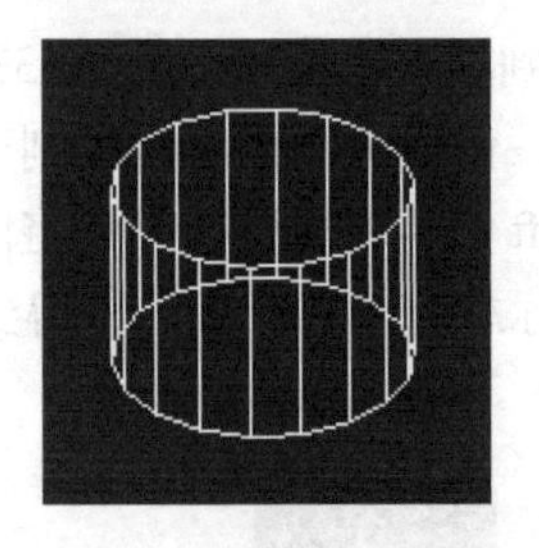

图 12-37 绘制的圆柱体

图 12-38 选择并删除圆柱体的顶面和底面

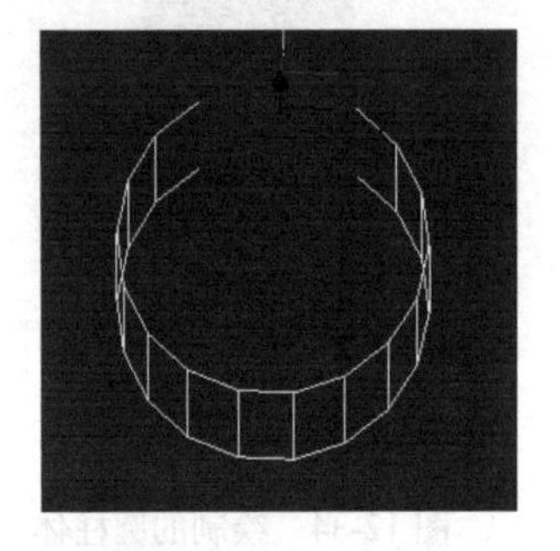

图 12-39 选择并删除与正上方相连的 3 个侧面

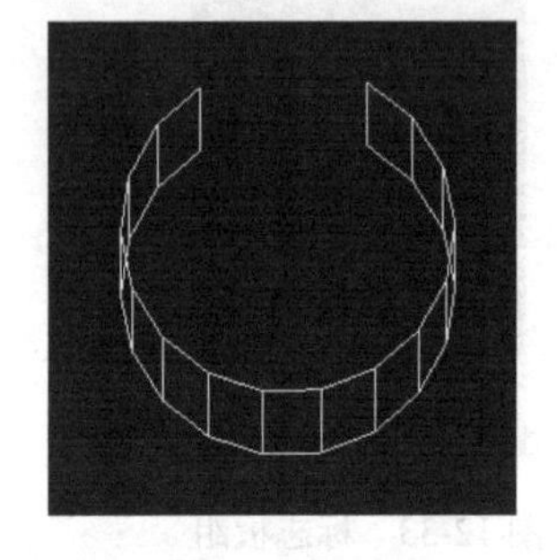

图 12-40 开口的圆环

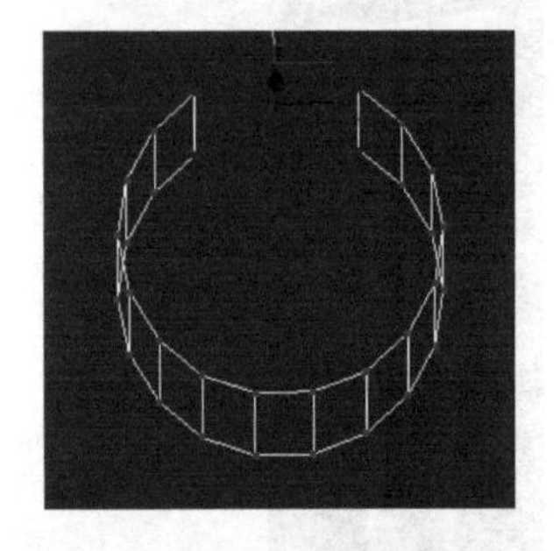

图 12-41 选择开口处的 4 个顶点

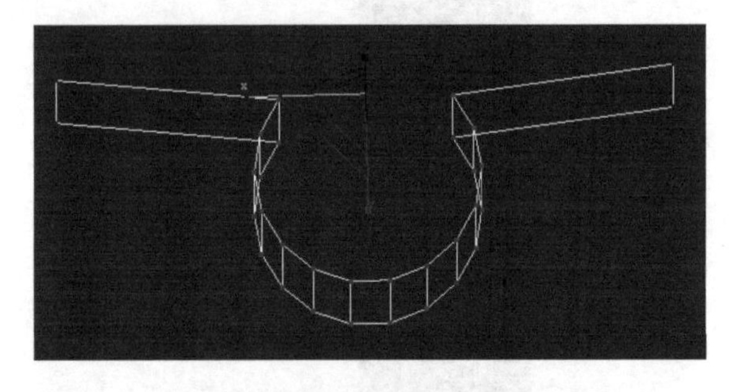

图 12-42 将 4 个顶点横向延伸

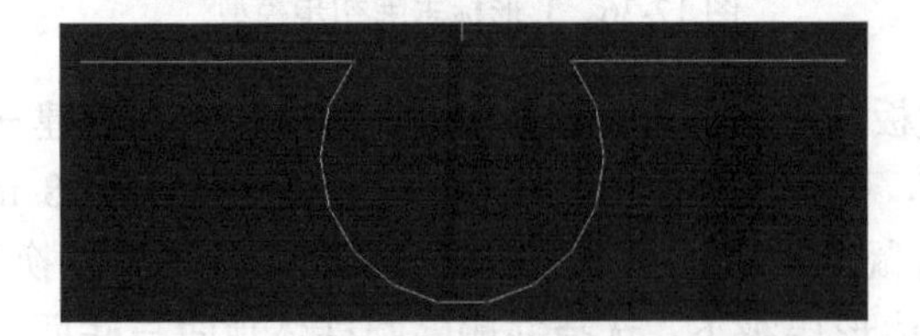

图 12-43 将 4 个顶点向下移动至水平状态

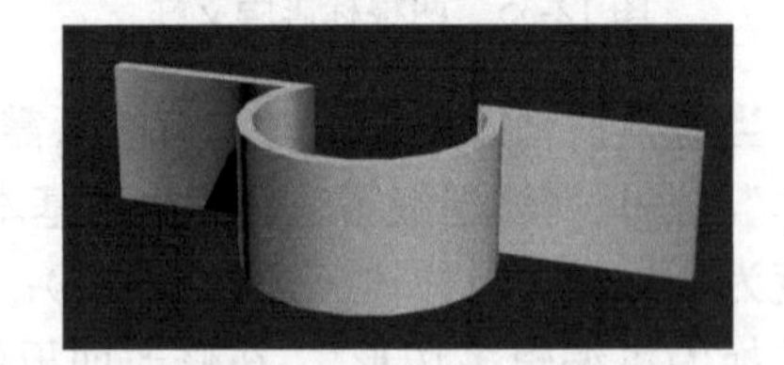

图 12-44 固定连接装置初步模型

将固定连接装置模型放置在支柱的相应位置后，在顶视图中会发现，此时的模型无法达到支柱边缘（见图 12-45）；在修改面板下选择可编辑多边形（见图 12-46）；在顶点层级下，选择并将上述的 4 个顶点移动到相应位置（见图 12-47），可得到固定连接装置模型（见图 12-48）；复制固定连接装置模型并将其放置到相应位置，可得到完整的 T 形标志牌模型（见图 12-49）。

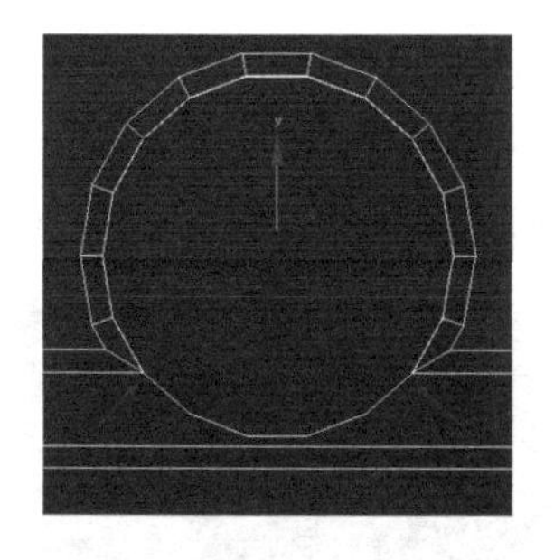

图 12-45　模型无法到达支柱边缘

图 12-46　选择可编辑多边形

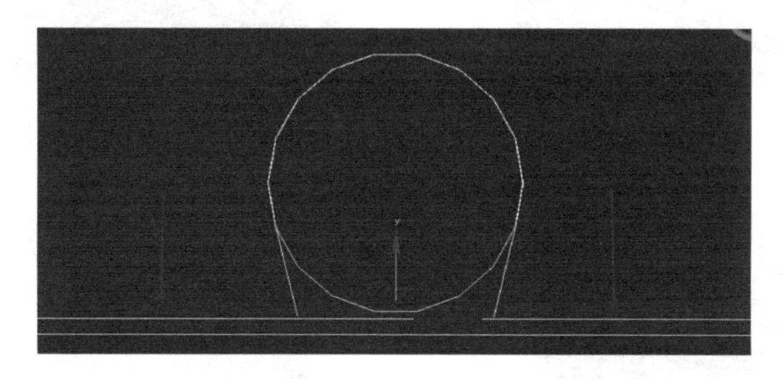

图 12-47　将 4 个顶点移动到相应位置

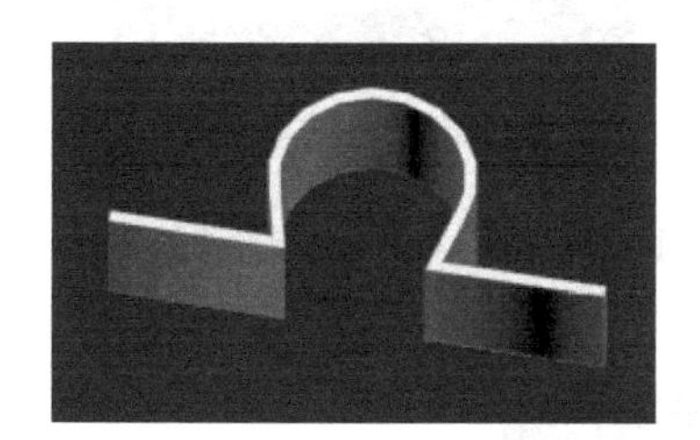

图 12-48　固定连接装置模型

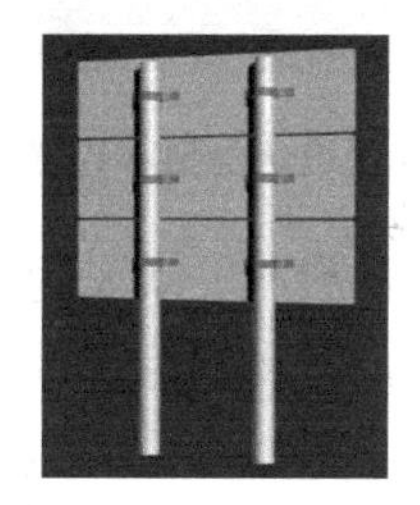

图 12-49　完整的 T 形标志牌模型

12.3.2　F 形标志牌的建模

在高速公路中，F 形标志牌常用于承载出口、岔路指引等重要信息。F 形标志牌的创建方法与 T 形标志牌的创建方法类似，不同之处在于标志板与支柱的连接（见图 12-50）。

图 12-50　标志板与支柱的连接

与 T 形标志牌的创建方法类似，选择菜单“创建→几何体”，在几何体层级下选择“标准基本体”，使用长方体工具在顶视图中绘制一个长约 3.5 m、宽约 0.01 m、高约 2.8 m 的长方体（见图 12-51）；单击鼠标右键，在弹出的右键菜单中选择“转换为：→转换为可编辑多边形”，在修改面板的边层级下，选择 4 个顶角的短边线（见图 12-52）；使用切角工具，设置边切角量为 0.02 m，设置连接边的分段数为 1（见图 12-53），可得到标志板模型（见图 12-54）。

图 12-51　绘制的长方体

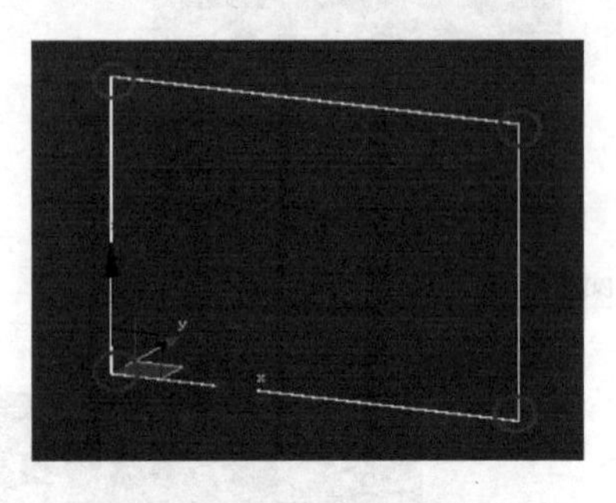

图 12-52　选择 4 个顶角的短边线

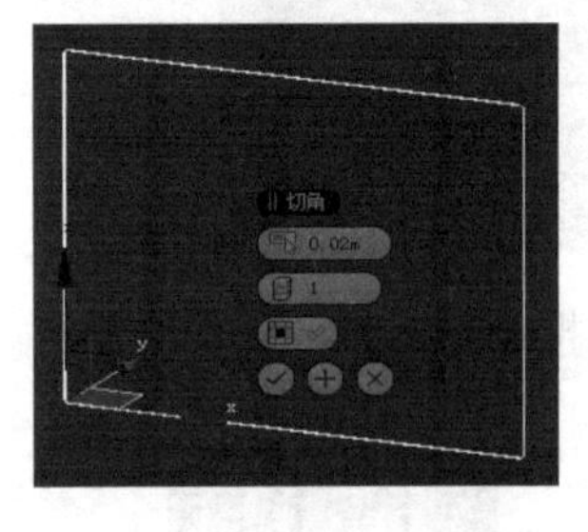

图 12-53　设置边切角量和连接边的分段

图 12-54　标志板模型

使用同样的方法绘制一块长约 1.5 m、宽约 0.01 m、高约 0.8 m 的小标志板，将其放置在大标志板的右上方，可得到标志板组（见图 12-55）。

图 12-55　标志板组

选择菜单“创建→几何体”，在几何体层级下选择“标准基本体”，使用圆柱体工具在顶视图中绘制 4 个圆柱体：2 个底面半径为 0.05 m、高度为 4.5 m 的圆柱体（细长圆柱体，见图 12-56），并使用旋转工具将其旋转 90°；1 个底面半径为 0.05 m、高度为 2.6 m 的圆柱体（细短圆柱体，见图 12-57），使用旋转工具将其旋转 90°；1 个底面半径为 0.2 m、高度为 8 m 的圆柱体（粗圆柱体，见图 12-58）。将 4 个圆柱体移动到合适的位置并拼接起来，可得到支架组（见图 12-59）；将标志板组与支架组打组，采用创建 T 形标志牌时的固定连接装置模型，将其缩小并放置在支架组的相应位置，可得到 F 形标志牌初步模型（见图 12-60）。

图 12-56　绘制的细长圆柱体

图 12-57　绘制的细短圆柱体

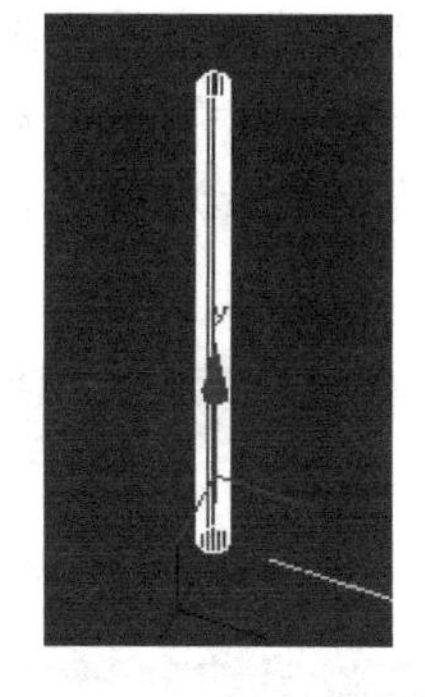

图 12-58　绘制的粗圆柱体

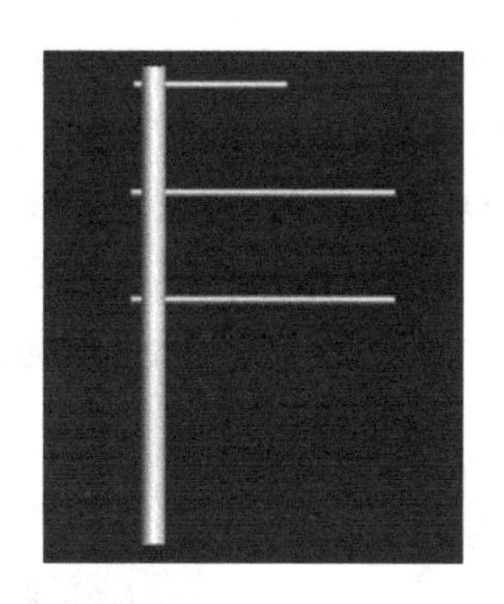

图 12-59　支架组

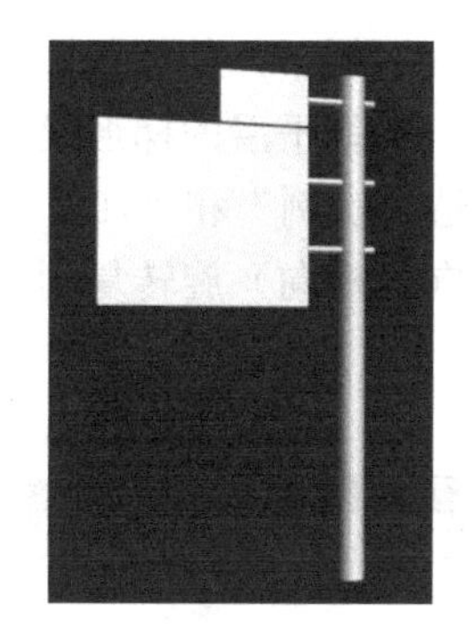

图 12-60　F 形标志牌初步模型

当高速公路发生变化时，就需要更换与之相对应的标志牌。如果更换支柱，则会增加成本，因此标志牌的连接处是可拆卸的。连接处的创建方法如下：

选择菜单“创建→几何体”，在几何体层级下选择“标准基本体”，使用长方体工具在顶视图中绘制一个长约 0.75 m、宽约 0.05 m、高约 0.15 m 的长方体，并设置其长度分段数为 5（见图 12-61）；在修改面板的“修改器列表”下拉栏中为其添加 FFD（长方体）修改器（FFD(长方体)，见图 12-62）；展开 FFD（长方体）修改器，在控制点层级下切换至侧视图，选择右侧上方的控制点（见图 12-63）；使用移动工具将其向下移动，创建出一定的弯曲（见图 12-64）；耐心选取并移动相关控制点，调整形状（见图 12-65），可得到一个平滑梯形模型（见图 12-66）。

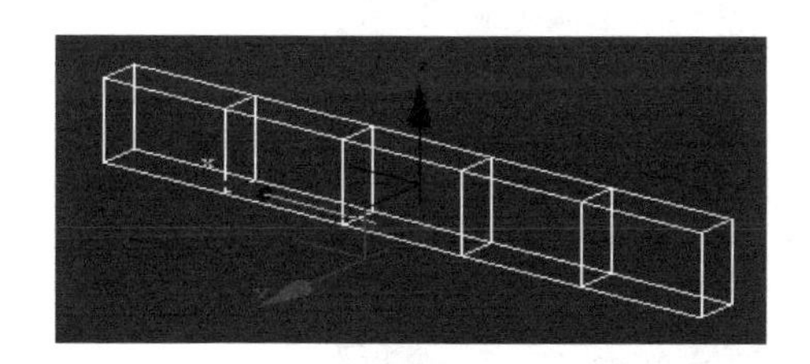

图 12-61　绘制的长方体

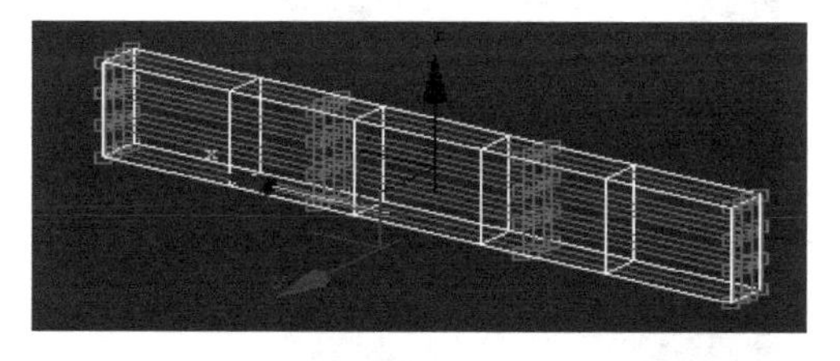

图 12-62　添加 FFD（长方体）修改器

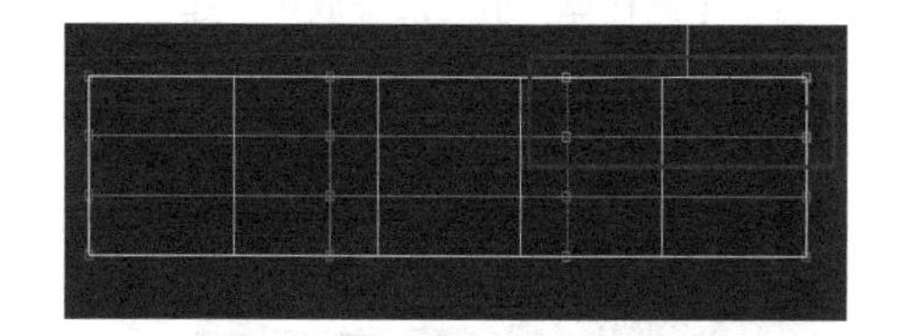

图 12-63　选择右侧上方的控制点

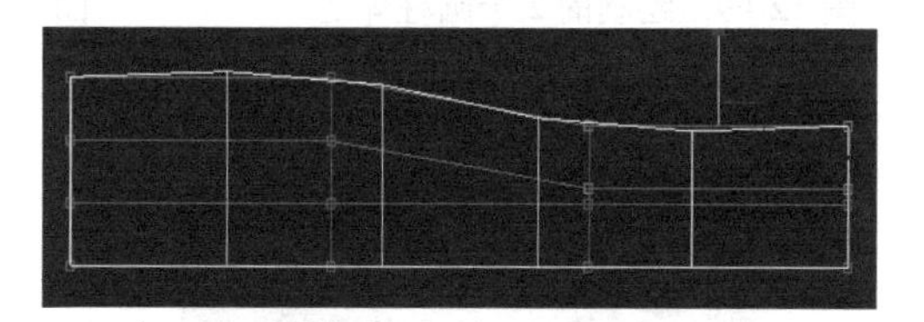

图 12-64　创建一定的弯曲效果

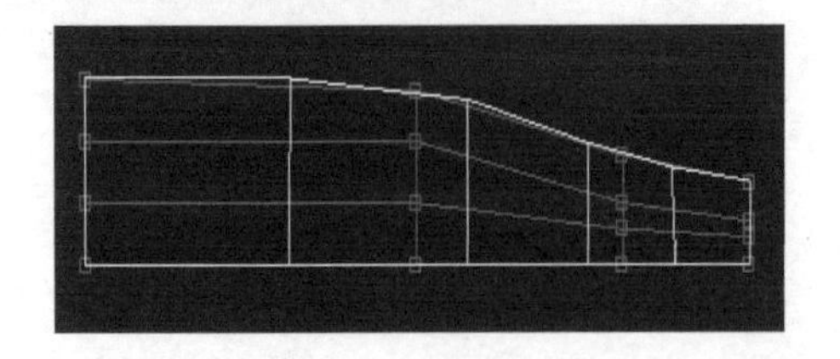

图 12-65 调整形状

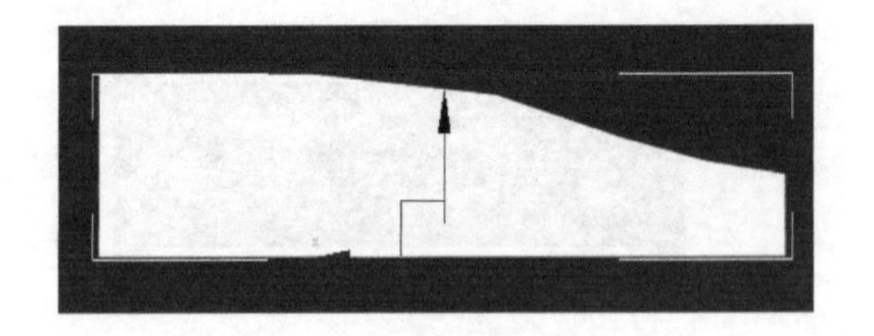

图 12-66 平滑梯形模型

在层次面板下，使用仅影响轴（仅影响轴）工具，将图形的轴心向下移动一定的距离（见图 12-67）；选择平滑的梯形模型，切换至侧视图，选择菜单“工具→阵列工具”，在“对象类型”中点选“实例”和“1D”，设置 1D 数量为 4，并设置 x 轴方向的旋转增量为 90°，将其沿 x 轴方向（横向）旋转复制 3 份，可得到平滑梯形组（见图 12-68）。

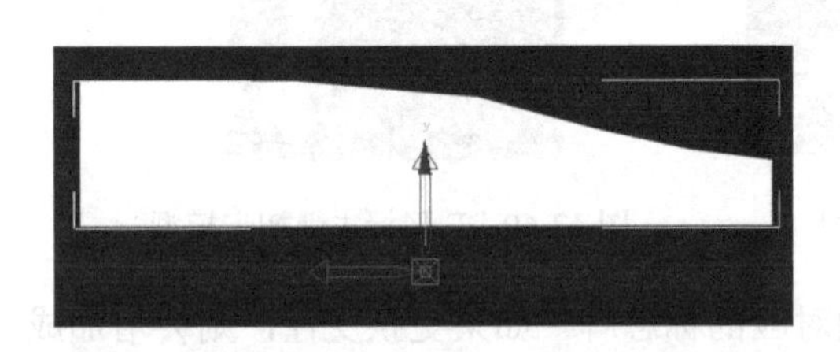

图 12-67 将图形的轴心向下移动一定的距离

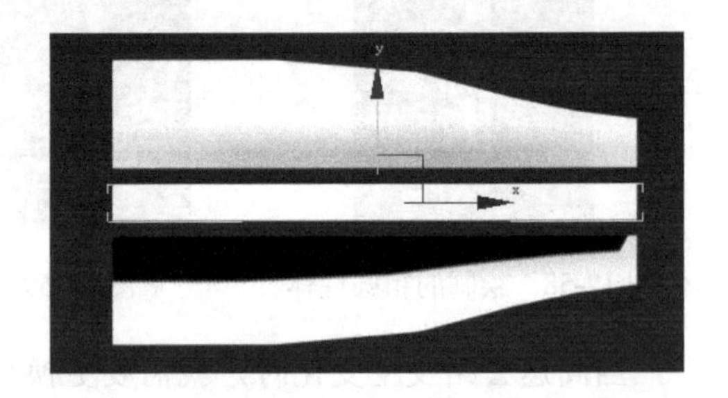

图 12-68 平滑梯形组

选择菜单“创建→几何体”，在几何体层级下选择“标准基本体”，使用圆柱体工具在前视图中绘制 2 个底面半径为 0.15 m、高度为 0.01 m 的圆柱体（见图 12-69）；将 2 个圆柱体一前一后叠放在一起（见图 12-70），并移动至平滑梯形组前部相应位置（见图 12-71）；将梯形体与圆柱体打组，可得到连接处模型（见图 12-72）。

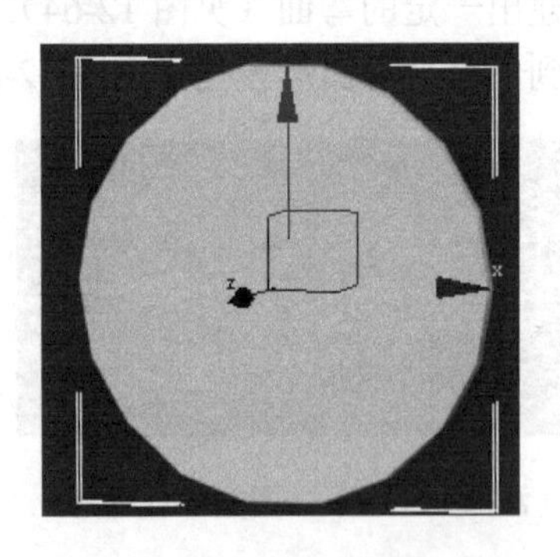

图 12-69 绘制的 2 个圆柱体之一

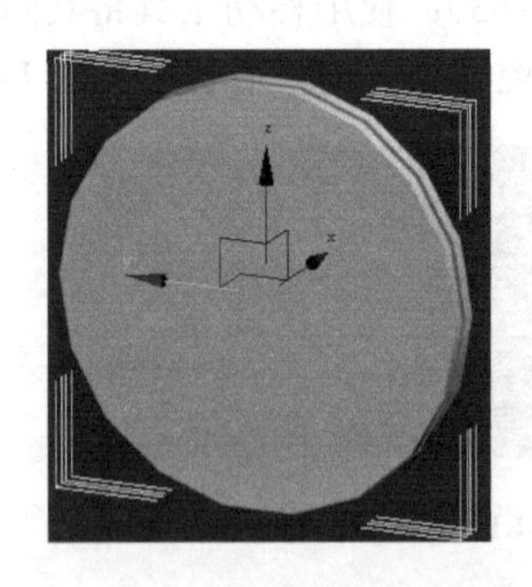

图 12-70 将 2 个圆柱体一前一后叠放在一起

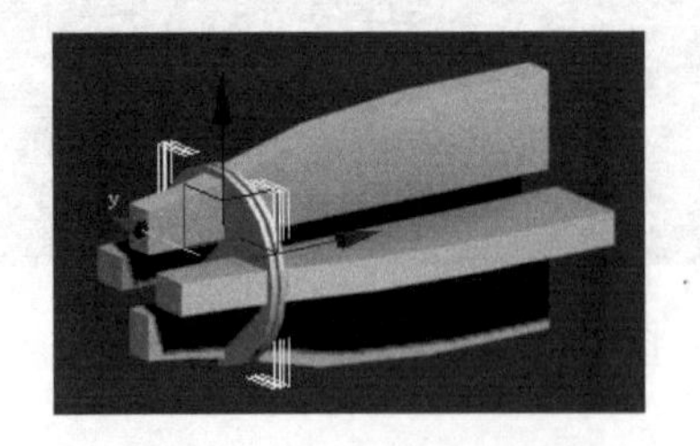

图 12-71 将圆柱体放在平滑梯形组前部的相应位置

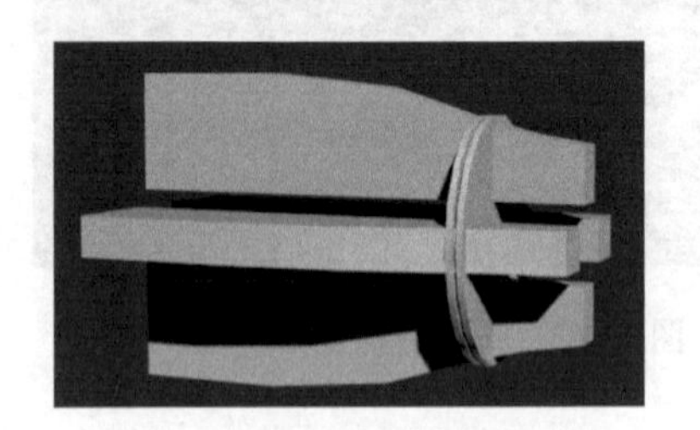

图 12-72 连接处模型

将连接处模型摆放至支架相应位置，即可得到 F 形标志牌模型（见图 12-73）。

图 12-73　F 形标志牌模型

12.3.3　龙门架车道标志牌的建模

龙门架车道标志牌是高速公路中常见的车道标志牌，通常架设在车道上方，在提示车道的同时，也可作为一种限高装置。当然不同地区的龙门架车道标志牌，无论外观还是拼装工艺，都是不一样的。本节以北方常见的单杠式龙门架车道标志牌为例来进行建模。

单杠式龙门架车道标志牌中的杠，是指架设在道路上方的横向长方体柱体。与 F 形标志牌的设计类似，为了便于柱体的安装，柱体连接处同样设置有便于拆卸并起到加固作用的连接装置。

龙门架车道标志牌标志板的创建方法，与 T 形标志牌和 F 形标志牌的标志板的创建方法类似，使用长方体工具在顶视图中绘制 4 个长约 2.5 m、宽约 0.02 m、高约 2 m 的标志板（见图 12-74），将其依次排开，备用。

图 12-74　绘制的 4 个标志板

绘制标志板之后，接下来需要绘制柱体。选择菜单“创建→几何体”，在几何体层级下选择“标准基本体”，使用长方体工具在顶视图中绘制一个长约 16 m、宽约 0.2 m、高约 0.35 m 的长方体（作为横柱，见图 12-75）；继续使用长方体工具，在顶视图中绘制 2 个长约 0.35 m、宽约 0.25 m、高约 9.5 m 的长方体（作为支柱，见图 12-76）；将三个长方体拼接起来，即可得到柱体组（见图 12-77）。

龙门架车道标志牌有两类连接装置，一类是柱体与柱体之间的连接装置；另一类是柱体内部的连接装置。

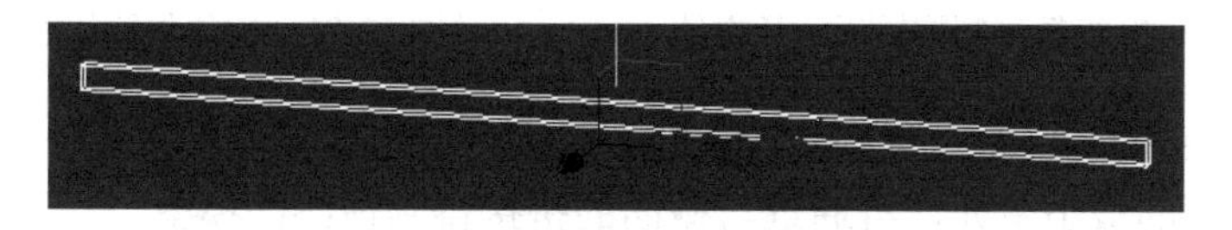

图 12-75　绘制的横柱

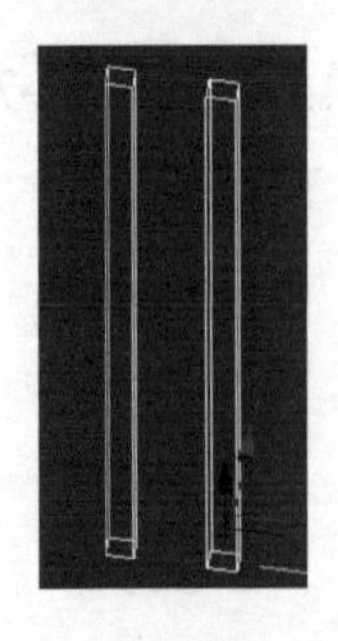

图 12-76　绘制的 2 个支柱

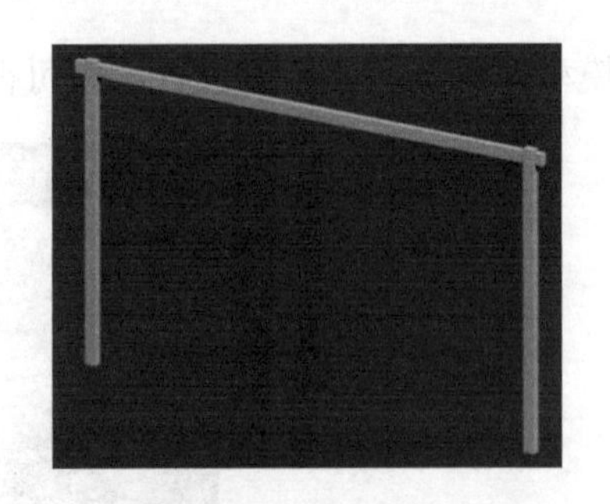

图 12-77　柱体组

柱体与柱体之间的连接装置较为简单，其外形近似于倾斜的长方体。选择菜单“创建→几何体”，在几何体层级下选择“标准基本体”，使用长方体工具绘制一个长约 0.25 m、宽约 0.1 m、高约 0.1 m 的长方体（见图 12-78）；在前视图中开启角度捕捉，使用旋转工具将创建的长方体逆时针旋转 30°（见图 12-79）；使用镜像工具将旋转后的长方体沿 x 轴镜像复制一份（见图 12-80）；将长方体模型放置在相应位置，即可得到柱体与柱体之间的连接（见图 12-81）。

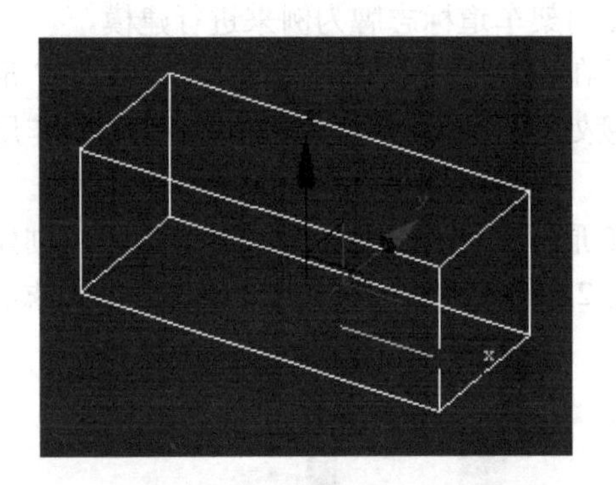

图 12-78　绘制的长方体

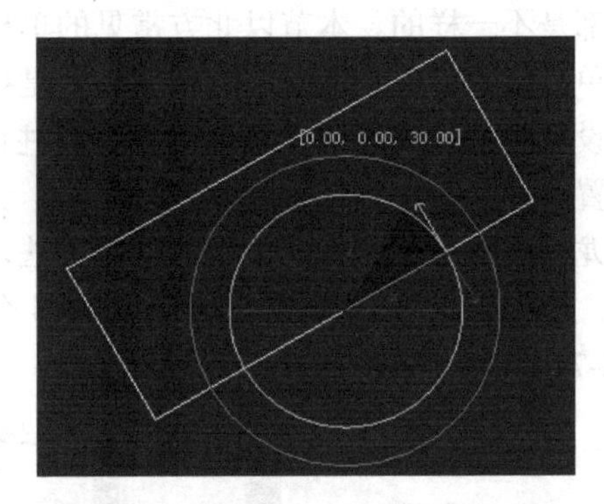

图 12-79　将长方体逆时针旋转 30°

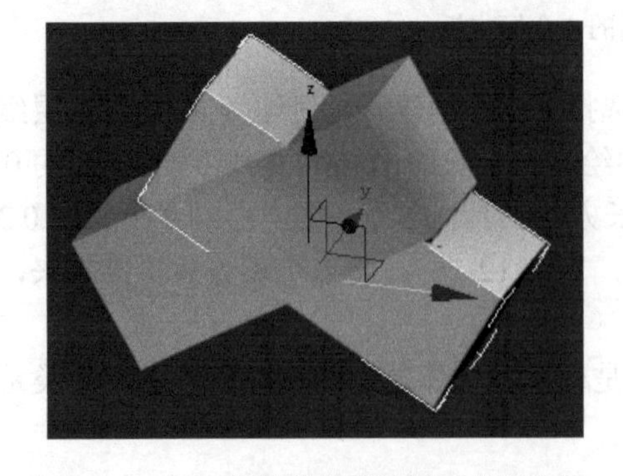

图 12-80　沿 x 轴镜像复制旋转后的长方体

图 12-81　柱体与柱体之间的连接

柱体内部连接处的创建方法与 F 形标志牌支柱连接处的创建方法类似，先通过长方体的变形来得到部件中的最小单元，再通过与截面的拼接得到最终的模型。

选择菜单“创建→几何体”，在几何体层级下选择“标准基本体”，使用长方体工具在顶视图中绘制一个长约 0.15 m、宽约 0.02 m、高约 0.05 m 的长方体（见图 12-82）；单击鼠标右键，在弹出的右键菜单中选择“转换为：→转换为可编辑多边形”，在修改面板的顶点层级下，选择顶侧中部与左侧的点（见图 12-83）；使用移动工具将其向下移动一定的距离（见图 12-84）；取消中部点的选择，使用移动工具，将左侧的点向下移动至接近底部的位置（见图 12-85）。

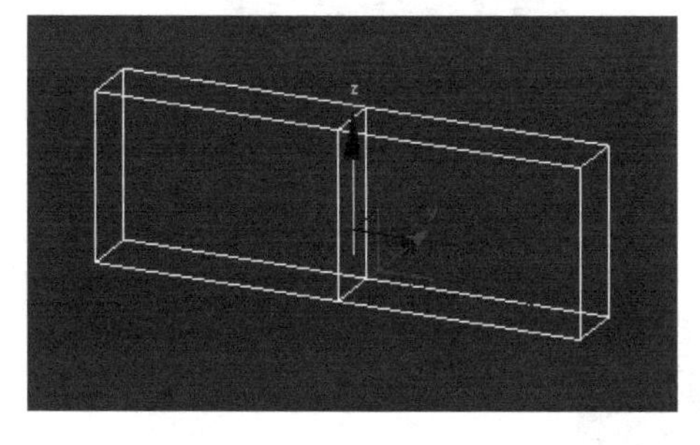

图 12-82　绘制的长方体

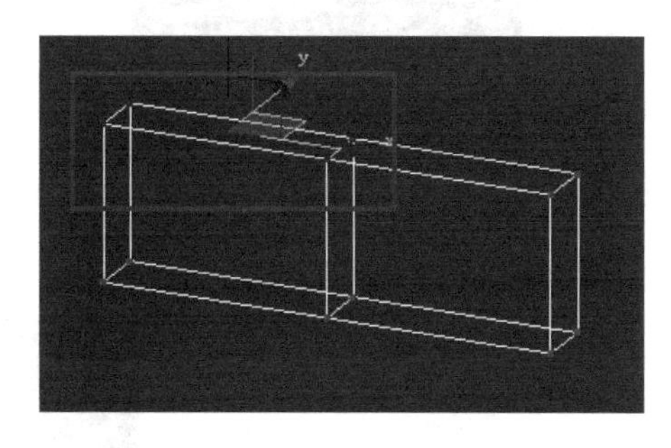

图 12-83　选择顶侧中部与左侧的点

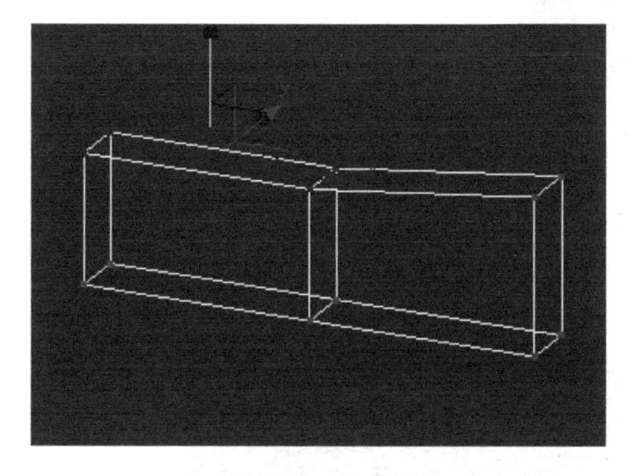

图 12-84　将选中的点向下移动一定的距离

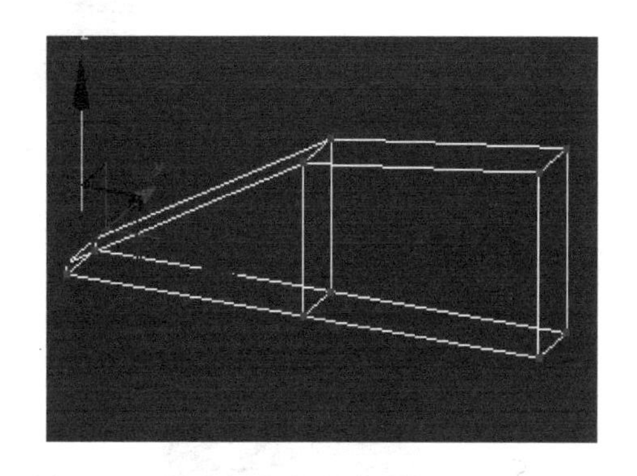

图 12-85　将左侧的点移动到接近底部的位置

选择变形后的长方体，选择菜单“工具→阵列工具”，在“对象类型”中点选“实例”和“1D”，设置 1D 数量为 3，并设置 y 轴方向的移动增量为 0.06 m，将长方体沿 y 轴方向（纵向）复制 2 份（见图 12-86）；将 3 个长方体打组后可得到基础组合，使用镜像工具将基础组合分别沿 x 轴方向与 z 轴方向进行镜像复制，可得到不同朝向的基础组合（见图 12-87）；利用旋转与移动工具，可创建出可从四面包围柱体的基础连接装置组合（见图 12-88）。

在侧视图下，选择菜单“创建→几何体”，在几何体层级下选择“标准基本体”，使用长方体工具绘制 2 个长约 0.4 m、宽约 0.25 m、高约 0.02 m 的长方体（见图 12-89）；将绘制的 2 个长方体分别放置在基础连接装置组合中的根部（见图 12-90），将 2 个基础连接装置组合的距离拉近，即可得到柱体内部的连接装置（见图 12-91）。

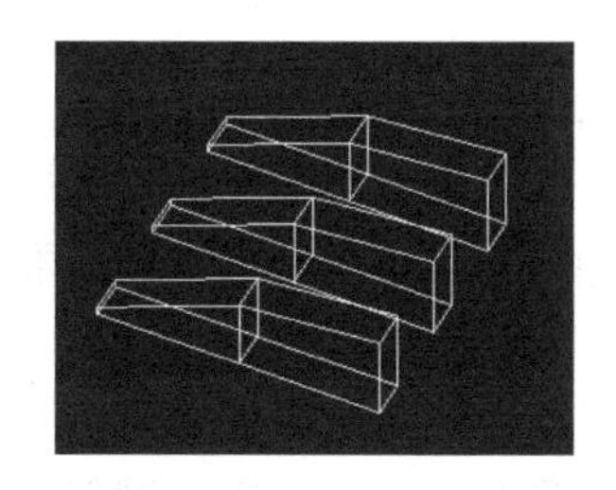

图 12-86　纵向复制长方体

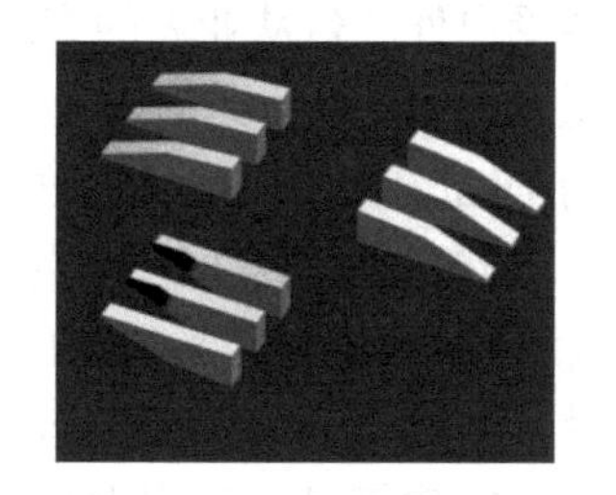

图 12-87　镜像复制基础组合

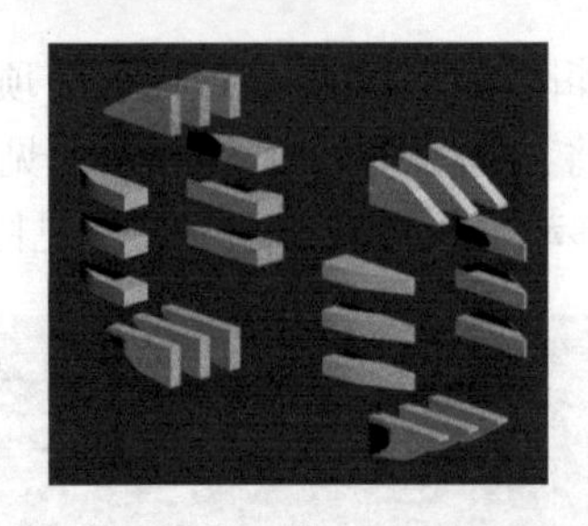

图 12-88　基础连接装置组合

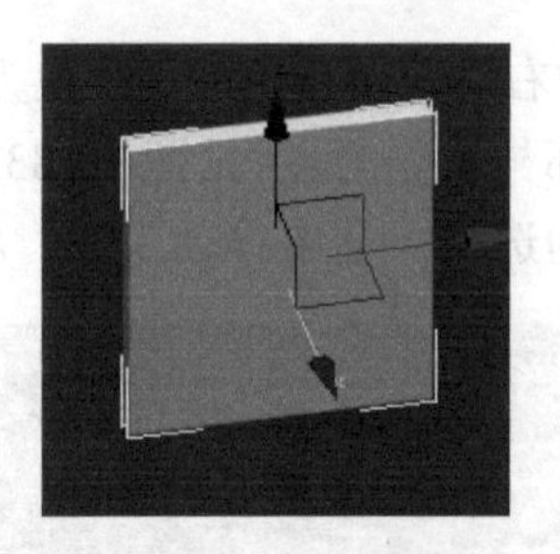

图 12-89　长方体底座

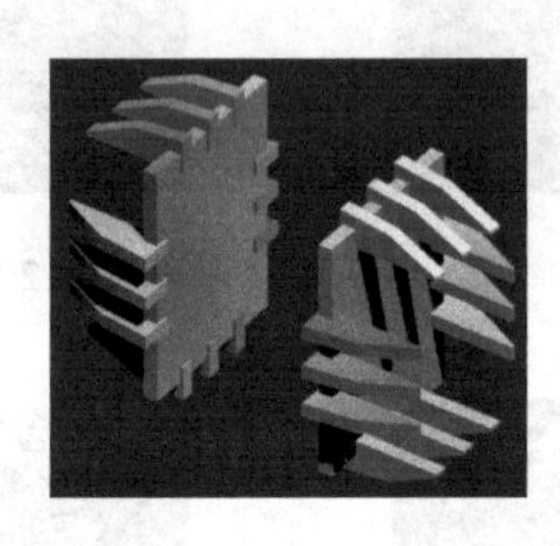

图 12-90　将 2 个长方体分别放置在基础连接装置组合中的根部

使用移动工具与旋转工具将各个模型部件组合，即可得到龙门架车道标志牌模型（见图 12-92）。

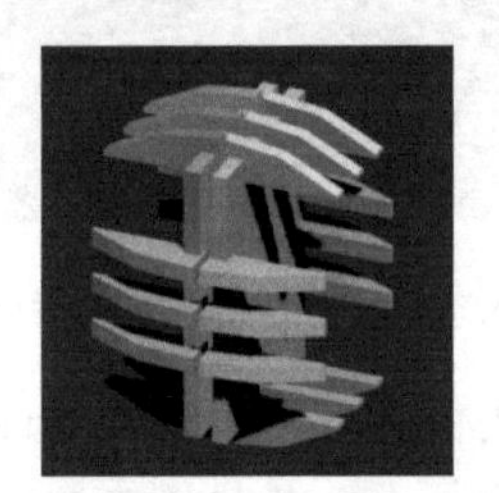

图 12-91　柱体内部的连接装置

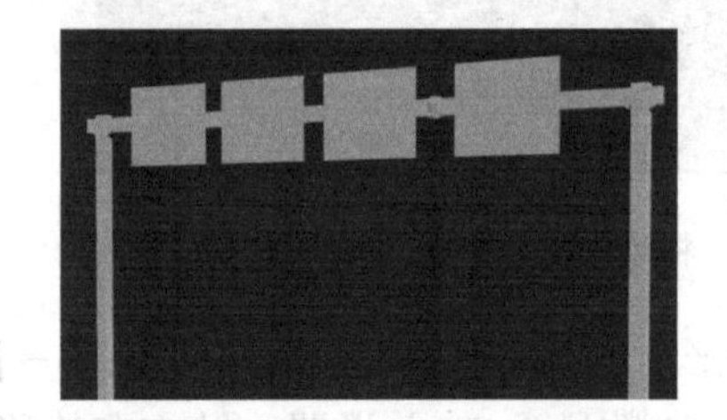

图 12-92　龙门架车道标志牌模型

12.4　高速公路大型广告牌的建模及细节处理

在高速公路或立交桥的主要路段旁，常常能见到高大醒目的大型广告牌，这些广告牌因其结构中有一根高耸的管状支柱，又被称为高炮（见图 12-93）。自大型广告牌问世以来，其广告效益就一直备受户外广告从业者的青睐。

大型广告牌通常按照 3:1 的比例来设置，如果广告板的高度为 6 m，则其长度应为 18 m，到地面的距离约为 18 m。大型广告牌的样式可分为很多种，常见的有普通单面广告牌（通常设置在平直路段）、带有夹角的双面广告牌（通常设置在转角等有弧度的路段）和三面广告牌（通常设置在立交桥或多条道路交叉的路口）。

在保证稳固性的前提下，为了便于运输与安装，大型广告牌的结构比较复杂，存在大量的连接装置与环扣。在建模时，可将大型广告牌分为三个主要部分：广告板、钢架和圆柱体支柱。

1. 大型广告牌的建模

选择菜单“创建→几何体”，在几何体层级下选择“标准基本体”，使用长方体工具在顶视图中绘制一个长约 24 m、宽约 0.25 m、高约 8 m 的长方体，即可得到广告板模型（见图 12-94）。

图 12-93　大型广告牌

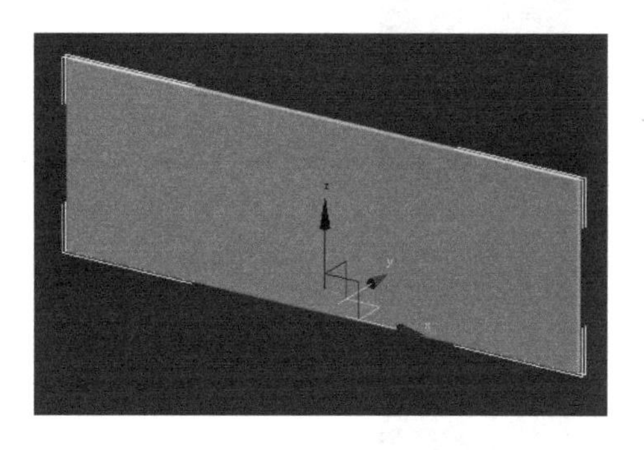

图 12-94　广告板模型

使用长方体工具在顶视图中绘制一个长约 24 m、宽约 1 m、高约 8 m 的长方体，并将长度的分段设置为 6，将高度的分段设置为 3（见图 12-95）；单击鼠标右键，在弹出的右键菜单中选择“转换为：→转换为可编辑多边形”；在修改面板的多边形层级下，选择并删除背面所有的面（见图 12-96）。

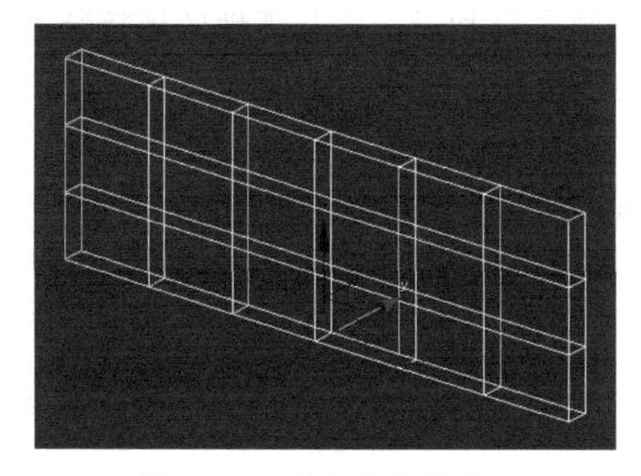

图 12-95　长方体的分段

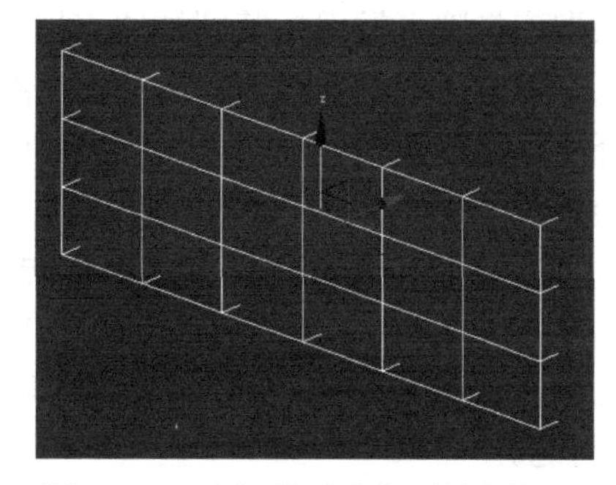

图 12-96　选择并删除背面所有的面

在修改面板的“修改器列表”下拉栏中为图 12-96 所示的图形添加晶格修改器，勾选“应用于整个对象”、点选“二者”，设置支柱底面半径为 0.1 m，取消勾选“忽略隐藏边”，设置节点的基本点面类型为“八面体”、节点的半径为 0.15 m，即可得到钢架模型（见图 12-97）。

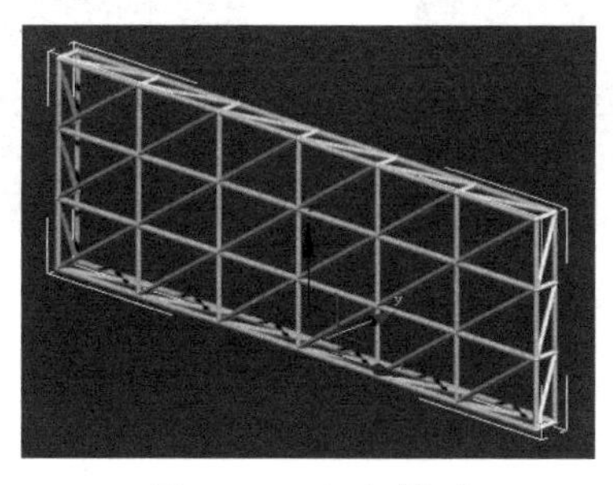

图 12-97　钢架模型

选择菜单“创建→几何体”，在几何体层级下选择“标准基本体”，使用圆柱体工具在顶视图中绘制一个底面半径为 1 m、高度为 32 m 的圆柱体，即可得到圆柱体支柱模型（见图 12-98）。将广告板、钢架和圆柱体支柱放置到合适的位置，即可得到大型广告牌初步模型（见图 12-99）。

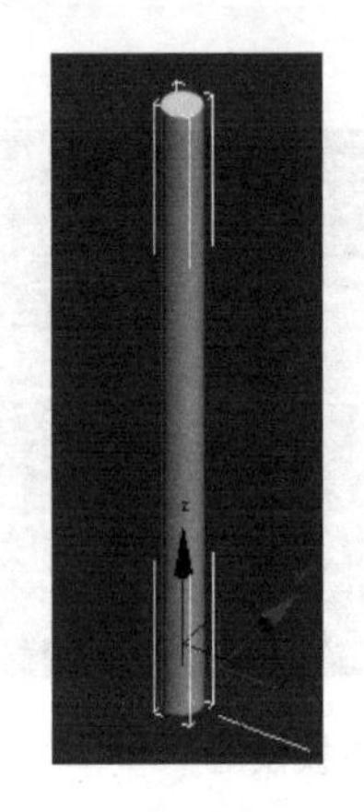

图 12-98　圆柱体支柱模型

图 12-99　大型广告牌初步模型

2．大型广告牌的模型的细节处理

得到大型广告牌的初步模型后，还需要对其进行细节处理，添加模型的细节。通过观察实际的大型广告牌可发现，其圆柱体支柱的底部安装了有利于固定与抓地的连接装置，圆柱体支柱侧方安装了便于维修的爬梯，其顶部也安装了用于夜间照明的顶灯。

选择菜单“创建→几何体”，在几何体层级下选择“标准基本体”，使用长方体工具在顶视图中绘制一个长约 1 m、宽约 0.1 m、高约 0.5 m 的长方体（见图 12-100）；单击鼠标右键，在弹出的右键菜单中选择“转换为：→转换为可编辑多边形”，在修改面板的顶点层级下，选择顶侧中部与右侧的点（见图 12-101）；使用移动工具将选择的点向下移动一定的距离（见图 12-102）；取消中部点的选择，使用移动工具，将右侧的点向下移动至接近底部的位置（见图 12-103）。

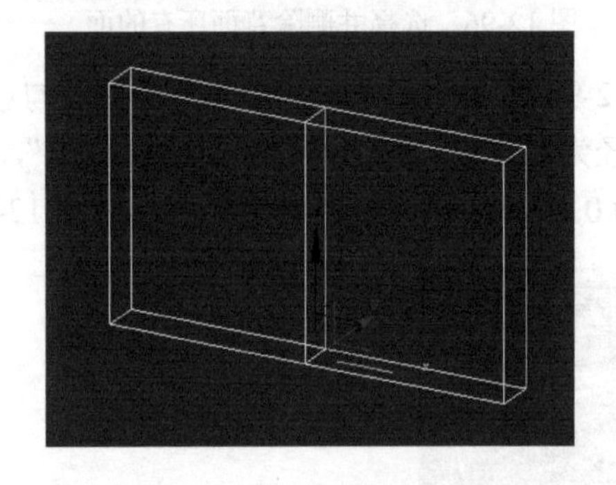

图 12-100　绘制的长方体

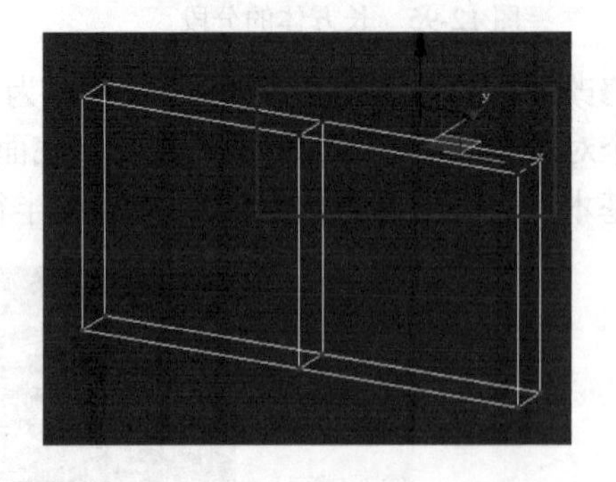

图 12-101　选择顶侧中部与右侧的点

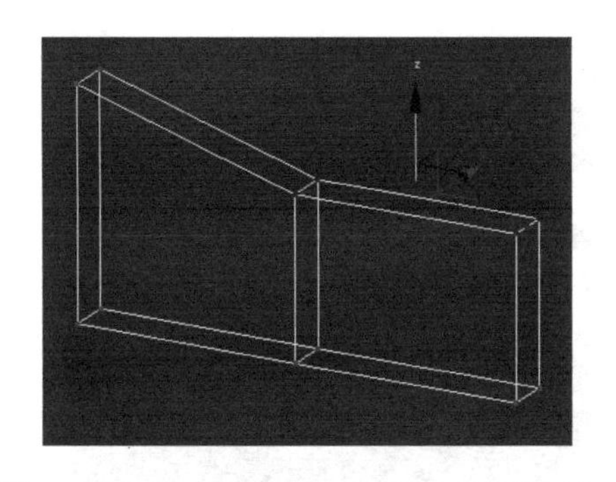

图 12-102　将选择的点向下移动一定的距离

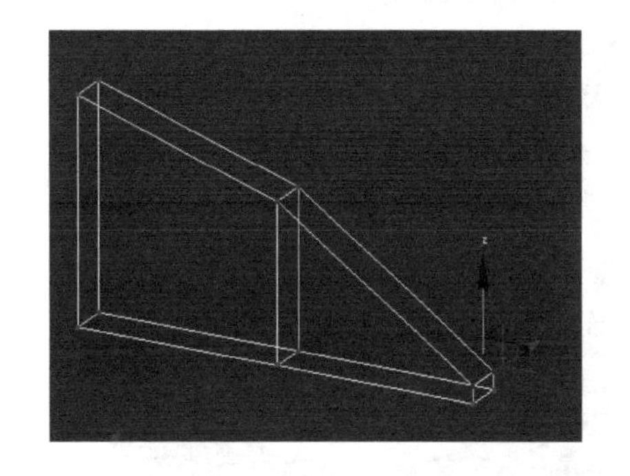

图 12-103　将右侧的点向下移动至接近底部的位置

在顶视图下，将创建好的多边形移动至圆柱体右侧（见图 12-104）；开启捕捉工具，在层次面板中使用仅影响轴工具，将多边形的轴心移动到圆柱体的轴心（见图 12-105）；选择菜单“工具→阵列”，在“对象类型”中点选“实例”“1D”，设置 1D 的数量为 12，并设置 z 轴方向的旋转量为 360°，将多边形依 z 轴方向旋转复制 11 份（见图 12-106）；使用圆柱体工具在顶视图中绘制一个底面半径为 2.5 m、高度为 0.1 m 的圆柱体（见图 12-107）；将圆柱体放置在阵列后的几何体组下方，即可得到底部的连接装置（见图 12-108），圆柱体立柱和连接装置的连接如图 12-109 所示。

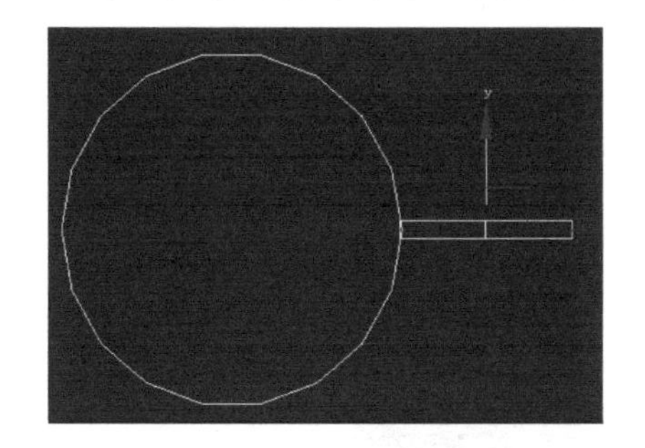

图 12-104　将创建好的多边形放置在圆柱体右侧

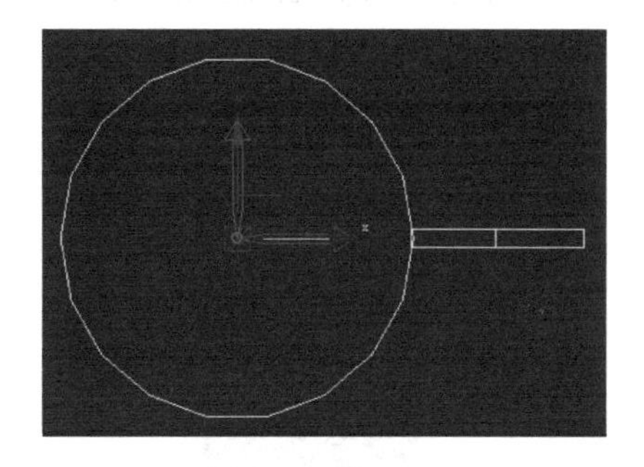

图 12-105　将多边形轴心移动到圆柱体的轴心

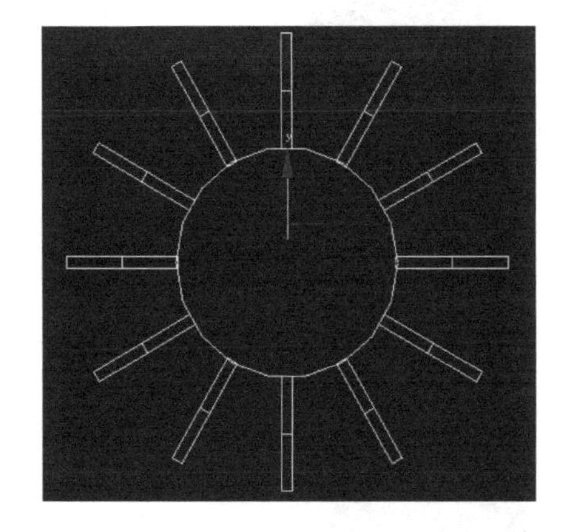

图 12-106　将多边形复制 11 份

图 12-107　绘制的圆柱体

图 12-108　底部的连接装置

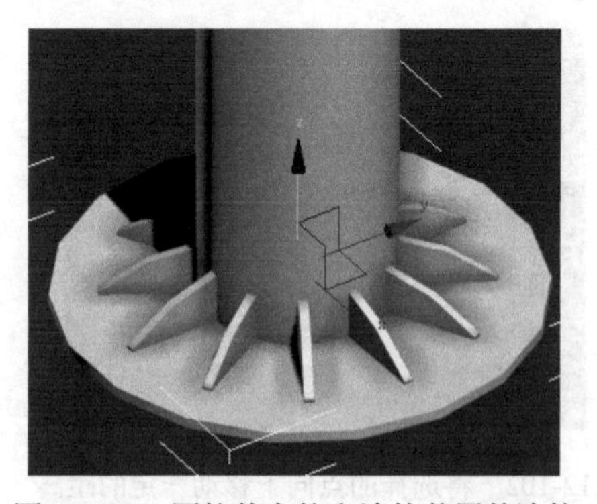

图 12-109　圆柱体立柱和连接装置的连接

接着创建柱体侧方的爬梯。选择菜单“创建→几何体”，在几何体层级下选择“标准基本体”，使用长方体工具在顶视图中绘制一个长约 0.85 m、宽约 0.25 m、高约 15 m 的长方体，并将高度的分段设置为 20（见图 12-110）；单击鼠标右键，在弹出的右键菜单中选择“转换为:→转换为可编辑多边形”，在修改面板的多边形层级下，选择并删除正面所有的面（见图 12-111）；在修改面板的“修改器列表”下拉栏中为长方体添加晶格修改器，勾选“应用于整个对象”、点选“二者”，设置支柱的底面半径为 0.025 m，设置节点的基本点面类型为“八面体”，设置节点半径为 0.025 m，即可得到爬梯模型（见图 12-112）；将爬梯放置在圆柱体立柱侧面即可（见图 12-113）。

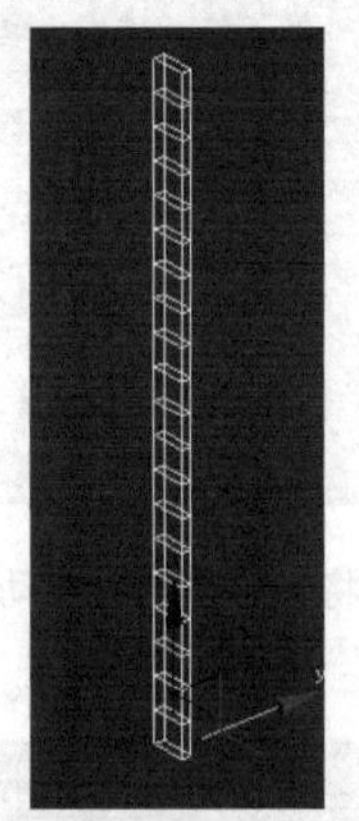

图 12-110　将长方体高度分段设置为 20

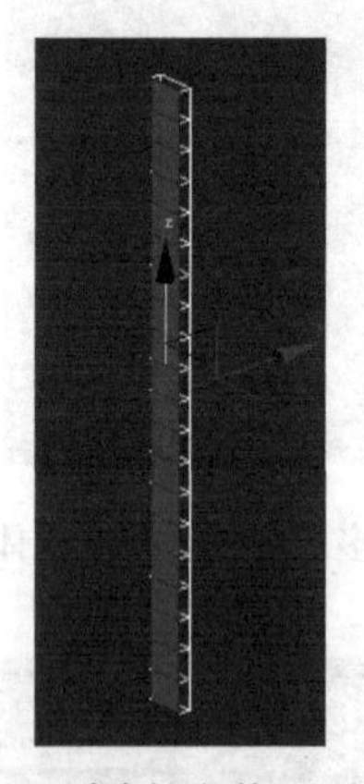

图 12-111　删除长方体正面所有的面

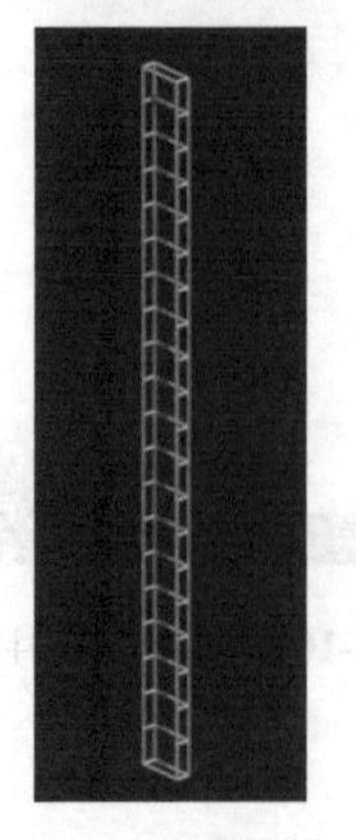

图 12-112　爬梯模型

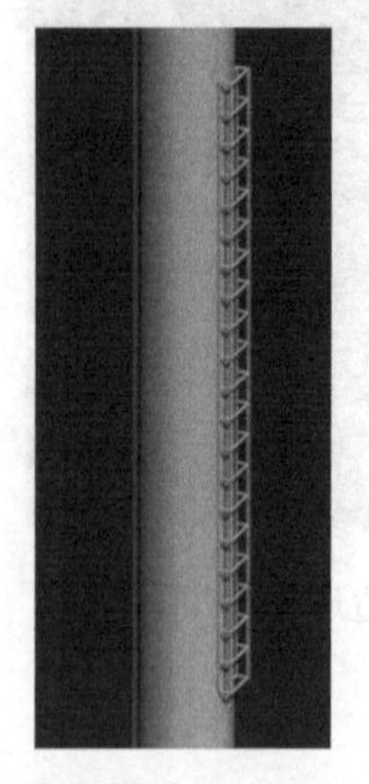

图 12-113　将爬梯放置在圆柱体立柱侧面

大型广告牌的顶灯位于广告板的顶部，相对于广告板来说，顶灯的体积较小，在建模时无须过分强调细节。

选择菜单“创建→几何体”，在几何体层级下选择“标准基本体”，使用长方体工具在顶视图中绘制一个长约 0.6 m、宽约 0.5 m、高约 0.5 m 的长方体，并设置其长度分段数为 2（见图 12-114）；单击鼠标右键，在弹出的右键菜单中选择“转换为：→转换为可编辑多边形”，在修改面板的多边形层级中，选择长方体背面的多边形（见图 12-115），使用缩放工具将其缩小（见图 12-116）；选择长方体正面的多边形（见图 12-117），使用倒角工具将其向内倒角，即可得到顶灯灯罩模型（见图 12-118）。

顶灯通常安装在探出杆上，探出杆的创建较为简单，使用长方体工具在顶视图中绘制一个长约 1.5 m、宽约 0.1 m、高约 0.1 m 的长方体，即可得到探出杆模型。将顶灯灯罩与探出杆组合在一起，即可得到顶灯模型（见图 12-119）。

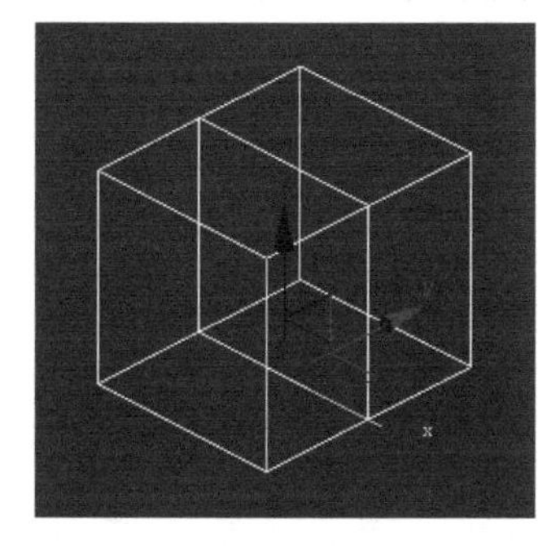

图 12-114　长度分段数为 2 的长方体

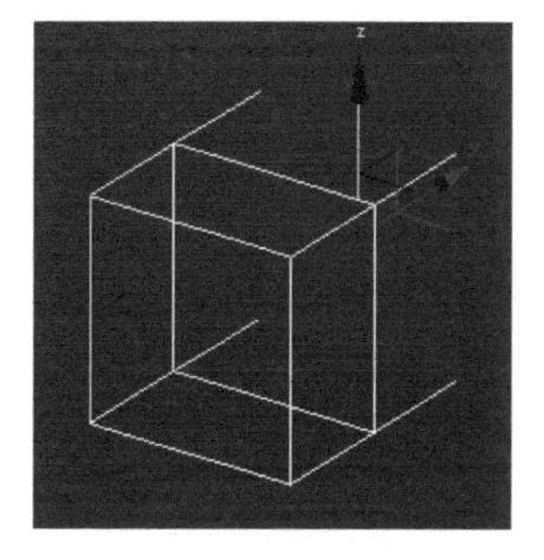

图 12-115　选择长方体背面的多边形

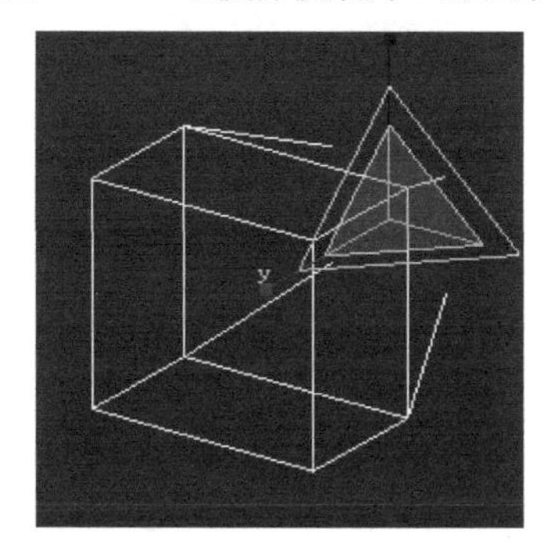

图 12-116　缩小长方体背面的多边形

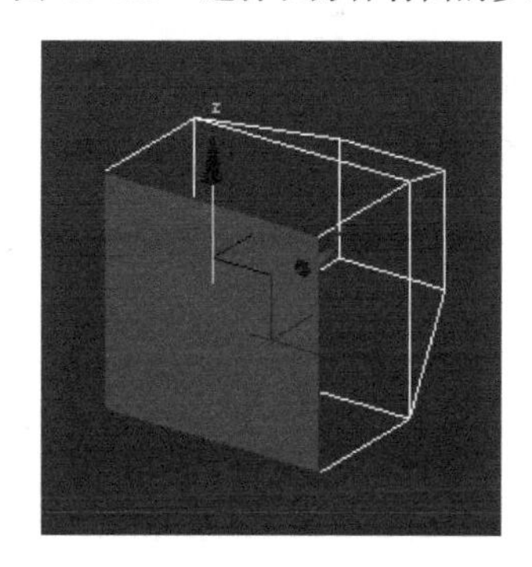

图 12-117　选择长方体正面的多边形

图 12-118　顶灯灯罩模型

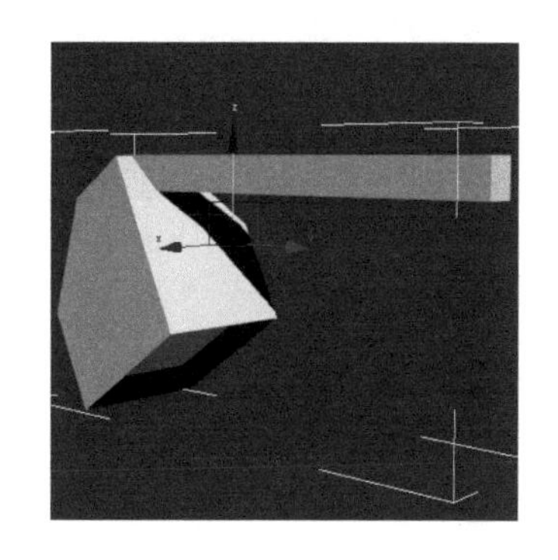

图 12-119　顶灯模型

将顶灯模型放置在广告板顶部相应位置，即可得到单面的大型广告牌（见图 12-120）；使用镜像工具对广告板和顶灯进行镜像复制，即可得到双面的大型广告牌（见图 12-121）。

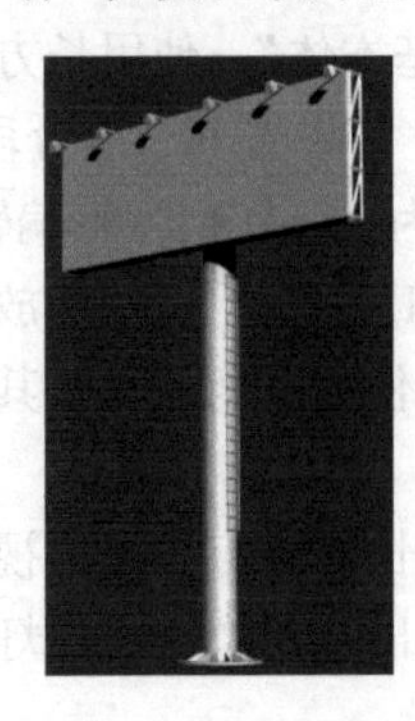

图 12-120　单面的大型广告牌

图 12-121　双面的大型广告牌

第13章 绿化设施的三维建模

绿化设施是日常生活中常见的城市设施之一，也是城市生态系统的重要组成部分，在维护城市生态平衡中发挥着巨大的作用。绿化设施不仅可以美化人们的生活环境，调节人们的心情，还可以净化空气，并在一定程度上吸附灰尘，让人们的生活变得更加舒适。

同样，道路两旁的绿化设施不仅可以美化环境，舒缓驾驶员的疲劳，还可以作为隔断与引导，对道路与周围的环境进行分割，便于驾驶员集中注意力驾驶车辆。

绿化设施的布置很有讲究，尤其是在进行道路绿化时，弯道、岔道或立交桥等地方一般会种植或安放低矮的植物，一般不种植或安放高大、落叶较多的植物。绿化设施的布置应服务于交通，使驾驶员有足够的安全视距。休憩场所的绿化设施要同时兼顾实用性与观赏性，常常种植或安放一些新培育的植物。

除了真实植物，在道路中也会使用一些仿生植物模型，如高速公路中间的绿色隔板（见图 13-1），仿生植物模型不会落叶、无须照料，但可以达到同样的目的。

图 13-1　绿色隔板

本章涉及基本操作、多边形建模、放样、圆锥体、间隔工具、布尔、扭曲、FFD 等内容。

13.1　绿化设施的建模逻辑

1．分析化简

从植物种类来看，用于道路绿化的植物主要有洒金桃叶珊瑚、云杉、黑皮油松等。每一种植物都有其独特的外观，每一个模型也都有其相应的精度，对应的建模方法也不同。

在进行植物建模时，可根据对模型精度的要求进行简化，如减少叶数、减少分支等。从模型的精度来看，植物建模同样有精细与粗略之分，但建模方法与普通多边形略有不同，植物模型主要通过贴图的明暗来表现，不仅可以使模型更加出彩，还可以大大降低面数。

2. 几何近似

植物模型主要分为叶片与茎干两部分，叶片模型通常由二维图形变形得到，而茎干则由放样工具或者圆锥体工具得到。

植物模型有一个特点，即重复性。充分利用叶片的重复性可以使植物的建模变得更加简单。在进行植物建模时，可先创建一片叶片，再通过翻转与复制来得到其他叶片。

在一个大型项目中，植物的模型数量往往非常多，但又往往不承担交互功能。若使用精细模型，则会产生大量的冗余数据，因此在实际应用中，二面树等简易面片植物模型得到了广泛的应用。在这种情况下，几何近似就显得非常重要，本章将通过具体的实例来介绍二面树的具体操作方法。

3. 模型精修与整理

绿化是一门艺术，单独一株植物无法进行绿化，不同种类的植物经由园艺设计师的设计与排布才能称之为绿化。也就是说，在绿化建模时，不仅要考虑植物模型的精度，也要结合实际考虑植物模型的排布，尽量避免出现植物模型穿插、嵌套或层次不清等情况。

植物模型的排布应尽量贴近真实场景，在排布时可使用阵列、散布等工具并设置一定的随机属性来完成初步的自然排布。在使用同一种植物模型来进行排布时，可先挑选几个植物模型，再通过移动、缩放、旋转或其他变形工具来进行调整，让个体差异更强，画面更加生动。

13.2 透风板的建模及细节处理

13.2.1 透风板的建模

仿生植物常用于无法正常种植植物而又需要进行绿化或隔离的区域，例如高速公路的隔离带采用的就是仿生植物隔板，即透风板（也称为绿色隔板）。

选择菜单“创建→几何体”，在几何体层级下选择“标准基本体”，使用长方体工具在前视图中绘制一个长约 1 m、宽约 0.25 m、高约 0.025 m 的长方体，并设置长度分段数为 10、宽度分段数为 5（见图 13-2）；单击鼠标右键，在弹出的右键菜单中选择“转换为：→转换为可编辑多边形”，在修改面板的边层级下，选择需要开口的边（见图 13-3）；使用编辑边中的分割功能，对所选的边进行分割，选择分割完成的边（见图 13-4）；使用移动工具将分割后的边向外移动一定的距离，即可得到透风板初步模型（见图 13-5）；选择透风板的 2 条顶部侧边线（见图 13-6），使用切角工具，设置边切角量为 0.05 m、连接边分段数为 1（见图 13-7），即可得到模型切角；在修改面板的“修改器列表”下拉栏中为模型切角添加 FFD（长方体）修改器（见图 13-8）；选择 FFD（长方体）修改器下的控制点，选择两侧的控制点，使用缩放工具将两侧的控制点向内缩放一定的距离（见图 13-9），即可得到透风板模型（见图 13-10）。

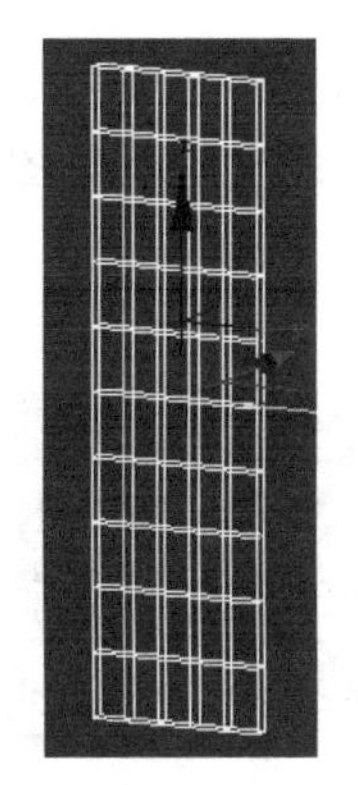

图 13-2　长度分段数为 10、宽度分段数为 5 的长方体

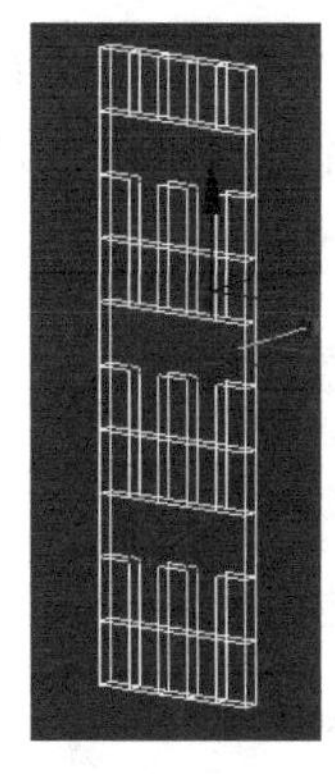

图 13-3　选择需要开口的边

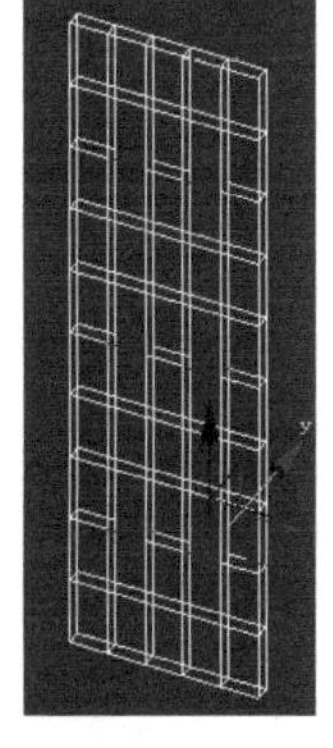

图 13-4　选择分割完成的边

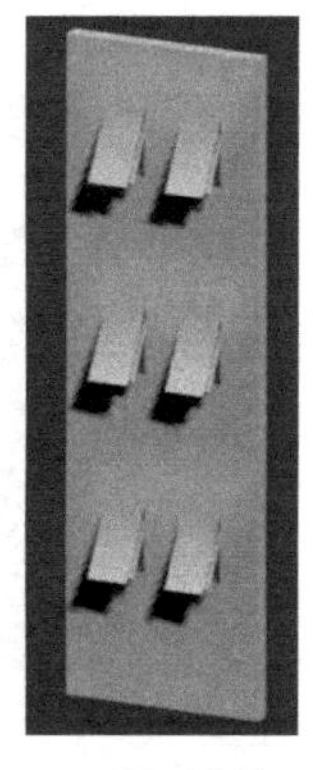

图 13-5　透风板初步模型

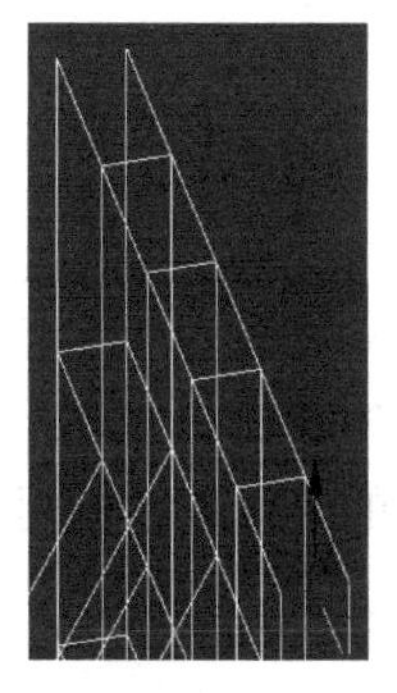

图 13-6　选择透风板的 2 条顶部侧边线

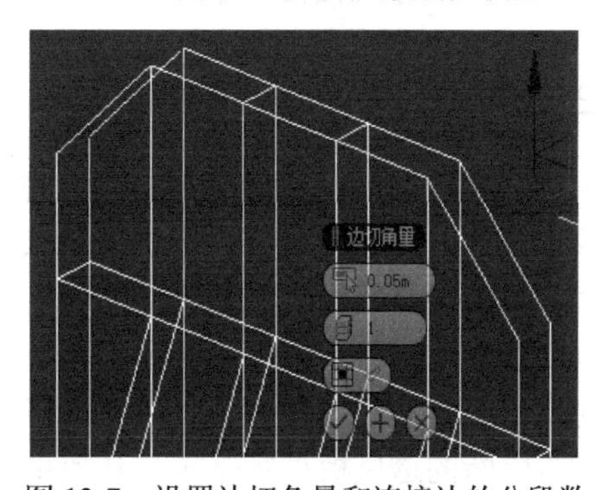

图 13-7　设置边切角量和连接边的分段数

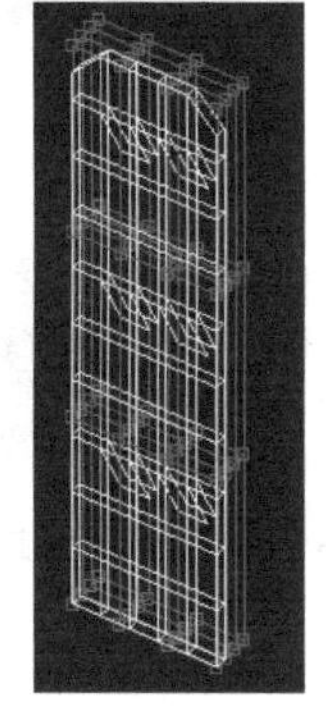

图 13-8　添加 FFD（长方体）修改器

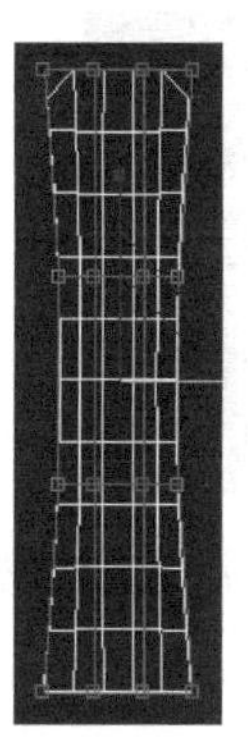

图 13-9　将两侧的控制点向内缩放一定的距离

在修改面板的多边形层级下，选择透风板底部中间的面（见图 13-11）；使用挤出工具，将选择的面向下挤出 0.5 m（见图 13-12），可得到透风板的支柱（见图 13-13）。

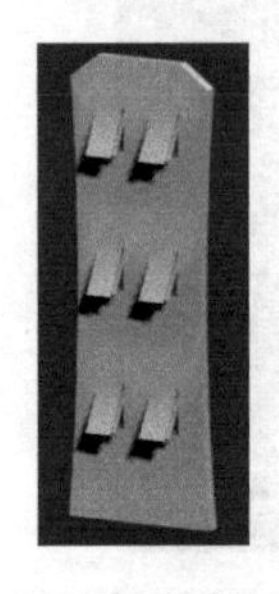

图 13-10 透风板模型

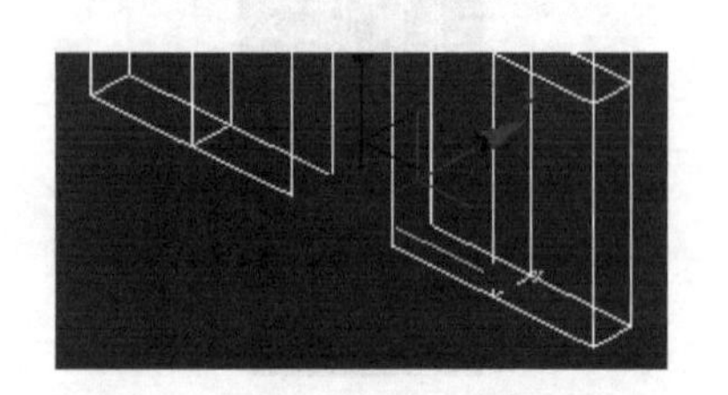

图 13-11 选择透风板底部中间的面

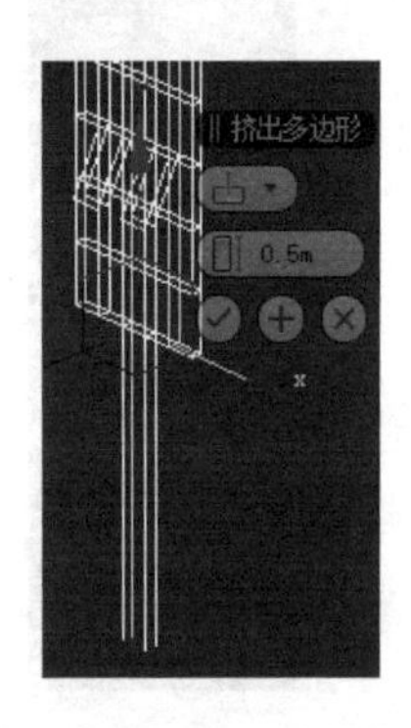

图 13-12 将选择的面向下挤出 0.5 m

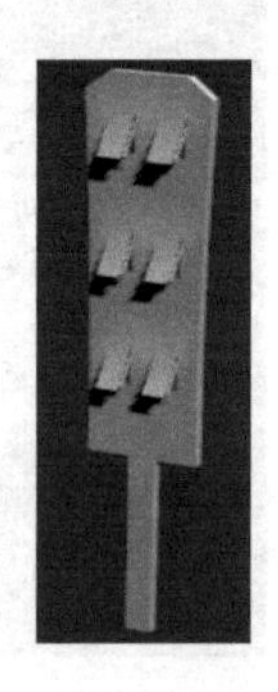

图 13-13 透风板的支柱

13.2.2 透风板模型的细节处理

可以在透风板模型上创建出一定的隔断与纹理来丰富其细节，但无须太过细致。这是因为隔断和纹理要通过面来表现，会增加透风板模型的面数，但对透风板模型整体效果提升的帮助并不大。本节仅介绍隔断的创建，读者可自行体会纹理的创建。

在修改面板的边层级下，使用循环工具选择透风板最下方的分段边（见图 13-14）；使用编辑边中的挤出工具，将选择的分段边向内挤出（见图 13-15），即可创建出一个隔断；使用阵列工具对带隔断的透风板进行排布，其效果如图 13-16 所示。

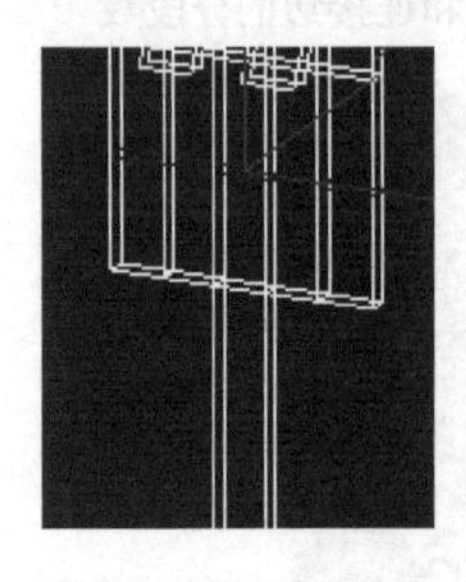

图 13-14 选择透风板最下方的分段边

图 13-15 将选择的分段边向内挤出

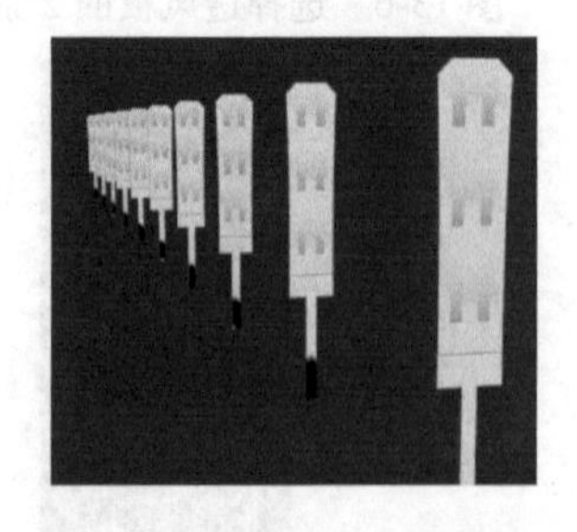

图 13-16 带隔断透风板的排布效果

13.3 低矮大叶植物的建模及细节处理

常见的低矮大叶植物有八角金盘、洒金桃叶珊瑚（见图 13-17）等，这类植物大多喜湿耐阴，一般被种植或安置在绿化设施的边缘。从建模的角度来看，低矮大叶植物的叶片较大，但叶片较少且长势低矮，在建模时可使用较为精细的建模方法。本节以洒金桃叶珊瑚为例来介绍低矮大叶植物的建模。

图 13-17　洒金桃叶珊瑚

13.3.1 低矮大叶植物的建模

洒金桃叶珊瑚也称为花叶青木，是常绿灌木，小枝粗圆，枝、叶对生，叶片通常呈椭圆状、卵圆状或长椭圆状，表面油绿、光泽，叶片有大小不等的黄色或淡黄色的斑点。从建模的角度来看，只需要创建几个叶片原型即可，可通过复制、变形与排布得到所有的叶片。

选择菜单“创建→几何体”，在几何体层级下选择“标准基本体”，使用长方体工具在顶视图中绘制一个长约 0.35 m、宽约 0.35 m、高约 0.002 m 的长方体（见图 13-18）；单击鼠标右键，在弹出的右键菜单中选择“转换为：→转换为可编辑多边形”，在修改面板的边层级下选择其中 2 个相对的竖向边线（见图 13-19）；使用切角工具，设置边切角量为 0.35 m、连接边分段数为 10（见图 13-20），即可得到叶片的初步模型（见图 13-21）。

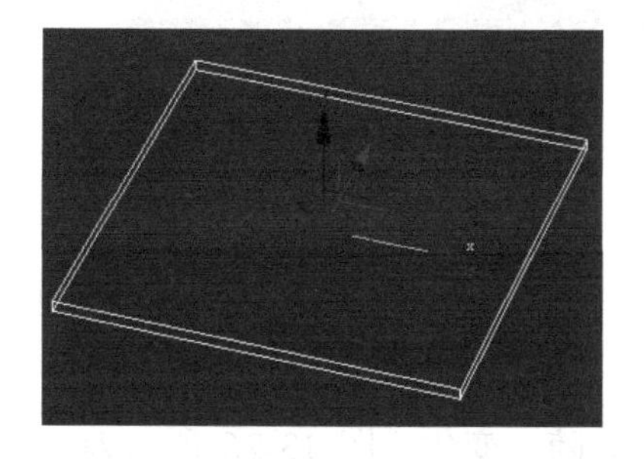

图 13-18　绘制的长方体

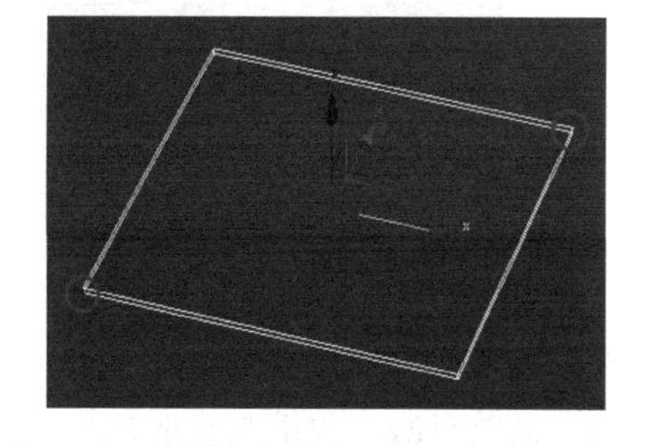

图 13-19　选择长方体中 2 个相对的竖向边线

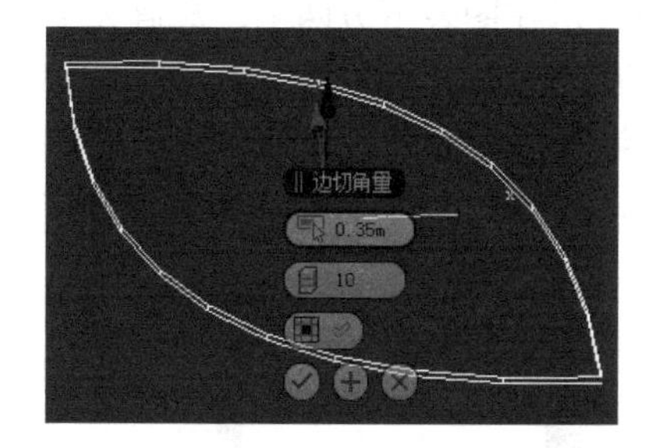

图 13-20　设置边切角量和连接边分段数

图 13-21　叶片的初步模型

继续使用长方体工具在顶视图中绘制一个长约 0.35 m、宽约 0.35 m、高约 0.002 m 的长方体，并设置其长度分段数为 10、宽度分段数为 20（见图 13-22）；单击鼠标右键，在弹出的右键菜单中选择"转换为：→转换为可编辑多边形"，在修改面板的边层级下，选择长方体中间纵向的分段线（见图 13-23，切勿勾选"忽略背面"，在选择时可以开启窗口/交叉，方便进行线段选择）；选择"软选择"（软选择），勾选"使用软选择"（使用软选择），此时的长方体如图 13-24 所示，这是由软选择衰减范围过大所引起的，逐渐降低衰减值，橘色区域（中间的区域）会逐渐内缩，软选择区域边缘会产生渐变效果（见图 13-25），不同的颜色代表着不同的受力，颜色越暖，受力越大，颜色越冷，受力越小。

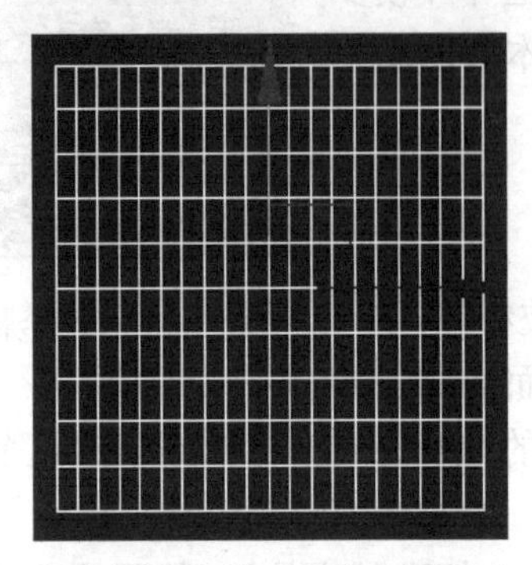

图 13-22　长度分段数为 10、宽度分段数为 20 的长方体

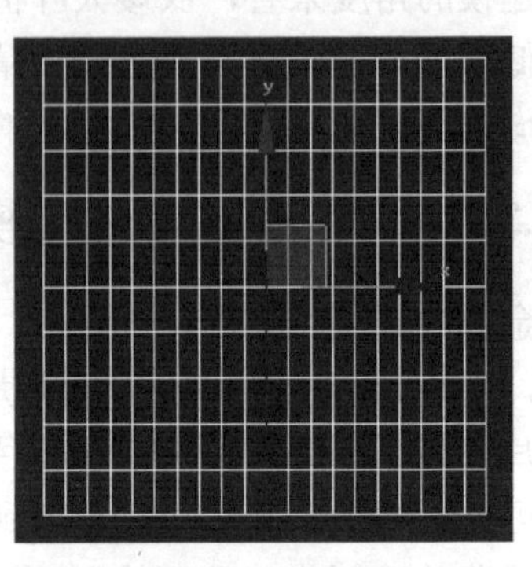

图 13-23　选择长方体中间纵向的分段线

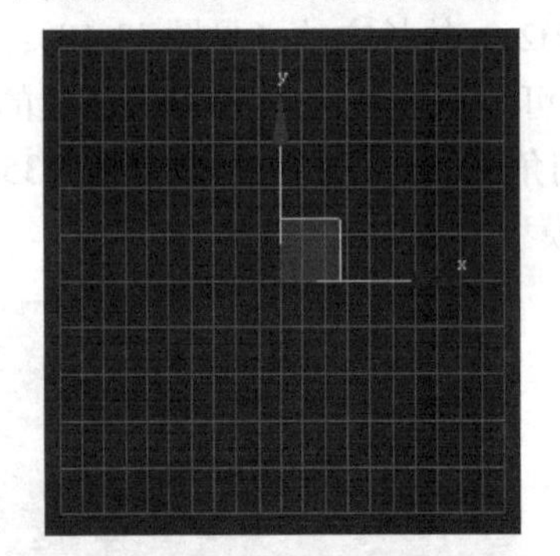

图 13-24　选择"软选择"后的效果

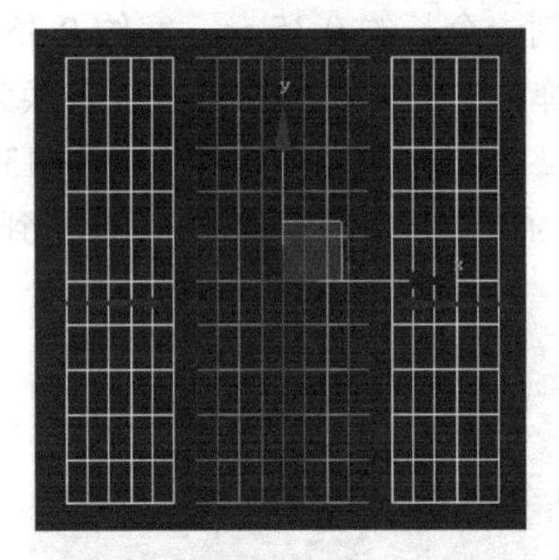

图 13-25　软选择区域边缘会产生渐变效果

在软选择的界面中，有一个曲线图表，该曲线图表通过曲线形状与数值来表示软选择衰减范围，调整衰减、收缩与膨胀的数值，该曲线图表会随之变化。图 13-26 所示为衰减值为 0.08 时的曲线。当衰减值为 0 时，曲线将变为直线（见图 13-27），此时相当于取消勾选"使用软选择"。当衰减值为非 0 时，曲线凸起，衰减数值显示在图表下方两侧，数值大小表示衰减范围；当收缩值为 0 时，曲线平滑无尖角；当收缩值为正数时，曲线尖凸（见图 13-28）；当收缩值为负数时，曲线顶部下凹（见图 13-29）；当膨胀值为 0 时，曲线平滑无尖角；当膨胀值为正数时，曲线两侧更加饱满（见图 13-30）；当膨胀值为负数时，曲线两侧更加干瘪（见图 13-31）。

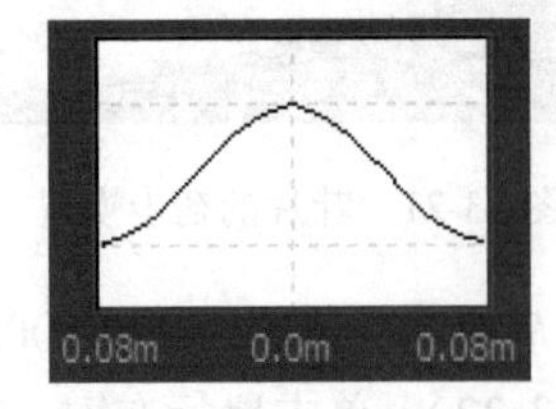

图 13-26　衰减值 0.08 时的曲线

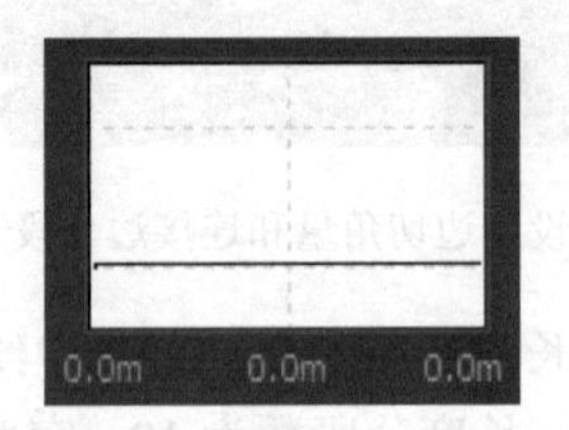

图 13-27　衰减值为 0 时的曲线

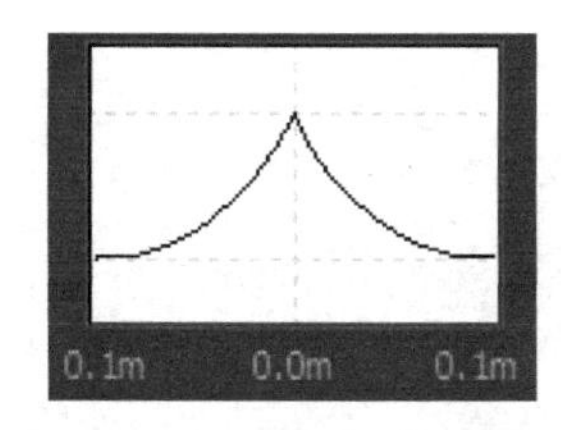

图 13-28　收缩值为正数时的曲线

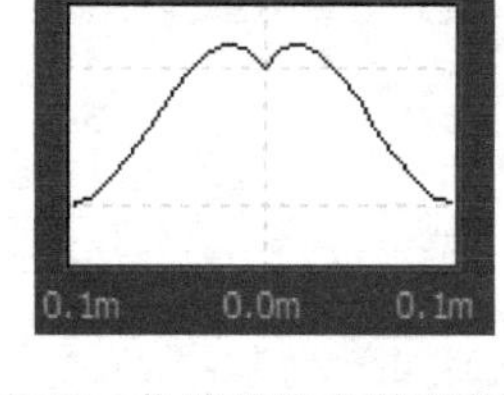

图 13-29　收缩值为负数时的曲线

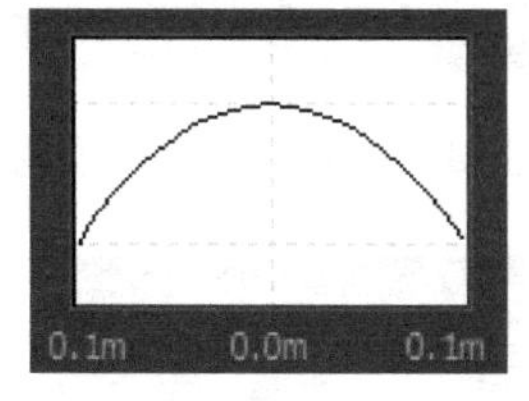

图 13-30　膨胀值为正数时的曲线

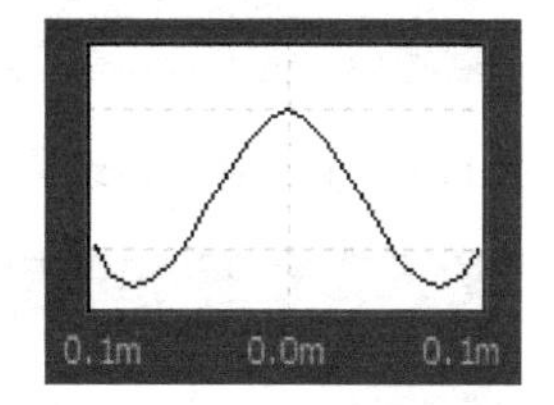

图 13-31　膨胀值为负数时的曲线

设置衰减值为 0.15 m（见图 13-32）、收缩值为 0.7 m；选择中间的分段线（见图 13-33）；在前视图中使用移动工具将所选择的中间分段线向上移动一定的距离（见图 13-34），可得到凸起的叶片主脉；在修改面板的“修改器列表”下拉栏中为叶片主脉添加 FFD（长方体）修改器，选择 FFD（长方体）修改器下的 8 个控制点（见图 13-35）；使用缩放工具（），设置缩放中心（）为选择中心，先沿纵向进行拉伸，再沿横向进行缩小，可得到叶片主脉，其顶视图如图 13-36 所示，透视图如图 13-37 所示；选择 4 个边角的控制点（见图 13-38），使用缩放工具，设置缩放中心为选择中心，缩小 4 个边角的控制点，可得到平滑的叶片，平滑叶片的透视图如图 13-39 所示，平滑叶片的顶视图如图 13-40 所示。

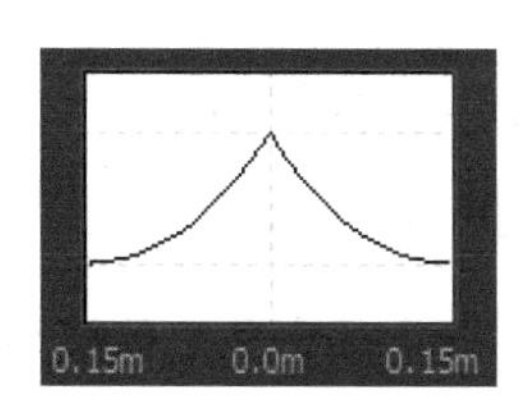

图 13-32　设置衰减值

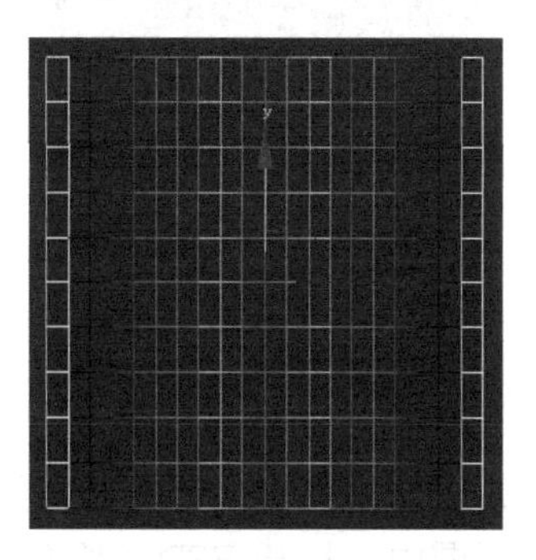
图 13-33　选择中间的分段线

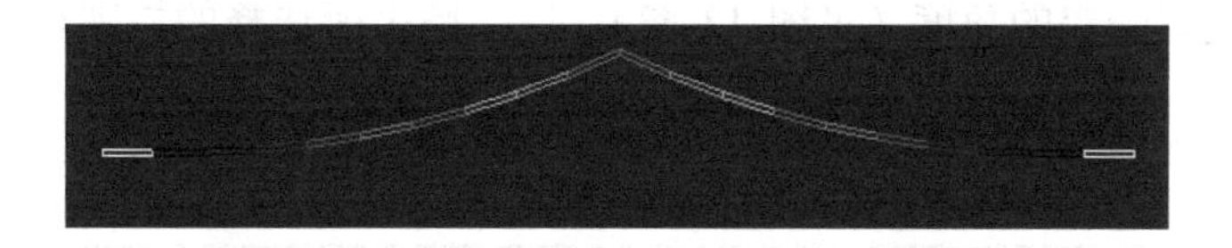
图 13-34　将中间的分段线向上移动一定的距离

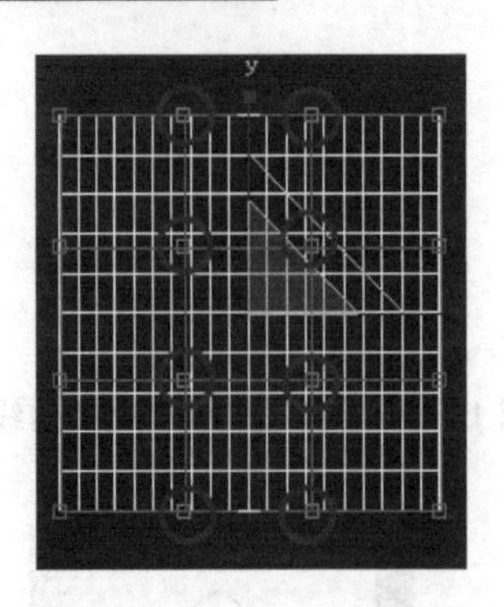

图 13-35　选择 FFD（长方体）修改器下的 8 个控制点

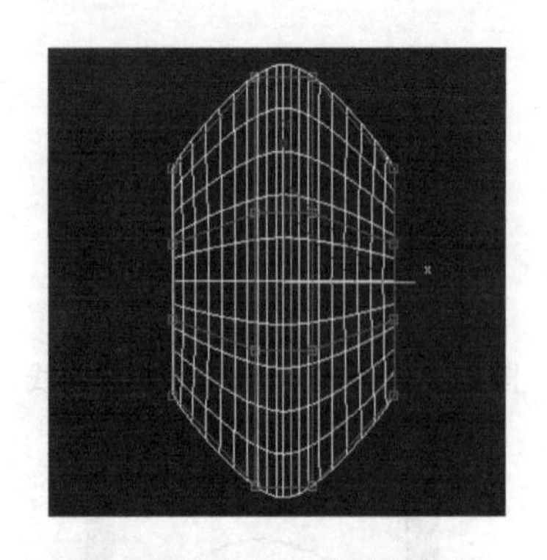

图 13-36　叶片主脉的顶视图

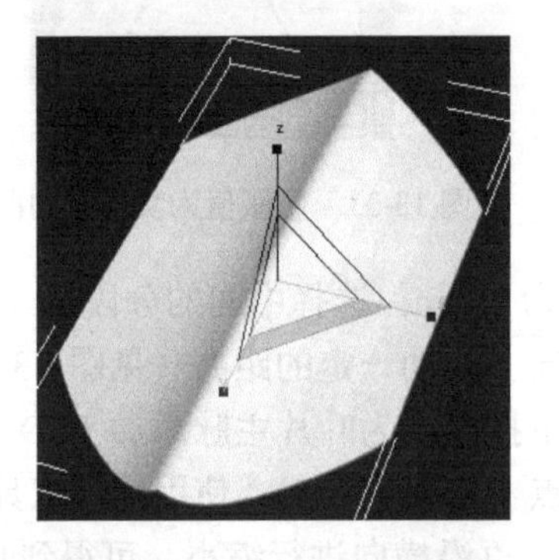

图 13-37　叶片主脉的透视图

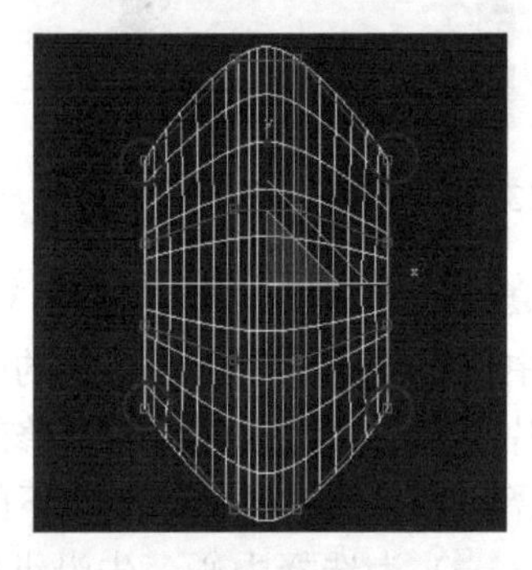

图 13-38　选择 4 个边角的控制点

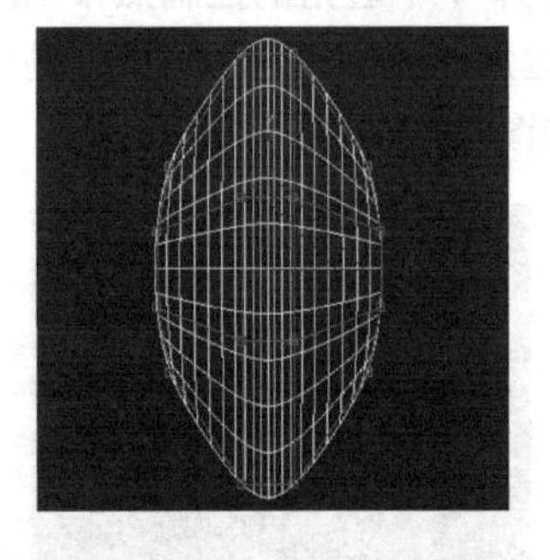

图 13-39　平滑叶片的透视图

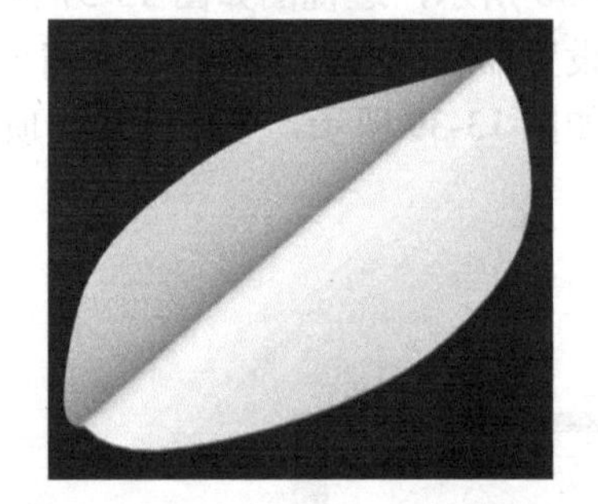

图 13-40　平滑叶片的顶视图

实际的叶片通常是弯曲的，因此要给平滑的叶片模型添加一定的弯曲，使模型看起来更加自然。在侧视图中，打开 FFD（长方体）修改器，在控制点层级下，选择右侧所有的控制点（见图 13-41）；使用移动工具将选择的控制点向上移动一定的距离（见图 13-42）；使用旋转工具将控制点旋转一定的角度（见图 13-43）；逐步减少所选择的控制点，使用移动工具与旋转工具细化模型。使用上述方法对叶片另一侧进行调整，可得到带有一定弯曲的叶片模型（见图 13-44）。

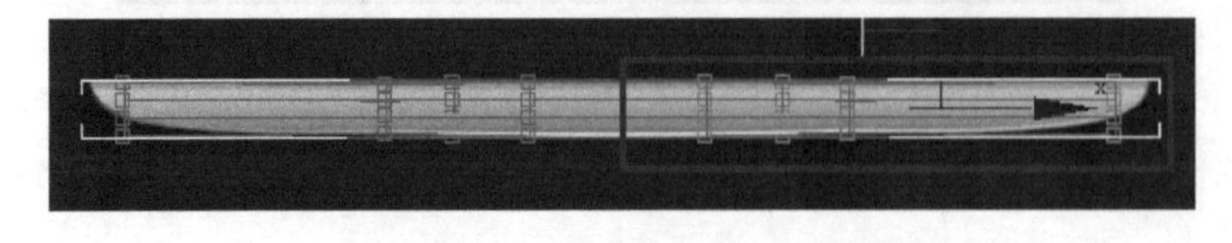

图 13-41　选择右侧所有的控制点

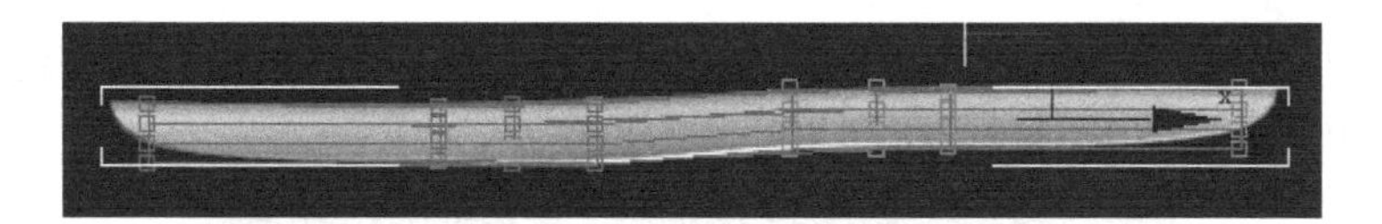

图 13-42　将选择的控制点向上移动一定的距离

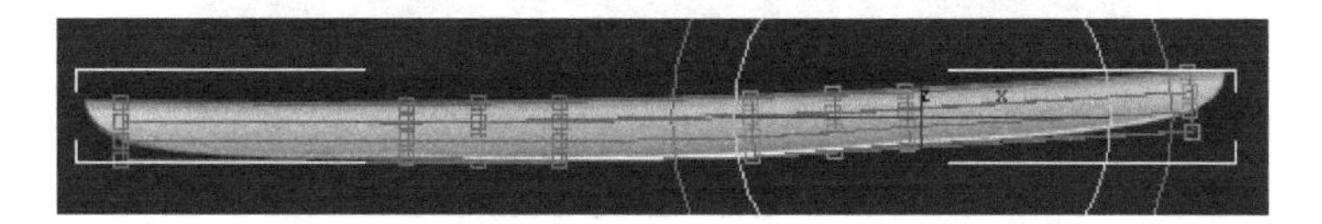

图 13-43　将控制点旋转一定的角度

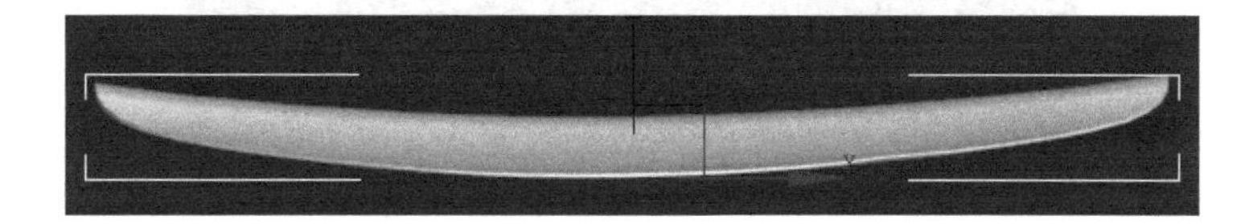

图 13-44　带有一定弯曲的叶片模型

洒金桃叶珊瑚的叶片底端较宽、顶端较窄，因此还需要调整叶片的外形。在顶视图中，打开 FFD（长方体）修改器，在控制点层级下选择中部所有的控制点（见图 13-45）；使用移动工具将选择的控制点向下移动一定的距离（见图 13-46），可得到水滴状的叶片（见图 13-47）；选择叶片顶端的控制点（见图 13-48），使用缩放工具压缩控制点的间距，可得到叶片的顶端形状（见图 13-49）。

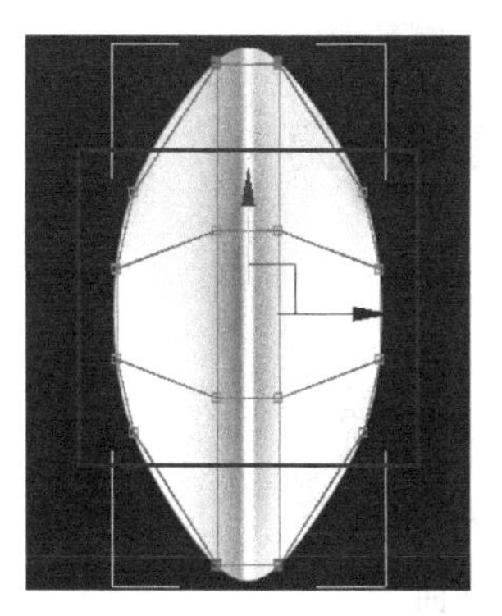

图 13-45　选择中部所有的控制点

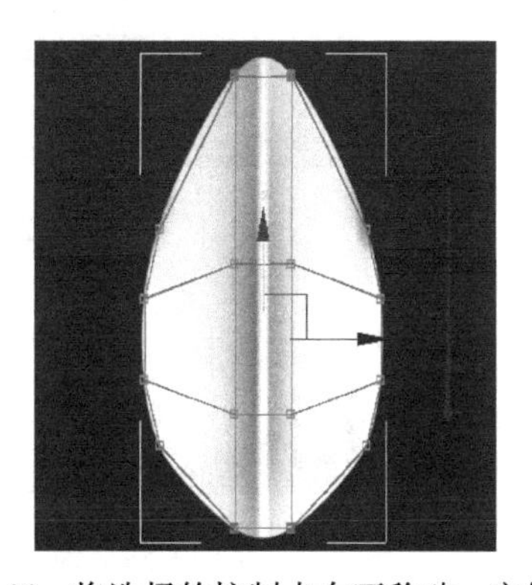

图 13-46　将选择的控制点向下移动一定的距离

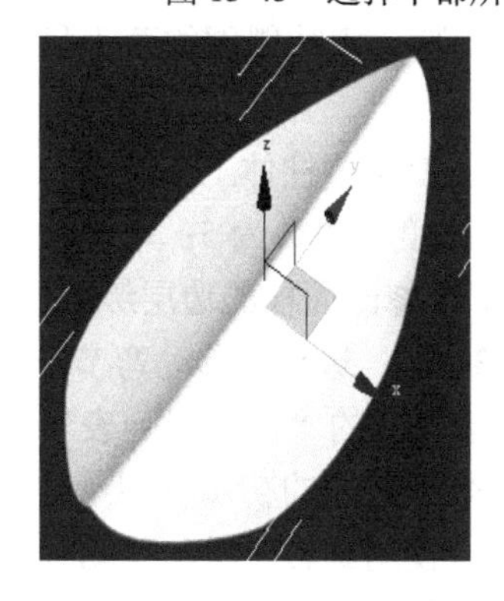

图 13-47　水滴状的叶片

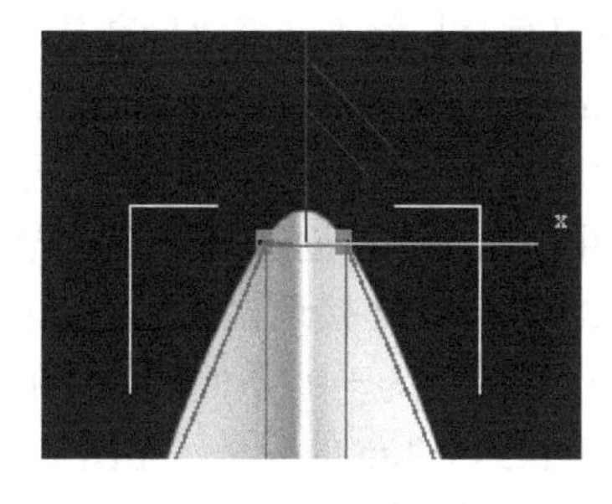

图 13-48　选择叶片顶端的控制点

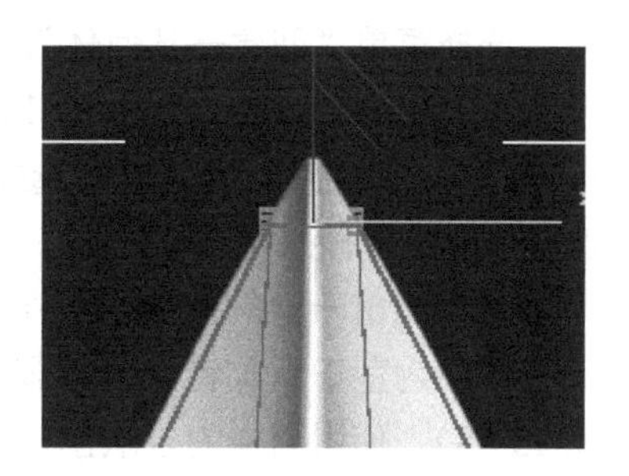

图 13-49　叶片的顶端形状

在前视图中，选择 2 条侧边线的控制点（见图 13-50），使用移动工具将选择的控制点向下移动一定的距离（见图 13-51），可产生叶片的包裹感。

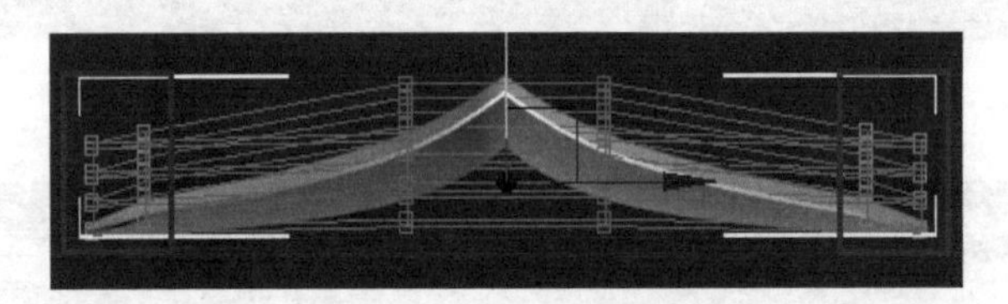

图 13-50　选择 2 条侧边线的控制点

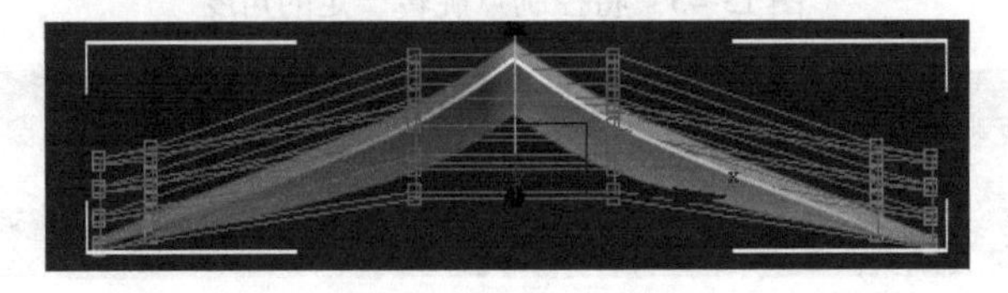

图 13-51　将选择的控制点向下移动一定的距离

自然状态下的叶片，其外围大多会有一定的弯曲或褶皱。使用 FFD（长方体）修改器可以创建出一些平滑的变形，让叶片模型显得更加自然。打开 FFD（长方体）修改器，在控制点层级下，选择需要移动的控制点，使用移动工具调整控制点的位置，可产生涟漪感（见图 13-52）。同样，叶片的主脉也不是笔直向上的，可以通过移动控制点来为主脉添加适当的弯曲（见图 13-53）。

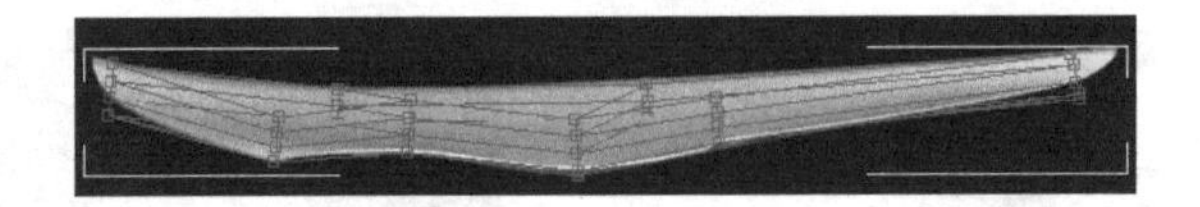

图 13-52　产生的涟漪感

图 13-53　为叶片主脉添加适当的弯曲

至此就完成了叶片模型的创建，下面进行植物茎干模型的创建。洒金桃叶珊瑚的茎干呈节状，叶片从节处长出，弯节多位于植物顶部且有分叉。

选择菜单“创建→几何体”，在几何体层级下选择“标准基本体”，使用圆柱体工具绘制一个底面半径为 0.01 m、高度为 1.2 m 的圆柱体（见图 13-54），设置其高度分段数为 5；单击鼠标右键，在弹出的右键菜单中选择“转换为：→转换为可编辑多边形”，在修改面板的边层级下，选择所有的分段（见图 13-55）；使用挤出工具，创建出弯节（见图 13-56）；选择并移动弯节，为茎干添加出一定的弯曲（见图 13-57），使之接近自然状态；在修改面板的“修改器列表”下拉栏中为茎干添加锥化修改器，设置数量为－0.1、曲线为 1.0，可得到茎干的初步模型（见图 13-58）。使用同样的方法创建一个长约 0.2 m 的分叉（见图 13-59）；使用旋转工具与移动工具将创建的分叉放置在相应位置，将两者打组，即可得到植物的茎干（见图 13-60）。

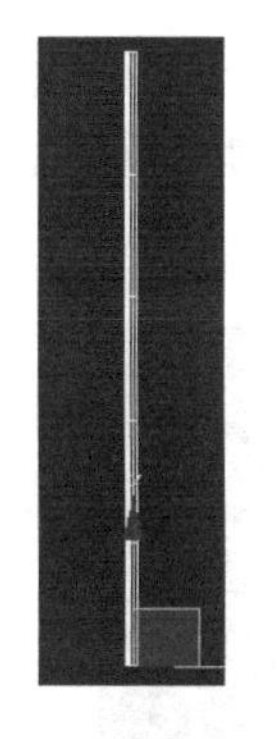

图 13-54　绘制的圆柱体

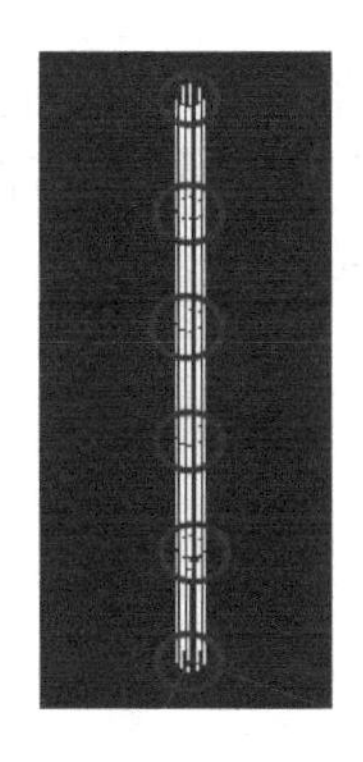

图 13-55　选择所有的分段

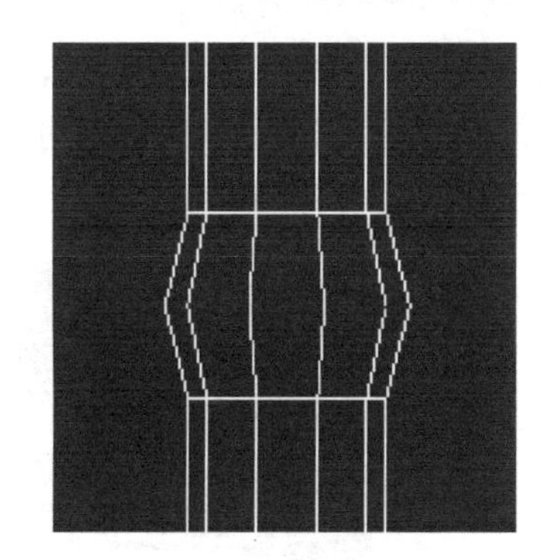

图 13-56　创建的弯节

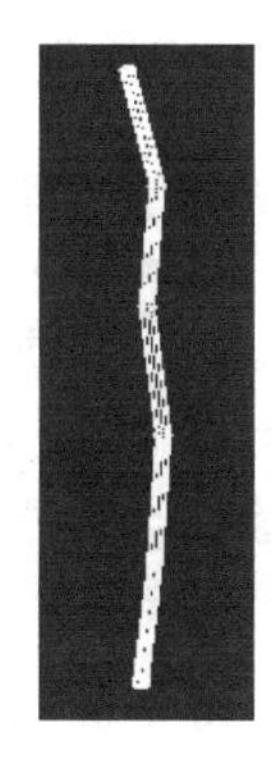

图 13-57　为茎干添加一定的弯曲

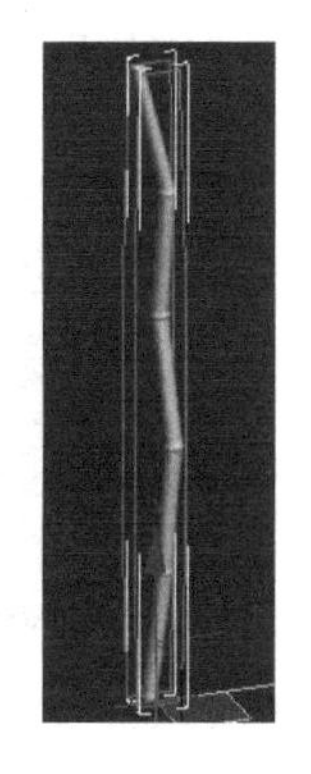

图 13-58　茎干的初步模型

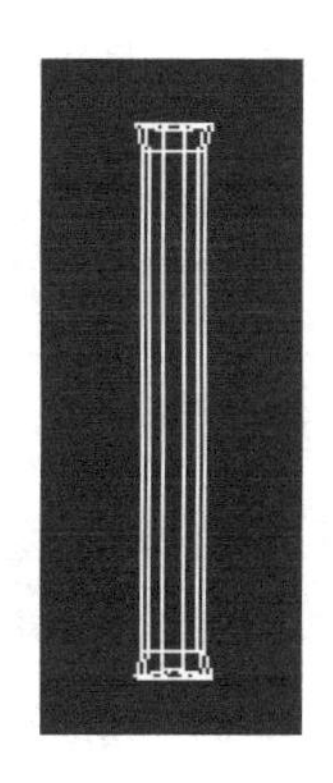

图 13-59　创建的分叉

复制叶片模型，使用移动、旋转与缩放等工具对叶片模型进行排布，在排布时应注意叶片的角度，尽量让模型贴近实际的植物。低矮大叶植物的模型如图 13-61 所示。

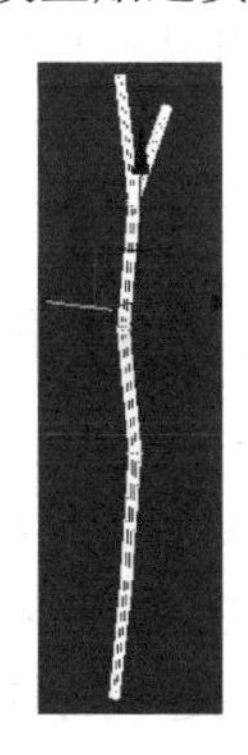

图 13-60　植物的茎干

图 13-61　低矮大叶植物的模型

13.3.2　低矮大叶植物模型的细节处理

为了能得到更好的模型表现，可在建模时对叶片进一步细化。在完成叶片的建模后，单击鼠标右键，在弹出的右键菜单中选择“转换为：→转换为可编辑多边形”，在修改面板下，取消勾选“使用软选择”；在多边形层级下，选择叶片主脉凸起末端的 2 个多边形（见图 13-62），使用挤出工具将选择的 2 个多边形挤出一定的长度（见图 13-63）；使用 Ctrl+A 组合键选择全部的多边形，选择“多边形：平滑组”（多边形: 平滑组）下的“自动平滑”（自动平滑），可得到精细的叶片模型（见图 13-64）；对精细的叶片进行排布，可得到精细的植物模型（见图 13-65），复制植物模型可得到植物群模型（见图 13-66）。

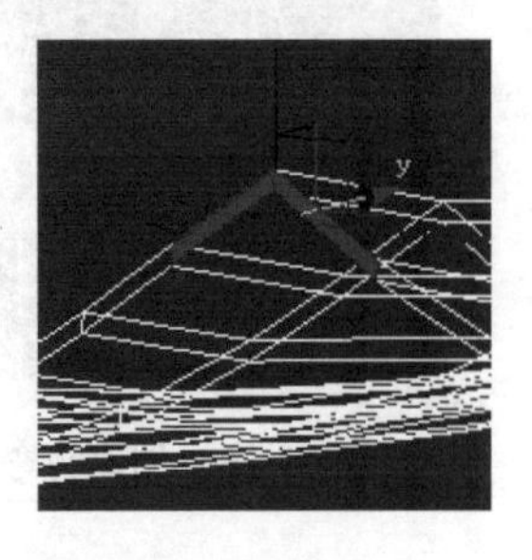

图 13-62　选择叶片主脉凸起末端的 2 个多边形

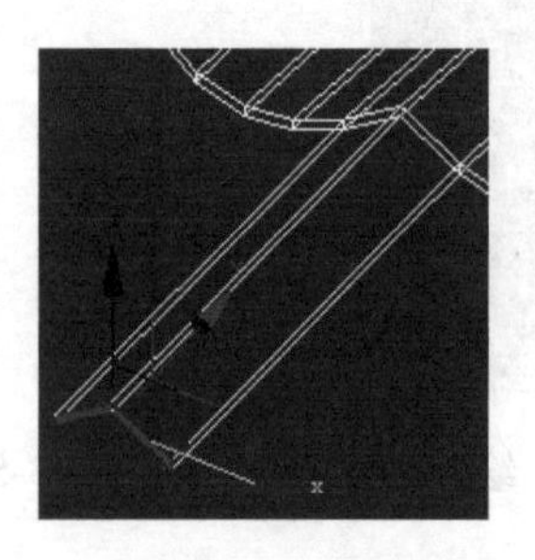

图 13-63　将选择的 2 个多边形挤出一定的长度

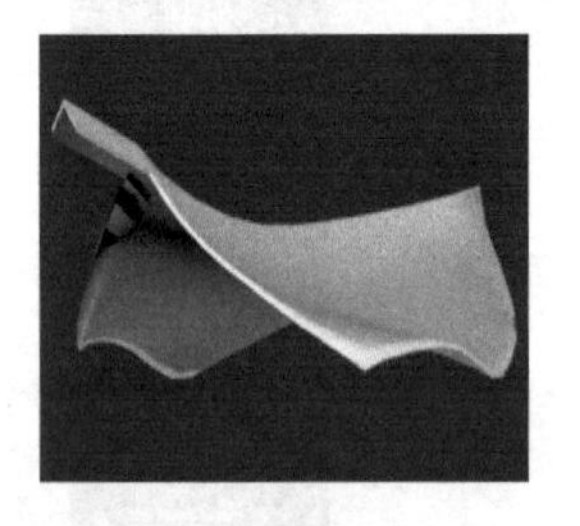

图 13-64　精细的叶片模型

图 13-65　精细的植物模型

图 13-66　植物群模型

当然，若没有面数限制且计算机性能允许，还可使用软选择或其他变形工具来创建出叶片主脉之外的脉络，还请读者自行探索。

精细建模的好处是可以简化叶片纹理贴图的处理过程。由于模型自身已具备叶片脉络、叶片外形以及枝叶走向等细节，在创建纹理时，尤其是在创建叶片纹理时，可以简化叶片的填充位图和材质质地，无须进行过多的处理。

13.4　中型松柏目植物的建模、材质创建及细节处理

在中型松柏目植物中，较为常见的是龙柏（见图 13-67），其姿态可控、长青、不落叶，常被种植在城市中。龙柏喜阳，枝条向上直展、扭转上升，小枝密，在枝端形成密集的簇。从建模的角度来看，龙柏因其成簇的特点，适合使用半精细化的建模方法。

图 13-67　龙柏

13.4.1　龙柏的建模

从图 13-67 中不难看出，龙柏的叶片较细且成簇状，在建模时若将叶片看成最小单位，则模型的面数将会非常多且难以排布。因此可将最小单位放大，以一段枝叶或一整簇枝叶作为最小单位，在减少面数的同时，也让模型的排布更加便捷。

本节以一段枝叶作为最小单位进行建模。首先创建枝干模型，再创建叶片模型。选择菜单“创建→样条线”，在样条线层级下选择“样条线”，使用样条线层级下的线工具，在前视图中绘制枝干走向线（见图 13-68）；使用星形工具，设置半径 1 为 0.15 m、半径 2 为 0.1 m，点数为 5，圆角半径 1 为 0.05 m、圆角半径 2 为 0.02 m，在顶视图中绘制出一个平滑的五角星（见图 13-69）；接着使用圆形工具，在顶视图中绘制一个半径为 0.13 m 的圆形（见图 13-70）。

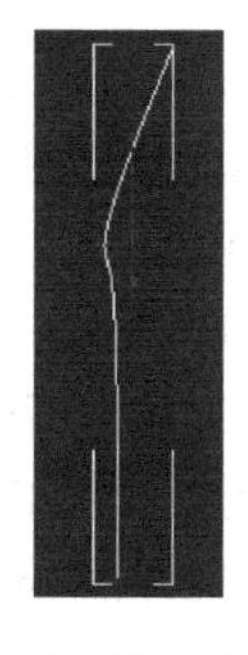

图 13-68　枝干走向线

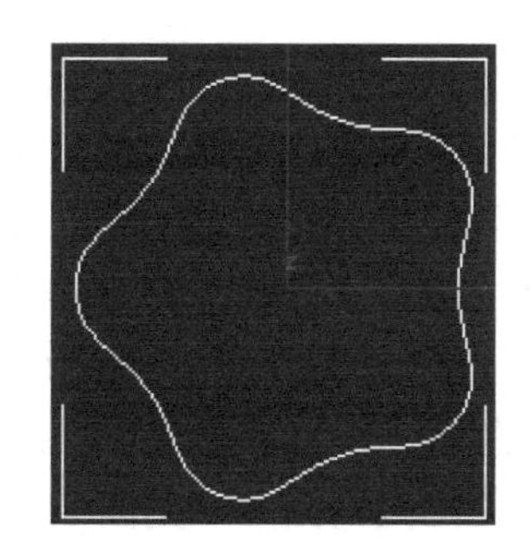

图 13-69　绘制的平滑五角星

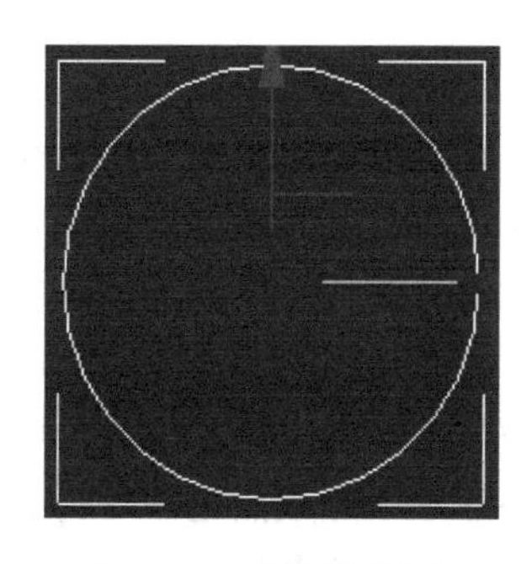

图 13-70　绘制的圆形

选择走向线，选择菜单“创建→几何体”，在几何体层级下选择“复合对象”，使用放样工具，开启创建方法中的获取图形功能并单击创建好的圆形截面，可得到圆柱状放样体（见图 13-71）；在修改面板下选择“路径参数”，点选“百分比”，设置路径参数为 40；再次开启获取图形功能，拾取创建好的五角星截面，可得到由五角星渐变到圆形的放样体（见图 13-72）；选择“变形”，开启缩放设置，使用移动控制点工具向下移动左侧的点，使曲线倾斜，可得到锥形枝干（见图 13-73）；开启扭曲设置，使用移动控制点工具向下移动左侧的点，可得到扭曲的枝干（见图 13-74）；

绘制不同走向的枝干走向线，使用同样的方法可得到其他枝干。使用缩放工具调整枝干的大小后放置到合适的位置，即可得到枝干模型（见图 13-75）。

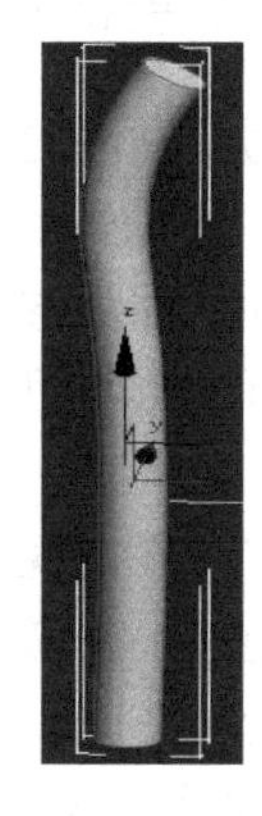

图 13-71　圆柱状放样体

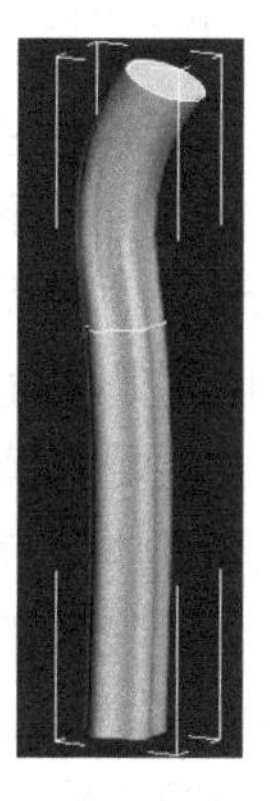

图 13-72　由五角星渐变到圆形的放样体

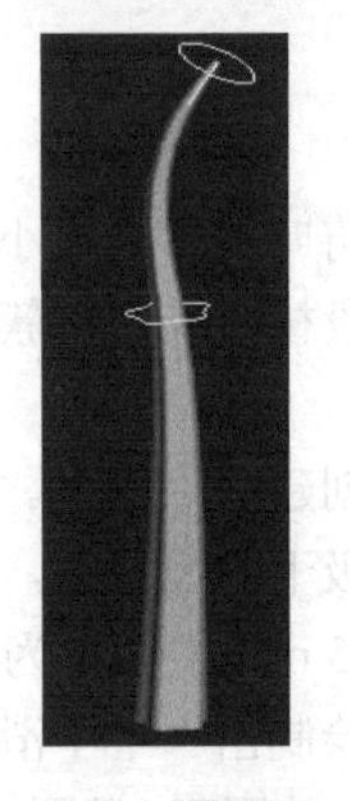

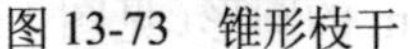

图 13-73 锥形枝干

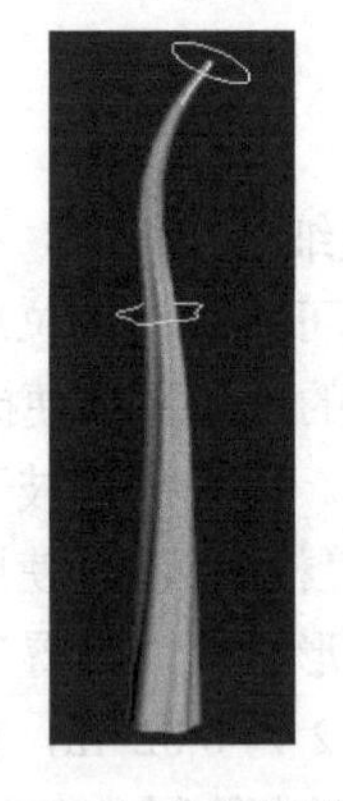

图 13-74 扭曲的枝干

图 13-75 枝干模型

创建好龙柏的枝干后，还需要创建叶片。这里介绍植物建模中比较特别的地方，当单一叶片不是最小单位时，可先借助贴图与纹理来创建叶片的效果，再使用面片透明贴图法来创建叶片。这种方法可在保证模型精度的前提下，最大限度地减少模型的面数。

面片透明贴图法的原理类似于 Photoshop 中的蒙版，至少要用到两幅材质图：在素材网站下载或使用 Photoshop 等软件自行创建一张所需的植物最小单位图片（见图 13-76，该图片作为贴图，通常是彩色的，这里以黑白图片作为示意）；将图片的植物部分填充为白色，植物以外部分填充成黑色，可得到最小单位的黑白图片（见图 13-77）。这两张图片就是用于面片透明贴图法的图片。

图 13-76 所需的植物最小单位图片

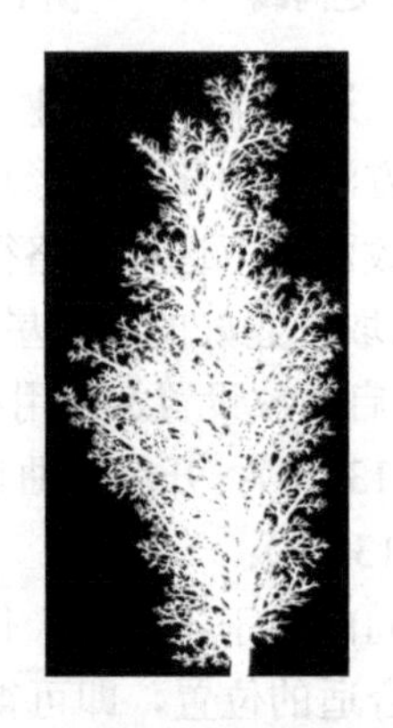

图 13-77 最小单位的黑白图片

打开默认的材质球，在漫反射的贴图通道中添加植物图片，在透明贴图的材质通道中添加相应的黑白图片，勾选“双面”，将材质赋予平面，即可得到植物最小单位面片（见图 13-78）。

龙柏叶片的创建使用的是面片透明贴图法。通过上面的介绍可知，面片透明贴图法将创建好的贴图赋予平面，也就是将面片作为承载基础，通过对面片进行变形与组合，即可模拟龙柏叶片的走向，创建出想要的模型。

选择菜单“创建→几何体”，在几何体层级下选择“标准基本体”，在前视图中使用平面工具绘制一个长约 0.26 m、宽约 0.13 m 的矩形，并设置其长度分段数为 4、宽度分段数为 4（见图 13-79）；在修改面板的“修改器列表”下拉栏中为创建的矩形添加 FFD（长方体）修改器（见图 13-80），修改 FFD（长方体）修改器的尺寸参数，设置其长度为“3”、宽度为“3”、高度为“2”；选择 FFD（长方体）修改器，在控制点层级下选择正中间的控制点（见图 13-81）；在侧视图中使用移动工具将正中间的控制点向外移动一定的距离（见图 13-82），使矩形中部向外凸起；选择顶部中间的控制点（见图 13-83），在侧视图中使用移动工具将顶部中间的控制点向外移动一定的距离（见图 13-84），但不要超过中部凸起；选择底部两侧的控制点（见图 13-85）；在侧视图中，使用移动工具将底部两侧的控制点向内移动一定的距离（见图 13-86），即可得到基础平面模型（见图 13-87）。

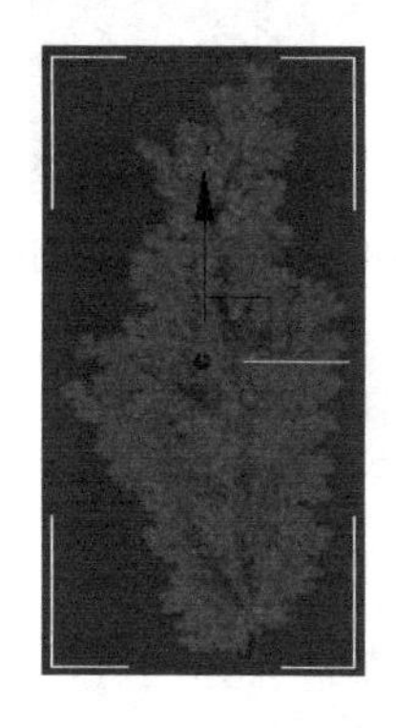

图 13-78　植物最小单位面片

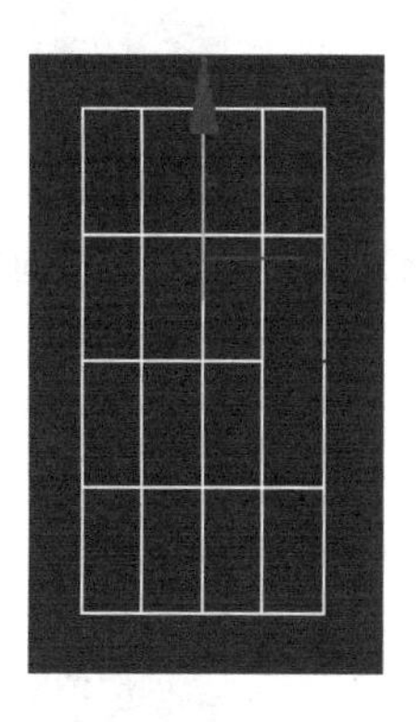

图 13-79　绘制的矩形及其长度、宽度分段数

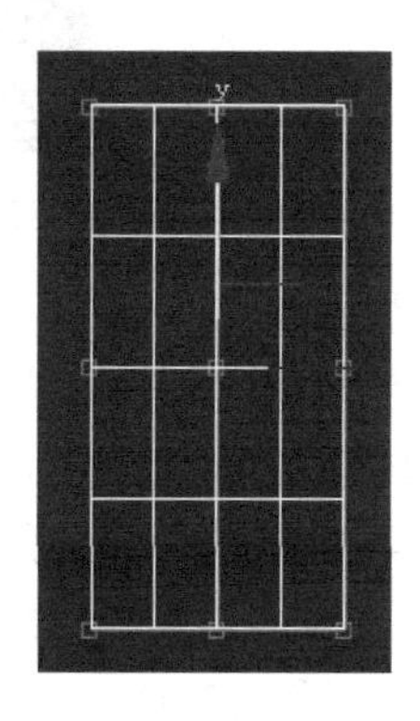

图 13-80　为创建的矩形添加 FFD（长方体）修改器

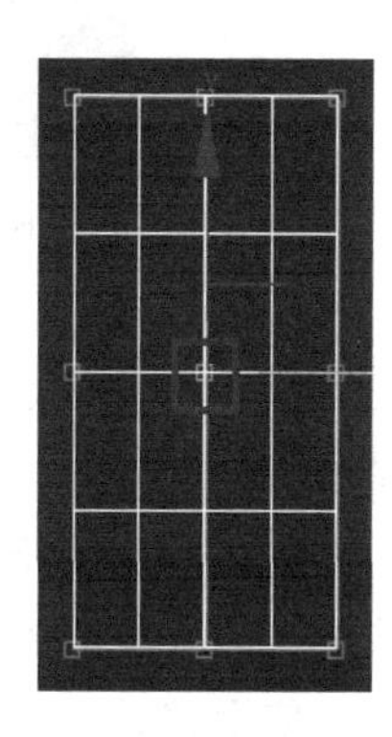

图 13-81　选择正中间的控制点

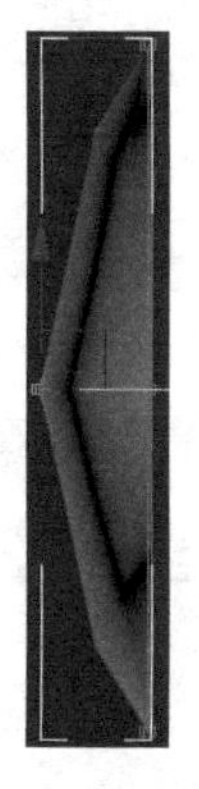

图 13-82　将正中间的控制点向外移动一定的距离

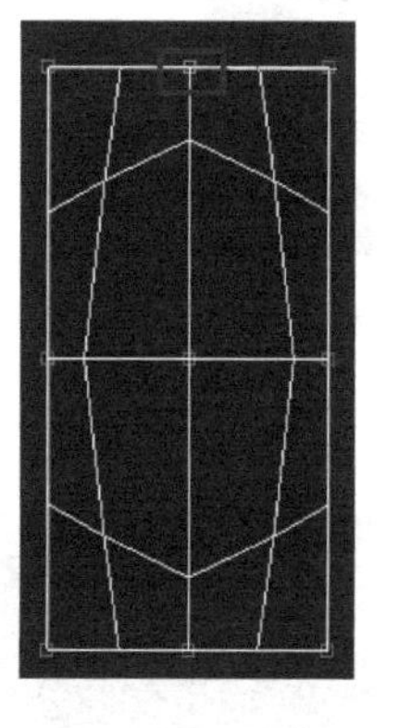

图 13-83　选择顶部中间的控制点

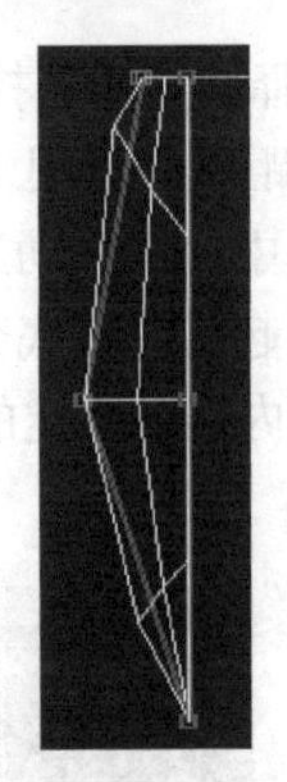

图 13-84　将顶部中间的控制点向外移动一定的距离

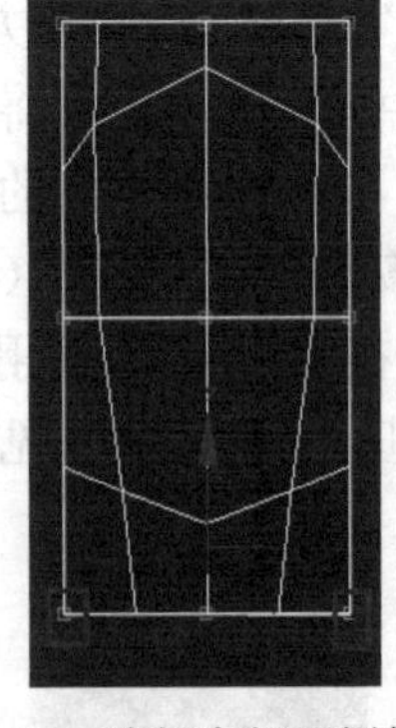

图 13-85　选择底部两侧的控制点

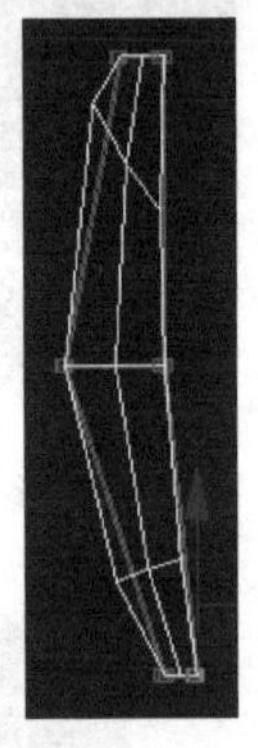

图 13-86　将底部两侧的控制点向内移动一定的距离

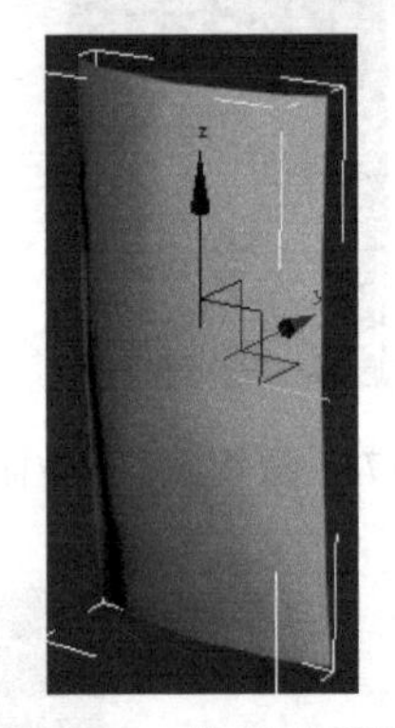

图 13-87　基础平面模型

对基础平面进行排布，可得到一簇龙柏叶片模型。在顶视图中，将基础平面实例复制 3 次（见图 13-88）；使用移动工具将 4 个基础平面分散放置在相对对立的位置（见图 13-89）；开启角度捕捉，使用旋转工具将所有的基础平面旋转至朝内的状态（见图 13-90）；选择 4 个基础平面，按住 Shift 键，使用旋转工具将 4 个基础平面旋转一定的角度（见图 13-91），旋转复制一份基础平面；继续旋转复制，直到没有缝隙为止（见图 13-92）；在前视图中，选择部分基础平面，使用移动工具可得到错落的基础平面（见图 13-93）。

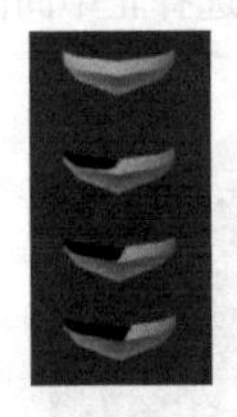

图 13-88　将基础平面复制 3 次

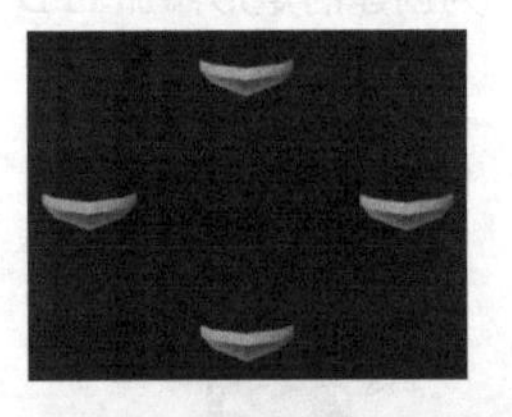

图 13-89　将 4 个基础平面分散放置在相对对立的位置

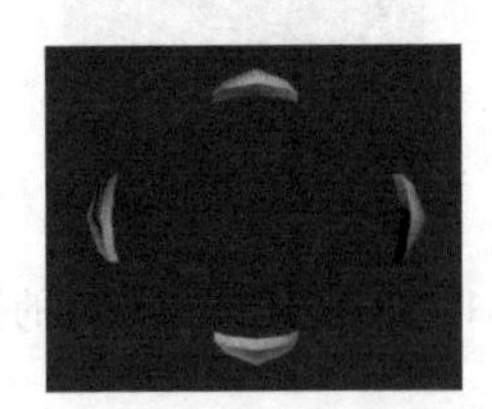

图 13-90　将所有的基础平面旋转至朝内的状态

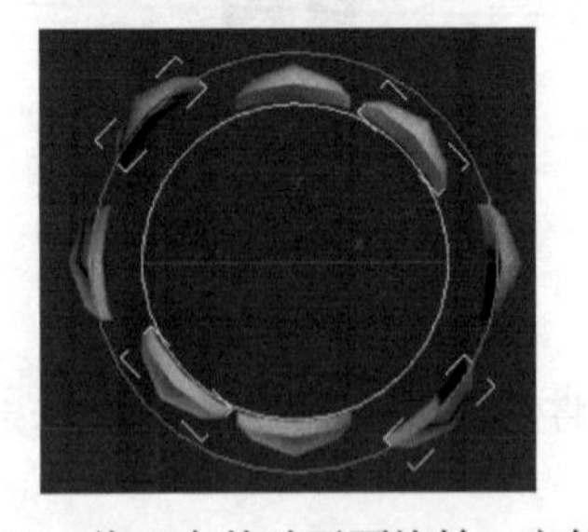

图 13-91　将 4 个基础平面旋转一定的角度

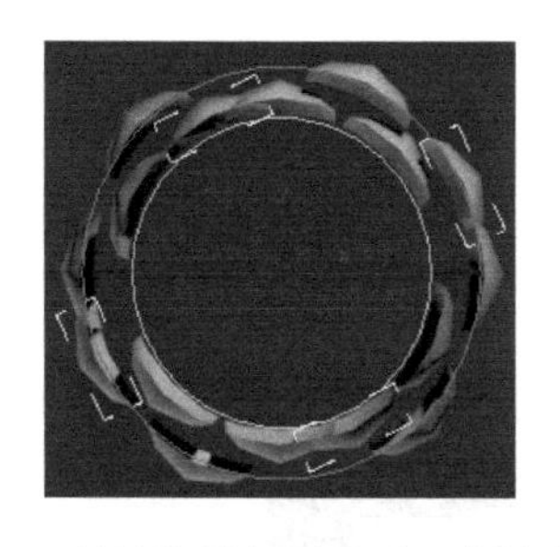

图 13-92　继续旋转复制直到没有缝隙为止

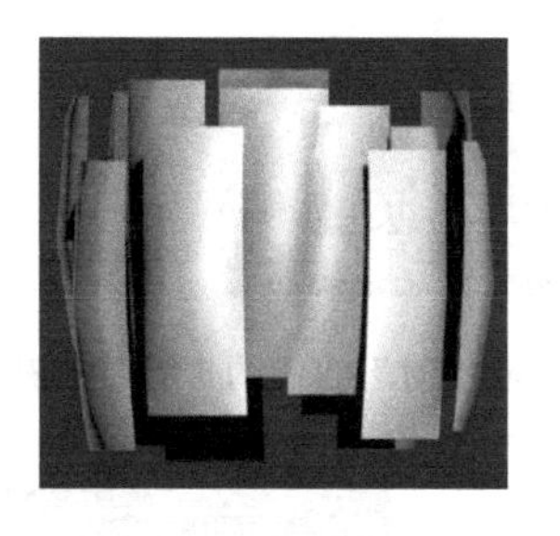

图 13-93　错落的基础平面

在前视图中选择错落的平面，按住 Shift 键，使用移动工具将错落的基础平面向上、下各复制一份，可得到基础平面组（见图 13-94）；使用移动工具与旋转工具，调整上面和下面的基础平面旋转角度，可得到水滴状的基础平面组（见图 13-95）；将 3 个基础平面组合在一起，使用移动工具与旋转工具进行微调，可得到一簇基础平面组（见图 13-96）；在修改面板的“修改器列表”下拉栏中为其整体添加 FFD（长方体）修改器，在控制点层级下使用移动工具与缩放工具调整控制点（见图 13-97），可产生独特的变形，得到独特的基础平面组（见图 13-98）。创建多个类似的独特基础平面组，备用。

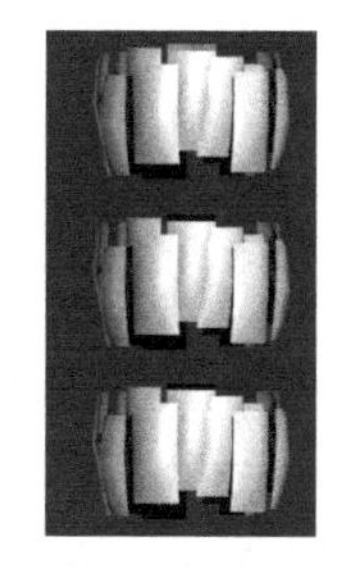

图 13-94　基础平面组

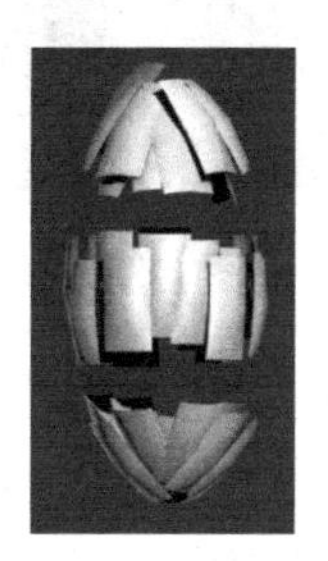

图 13-95　水滴状的基础平面组

图 13-96　基础平面组

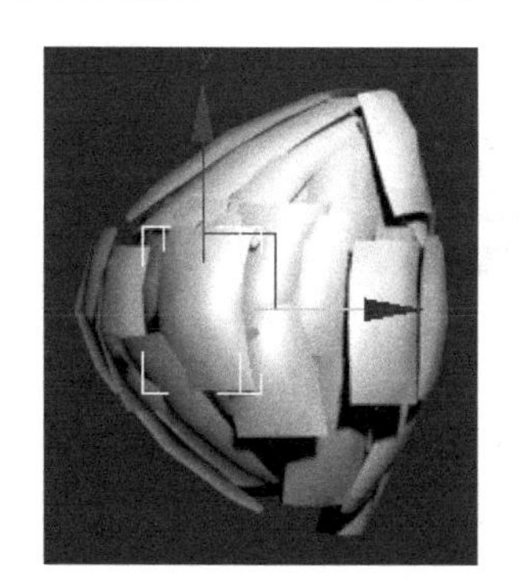

图 13-97　调整基础平面组的控制点

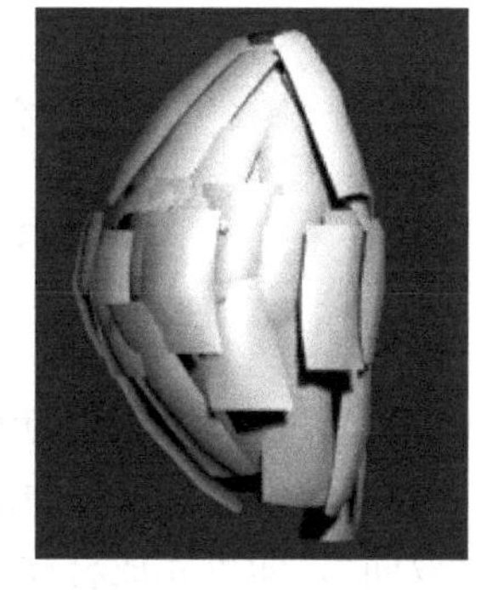

图 13-98　独特的基础平面组

13.4.2　龙柏模型材质的创建

龙柏模型材质的创建方法如下：

（1）按 M 键可快速打开“材质编辑器”窗口，选择一个空白材质球，单击“漫反射”右侧的“■”按钮（见图 13-99）；在弹出的“材质/贴图浏览器”窗口中选择“位图”（见图 13-100），可弹出如图 13-101 所示的位图文件选择对话框。

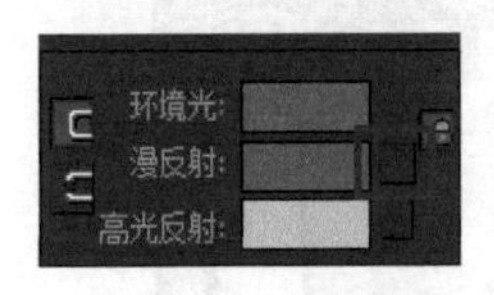

图 13-99 “漫反射”右侧的“■”按钮

图 13-100 位图

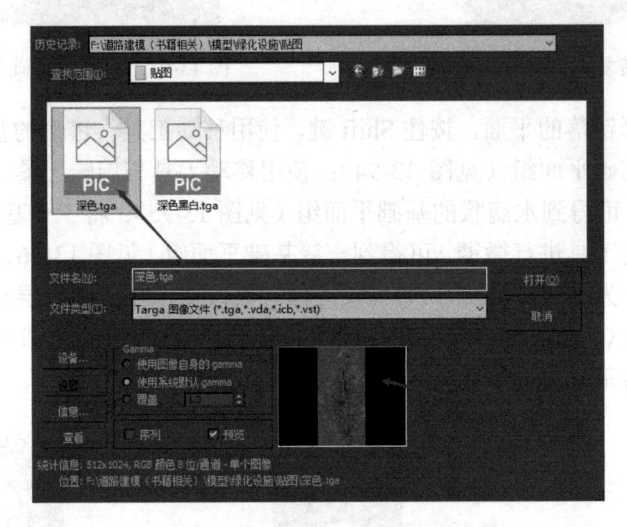

图 13-101 位图文件选择对话框

（2）在位图文件选择对话框中选择最小单位的彩色图片，这里选择文件“深色.tga”。

（3）单击“材质编辑器”窗口中的“▣”（转到父对象）按钮，返回上一级参数栏；单击“不透明度”右侧的“■”按钮（见图 13-102），在弹出的“材质/贴图浏览器”窗口中选择“位图”。

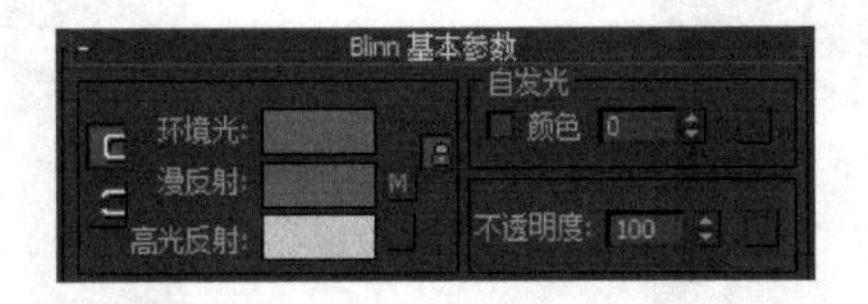

图 13-102 “不透明度”右侧的“■”按钮

（4）在弹出的位图文件选择对话框中选择最小单位的黑白图片，这里选择文件“深色黑白.tga”；单击“材质编辑器”窗口中的“▣”（显示明暗处理材质）按钮，选择“明暗器基本参数”，勾选“双面”，即可完成材质的创建。

（5）在视口中选择所有的平面组（见图 13-103），单击“材质编辑器”窗口中的“▣”（将材质指定给选定对象）按钮，将创建的材质赋予平面组（见图 13-104），即可得到一簇树叶模型。

（6）使用移动、旋转、缩放工具将一簇树叶模型与枝干模型组合起来，可得到龙柏模型（见图 13-105）。

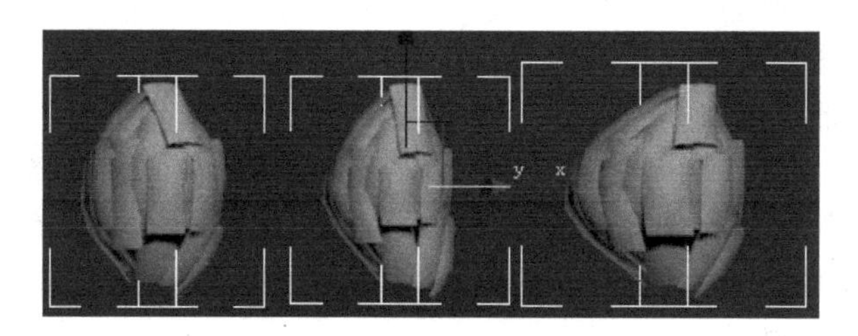

图 13-103　选择所有的平面组

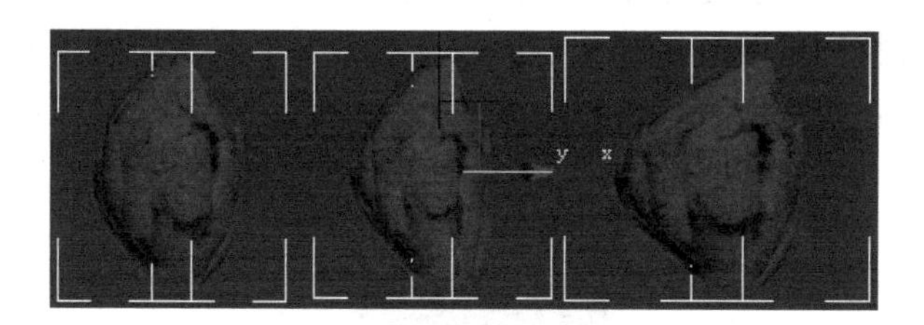

图 13-104　将创建的材质赋予平面组

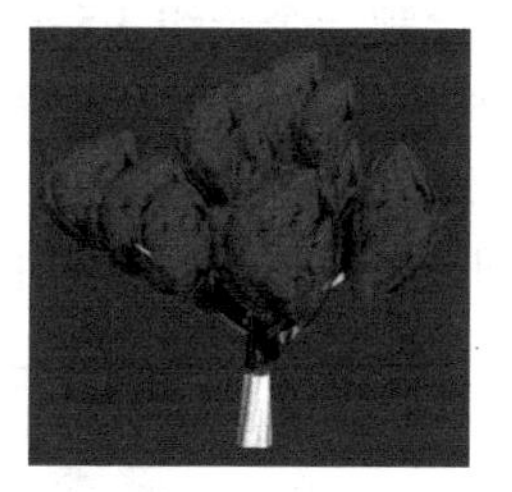

图 13-105　龙柏模型

13.4.3　龙柏模型的细节处理

对龙柏模型的细节处理，可以从两方面下手：一方面可以优化基础平面组的排布形态，增加基础平面的面数；另一方面可以优化贴图材质，增加另一种颜色的贴图，增强颜色上的层次感。具体操作不再赘述，还请读者自行探索。

13.5　高挑树木的建模

常见的高挑树木有云杉、水杉、枫树、桑树等，这些树木不仅可以美化环境，在调节气候、涵养水源、减轻大气污染等方面也具有重要意义。

在实际的道路中，高挑树木通常在远离主要建筑物的地方，数量巨大，可起到背景的作用。从建模的角度来看，高挑树木的分布广泛，其细节较多，若采用细致建模方法，会大大加重计算机的负担，因此常采用面树建模方法，该方法可以很好地平衡性能与效果。

面树建模方法其实是面片透明贴图法的延伸，相同之处是两者的材质都使用透明通道，不同之处是面片的组合方式。面片透明贴图法虽然可以减少模型的面数，但仍然将叶片看成最小的单位，使用平面承载、构建叶簇的外形与走向；面树建模方法则将整棵树看成最小单位，可以极大地减少模型的面数。面树建模方法更加注重贴图材质，材质的质量在很大程度上决定了模型的质量。

下面以杉树为例介绍高挑树木的建模。在素材网站下载或使用 Photoshop 等软件自行创建彩色图片（如本书中的“彩色.tga”）与黑白图片（如本书中的“黑白.tga”）。材质的创建方法与龙柏模型材质的创建方法相同。

按 M 键可快速打开“材质编辑器”窗口，选择一个空白材质球，单击“漫反射”右侧的“■”按钮；在弹出的“材质/贴图浏览器”窗口中选择“位图”；在弹出的位图文件选择对话框中选择杉树的彩色图片（文件“彩色.tga”）。

单击“材质编辑器”窗口中的“”（转到父对象）按钮，返回上一级参数栏；单击“不透明度”右侧的“■”按钮，在弹出的“材质/贴图浏览器”窗口中选择“位图”。

在弹出的位图文件选择对话框中选择最小单位的黑白图片（文件“黑白.tga”）；单击“材质编辑器”窗口中的“”（显示明暗处理材质）按钮，选择“明暗器基本参数”，勾选“双面”，即可完成材质的创建。

选择菜单“创建→几何体”，在几何体层级下选择“标准基本体”，使用平面工具在前视图中绘制一个长约 3.5 m、宽约 2 m 的矩形；选择这个矩形，单击“材质编辑器”窗口中的“”（将材质指定给选定对象）按钮，即可将创建的材质赋予平面组，得到一个面状杉树（见图 13-106）；按住 Shift 键，开启角度捕捉，使用旋转工具旋转 90°，复制另一个面状杉树，可得到一个二面树（见图 13-107）。

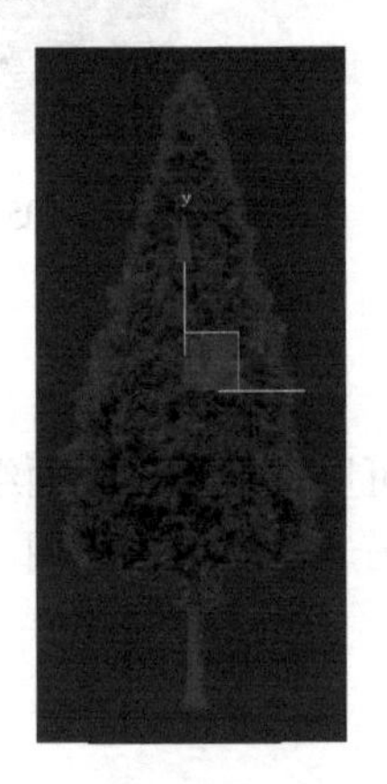

图 13-106　面状杉树

图 13-107　二面树

二面树是最基本的面树，除了二面树，还有三面树（见图 13-108）和四面树（见图 13-109）等。旋转复制的面数越多，模型也就更加贴近实物。在进行布景时，可大大减少模型的面数，但也要在一定程度上兼顾精度。

图 13-108　三面树

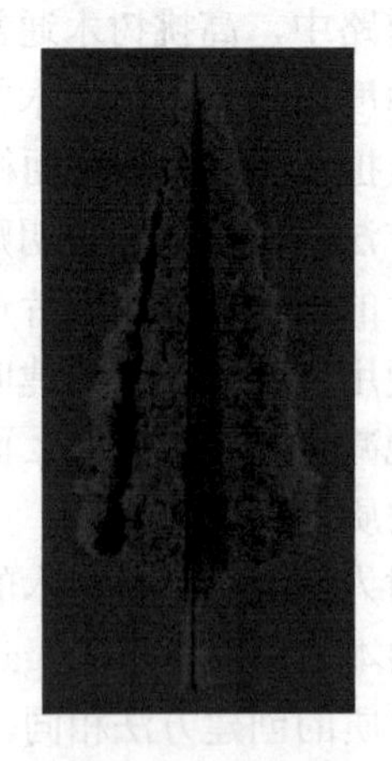

图 13-109　四面树

13.6　其他建模方法

3D 建模经过了数十年的发展，被越来越高的需求与要求所驱动，已经进入细分时代。这不仅仅是在 3D 建模软件中开发新滤镜或新的建模方法，越来越多的开发者开始研究更加专业化的建模软件。

动物建模是最早被细分出来的领域，由于其毛发的特殊物理性质，动画特效厂商希望能有一款功能强大的骨骼与毛发建模软件，从而推动了动物建模在细分领域的发展。在建筑行业中，为了得到更加精彩的效果图，侧重于材质与渲染的建模软件应运而生。需要注意的是，随着 VR 等技术的发展，沉浸式的体验更让建筑建模这一细分领域得到了蓬勃的发展。

植物建模同样也是一个十分成熟的细分领域。植物有其特殊性，无论在真实还是虚拟的自然场景中，植物在平衡景深、完善细节、诠释自然、营造氛围中都是必不可少的。植物在场景表现中是十分重要的，在这种需求下，专用于植物建模的软件应运而生。

使用得最多的植物建模软件就是 Speedtree。Speedtree[10]是专门用于进行植物建模的软件，该软件不仅能够快速、便捷地产生非常真实的静态树木和森林，还可以逼真地模拟植物的生长、凋零、日晒、强风等效果。Speedtree 软件的适配性是其一大亮点，该软件可以方便地嵌入其他渲染引擎中，为人们带来更加优秀的视觉感官表现。Speedtree 软件不仅可以创建常规树木的模型，还为异形树木建模提供了很多便捷的工具，可以满足大型游戏或影视特效的植物创建需求。

若读者有兴趣，可参考介绍 Speedtree 软件的相关书籍或视频教程。除了现成的软件，越来越多的团队或个人，正在研制适合自己的植物建模算法，这些算法大大丰富了植物建模的生态。

13.7　绿化布置

高速公路通常是经过国家有关部门的审批而规划建设的重点工程项目。在工程立项、报批的同时，就确定了高速公路的性质、功能，以及近期和远期的建设目标。在此基础上，根据高速公路所处的地域范围、地形地貌、立地条件等自然因素，以及地域特色、文物古迹、风俗习惯等人文因素，确定相应的设计原则[11]。在进行绿化布置时，通常要考虑以下原则。

（1）以因地制宜为前提。结合现状和设计，宜树则树、宜草则草，在尽可能减少工程量的前提下，达到良好的视觉效果和环境效果。这符合中国园林“虽由人作，宛自天开”的设计观点。

（2）以环境保护为基础。高速公路的建设必须建立在环境保护的基础上，依据相关方面的法律、法规，才能真正走上可持续发展的良性循环。

（3）以美学理论为指导。高速公路的景观不能脱离社会审美观的要求，由于高速公路的性质和功能，决定了高速公路的景观不可能凌驾于交通功能之上而成为首先考虑的方向，必须在满足其功能的前提下，以美学理论为指导，进行相应的规划与设计。

（4）以风格鲜明为特点。高速公路一般位于城市之间，跨地域的特点十分明显，只有充分地考虑自然因素和人文因素，才能创造出具有鲜明风格的高速公路景观。

（5）以兼顾效益为目的。建设高速公路的目的是发展经济、提高社会生产力，其经济效益和社会效益不言而喻。高速公路建成后能否最大限度地发挥效益，是在工程项目从可行性分析、报批立项、勘察设计、施工过程到后期养护管理等全过程中，都需要认真对待、全面调查、仔细分析的重要内容之一。

使用创建好的植物模型，以安全为最高准则，参考实际景观图片，对植物模型进行排布即可完成绿化布置。

第14章 智慧城市地上实体三维建模组合示例

在现实生活中，无论在结构上还是在功能上，每个建筑物或设施都是相关联的，这在一定程度上体现着规划的重要性。生活中有很多例子，例如，快递柜会放置在小区的中心区域，让每个住户都尽可能以同样的距离拿取快递；再如，社区设置不同的车辆出入口，可最大限度地利用社区内的道路，降低车辆拥堵的风险。这些布局都是经过设计的，目的是更好地为人们服务。城市中的建筑物与设施也不例外，如建筑物的间距、建筑物区域内的动线等，在构建单一功能的模型时就已经完成了，但在进行加油站、服务区之间的排布时，这些都需要单独设计。

经过前面几章的学习，读者可以掌握建模所需的基本操作，了解模型的结构，也可得到大量的模型，这些模型是以个体的形式单独存在的。只有结合实际或者依照需求，对这些模型进行整合，才能得到整体模型。

本章涉及基本操作、多边形建模、放样、贴图、间隔工具、阵列等内容。

14.1 模型的材质管理

模型材质是三维建模软件中强化模型表现的主要方式，3ds Max 提供了使用方便且功能强大的材质与灯光渲染系统，用户可以轻松地创建实物的模型。

在 3ds Max 的菜单栏中，位于右侧的 4 个功能按钮与材质相关（见图 14-1），这 4 个按钮从左至右依次为材质编辑器、渲染设置、渲染帧窗口和渲染产品。

图 14-1　与材质相关的功能按钮

材质编辑器主要用于材质的编辑，其快捷键是 M 键，单击“■”（材质编辑器）按钮或使用快捷键可弹出“材质编辑器”面板（见图 14-2）。材质编辑器分为两个区域：上半部分是材质球及其设置区域，用户可在此选择材质球并设置材质球的显示开关；下半部分为材质设置区域，用户可在此对所选的材质球进行编辑，设置相应的材质纹理。渲染设置主要用于控制渲染的方式，也就是从宏观上设置材质的表现。通过渲染设置，用户可控制渲染精度、反射迭代、大气效果、渲染流程等表现方式，还可以同时指定渲染器，决定是否使用第三方渲染插件。单击“”（渲染设置）按钮可弹出“渲染设置”面板（见图 14-3）。渲染帧窗口与渲染产品相当于两个快捷键，当完成模型的材质布置以及渲染设置后，此时单击“”（渲染产品）按钮，可按照渲染设置来快速进行模型的渲染，在进行渲染时将会弹出“渲染帧窗口”面板，通过“”（渲染帧窗口）按钮可控制“渲染帧窗口”面板的开启与关闭。

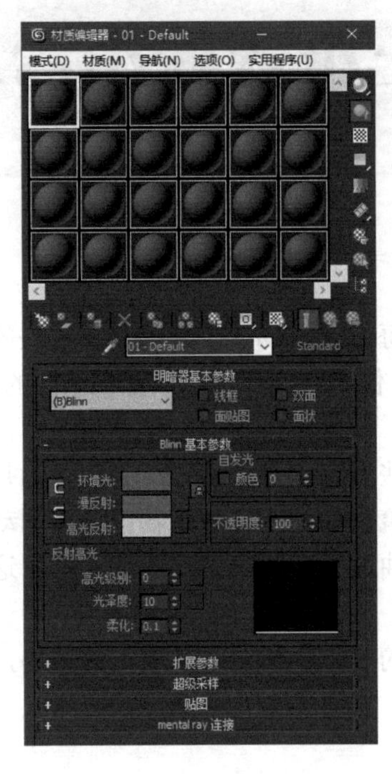

图 14-2 “材质编辑器”面板

图 14-3 “渲染设置”面板

14.1.1 渲染设置

在 3ds Max 中，渲染的主要目的是生成效果图（也称为渲染出图），即利用三维场景输出二维图片。渲染出图常用于工业设计和家居家装设计等场合。在智慧城市地上实体建模中，通常需要将模型导入第三方软件创建的模型中，很少使用渲染出图，或者说渲染出图不是建模的最终意义，因为渲染设置中的参数大部分无法在导出时被记录，自然也就无法应用到第三方软件中。

3ds Max 中的渲染设置包括 5 个模块，分别是 Render Elements（渲染元素，也称为渲染通道）、光线跟踪器、高级照明、公用和渲染器。渲染元素是一种将渲染分解为组件的方法，如漫反射颜色、反射、阴影遮罩等，可以对最终的图形进行控制。光线跟踪器是作为一个贴图来进行使用的，用于渲染反射和折射的效果，使用光线跟踪器对模型进行渲染后，该模型具有反射和折射的属性，常用于金属和玻璃等的建模。高级照明用于设置全局照明，全局照明是指被其他对象反射的灯光照明。当使用全局照明进行渲染时，场景中环境光的量会增加，而且一个对象的颜色可以“溢出”到其他对象上。可用于扫描线渲染器的两个全局照明选项是“光能传递”和“光跟踪器”，光能传递更为精确，并可以与曝光控制相互配合。公用是使用较多的模块，尤其是其中的公用参数，可设置输出精度等参数。在公用模块中，用户可指定使用第三方渲染器。渲染器是一个可变的设置，当在公用模块中修改所选择的渲染器后，该渲染器中的参数将随之发生改变。

将渲染设置中的参数导出 3ds Max 时，其中的渲染元素、光线跟踪器、高级照明和渲染器更偏向于渲染美化，还请读者自行探索。本节简单介绍一下渲染设置中常用的公用参数。

在渲染设置的公用模块中，公用参数包括 7 项，分别是时间输出、要渲染的区域、输出大小、选项、高级照明、位图性能和内存选项、渲染输出。时间输出主要用于控制动画，在这里不做讨论。在要渲染的区域中可选择 5 种渲染区域，分别为视图、选定对象、区域、裁剪、放大（见图 14-4）。输出大小（见图 14-5）用于对输出的渲染图进行设置，可设置输出渲染图的宽度、高度和图像横纵比等。在选项中可以勾选相应的渲染设置（见图 14-6）；在高级照明中可选择是一直使用高级照明，还是自动开启高级照明（见图 14-7）；在位图性能和内存选项中，可设置是否启用代理缓存文件夹和页面文件位置（见图 14-8）等；在渲染输出中可设置输出保存的位置等（见图 14-9）。

图 14-4　“要渲染的区域”选项

图 14-5　“输出大小”设置项

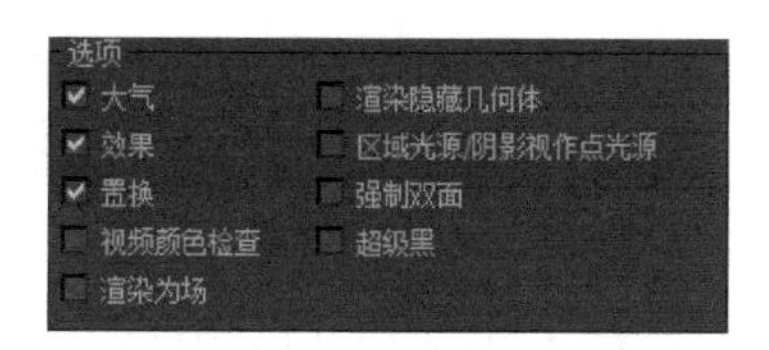

图 14-6　“选项”设置项

图 14-7　“高级照明”开关

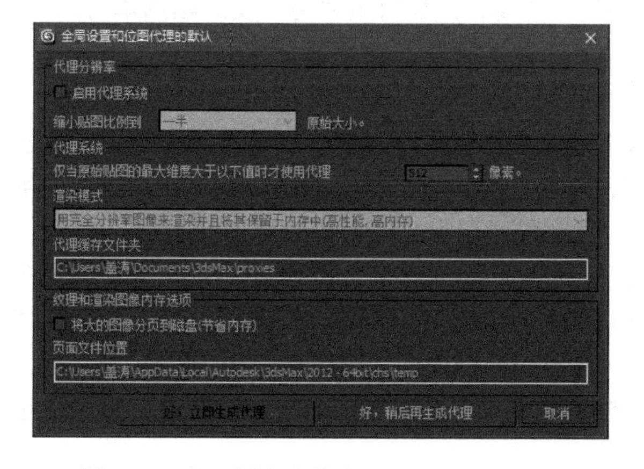

图 14-8　代理缓存文件夹和页面文件位置

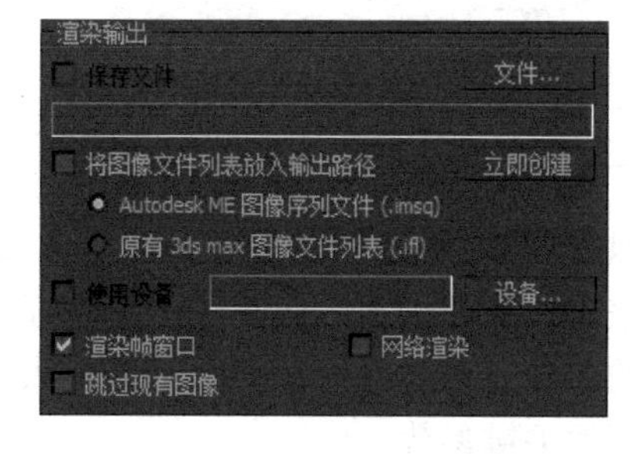

图 14-9　“渲染输出”的设置项

3ds Max 提供了多种材质贴图方式，包括贴图、纹理、反光灯等，但并不是所有的材质贴图方式都能在 3ds Max 中进行设置。下面介绍大多数第三方平台都支持的两种材质贴图方式：标准材质贴图方式与多维/子对象材质贴图方式（见图 14-10）。

图 14-10　标准材质贴图方式与多维/子对象材质贴图方式

14.1.2　标准材质贴图方式

标准材质是 3ds Max 默认的材质球选项，它可以对物体进行单一的贴图或上色。标准材质的参数（见图 14-11）有 6 个，分别为明暗器基本参数、Blinn 基本参数、扩展参数、超级采样、贴图和 mental ray 连接，其中的明暗器基本参数、Blinn 基本参数和贴图是较为常用的 3 个参数。

在明暗器基本参数（见图 14-12）中，可以勾选很多选项，如“双面”（多用于面树模型的贴图）和“面状”（可以使贴图更加贴合面状模型）等。

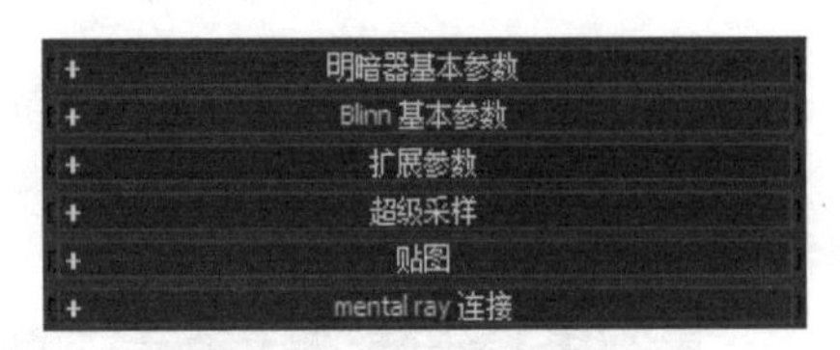

图 14-11　标准材质的参数

图 14-12　明暗器基本参数

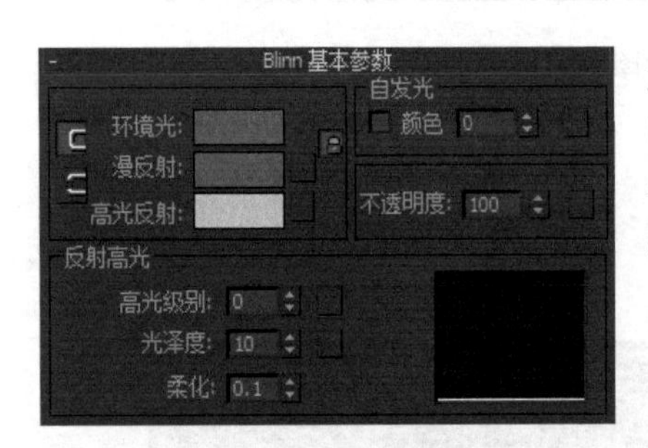

图 14-13　Blinn 基本参数

在 Blinn 基本参数（见图 14-13）中可设置最基本的光学属性，例如，环境光主要用于表现贴图所处环境的明暗和外部光源；漫反射主要用于反映贴图本身的样貌，也就是肉眼看到的模型颜色或图案，单击“漫反射”右侧的“■”按钮，可弹出用于选择图片类型的面板（见图 14-14），这里选择“位图”（在智慧城市地上实体建模中一般使用位图），添加相应的贴图即可；高光反射用于反射光的设置，即当光照射到物体时反射光的颜色；自发光用于创建灯泡或火焰之类的自发光的事物；不透明度类似于 Photoshop 中的蒙版，用于设置整体的透明度，也可单击“不透明度”右侧的“■”按钮来添加灰度位图，从而对贴图进行分区化的透明度处理。当模型导出为 obj 格式时，漫反射的参数可以被导出，并且可以在大多数的第三方平台中显示出来，因此漫反射参数是模型贴图的关键参数。

标准材质的贴图（见图 14-15）参数包括了标准材质贴图方式的所有参数，如环境光颜色、漫反射颜色、高光颜色、高光级别、光泽度、自发光、不透明度、过滤色、凹凸、反射、折射、置换，用户可以方便地设置相应的参数。

设置完参数后，选择需要添加材质的模型和材质球，单击“材质编辑器”窗口中的“■”（将材质指定给选定对象）按钮，即可完成材质的贴图。

图 14-14　用于选择图片类型的面板

贴图	数量	贴图类型
环境光颜色	100	None
漫反射颜色	100	None
高光颜色	100	None
高光级别	100	None
光泽度	100	None
自发光	100	None
不透明度	100	None
过滤色	100	None
凹凸	30	None
反射	100	None
折射	100	None
置换	100	None

图 14-15　贴图

14.1.3　多维/子对象材质贴图方式

多维/子对象材质贴图方式实质上是多个标准材质的拼接，在一个材质球中包含了多种材质，常用于但不限于多个标准材质的拼接。采用多维/子对象材质贴图方式时，通过点选“将旧材质保存为子材质？”可将创建好的标准材质纳入多维材质中（见图 14-16）。多维/子对象材质贴图方式可主动吸附多边形中的材质 ID，因此需要在多边形中对不同的材质进行编号，在多维/子对象材质贴图方式中使用对应的材质 ID 即可达到整体贴图的效果。

多维/子对象材质贴图方式的使用很简单，只需要单击“材质编辑器”窗口中的“Standard”按钮（见图 14-17），勾选/取消勾选子材质右侧的复选框即可开启/禁用对应的子材质。材质 ID 如图 14-18 所示，单击对应的子材质（见图 14-19）可编辑该子材质，结合多边形的打组情况可进行子材质的设置，设置方法与标准材质相同。

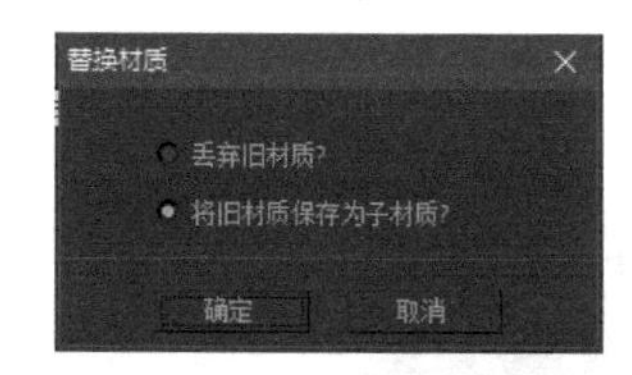

图 14-16　点选“将旧材质保存为子材质”

图 14-17　“Standard”按钮

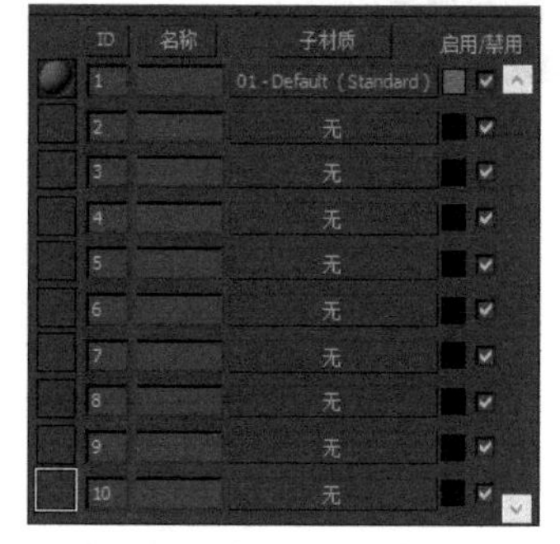

图 14-18　材质 ID

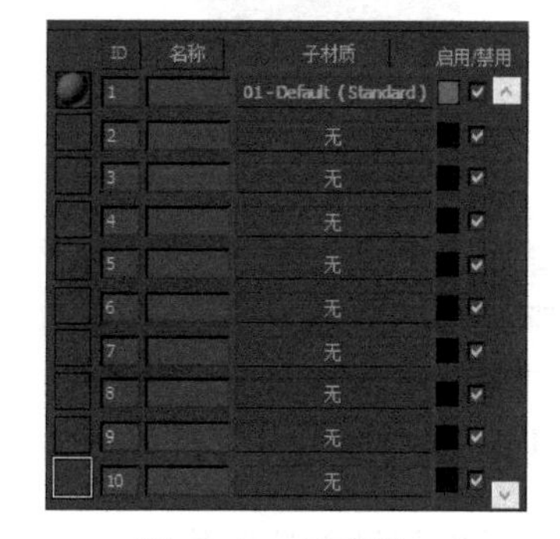

图 14-19　子材质

下面以标志牌为例介绍多边形打组与多维/子材质的使用。选择标志牌中的标志，单击鼠标右键，在弹出的右键菜单中选择“转换为：→转换为可编辑多边形”，在修改面板的多边形层级中选择要进行贴图的面（见图 14-20），选择“多边形：材质 ID”（多边形：材质 ID），将“设置 ID”设置为 2（见图 14-21）；再选择其他面（见图 14-22），将“设置 ID”设置为 1（见图 14-23），将“选择 ID”设置为 1 或 2，可自动跳转到相应的多边形。

图 14-20　选择要进行贴图的面

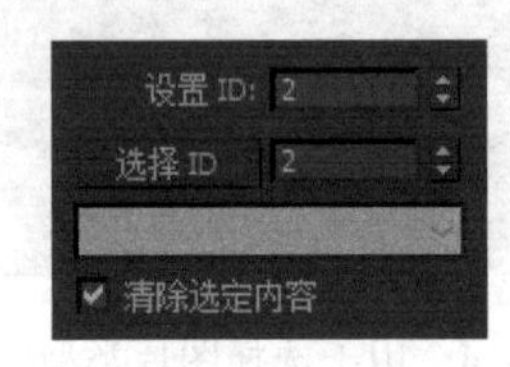

图 14-21　将“设置 ID”设置为 2

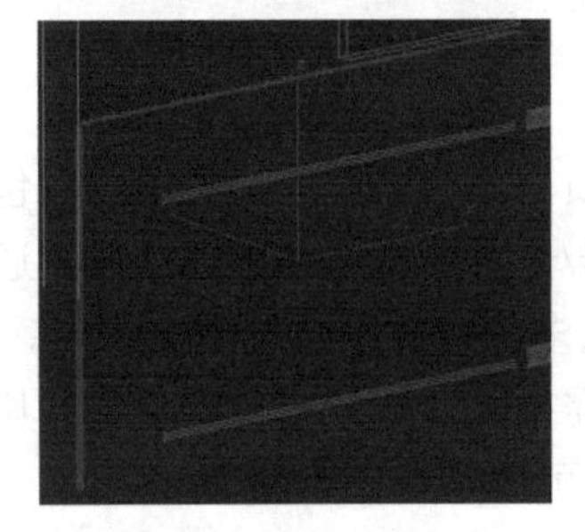

图 14-22　选择其他面

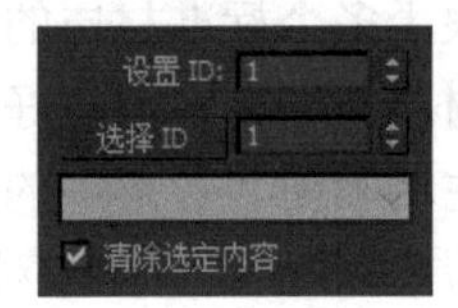

图 14-23　将“设置 ID”设置为 1

使用多维/子对象材质贴图方式时，依次开启对应的子材质，单击“漫反射”右侧的“■”按钮，选择位图（见图 14-24），将材质 ID 为 1 的位图设置成灰色金属材质贴图，将材质 ID 为 2 的位图设置成要贴图的标志图片，选择标志牌中的标志，单击“■”（将材质指定给选定对象）按钮，可将子材质赋予标志牌中的标志，系统会自动依照材质 ID 排布贴图，完成模型的贴图（见图 14-25）。

图 14-24　选择位图

图 14-25　模型的贴图

14.2　模型的综合排布

14.2.1　模型的导出与导入

模型的导出与导入是最基础、也是最关键的一个步骤。在进行模型导出与导入时，有两个的关键点：第一个关键点是确认单位，3ds Max 中有两种单位，一种是系统单位，另一种是显示单位，当两种单位一致时才能正确地显示模型；第二个关键点要注意模型的位置，也就是模型到原点的距离，这个距离会在模型导出时会被保留，甚至在某些格式下，原点会作为所导出模型的轴心被导出。当无法确定单位与模型的位置时，用户很可能无法在视图中找到模型，并且模型的组合也将变得十分困难。

在确定单位时，需要根据最终模型对单位的要求，统一模型的系统单位和显示单位，这就涉及两类模型。其中一类模型是自己创建的，因此知道该类模型的单位设置情况。若需修改这类模型的单位，只需在“系统单位设置”面板（见图 14-26）中将系统单位、显示单位与最终模型的单位要求统一即可。

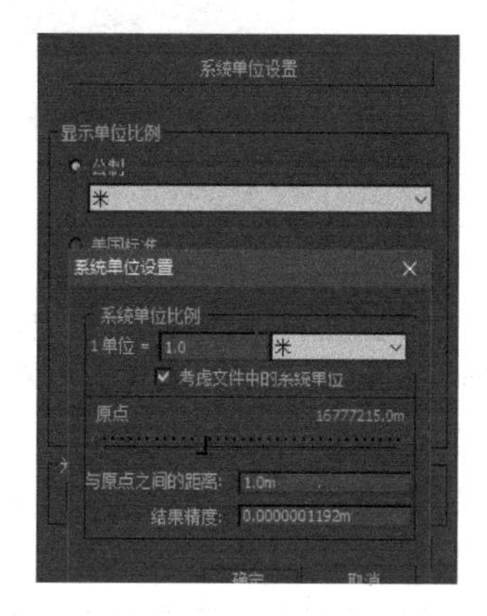

图 14-26 “系统单位设置”面板

另一类模型不是自己创建的，虽然这类模型可以导入 3ds Max 中，但由于是通过其他 3D 建模软件创建的，无法得知这类模型的建模方法，只能大致推断。若无法对这类模型进行解组，则这类模型很可能采用的是一体化建模方法，这时可以直接修改单位；若模型可以解组，但解组后内部有很多组合，而且无法继续解组，则表示这类模型内部的部件不是采用 3ds Max 创建的，具有独特的模型属性。不建议单独修改这类模型的单位，否则很可能造成模型扭曲。即使这类模型可以完全解组，但最小单位可能是面，甚至是点，这时也无法单独修改这类模型的单位，修改这类模型的单位后很可能会产生严重的变形。例如，修改单位前的原始模型如图 14-27 所示，修改单位后的模型会产生变形，如图 14-28 所示。对于可完全解组或无法完全解组的模型，按照模型原来的单位，先使用缩放工具将其缩放为最终模型的大小，再进行导入。也就是说，用模型原来的单位来适应最终模型的大小，例如，模型原来的单位是厘米（cm），最终模型的单位是米（m）。若最终模型的高度为 3 m，则使用修改器将高度设置为 300 cm。这种方法可以较好地解决单位问题，而且在导入模型时只需要先设置文件单位比例（见图 14-29），再对模型的大小进行微调即可。

图 14-27　修改单位前的原始模型

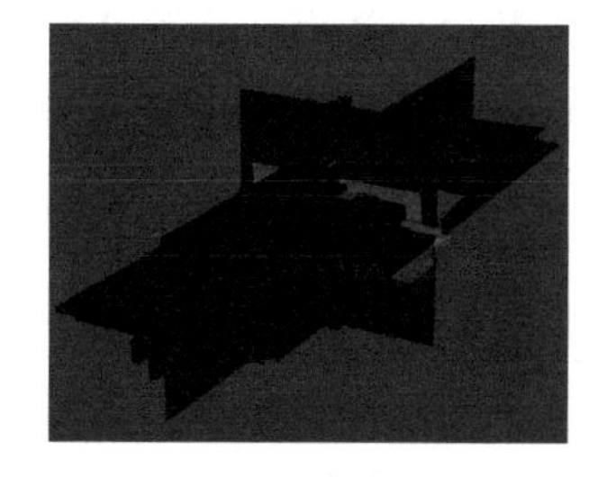
图 14-28　修改单位后的模型变形

确定模型的单位后，还需要确定模型的位置。无论采用哪一类模型，都需要选择场景所需的模型结构，将模型打组后切换到层次面板，使用仅影响轴工具将模型的轴心移动到底部正中间的位置（见图 14-30）或者底部其他位置即可。

至此即可确定模型的单位与位置。

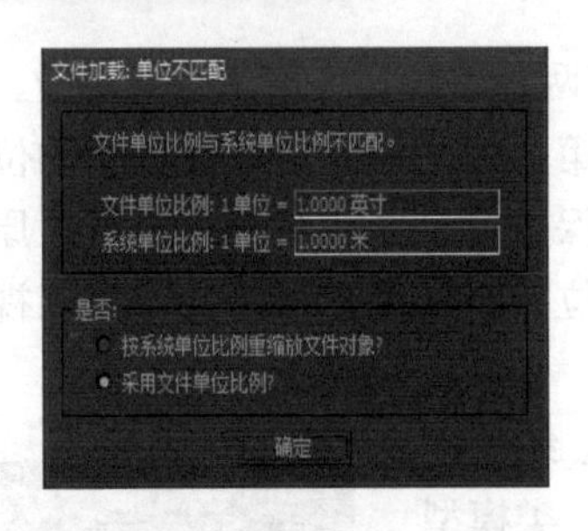

图 14-29　设置文件单位比例

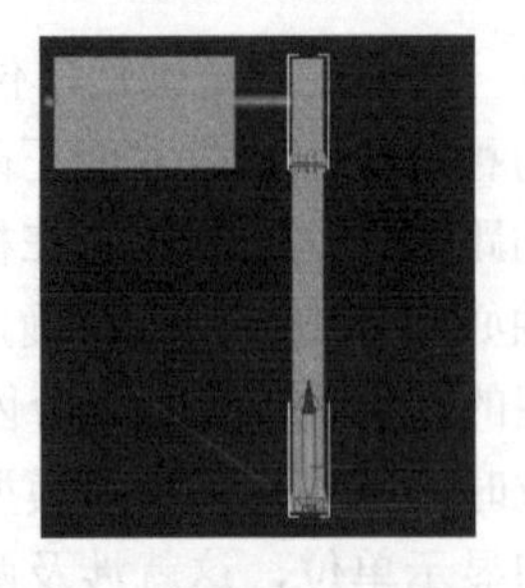

图 14-30　将模型的轴心移动到底部正中间的位置

1．模型的导出

模型的导出方式有两类，一类是导出为 3ds Max 格式文件，另一类是导出为外部格式文件。导出为 3ds Max 格式文件使用的菜单为“另存为”，该菜单包括 4 个选项，分别为另存为、保存副本为、保存选定对象与归档（见图 14-31）。和大部分软件一样，另存为可以将当前的模型以新的名称保存为 3ds Max 格式文件，常用于备份；保存副本为可以看成递增命名版的另存为，可以自动为副本编号；保存选定对象类似于 Photoshop 中的导出选定图层，它可以导出选定的模型并赋予新的名称，是建模中常用的功能；归档是很好的打包工具，它可以将模型、光域网文件，甚至来自不同文件夹的材质贴图，打包压缩至同一文件夹内，可以有效避免贴图等重要文件的丢失。如果需要将模型文档发送给其他人，则建议使用归档，这样可以大大减小文件的传输量。

导出为外部格式文件使用的菜单为“导出”，该菜单包括 3 个选项，分别为导出、导出选定对象和导出到 DWF（见图 14-32）。导出可以看成选择外部文件格式的另存为，可以将当前模型以新的名称、新的格式导出，常用于不同 3D 建模软件之间的模型迁移；导出选定对象可以看成选择外部文件格式的保存选定对象，它能够以新的名称将所选的模型导出为外部文件格式，常用于导出第三方应用平台可用的模型；DWF 是 Autodesk 公司开发的一种开放、安全的文件格式，DWF 文件不可编辑，采用高度压缩的方式，比设计文件更小，导出到 DWF 可以将大量的设计数据高效率地分发给需要查看、评审或打印这些数据的用户。

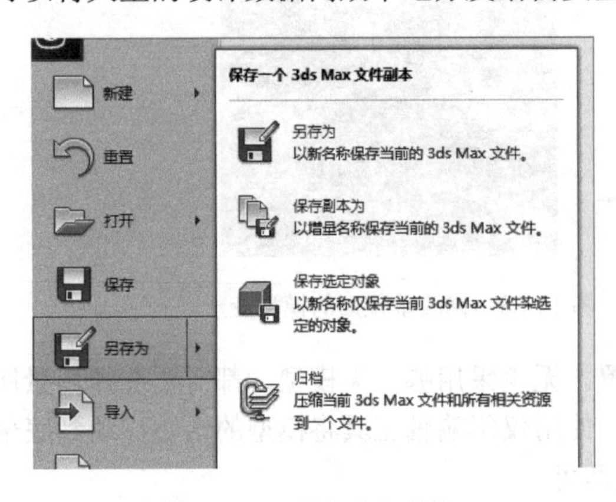

图 14-31　“另存为”菜单

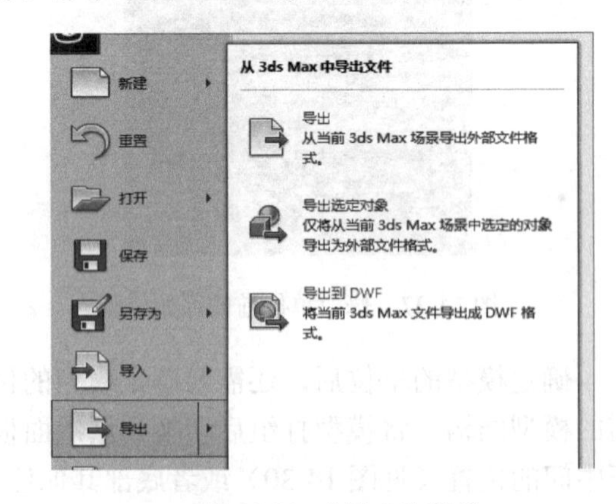

图 14-32　“导出”菜单

在进行模型导出时，不可避免地会涉及材质问题。在“另存为”菜单中，主要使用的是归档，归档可将材质打包为 map 文件。在将模型导出为外部文件格式时，会涉及不同的外部文件格式，这里介绍常用的两种格式：3ds 和 obj。

1）3ds

查阅 3ds Max 的用户手册可知，在将模型导出为 3ds 格式文件时，导出的文件会首先保存模型的位置、旋转和缩放等信息。如果采用的是 TCB（Tension，Continuity，Bias）控制器，则导出的文件还会保存 TCB、缓入和缓出的值。如果采用的是其他类型的关键点控制器，则导出的文件会保存关键点信息，但会丢失切线信息。如果采用的不是关键点控制器，则导出的文件只保存模型在 0 帧处的变换。

其次，导出的文件还会保存标准材质的颜色与参数，以及数量、偏移、比例等设置信息。另外，导出的文件还会保存用于渲染的目标摄影机、目标聚光灯和泛光灯（目标摄影机和各种灯光的参数大多数是静态的），以及滚动、衰减、聚光区、FOV 的动画轨迹等信息。

导出的文件并不会保存合成贴图、程序贴图、组合的对象变换、全局阴影等信息。

在将模型导出为 3ds 格式文件时，导出的文件保存了完整的模型形状数据，但并不是所有的信息都会被保存下来，会丢失部分的贴图，甚至所有的多维/子材质，这会导致无法正常显示模型贴图，无法得到较好的模型表现。

2）obj

obj 格式是由 Alias Wavefront 公司（现已被 Autodesk 公司收购）开发的，适合在 3D 建模软件之间导入与导出模型，大多数 3D 建模软件均支持 obj 格式文件的插入与渲染。与 3ds 格式文件相比，obj 格式文件的最大特点是能较好地记录材质贴图信息，但不会保存动画、材质特性、贴图路径、动力学、粒子等信息。

在将模型导出为 obj 格式文件时，会弹出“OBJ 导出选项”面板（见图 14-33），在该面板的左边可以设置导出面的形状，可以选择三角形、四边形或多边形，不同的选项会影响导出模型的精度；在该面板左边还可以勾选“平滑组”，在建模时通常会进行平滑处理，勾选该选项后可以让导出的模型最大限度地保证精度；在该面板的右边可以对材质的导出进行设置，单击“材质导出”按钮可弹出“OBJ Map-Export 选项”面板（见图 14-34），进而设置材质导出路径等参数，保证材质的高效导出。

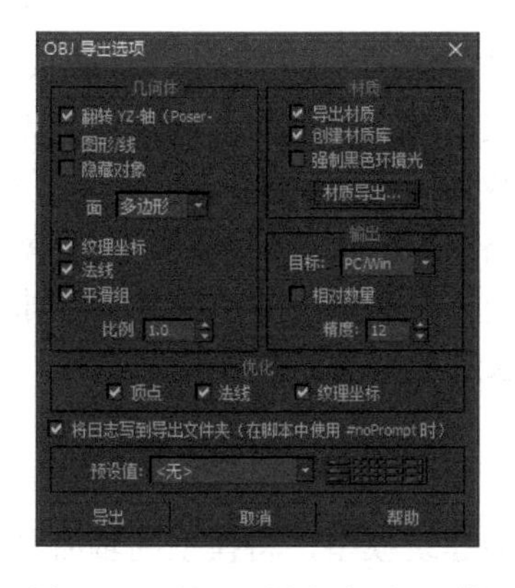

图 14-33 “OBJ 导出选项”面板

图 14-34 “OBJ Map-Export 选项”面板

2. 模型的导入

模型的导入有 3 种方式，分别为导入、合并和替换（见图 14-35）。导入可以将外部格式文件导入当前的模型中，如将 obj 格式文件导入当前的三维模型中，常用于模型的合成；合并可以将 3ds Max 格式文件导入当前的模型文件中，可以方便地将多个模型合并到同一场景中，这也是最常用的导入方法；替换包括了复合操作，一方面可以删除当前模型中相应的对象，另一方面可以在当前模型中添加相应的对象，一般很少使用。

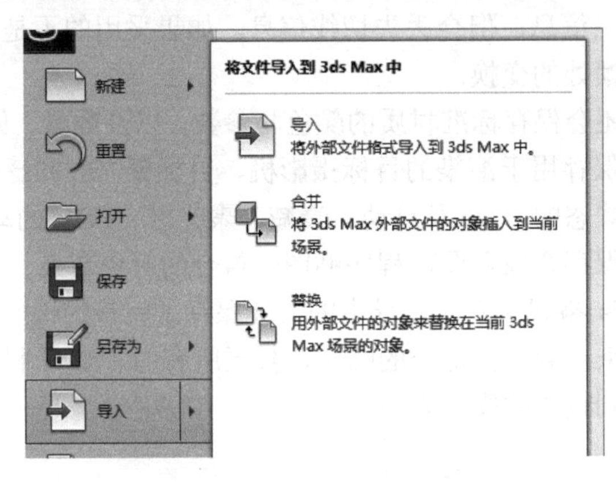

图 14-35　模型导入的 3 种方式

14.2.2　模型的整体布局

1. 布局参照

在进行模型的整体布局时，应当确定模型是要复刻真实的环境还是要模拟一项虚拟的工程。若要复制真实的环境，则可以向有关部门索要相关区位的 CAD 图纸，或到相关区位收集数据，并按照真实的位置层次关系确定模型的布局。若要模拟一项虚拟的工程，则可以自行规划设计区位的道路与功能建筑的布局，这对于模型创建者的要求较高，需要具备一定的规划设计理论或实践经验。

通常，在规划设计区位时，最先要考虑的就是道路的长度与走向，再确定功能建筑的布局。道路的长短是功能建筑布局的基础，当道路较短时，部分功能建筑可能无须安置；当道路较长时，需要进一步确定功能建筑间的间隔与数量。道路的走向是确定区位整体形态的基础，当道路呈东西走向时，功能建筑可以顺着道路的方向，保证建筑坐北朝南；当道路呈南北走向时，功能建筑通常会与道路存在一定的夹角，以满足采光或其他的需求。另外，每个人的需求都不尽相同，还需要按照不同用户的需求进行模型的整体布局。

2. 模型的选择与导出

在确定模型的整体布局后，可打开所需的功能建筑模型，将模型的轴心移动到底面、将模型的轴心坐标归零，采用保存选定对象的方式导出模型。在导出模型时，要导出所需的植物模型（见图 14-36）与标志牌模型（见图 14-37），便于在后期对模型进行细节调整。

图 14-36 植物模型

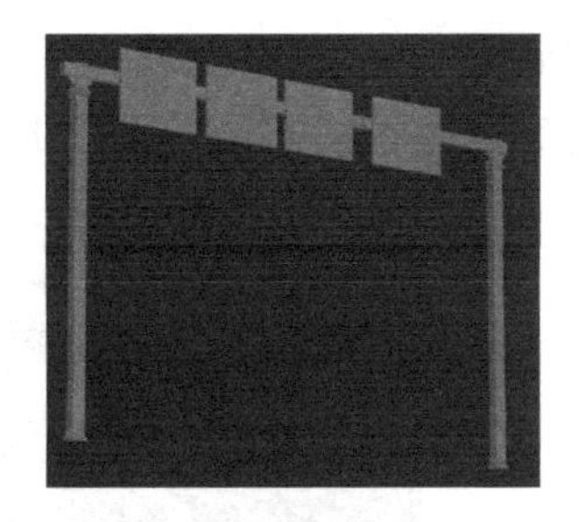

图 14-37 标志牌模型

3．模型的导入

在模型导入阶段，应首先新建一个空白的 3ds Max 文件；然后选择菜单“自定义→单位设置”，在弹出的单位设置菜单中，按照 14.2.1 节的要求，统一模型的系统单位与显示单位（如统一为米）；最后将各个模型逐一导入新建的 3ds Max 文件。此时所有的模型轴心都位于原点（见图 14-38），由于在导出模型时对所有的模型进行了打组，因此可以使用移动工具将各个模型分开（见图 14-39），便于后期对所有的模型进行整合。

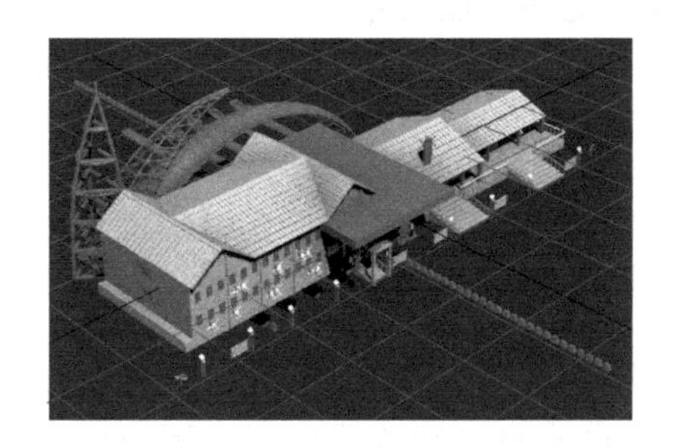

图 14-38 所有的模型轴心都位于原点

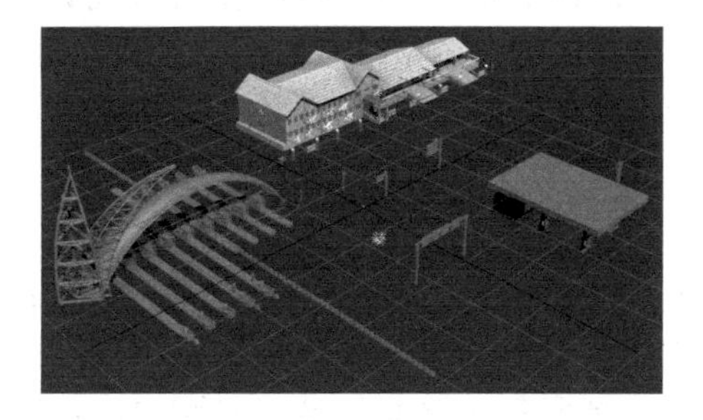

图 14-39 将各个模型分开

4．模型的布局

在导入模型后，可以按照规划设计对各个模型进行布局。首先按照规划设计绘制道路的主干道，路基和路面的建模详见 6.2 节。道路模型的顶视图如图 14-40 所示，道路模型的透视图如图 14-41 所示。

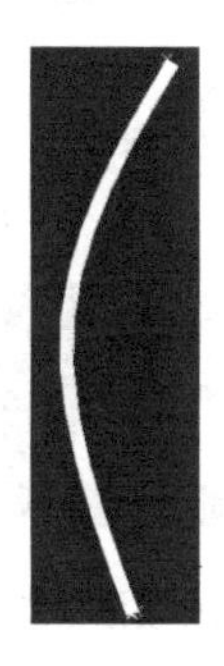

图 14-40 道路模型的顶视图

图 14-41 道路模型的透视图

然后按照规划设计，使用移动工具将功能建筑放置在相应的位置，使用旋转工具调整功能建筑的角度，即可完成模型的布局（见图 14-42）。

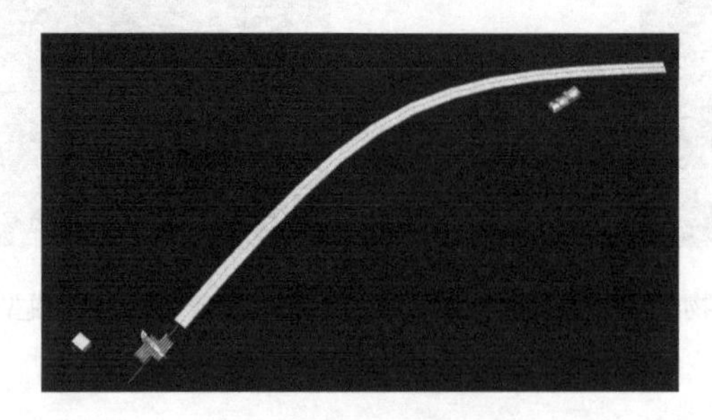

图 14-42　模型的布局

14.2.3　模型的细节调整

在完成模型的布局后，还需要对模型的细节进行调整。在构建单一模型时，如加油站模型，无法完全还原该模型在现实中的布局，因此需要对模型的细节进行调整。通过修改单一模型内部的模型关系，甚至修改模型本身，可以让模型更加贴近实际。

在模型的细节调整阶段，经常需要改动路面、绿化设施与标志牌。下面以路面、绿化设施与标志牌为例来介绍模型的细节调整。

1．路面的细节调整

本节以服务区的路面为例，介绍路面的细节调整方法。

选择菜单“创建→样条线”，在样条线层级下选择“样条线”，使用样条线层级下的线工具绘制服务区路面区域（见图 14-43）；在修改面板的“修改器列表”下拉栏中为服务区路面区域添加挤出修改器（见图 14-44），设置挤出量为 1 m；单击鼠标右键，在弹出的右键菜单中选择“转换为：→转换为可编辑多边形”；在边层级下选择除出入口之外的边界（见图 14-45），单击“利用所选内容创建图形”按钮，使用 6.2 节中创建护栏的方法来创建该区域的护栏，将护栏放置在合适的位置，即可完成服务区路面的细节调整，其效果如图 14-46 所示。

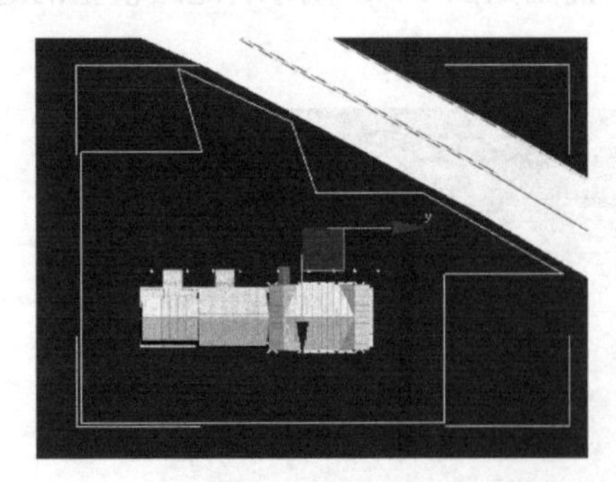

图 14-43　绘制的服务区路面区域

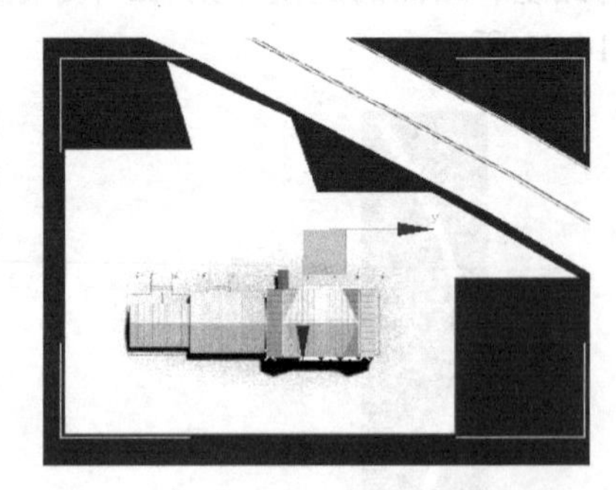

图 14-44　为服务区路面区域添加挤出修改器

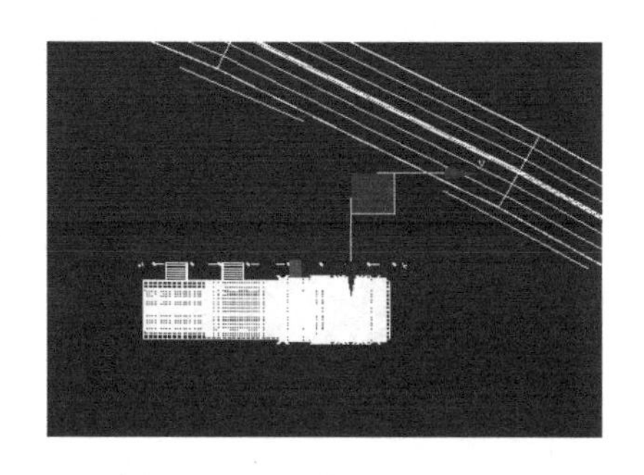

图 14-45　选择除出入口之外的边界

图 14-46　服务区路面的细节调整效果

除服务区出入口路面之外，收费站与加油站的路面也应做相应的拓宽，与服务区路面相同，选择菜单“创建→样条线”，在样条线层级下选择“样条线”，使用样条线层级下的线工具绘制收费站路面区域（见图 14-47），在修改面板的“修改器列表”下拉栏中为收费站路面区域添加挤出修改器（见图 14-48），设置挤出量为 1 m；单击鼠标右键，在弹出的右键菜单中选择“转换为:→转换为可编辑多边形”，在边层级下选择需要创建护栏的边界（见图 14-49），单击“利用所选内容创建图形”按钮，使用 6.2 节中创建护栏的方法来创建收费站区域的护栏，将护栏放置在相应的位置，即可完成收费站路面的细节调整，其效果如图 14-50 所示。

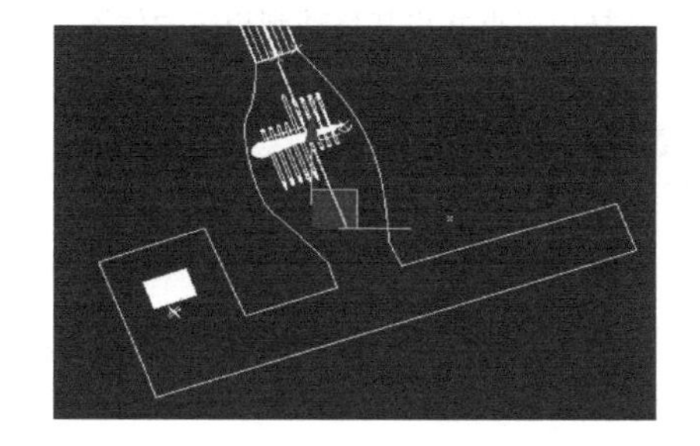

图 14-47　绘制的收费站路面区域

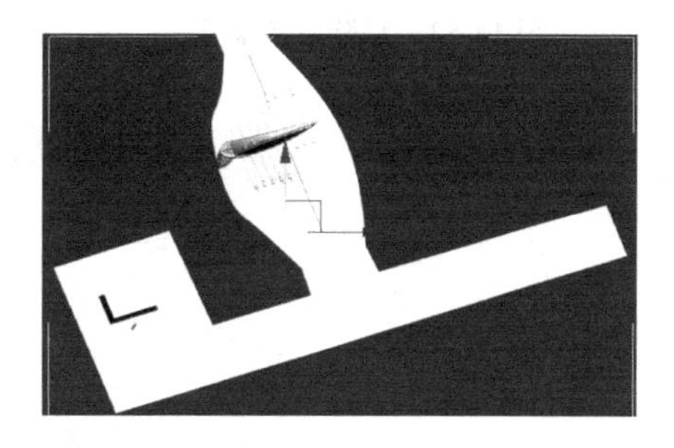

图 14-48　为收费站路面区域添加挤出修改器

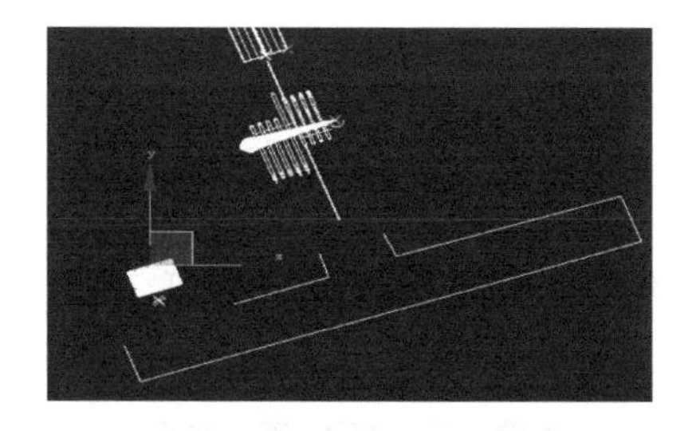

图 14-49　选择需要创建护栏的边界

图 14-50　收费站路面的细节调整效果

在某些情况下，道路的护栏会与路面存在冲突（见图 14-51）。此时可先选择并删除冲突的护栏支柱（见图 14-52）；再将护板转化为可编辑多边形，在边层级下使用编辑多边形中的移除工具移除冲突边界（见图 14-53）；最后在顶点层级下选择边缘点并将其移动到相应的位置（见图 14-54），即可得到正常道路模型（见图 14-55）。

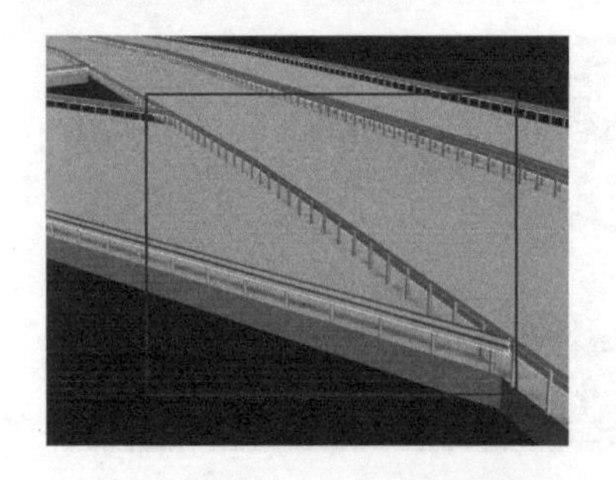

图 14-51　道路的护栏与路面的冲突

图 14-52　选择并删除冲突的护栏支柱

图 14-53　移除冲突边界

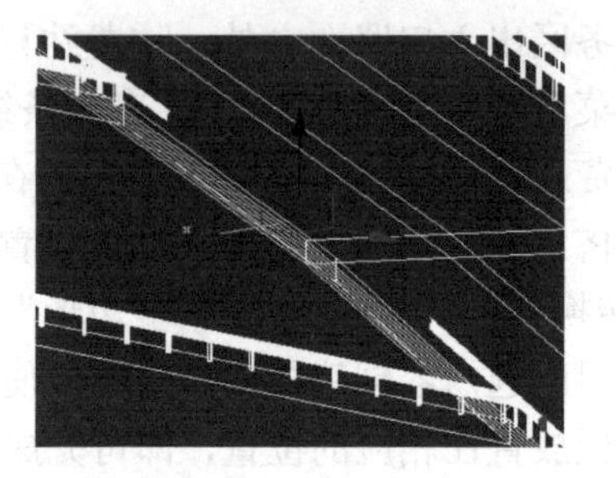

图 14-54　选择边缘点并将其移动到相应的位置

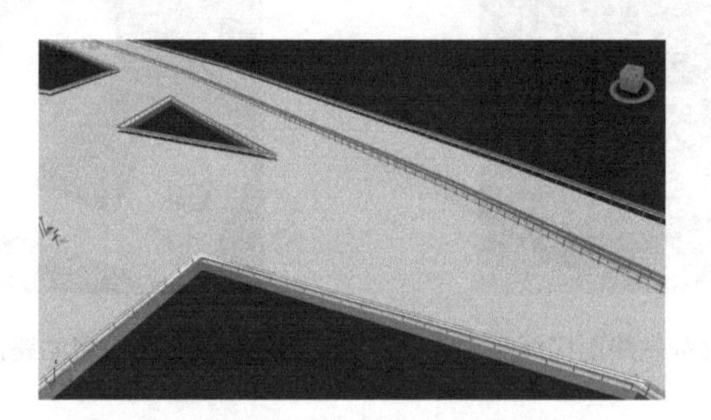

图 14-55　正常的道路模型

2. 绿化设施与标志牌的细节调整

在进行绿化设施的细节调整时，按照第 13 章介绍的绿化设施建模的方法即可，绿化布局如图 14-56 和图 14-57 所示。

图 14-56　绿化设施布局（1）

图 14-57　绿化设施布局（2）

在实际生活中，标志牌可帮助驾驶员确定自己的位置与下一步的动向，并控制车速。从建模的角度来看，标志牌可丰富模型的细节。标志牌的安放应当满足实际的需求，并沿道路的走向来调整标志牌的角度（见图 14-58）。

对模型进行细节调整后，可得到模型的整体布局，如图 14-59 所示。

图 14-58　沿道路的走向来调整标志牌的角度

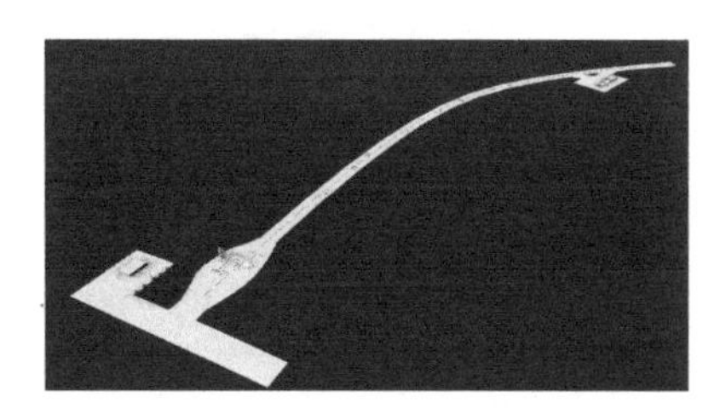

图 14-59　模型的整体布局

第 15 章 在 GIS 平台中导入三维模型

三维模型在现实中有着多方面的应用需求，传统的 3D 建模软件无法满足多样化的应用需求，特别是像道路模型这种承载着大量交互的三维模型。为了现实的应用需求，需要将三维模型导入 GIS 平台来满足多样化的应用需求。

本章以图 15-1 所示的道路模型为例，介绍将三维模型导入 GIS 平台的方法。

图 15-1　道路模型

15.1　将三维模型导入 MapGIS 平台

15.1.1　MapGIS 平台简介

MapGIS[12]是常用的 GIS 平台，该平台采用面向服务的设计思想和多层体系结构，实现了面向空间实体及其关系的数据组织、海量空间数据的高效存储与索引、大尺度多维动态空间数据数据库、三维实体的建模和分析，具有 TB 级数据处理能力，可以在局域网和广域网中对空间数据进行分布式计算，支持分布式空间数据分发与共享，提供网络化空间数据服务，可用于海量、分布式的国家空间基础设施建设。

在三维模型格式方面，可直接在 MapGIS 平台中导入 obj 格式文件。在三维数据集成方面，MapGIS 平台真正实现了多维空间数据的融合，实现了对海量多源异构数据的统一、可扩展、层次化的管理。在三维显示方面，MapGIS 平台提供全空间一体化的表达方法，实现了全空间数据的显示。在三维模型渲染方面，MapGIS 平台实现了大范围三维模型的高效可视化，可更好地满足智慧城市地上实体的建模需求。

15.1.2 将三维模型导入 MapGIS 平台的步骤

（1）打开 MapGIS 桌面版程序，其主界面如图 15-2 所示。

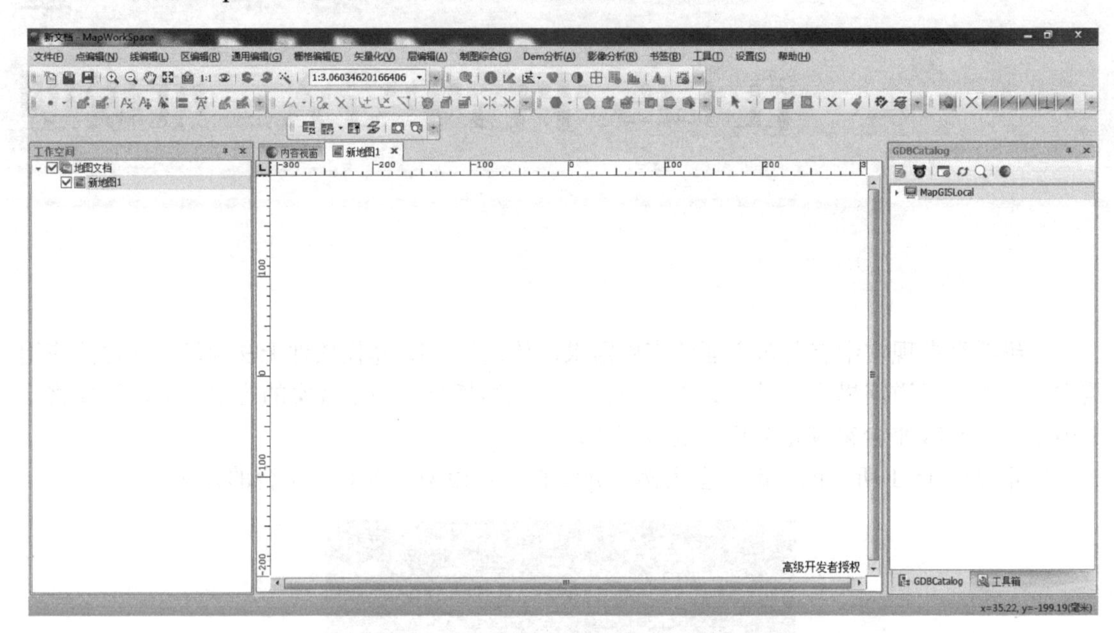

图 15-2　MapGIS 桌面版的主界面

（2）MapGIS 桌面版主界面的左侧是工作空间区域，在工作空间区域单击鼠标右键，在弹出的右键菜单中选择“新建”（见图 15-3），可弹出“新建文档”对话框（见图 15-4）。在“新建文档”对话框中选择“空场景”后单击“确定”按钮，即可完成新场景的创建（见图 15-5）。

图 15-3　在右键菜单中选择“新建”

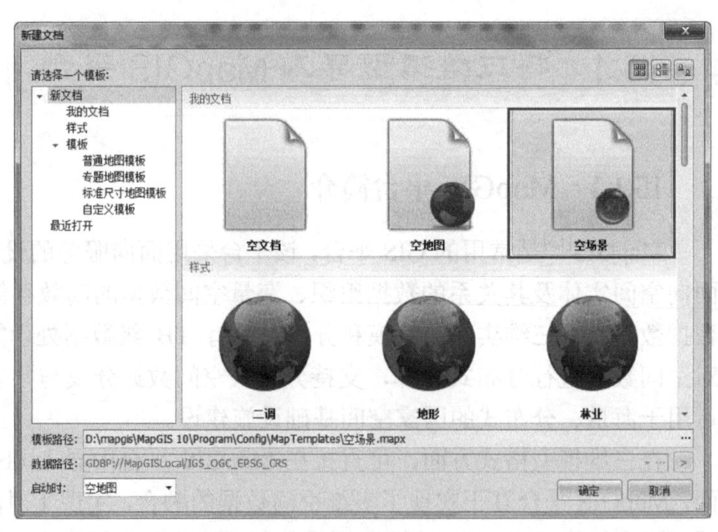

图 15-4　“新建文档”对话框

图 15-5　创建的新场景

（3）单击新场景上方工具栏中的“”（导入外部模型）按钮，可弹出“导入模型”对话框（见图 15-6）；单击该对话框中的“”按钮，可弹出“打开文件”对话框（见图 15-7）；在“打开文件”对话框中选择要导入的模型文件，如“200m.obj”，单击“打开”按钮，可返回“导入模型”对话框，在该对话框中勾选“将结果添加到场景中”后单击“导入”按钮，即可开始导入模型，并弹出“导入数据”进度条（见图 15-8）。

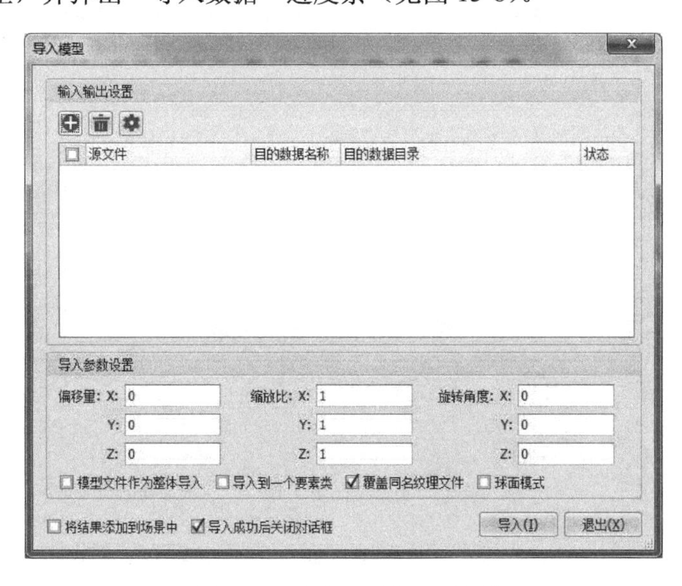

图 15-6　“导入模型”对话框

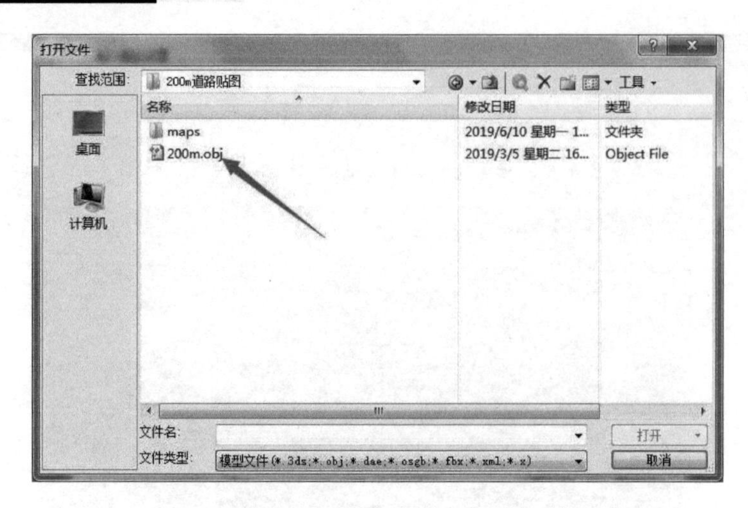

图 15-7 “打开文件”对话框

图 15-8 “导入数据”进度条

（4）模型导入成功后，可在视口中显示该模型（见图 15-9）；通过视口旋转可多方位地观察模型（见图 15-10）。

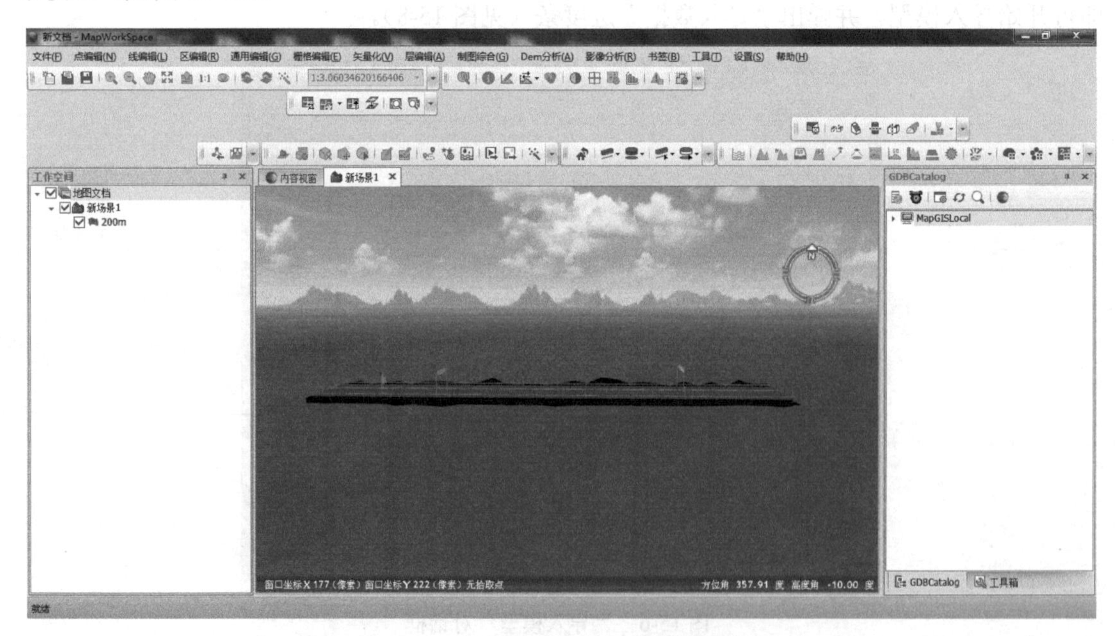

图 15-9 在视口显示导入的模型

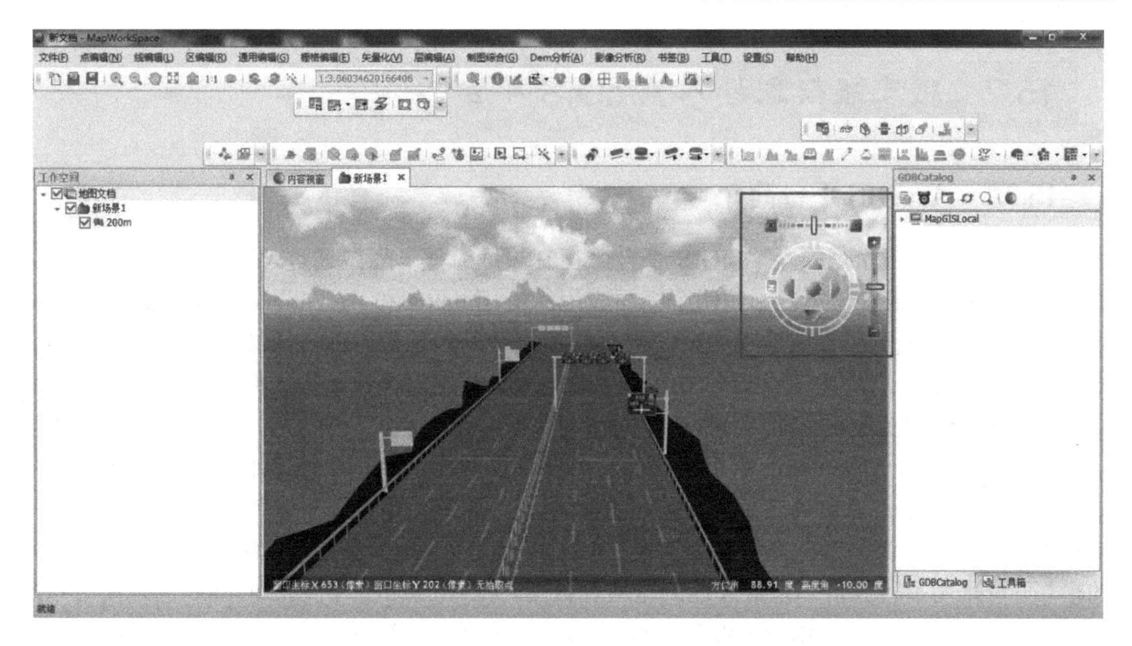

图 15-10　通过视口旋转多方位地观察模型

（5）MapGIS 平台以空间数据的形式将导入的模型存储在本地，本节的模型保存在“简单要素类”下（见图 15-11），可在 MapGIS 平台中对模型进行更多的操作。

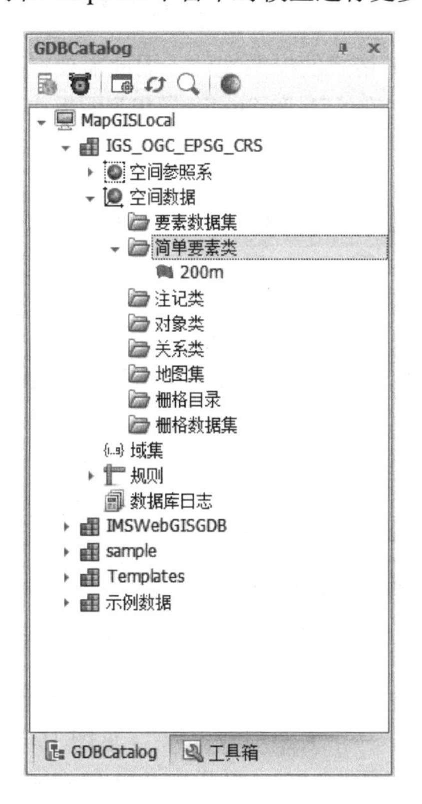

图 15-11　模型的存储位置

15.2 将三维模型导入 ArcGIS 平台

15.2.1 ArcGIS 平台简介

作为一个可伸缩的平台，ArcGIS 平台[13]可在桌面、服务器或通过 Web 形式提供 GIS 功能。本节用到了 ArcGIS 平台中的两个桌面应用：ArcCatalog 和 ArcGlobe。ArcCatalog 不仅可用于用于查找、预览和管理地理数据，也可创建复杂的地理数据库，还能以不同的形式显示地理数据，便于用户快速查找所需的信息，无论地理数据保存在本地文件和数据库中，还是保存在 ArcSDE 服务器的远程 RDBMS（关系型数据库管理系统）中。用户既可以在本地创建项目数据库，使用 ArcCatalog 来组织文件夹和文件型数据；也可以在本地创建个人地理数据库，使用 ArcCatalog 来创建或输入要素类和数据表。此外，用户还可以使用 ArcCatalog 来浏览和更新元数据，保存数据集和整个项目。ArcGlobe 是 ArcGIS 桌面系统中用于进行 3D 分析的模块，可采用多种分辨率来连续地浏览地理数据。和 ArcMap 一样，ArcGlobe 也是使用 GIS 数据层来显示地理数据库以及 GIS 数据的。ArcGlobe 能够以 3D 的形式动态地显示地理信息，ArcGlobe 将图层放在一个单独的内容表中，将所有的 GIS 数据源整合到一个通用的框架中，能够对处理后的数据进行多分辨率的显示。

15.2.2 将三维模型导入 ArcGIS 平台的步骤

（1）ArcGIS 平台支持 FLT 格式的模型文件，因此需要在 3ds Max 中将三维模型保存为 FLT 格式的文件（见图 15-12），在“Flight Studio 导出”面板中勾选“将纹理复制到输出目录”（见图 15-13）。

图 15-12　将三维模型保存为 FLT 格式的模型文件

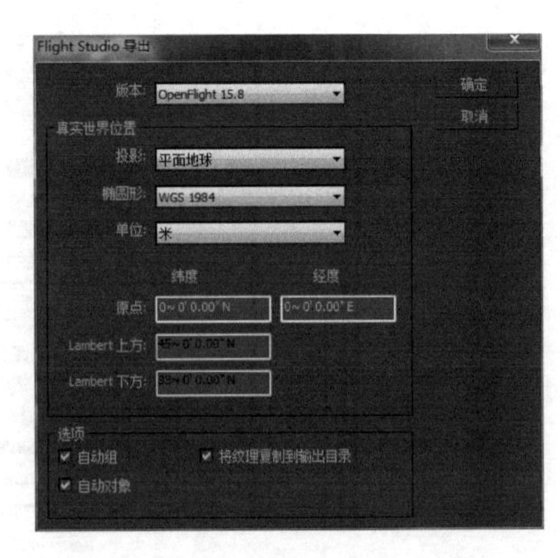

图 15-13　勾选“将纹理复制到输出目录”

（2）打开 ArcCatalog，创建一个新的文件夹，如 test，选择新建的文件夹，单击鼠标右键，在弹出的右键菜单中选择“新建→个人地理数据库”（见图 15-14）。单击 ArcCatalog 工具栏中的“▣”（ArcToolbox）按钮（见图 15-15），可弹出“ArcToolbox”窗口，在该窗口中选择“3D Analyst 工具→转换→由文件转出→导入 3D 文件”（见图 15-16），可弹出“导入 3D 文件”对话框（见图 15-17）。

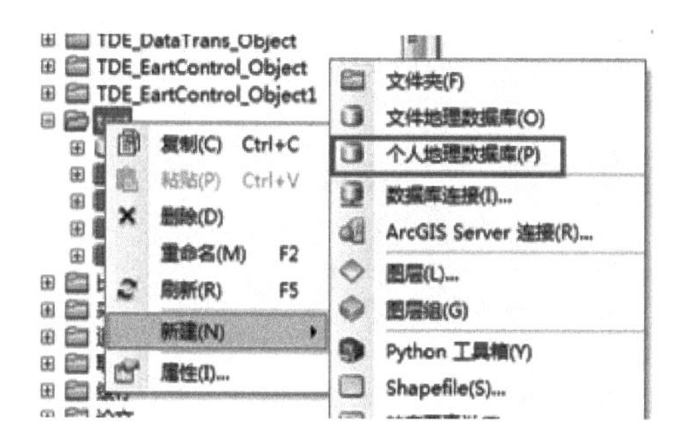

图 15-14　选择“新建→个人地理数据库”

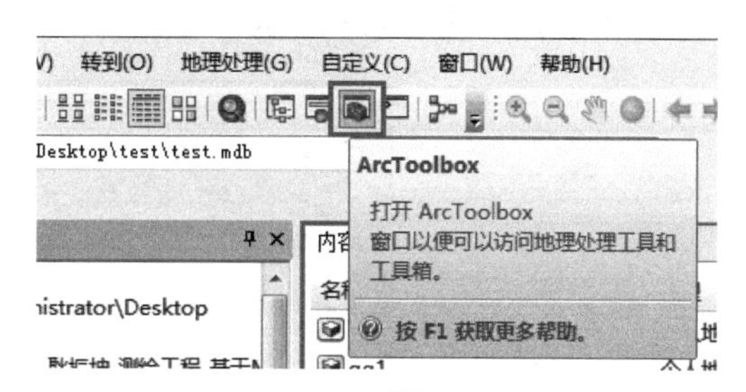

图 15-15　“ ”按钮

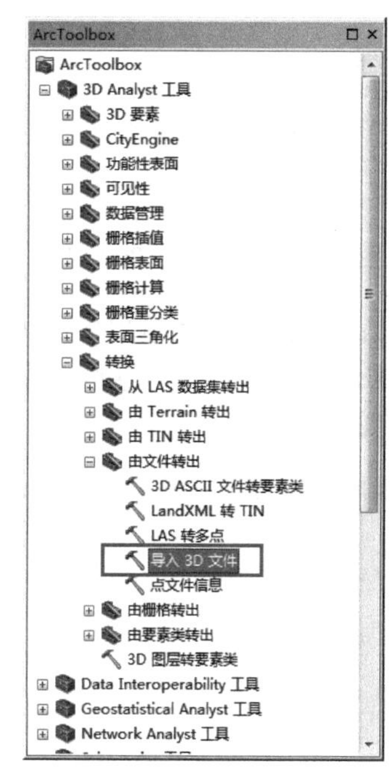

图 15-16　选择“3D Analyst 工具→转换→由文件转出→导入 3D 文件”

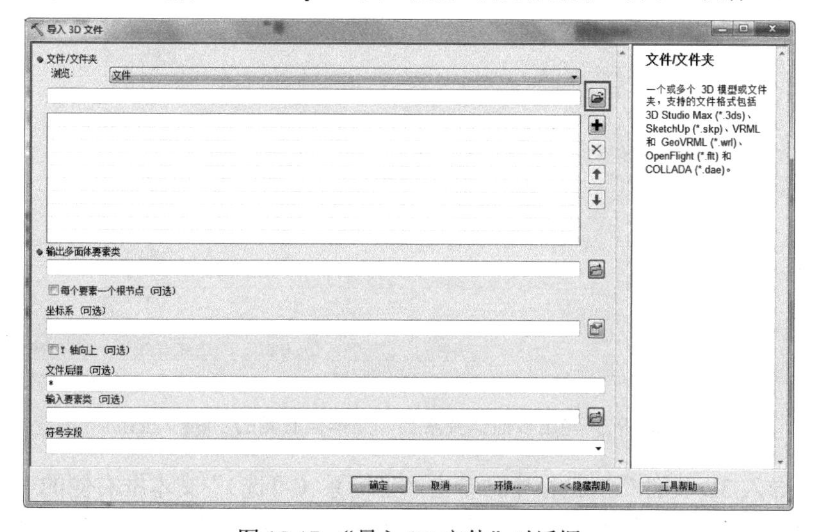

图 15-17　“导入 3D 文件”对话框

（3）在“导入 3D 文件”对话框中单击“”（打开文件夹）按钮，选择 FLT 格式的文件，如 200m.FLT，如图 15-18 所示。

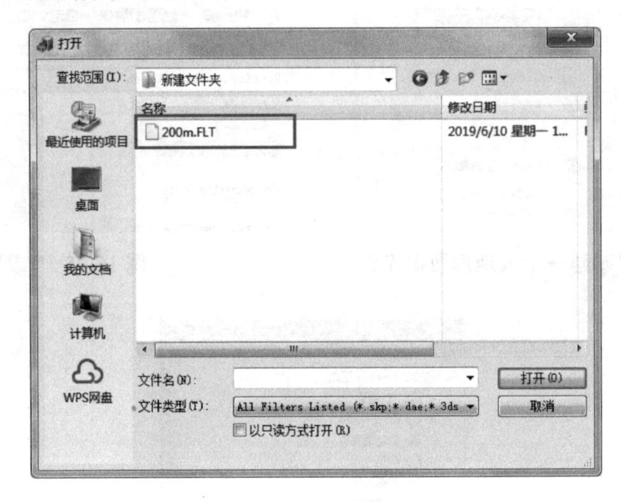

图 15-18　选择文件 200m.FLT

（4）在“导入 3D 文件”对话框中，单击“输出多面体要素类”文本框右侧的“”按钮（见图 15-19），可弹出“输出多面体要素类”对话框（见图 15-20），在“名称”文本框中输入“test”后单击“保存”按钮即可。

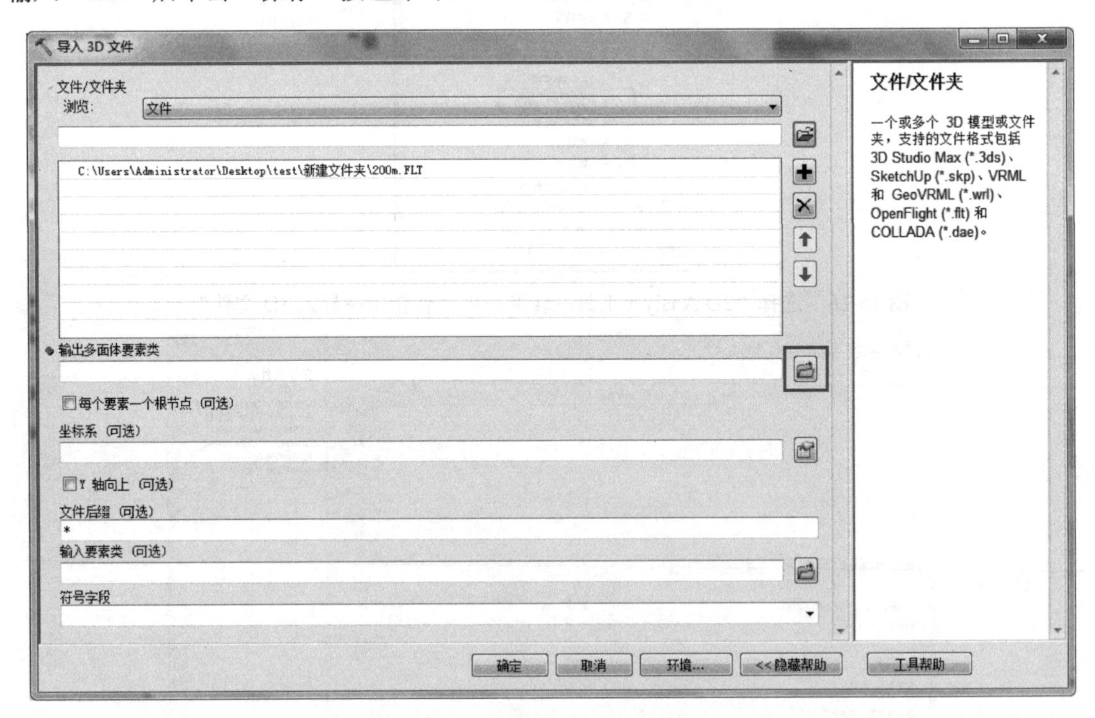

图 15-19　“输出多面体要素类”文本框右侧的“”按钮

（5）在“导入 3D 文件”对话框中，单击“坐标系（可选）”文本框右侧的“”按钮（见图 15-21），可弹出“空间参考属性”对话框（见图 15-22）。在该对话框的“XY 坐标系”标签项中选择“WGS 1984 Web Mercator (auxiliary sphere)”，读者也可以根据需要选择其他坐标系，单击“确定”按钮可返回“导入 3D 文件”对话框。在“导入 3D 文件”对话框中单击“确定”按钮，即可完成导入 3D 文件的设置。

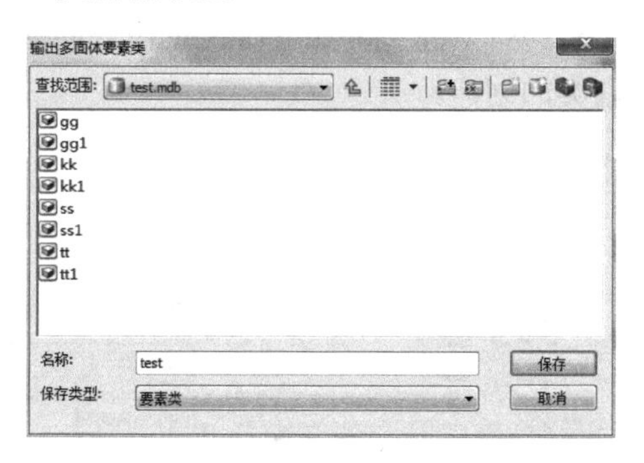

图 15-20 “输出多面体要素类”对话框

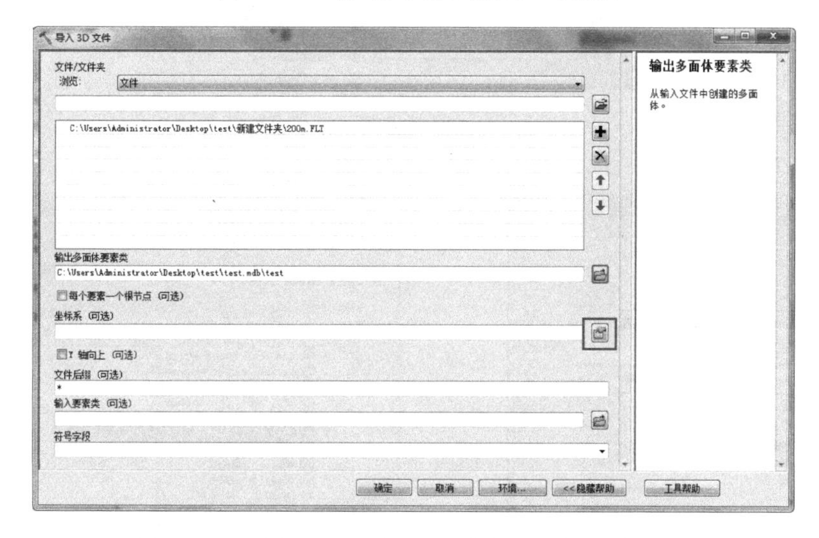

图 15-21 “坐标系（可选）”文本框右侧的“ ”按钮

图 15-22 “空间参考属性”对话框

（6）选择创建的个人地理数据库（test.mdb），单击鼠标右键，在弹出的右键菜单中选择“新建→要素类”（见图 15-23），可弹出“新建要素类”对话框（见图 15-24）。在“新建要素类”对话框的“名称”文本框中输入“test1”，选择“多面体 要素”后单击“下一步”按钮，在下一个对话框中选择“WGS 1984 Web Mercator (auxiliary sphere)”（见图 15-25），一直单击“下一步”按钮即可完成要素类的创建。

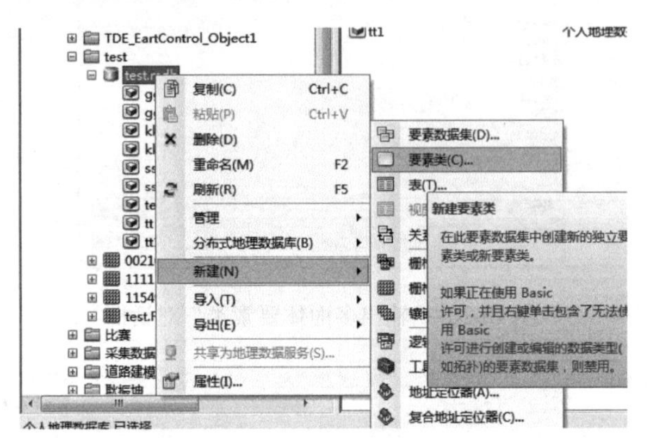

图 15-23 选择“新建→要素类”

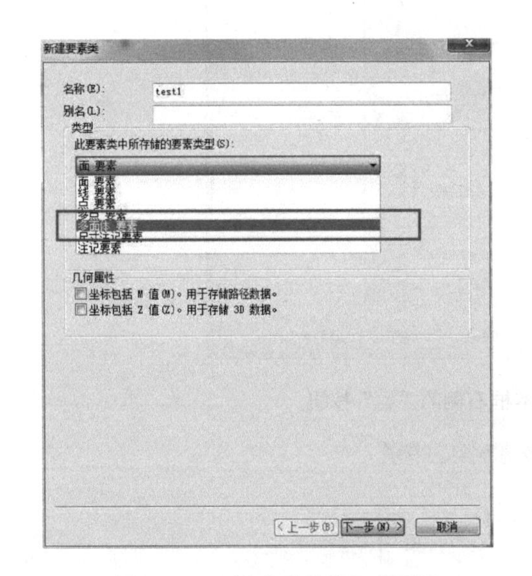

图 15-24 “新建要素类”对话框

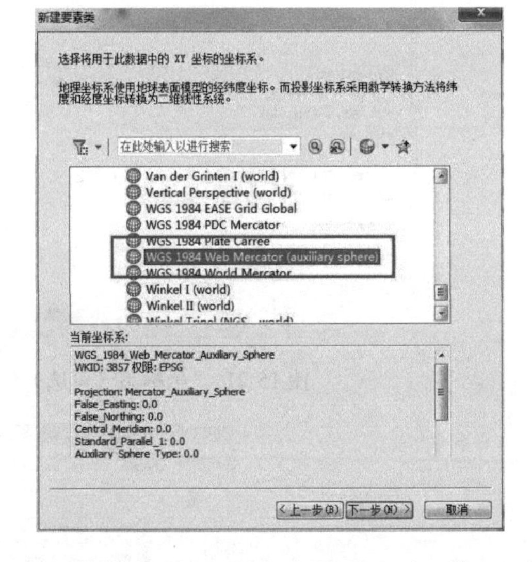

图 15-25 选择“WGS 1984 Web Mercator (auxiliary sphere)”

（7）选择 test1 要素类，单击鼠标右键，在弹出的右键菜单中选择“加载→加载数据”（见图 15-26），可弹出“简单数据加载程序”对话框（见图 15-27）。在“简单数据加载程序”对话框中，单击“输入数据”文本框右侧的“📂”按钮，可弹出“打开地理数据库”对话框（见图 15-28）。在“打开地理数据库”对话框中选择“test”后单击“打开”按钮，可返回“简单数据加载程序”对话框，在该对话框中单击“添加”按钮（见图 15-29），一直单击“下一步”按钮，即可为要素类加载数据。

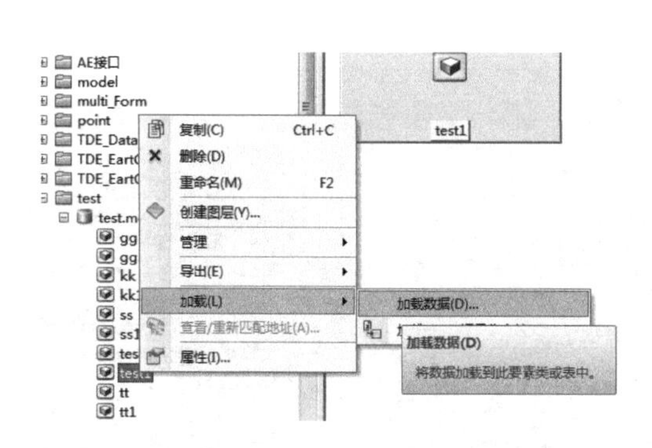

图 15-26　选择“加载→加载数据”

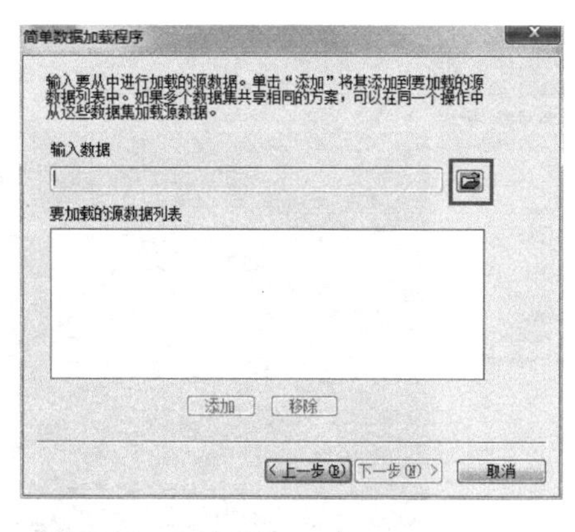

图 15-27　“简单数据加载程序”对话框

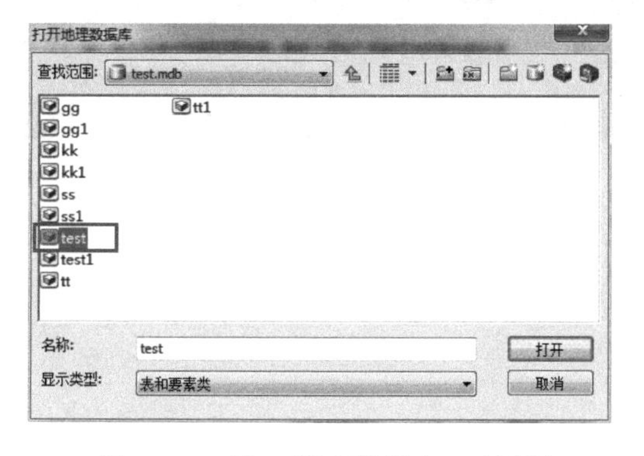

图 15-28　“打开地理数据库”对话框

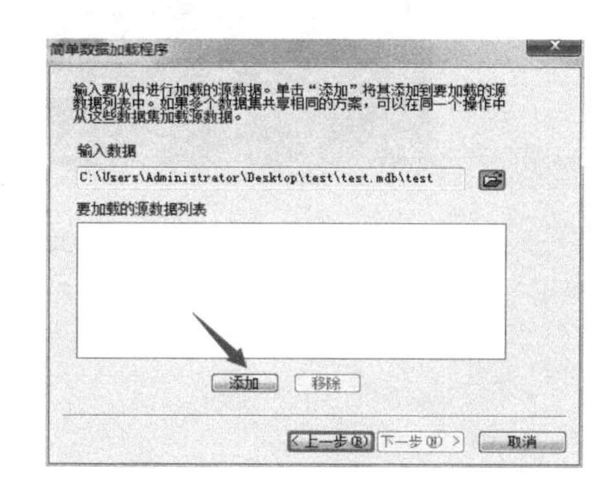

图 15-29　单击“添加”按钮

（8）打开 ArcGlobe，在 ArcGlobe 主界面中单击工具栏上的“✚”（添加数据）按钮，可弹出“添加数据”对话框（见图 15-30）。在“添加数据”对话框中选择“test”后单击“添加”按钮，即可将 test 文件添加到 ArcGlobe 主界面的目录树中。在目录树中选择“test”后单击鼠标右键，在弹出的右键菜单中选择“缩放至图层”（见图 15-31），即可在视口中观察模型（见图 15-32）。

图 15-30　“添加数据”对话框

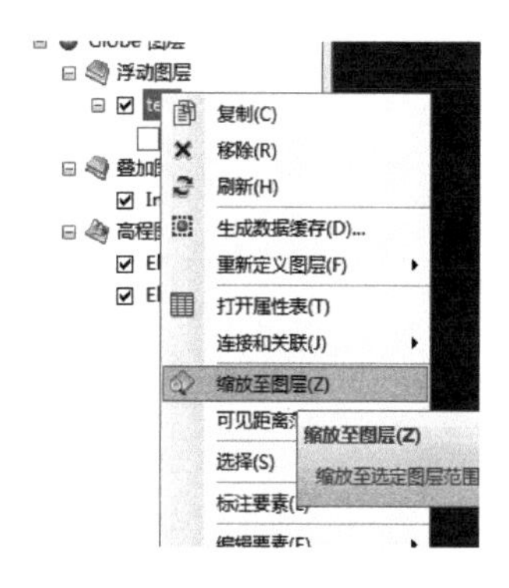

图 15-31　选择“缩放至图层”

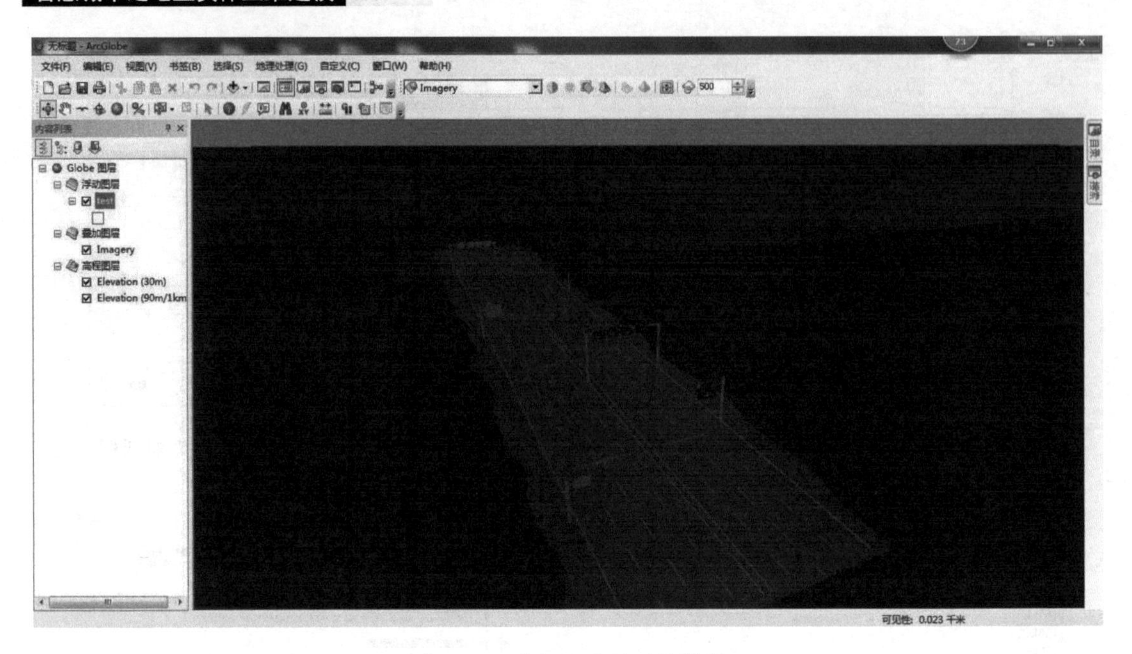

图 15-32　在视口中显示的模型

参考文献

[1] 虚拟现实[EB/OL]．[2020-11-3]．https://baike.baidu.com/item/虚拟现实.

[2] 增强现实[EB/OL]．[2020-11-4]．https://baike.baidu.com/item/增强现实.

[3] CAD[EB/OL]．[2020-11-7]．https://baike.baidu.com/item/CAD/990.

[4] 建筑信息模型[EB/OL]．[2020-11-9]．https://baike.baidu.com/item/建筑信息模型.

[5] 3ds Max[EB/OL]．[2020-11-10]．https://baike.baidu.com/item/3ds%20max?fromtitle=3D+MAX&fromid=453884.

[6] Autodesk Maya[EB/OL]．[2020-11-10]．https://baike.baidu.com/item/Autodesk%20Maya/4186232?fromtitle=maya&fromid=38497.

[7] sketch up[EB/OL]．[2020-11-12]．https://bkso.baidu.com/item/sketch%20up.

[8] 曲面建模[EB/OL]．[2020-11-12]．https://bkso.baidu.com/item/曲面建模.

[9] 多边形建模[EB/OL]．[2020-11-15]．https://baike.baidu.com/item/多边形建模.

[10] Speedtree[EB/OL]．[2020-11-17]．https://baike.baidu.com/item/Speedtree.

[11] 中国城市规划设计研究院．城市道路绿化规划与设计规范：CJJ75-97[S]．北京：中国建筑工业出版社，1998.

[12] MapGIS[EB/OL].[2021-2-23].https://baike.baidu.com/item/MapGIS.

[13] 新手必知：使用 ArcGIS 能做些什么[EB/OL].[2021-2-25].https://jingyan.baidu.com/article/4e5b3e195e4a9691901e24ae.html.